2015 개정 교육

# MAC

## EBS연계 고등수학 상

### 수능, 모의고사 핵심유형 기출문제

저자
박이지
마상건

01. 다항식  02. 방정식과 부등식  03. 도형의 방정식

단원별 분류 〉 3단계 난이도 분류 〉 킬러문항 100

좋은땅

표지/ 신하경

Mathematics Analysis Conceptualization

## MAC EBS연계 고등수학 상
**수능, 모의고사 핵심유형 기출문제**

ⓒ 박이지, 마상건, 2021

초판 1쇄 발행 2021년 2월 10일

| | |
|---|---|
| 지은이 | 박이지 / 마상건 |
| 펴낸이 | 이기봉 |
| 편집 | 좋은땅 편집팀 |
| 펴낸곳 | 도서출판 좋은땅 |
| 주소 | 서울 마포구 성지길 25 보광빌딩 2층 |
| 전화 | 02)374-8616~7 |
| 팩스 | 02)374-8614 |
| 이메일 | gworldbook@naver.com |
| 홈페이지 | www.g-world.co.kr |

ISBN  979-11-6649-328-7 (53410)

# MAC

날마다 수학하는 학생

입시가 해석되는 수학의 힘!!

# Practice is
# the only way
# to live.

누구나 처음 보는 문제는 두려워 합니다.

하지만

틀리는 것을 두려워하지 말고 풀어보세요.

틀린 문제가 나의 스승입니다.

~ 이지T

## 유일한 문제집! MAC수학
## 단계별 학습이 가능한
## 수능, 모의고사 기출문제집

▶ **난이도 3단계**   개 념 ➡ 응 용 ➡ 심 화

| 맥 | 수학과목의 학습 습관이 잡히면 자기주도 학습이 가능하여 타 과목 성적도 오르게 됩니다. **맥(MAC) 수학은** 수능,모의고사 기출문제의 **단원별 전략적인 단계 심화학습이** 가능합니다. |
|---|---|
| MAC | 학생들의 진학성공을 위해 기초, 기본개념정리, 개념심화가 응용된 다양한 문제의 **완벽 분석을 통해 개념과 유형에 강한 선별된 문제들로만 구성되었습니다.** |
| 고등 | 개별학습 과정에 적합한 문제풀이가 가능한 단계별/ 난이도별로 나누어져 있으므로 각 단원별로 기본-응용-심화 순으로 현재의 역량을 체크해 볼 수 있습니다. |
| 수학 | 자기주도 학습이 가능하도록 쉽고 명료, 자세한 해설을 첨부하였으며 킬러문항 100을 통한 실력 다지기로 고득점 성취를 목표로 합니다. |
| [상] | 학생의 개별학습 능력을 고려하지 않은 학습은 의미가 없습니다. 현재의 역량에 맞는 문제부터 단계별로 학습하고 반드시 오답을 확인체크 후 반복 학습을 통해 약점을 보완합니다. 꼼꼼한 피드백 트레이닝은 성적향상의 지름길입니다. |

*3단계 난이도별 학습이 가능한*
*수능,모의고사 기출문제집은*
*오직 MAC뿐입니다!!*

### ▶ 맥 MAC 고등수학 (상) 학습법

수학용어의 정확하고 깊은 개념정리와 올바른 풀이과정 습관을 길러야 합니다.

개념을 여러 각도의 의미에서 보는 다양한 유형의 문제를 풀어봄으로써

개념이 더욱 단단해지고 심화되어집니다. 따라서 기출유형문제 분석은

개념심화에 이르는 반드시 필요한 과정입니다.

수학의 핵심은 꾸준한 연습입니다.

수학은 정답을 맞추는 결과도 중요하지만 정답을 도출해내기 위한 과정 또한

매우 중요하므로 풀이과정을 정확히 서술하는 훈련을 하도록 합니다.

자신의 약점을 피드백 받고 자신과의 싸움인 트레이닝을 성실히 이행합니다.

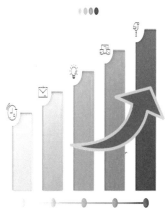

### 박 이 지 ( 대치퍼스트 에듀 대표, 이지 투 스터디 대표 )

기존의 많은 기출교재가 있음에도 불구하고 단원별, 난이도 단계별 학습, 점검 할 수 있는 책은 없어 MAC 시리즈 출판을 결단하게 되었습니다. 엄선된 문제와 명료한 해설로 구성된 MAC 수능.모의고사 기출 문제집을 통해 내신과 수능을 꼼꼼하게 준비 하실 수 있습니다. **학생들이 자신감을 가지고 입시에서 가장 중요한 수학을 자신의 퍼스트 전략과목으로 삼아 꿈과 목표를 이루는데 도움이 되기를 바랍니다.**

### 한 이 공 ( 이공수학연구소 소장, 대치퍼스트 수학학원 원장 )

다양한 수학 문제들을 접해보았지만, 다년간 강의로 축적된 양질의 수학 문제는 흔치 않습니다. 저자들의 냉철한 분석을 통한 자기 개념화된 문제들을 풀어 봄으로써, 학생 여러분의 수학 학습에 있어 이 책이 터닝포인트가 되리라 믿습니다.

### 강 하 은 ( 경기과고 조기졸업, 서울대 수석졸업, KMO 금상, MIT 박사 )

오랜 시간 저를 지도해주신 스승님께서 그동안 가르쳐 주신 자료를 모아 발간한 책을 여러분에게 추천하며 응원합니다. 이제는 WORK HARD가 아니라 THINK HARD의 시대다.

**추천해 주신 분들** 김승태 (인천과학고 교사)   현재복 (메가스터디 대표강사)   박주영 (하버드의과대학 교수)

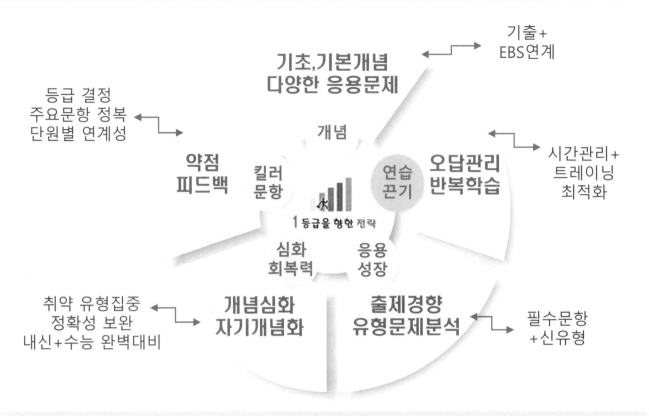

MAC

# 01 다항식

모의, 수능/ 3단계 난이도 기출문항

난이도 (기본)

난이도 (응용)

난이도 (심화)

## 001   20.09 고1 학력평가 공통1번 [2점]

두 다항식 $A = x^2 - xy + y^2$, $B = x^2 + xy - y^2$에 대하여 $A + B$는?

① $2x^2$     ② $2y^2$     ③ $2xy$

④ $x^2 + y^2$     ⑤ $2x^2 + xy$

## 002   1996 수능 가형 1번 [2점]

$x = 2 - \sqrt{3}$, $y = 2 + \sqrt{3}$일 때, $\dfrac{y}{x} + \dfrac{x}{y}$의 값은?

① $8$     ② $10$     ③ $12$

④ $14$     ⑤ $16$

## 003   11.03 고1 학력평가 공통 23번 [3점]

두 실수 $a$, $b$에 대하여 $a^2 = 68$, $b^2 = 27$일 때, $\left( \dfrac{\sqrt{2}}{2} a + \dfrac{1}{3} b \right)\left( \dfrac{\sqrt{2}}{2} a - \dfrac{1}{3} b \right)$의 값을 구하시오.

## 004   11.06 고1 학력평가 공통 2번 [2점]

$x = \sqrt{2}$일 때, $\dfrac{(1 - \sqrt{x})(1 + \sqrt{x})(1 + x)}{x}$의 값은?

① $-\sqrt{2}$     ② $-\dfrac{\sqrt{2}}{2}$     ③ $\dfrac{\sqrt{2}}{2}$

④ $\sqrt{2}$     ⑤ $2\sqrt{2}$

## 005   05.09 고1 학력평가 공통 1번 [2점]

$a + b = 3$, $a^2 + b^2 = 11$일 때, $ab$의 값은?

① $-2$     ② $-1$     ③ $0$

④ $1$     ⑤ $2$

## 006   06.09 고1 학력평가 공통 22번 [3점]

$a + b = 5$, $ab = 3$일 때, $a^3 + b^3$의 값을 구하시오.

## 007 11.11 고1 학력평가 공통 22번 [2점]

$a+b=4$, $ab=1$일 때, $a^3+b^3$의 값을 구하시오.

## 008 12.06 고1 학력평가 공통 23번 [3점]

$a+b+c=5$, $ab+bc+ca=-8$일 때,
$a^2+b^2+c^2$의 값을 구하시오.

## 009 1997 수능 가형 1번 [2점]

$(125^2-75^2)\div\{5+(30-50)\div(-4)\}$의 값은?

① 75        ② 125        ③ 900

④ 1000      ⑤ 1225

## 010 15.06 고1 학력평가 공통 24번 [3점]

세 실수 $a$, $b$, $c$에 대하여
$a^2+b^2+4c^2=44$,  $ab+2bc+2ca=28$일 때,
$(a+b+2c)^2$의 값을 구하시오.

## 011 19.03 고2 학력평가 가형 6번 [3점]

$(a+b-c)^2=25$,  $ab-bc-ca=-2$일 때,
$a^2+b^2+c^2$의 값은?

① 27        ② 29        ③ 31

④ 33        ⑤ 35

## 012 19.06 고1 학력평가 공통 12번 3점

$x-y=3$, $x^3-y^3=18$일 때, $x^2+y^2$의 값은?

① 7         ② 8         ③ 9

④ 10        ⑤ 11

## 013 19.06 고1 학력평가 공통 22번 [3점]

다항식 $(x+3)^3$을 전개한 식에서 $x^2$의 계수를 구하시오.

## 016 20.06 고1 학력평가 공통 23번 [3점]

$(3x+ay)^3$의 전개식에서 $x^2y$의 계수가 54일 때, 상수 $a$의 값을 구하시오.

## 014 20.03 고2 학력평가 공통 25번 [3점]

세 실수 $x$, $y$, $z$가
$x^2+y^2+4z^2=62$, $xy-2yz+2zx=13$을 만족시킬 때, $(x-y-2z)^2$의 값을 구하시오.

## 017 1998 수능 가형 3번 [3점]

다항식 $2x^3+x^2+3x$를 $x^2+1$로 나눈 나머지는?

① $x-1$ 　　② $x$ 　　③ $1$
④ $x+3$ 　　⑤ $3x-1$

## 015 20.06 고1 학력평가 공통 11번 [3점]

$x-y=2$, $x^3-y^3=12$일 때, $xy$의 값은?

① $\dfrac{1}{3}$ 　　② $\dfrac{2}{3}$ 　　③ $1$

④ $\dfrac{4}{3}$ 　　⑤ $\dfrac{5}{3}$

## 018 11.09 고1 학력평가 공통 4번 [3점]

다항식 $4x^3-2x^2+3x+1$을 $x^2-x+1$로 나눈 몫을 $Q(x)$라 할 때, $Q(1)$의 값은?

① $2$ 　　② $3$ 　　③ $4$
④ $5$ 　　⑤ $6$

## 019 07.06 고1 학력평가 공통 4번 [2점]

$x^3 - ax + 6 = (x-1)(x+b)(x+c)$가 $x$에 관한 항등식일 때, 상수 $a$, $b$, $c$에 대하여 $a+b+c$의 값은?

① 8      ② 9      ③ 10
④ 11      ⑤ 12

## 020 05.06 고1 학력평가 공통 27번 [3점]

$2x^2 + x - 2 = a(x+1)^2 + b(x-1) + c$가 $x$에 관한 항등식이 되도록 하는 $a$, $b$, $c$에 대하여 $abc$의 값을 구하시오.

## 021 12.06 고1 학력평가 공통 5번 [3점]

등식 $(k+3)x - (3k+4)y + 5k = 0$이 $k$의 값에 관계없이 항상 성립할 때, $x+y$의 값은?

① 6      ② 7      ③ 8
④ 9      ⑤ 10

## 022 14.11 고1 학력평가 공통 7번 [3점]

등식 $(a+2)x^2 + (2-x)a^2 + (2-x)b = 0$이 $x$에 대한 항등식일 때, 두 상수 $a$, $b$의 합 $a+b$의 값은?

① $-6$      ② $-4$      ③ $-2$
④ 0      ⑤ 2

## 023 15.03 고2 학력평가 가형 6번 [3점]

모든 실수 $x$에 대하여 등식 $x^3 + a = (x+3)(x^2 + bx + 9)$가 성립할 때, $a+b$의 값은? (단, $a$, $b$는 상수이다.)

① 12      ② 15      ③ 18
④ 21      ⑤ 24

## 024 18.09 고1 학력평가 공통 5번 [3점]

등식 $2x^2 + 3x + 4 = 2(x+1)^2 + a(x+1) + b$가 $x$에 대한 항등식일 때, $a-b$의 값은? (단, $a$, $b$는 상수이다.)

① $-7$      ② $-6$      ③ $-5$
④ $-4$      ⑤ $-3$

## 025 20.03 고2 학력평가 공통 10번 [3점]

다항식 $P(x)$가 모든 실수 $x$에 대하여 등식 $x(x+1)(x+2)=(x+1)(x-1)P(x)+ax+b$를 만족시킬 때, $P(a-b)$의 값은? (단, $a$, $b$는 상수이다.)

## 026 20.09 고1 학력평가 공통 6번 [3점]

등식 $a(x+1)^2+b(x-1)^2=5x^2-2x+5$가 $x$에 대한 항등식일 때, 두 상수 $a$, $b$의 곱 $ab$의 값은?

① 4     ② 6     ③ 8
④ 10     ⑤ 12

## 027 1996 수능 가형 2번 [2점]

다항식 $x^4-3x^2+ax+5$를 $x+2$로 나누면 나머지가 3이다. $a$의 값은?

① 0     ② 2     ③ 3
④ $-2$     ⑤ $-3$

## 028 2001 수능 가형 26번 [2점]

다항식 $f(x)$를 $(x-1)(x-2)$로 나눈 나머지가 $4x+3$일 때, $f(2x)$를 $x-1$로 나눈 나머지를 구하여라.

## 029 2004 수능 나형 5번 [2점]

다항식 $f(x)$를 $x+2$로 나눈 몫은 $x^2+1$이고 나머지가 2일 때, $f(x)$를 $x-2$로 나눈 나머지는?

① 20     ② 21     ③ 22
④ 23     ⑤ 24

## 030 11.06 고1 학력평가 공통 3번 [2점]

다항식 $x^7+27x^4-x+k$를 $x+1$으로 나눈 나머지가 12일 때, 상수 $k$의 값은?

① $-21$　　② $-19$　　③ $-17$
④ $-15$　　⑤ $-13$

## 031 05.09 고1 학력평가 공통 22번 [2점]

다항식 $f(x)=x^3+x^2+4x-a$를 $x-2$로 나눈 나머지가 3일 때, 상수 $a$의 값을 구하시오.

## 032 06.06 고1 학력평가 공통 23번 [3점]

$x$에 대한 다항식 $x^3+ax^2+8x+1$을 $x+2$와 $x-1$로 나눈 나머지가 같을 때, 상수 $a$의 값을 구하시오.

## 033 06.09 고1 학력평가 공통 24번 [3점]

다항식 $x^3-ax+9$를 $x-2$로 나눈 몫은 $Q(x)$이고 나머지는 3이다. 이때, $Q(10)$의 값을 구하시오.

## 034 10.11 고1 학력평가 공통 4번 [3점]

다항식 $f(x)$를 $x-5$로 나눈 나머지가 3일 때, $(x-1)f(x)$를 $x-5$로 나눈 나머지는?

① 9　　② 12　　③ 15
④ 16　　⑤ 20

## 035 08.11 고1 학력평가 공통 22번 [2점]

$x$에 대한 다항식 $x^3+2x^2-3x+13$을 $x-5$로 나눈 나머지를 구하시오.

## 036 15.03 고2 학력평가 나형 12번 [3점]

$x$에 대한 다항식 $(kx^3+3)(kx^2-4)-kx$가 $x+1$로 나누어떨어지도록 하는 모든 실수 $k$의 값의 합은?

① 5　　　② 6　　　③ 7
④ 8　　　⑤ 9

## 037 15.11 고1 학력평가 공통 24번 [3점]

다항식 $f(x)$를 $x^2-7x$로 나눈 나머지가 $x+4$일 때, 다항식 $f(x)$를 $x-7$로 나눈 나머지를 구하시오.

## 038 17.09 고1 학력평가 공통 23번 [3점]

다항식 $x^3+5x^2+4x+4$를 $x-2$로 나눈 나머지를 구하시오.

## 039 18.03 고2 학력평가 가형 5번 [3점]

다항식 $2x^3-3x+4$를 $x-1$로 나누었을 때의 나머지는?

① 1　　　② 2　　　③ 3
④ 4　　　⑤ 5

## 040 18.09 고1 학력평가 공통 23번 [3점]

$x$에 대한 다항식 $x^3-2x-a$가 $x-2$로 나누어떨어지도록 하는 상수 $a$의 값을 구하시오.

## 041 19.06 고1 학력평가 공통 3번 [2점]

$x$에 대한 다항식 $x^3+ax-8$이 $x-1$로 나누어떨어지도록 하는 상수 $a$의 값은?

① 1　　　② 3　　　③ 5
④ 7　　　⑤ 9

## 042 19.06 고1 학력평가 공통 11번 [3점]

$x$에 대한 다항식 $x^3 - x^2 - ax + 5$를 $x - 2$로 나누었을 때의 몫은 $Q(x)$, 나머지는 5이다. $Q(a)$의 값은? (단, $a$는 상수이다.)

① 5      ② 6      ③ 7
④ 8      ⑤ 9

## 043 19.06 고1 학력평가 공통 4번 [3점]

다항식 $x^2 + 4x - 2$를 $x - 3$으로 나눈 나머지를 구하시오.

## 044 19.11 고1 학력평가 공통 22번 [3점]

다항식 $x^2 + 4x - 2$를 $x - 3$으로 나눈 나머지를 구하시오.

## 045 20.09 고1 학력평가 공통 5번 [3점]

다항식 $P(x)$는 $x^2 + 2x - 3$으로 나눈 나머지가 $2x + 5$일 때, $P(x)$를 $x - 1$로 나눈 나머지는?

① 3      ② 4      ③ 5
④ 6      ⑤ 7

## 046 10.06 고1 학력평가 공통 22번 [3점]

$x + \dfrac{1}{x} = 7$일 때, $x^3 + \dfrac{1}{x^3} + 3x + \dfrac{3}{x}$의 값을 구하시오.

## 047 05.06 고1 학력평가 공통 4번 [3점]

$a^3 - a^2 c - ab^2 + b^2 c$의 인수인 것은?

① $a + c$    ② $a - c$    ③ $b + c$
④ $b - c$    ⑤ $a^2 + b^2$

**048** 06.06 고1 학력평가 공통 7번 [3점]

$x^2 - xy - 6y^2 - x + 8y - 2$가
$(x + ay - 2)(x + by + 1)$으로 인수분해될 때,
$a + b$의 값은?

① $-5$     ② $-1$     ③ $1$
④ $5$     ⑤ $6$

**049** 06.03 고2 학력평가 공통 23번 [3점]

$a = \sqrt{2} + 1$, $b = \sqrt{2} - 1$일 때, $\dfrac{a^3 + b^3}{a + b}$의 값을 구하시오.

**050** 15.09 고1 학력평가 공통 21번 [4점]

모든 실수 $x$에 대하여
$2x^3 - x^2 - 7x + 6 = (x - 1)(x + 2)(ax + b)$일 때,
$a - b$의 값을 구하시오. (단, $a$, $b$는 상수이다.)

**051** 16.06 고1 학력평가 공통 6번 [3점]

$\dfrac{2016^3 + 1}{2016^2 - 2016 + 1}$의 값은?

① $2016$     ② $2017$     ③ $2018$
④ $2019$     ⑤ $2020$

**052** 16.09 고1 학력평가 공통 5번 [3점]

다항식 $(2x + y)^2 - 2(2x + y) - 3$을 인수분해하면
$(ax + y + 1)(2x + by + c)$일 때, $a + b + c$의 값은?
(단, $a$, $b$, $c$는 상수이다.)

① $-4$     ② $-2$     ③ $0$
④ $2$     ⑤ $4$

**053** 17.06 고1 학력평가 공통 7번 [3점]

다항식 $x^4 + 7x^2 + 16$이
$(x^2 + ax + b)(x^2 - ax + b)$로 인수분해될 때, 두
양수 $a$, $b$에 대하여 $a + b$의 값은?

① $5$     ② $6$     ③ $7$
④ $8$     ⑤ $9$

**054** 17.11 고1 학력평가 공통 6번 [3점]

다항식 $x^3 + x^2 - 2$가 $(x-1)(x^2 + ax + b)$로 인수분해 될 때, 두 상수 $a$, $b$에 대하여 $a+b$의 값은?

① $-4$  ② $-2$  ③ $0$
④ $2$  ⑤ $4$

**055** 18.06 고1 학력평가 공통 22번 [3점]

$x+y=6$, $xy=2$일 때, $x^2y + xy^2$의 값을 구하시오.

**056** 18.09 고1 학력평가 공통 2번 [2점]

다항식 $x^3 - 27$이 $(x-3)(x^2 + ax + b)$로 인수분해될 때, $a+b$의 값은? (단, $a$, $b$는 상수이다.)

① $8$  ② $9$  ③ $10$
④ $11$  ⑤ $12$

**057** 19.03 고2 학력평가 나형 5번 [3점]

모든 실수 $x$에 대하여 등식 $x^3 - 1 = (x-1)(x^2 + ax + b)$가 성립할 때, $a+b$의 값은? (단, $a$, $b$는 상수이다.)

① $-2$  ② $-1$  ③ $0$
④ $1$  ⑤ $2$

**058** 19.06 고1 학력평가 공통 7번 [3점]

그림과 같이 한 변의 길이가 $a+6$인 정사각형 모양의 색종이에서 한 변의 길이가 $a$인 정사각형 모양의 색종이를 오려 내었다. 오려낸 후 남아 있는 ▣모양의 색종이의 넓이가 $k(a+3)$일 때, 상수 $k$의 값은?

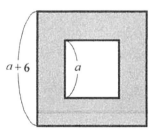

① $3$  ② $6$  ③ $9$
④ $12$  ⑤ $15$

## 059 19.11 고1 학력평가 공통 6번 [3점]

다항식 $(x^2+x)^2+2(x^2+x)-3$이

$(x^2+ax-1)(x^2+x+b)$로 인수분해될 때, 두

상수 $a$, $b$에 대하여 $a+b$의 값은?

① 1 　　② 2 　　③ 3

④ 4 　　⑤ 5

## 060 20.09 고1 학력평가 공통 9번 [3점]

다항식 $(x^2+x)(x^2+x+1)-6$이

$(x+2)(x-1)(x^2+ax+b)$로 인수분해될 때, 두

상수 $a$, $b$에 대하여 $a+b$의 값은?

# 061 08.06 고1 학력평가 공통 6번 [3점]

반지름의 길이가 $x$, 높이가 $x+3$인 원기둥 모양의 통나무가 있다. 이 통나무에서 그림과 같이 반지름의 길이가 $x-2$, 높이가 $x$인 원기둥을 파냈을 때, 남아 있는 통나무의 부피는?

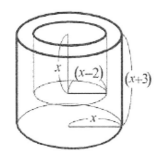

①　$\pi x^2(x+3)$

②　$\pi x(7x-4)$

③　$\pi x(7x+4)$

④　$\pi x(2x^2-x+4)$

⑤　$4\pi(x+3)(x-1)$

# 062 19.06 고1 학력평가 공통 14번 [4점]

망원경에서 대물렌즈 지름의 길이를 구경이라 하고 천체로부터 오는 빛을 모으는 능력을 집광력이라 한다. 구경이 $D(mm)$인 망원경의 집광력 $F$는 다음과 같은 관계식이 성립한다.

$F=kD^2$ (단, $k$는 양의 상수이다.)

구경이 40인 망원경 $A$의 집광력은 구경이 $x$인 망원경 $B$의 집광력의 2배일 때, $x$의 값은?

①　$10\sqrt{2}$　②　$15\sqrt{2}$　③　$20\sqrt{2}$

④　$25\sqrt{2}$　⑤　$30\sqrt{2}$

# 063 11.06 고1 학력평가 공통 25번 [3점]

$x+y+z=0$, $x^2+y^2+z^2=5$일 때,

$x^2y^2+y^2z^2+z^2x^2=\dfrac{q}{p}$이다. $p+q$의 값을

구하시오. (단, $p$, $q$는 서로소인 자연수이다.)

## 064 08.09 고1 학력평가 공통 10번 [3점]

그림과 같이 $\overline{AB}=a$, $\overline{BC}=b$인 직사각형 ABCD가 있다.

세 사각형 ABFE, GFCH, IJHD가 모두 정사각형일 때, 사각형 EGJI의 넓이를 $a$, $b$에 대한 식으로 나타낸 것은?

$\left(단, \dfrac{3}{2}a < b < 2a 이다.\right)$

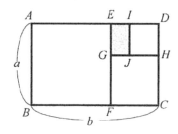

① $-6a^2 + 7ab - 2b^2$

② $3a^2 - 8ab + 4b^2$

③ $-2a^2 + 3ab - b^2$

④ $9a^2 - 6ab + b^2$

⑤ $a^2 - 4ab + 4b^2$

## 065 05.06 고1 학력평가 공통 23번 [3점]

$x - \dfrac{1}{x} = 3$을 만족하는 $x$에 대하여 $x^3 - \dfrac{1}{x^3}$의 값을 구하시오.

## 066 05.11 고1 학력평강 공통 9번 [3점]

[그림 1]은 한 변의 길이가 $x$인 정사각형 모양의 흰색 종이 위에 두 변의 길이가 $x$, $y$인 직사각형 4개를 수직 또는 평행하게 그려 색칠한 것이다. [그림 2]는 [그림 1]에서 색칠한 부분만을 오려 낸 것일 때, 색칠한 부분의 넓이는?

(단, $x > 2y$이다.)

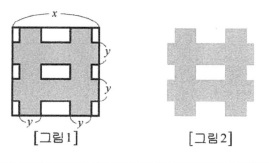

[그림 1]        [그림 2]

① $4x(x-y)$   ② $4y(x-y)$   ③ $4x(x+y)$

④ $4y(x+y)$   ⑤ $4(x^2-y^2)$

## 067 09.05 고1 성취도평가 공통 24번 [3점]

$a+b=4$이고 $(a+1)(b+1)=1$일 때, $a^3+b^3$의 값을 구하시오.

## 068 06.11 고1 학력평가 공통 6번 [3점]

$x$에 대한 다항식 $(ax-1)^3$의 전개식에서 모든 항의 계수의 합이 64일 때, 실수 $a$의 값은?

① 2      ② 3      ③ 4

④ 5      ⑤ 6

## 069 13.06 고1 학력평가 공통 18번 [4점]

두 다항식 $A, B$에 대하여
$\langle A,\ B \rangle = A^2 + AB + B^2$라 할 때, 다항식
$\langle x^2 + x + 1,\ x^2 + x \rangle$의 전개식에서 $x$의 계수는?

① 3      ② 5      ③ 7

④ 9      ⑤ 11

## 070 14.06 고1 학력평가 공통 8번 [3점]

$(2x+y-1)^2 = 3$을 만족시키는 $x,\ y$에 대하여
$4x^2 + y^2 + 4xy - 4x - 2y$의 값은?

① 1      ② 2      ③ 3

④ 4      ⑤ 5

## 071 14.09 고1 학력평가 공통 5번 [3점]

$x$에 대한 다항식 $(ax+2)^3 + (x-1)^2$을 전개한 식에서 $x$의 계수가 34일 때, 상수 $a$의 값은?

① 1      ② 3      ③ 5

④ 7      ⑤ 9

## 072   16.06 고1 학력평가 공통 10번 [3점]

그림과 같이 모든 모서리 길이의 합이 20인 직육면체 ABCD−EFGH가 있다. $\overline{AG}=\sqrt{13}$일 때, 직육면체 ABCD−EFGH의 겉넓이는?

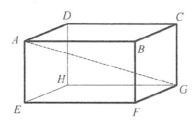

① 10     ② 12     ③ 14
④ 16     ⑤ 18

## 073   17.06 고1 학력평가 공통 12번 [3점]

서로 다른 두 양수 $a$, $b$에 대하여 한 변의 길이가 각각 $a$, $2b$인 두 개의 정사각형과 가로와 세로의 길이가 각각 $a$, $b$이고 넓이가 4인 직사각형이 있다. 두 정사각형의 넓이의 합이 가로와 세로의 길이가 각각 $a$, $b$인 직사각형의 넓이의 5배와 같을 때, 한 변의 길이가 $a+2b$인 정사각형의 넓이는?

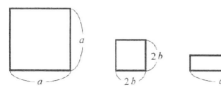

① 20     ② 24     ③ 28
④ 32     ⑤ 36

## 074   17.06 고1 학력평가 공통 23번 [3점]

$x+y=5$, $xy=2$일 때, $(x-y)^2$의 값을 구하시오.

## 075   17.09 고1 학력평가 공통 8번 [3점]

두 실수 $a$, $b$에 대하여 $a+b=3$, $a^2+b^2=7$일 때, $a^4+b^4$의 값은?

## 076   19.03 고2 학력평가 가형 12번 [3점]

두 정육면체의 모든 모서리 길이의 합은 60이고, 겉넓이의 합은 126이다. 이 두 정육면체의 부피의 합은?

① 95     ② 100     ③ 105
④ 110     ⑤ 115

# 077 19.06 고1 학력평가 공통 8번 [3점]

$2016 \times 2019 \times 2022 = 2019^3 - 9a$가 성립할 때, 상수 $a$의 값은?

① 2018　　② 2019　　③ 2020

④ 2021　　⑤ 2022

# 078 14.09 고1 학력평가 공통 14번 [3점]

두 다항식 $P(x) = 3x^3 + x + 11$, $Q(x) = x^2 - x + 1$에 대하여 다항식 $P(x) + 4x$를 다항식 $Q(x)$로 나눈 나머지가 $5x + a$일 때, 상수 $a$의 값은?

# 079 15.09 고1 학력평가 공통 16번 [4점]

후드로 흡입된 오염된 공기는 덕트를 통해 이동된다.

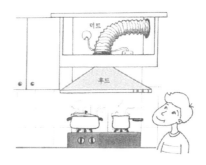

덕트 안의 공기 밀도를 $r$, 공기 속력을 $v$, 압력을 $P$라 하면 다음과 같은 관계가 성립한다고 한다.

$$P = \frac{rv^2}{2g} \text{ (단, } g \text{는 중력가속도이다.)}$$

집 $A$에 있는 덕트 안의 공기의 밀도는 $c$이고 압력은 $P_A$, 점 $B$에 있는 덕트 안의 공기의 밀도는 $2c$이고 압력은 $P_B$이다. 집 $A$와 집 $B$에 있는 덕트 안의 공기의 속력의 비가 $3 : 5$일 때, $P_B = kP_A$이다. 상수 $k$의 값은?

# 080 11.06 고1 학력평가 공통 22번 [3점]

모든 실수 $x$에 대하여 $(x+1)^4 = x^4 + ax^3 + bx^2 + 4x + 1$이 성립할 때, 두 상수 $a$, $b$의 합 $a + b$의 값을 구하시오.

## 081  09.06 고1 학력평가 공통 22번 [3점]

등식 $(a+b-3)x+ab+1=0$이 $x$값에 관계없이 항상 성립 할 때, 상수 $a$, $b$에 대하여 $a^2+b^2$의 값을 구하시오.

## 082  08.06 고1 학력평가 공통 24번 [3점]

$(2+6x-x^3)^2 = a_0+a_1x+a_2x^2+a_3x^3+a_4x^4$
$+a_5x^5+a_6x^6$이 $x$에 대한 항등식일 때,
$a_0+a_2+a_4+a_6$의 값을 구하시오.

## 083  07.09 고1 학력평가 공통 23번 [3점]

$a(x+y)+b(x-y)+2=3x-5y+c$가 $x$, $y$에 대한 항등식 일 때, 상수 $a$, $b$, $c$에 대하여 $a+2b+3c$의 값을 구하시오.

## 084  06.09 고1 학력평가 공통 25번 [3점]

등식
$x^2-3x+6=a(x-1)(x-2)+b(x-2)(x-3)$
$+c(x-3)(x-1)$이 $x$에 대한 항등식이 되도록 상수 $a$, $b$, $c$의 값을 정할 때, $a^2+b^2+c^2$의 값을 구하시오.

## 085  10.11 고1 학력평가 공통 8번 [3점]

모든 실수 $x$에 대하여 유리식 $\dfrac{x^2+2px+q}{2x^2+qx+2}$의 값이 항상 일정할 때, $4p+q$의 값은? (단, $p$, $q$는 상수이다.)

## 086  14.03 고2 학력평가 A형 23번 [3점]

모든 실수 $x$에 대하여 등식
$3x^2+x-2=a(x-1)^2+b(x-1)+c$가 성립할 때, $abc$의 값을 구하시오. ($a$, $b$, $c$는 상수이다.)

## 087 19.09 고1 학력평가 공통 7번 [3점]

다항식 $P(x)$에 대하여 등식
$x^3 + 3x^2 - x - 3 = (x^2 - 1)P(x)$가 $x$에 대한
항등식일 때, $P(1)$의 값은?

① 1      ② 2      ③ 3
④ 4      ⑤ 5

## 088 06.11 고1 학력평가 공통 24번 [3점]

상수 $a$, $b$에 대하여 다항식 $ax^3 + bx^2 + 1$이
$x^2 - x - 1$로 나누어떨어질 때, $a^2 + b^2$의 값을
구하시오.

## 089 10.06 고1 학력평가 공통 12번 [3점]

다항식 $P(x) = x^2 - 4x - 6$에 대하여 서로 다른
두 실수 $a$, $b$가 $P(a) = 0$, $P(b) = 0$을 만족시킬 때,
$P(a+b)$의 값은?

① $-6$      ② $-4$      ③ 0
④ 4      ⑤ 6

## 090 10.06 고1 학력평가 공통 23번 [3점]

다항식 $f(x)$를 $x+1$로 나눈 나머지는 5이고,
$x-1$로 나눈 나머지 13이다. $f(x)$를 $x^2 - 1$로
나눈 나머지를 $R(x)$라 할 때, $R(10)$의 값을
구하시오.

## 091 10.09 고1 학력평가 공통 22번 [3점]

다항식 $f(x) = x^2 + ax + 3$에 대하여 $f(x)$를
$x-1$로 나눈 나머지를 $R_1$, $x+1$로 나눈
나머지를 $R_2$라 하자
$R_1 - R_2 = 38$일 때, 상수 $a$의 값을 구하시오.

## 092 10.03 고2 학력평가 공통 25번 [3점]

다항식 $x^3 - 2x^2 + ax + b$를 $x^2 - 1$로 나눈
나머지가 $3x+5$일 때, 상수 $a$, $b$의 곱 $ab$의 값을
구하시오.

# 093 09.03 고2 학력평가 공통 24번 [3점]

다항식 $f(x)$를 $x-2$, $x-3$으로 나눈 나머지가 각각 1, 3이다. 다항식 $f(x)$를 $(x-2)(x-3)$으로 나눈 나머지를 $R(x)$라 할 때, $R(20)$의 값을 구하시오.

# 095 08.03 고2 학력평가 공통 7번 [3점]

다항식 $f(x)$를 두 일차식 $x-a$, $x+a$로 나눈 나머지가 각각 $R_1$, $R_2$일 때, $f(x)$를 $x^2-a^2$으로 나눈 나머지는?
(단, $a$는 0이 아닌 상수이다.)

① $\dfrac{R_1-R_2}{2a}x+\dfrac{R_1+R_2}{2}$

② $\dfrac{R_1-R_2}{2a}x+\dfrac{R_1-R_2}{2}$

③ $\dfrac{R_1+R_2}{2a}x+\dfrac{R_1+R_2}{2}$

④ $\dfrac{R_1+R_2}{2a}x+\dfrac{R_1-R_2}{2}$

⑤ $\dfrac{R_1R_2}{2a}x-\dfrac{R_1+R_2}{2}$

# 094 08.06 고1 학력평가 공통 28번 [4점]

다항식 $f(x)$를 $x^3-x^2-6x$로 나눈 나머지 $x^2+ax+4$이고, $x^2-x-6$으로 나눈 나머지는 $5x+b$이다. 이때, $a+b$의 값을 구하시오.

# 096 07.03 고2 학력평가 공통 23번 [3점]

다항식 $P(x)$에 대하여 $P(x)-7$은 $x-1$로 나누어떨어지고, $P(x)+3$은 $x+1$로 나누어떨어진다. $P(x)$를 $x^2-1$로 나눈 나머지를 $R(x)$라 할 때, $R(3)$의 값을 구하시오.

# 097 05.06 고1 학력평가 공통 10번 [3점]

다항식 $f(x)$를 $(x-1)(x-2)$로 나누면 몫이 $q(x)$, 나머지는 $x+1$이다. $f(x)$를 $x-3$으로 나눈 나머지가 8일 때, $q(x)$를 $x-3$으로 나눈 나머지는?

# 098 06.06 고1 학력평가 공통 13번 [3점]

$x+1$이 다항식 $ax^4+bx^3+cx-a$의 인수일 때, 임의의 실수 $a$, $b$, $c$에 대하여 주어진 다항식의 인수가 반드시 될 수 있는 것은?

① $x+2$    ② $x$    ③ $x-1$
④ $x-2$    ⑤ $x-3$

# 099 06.03 고2 학력평가 공통 27번 [3점]

다항식 $f(x)$를 $(x+1)(x+2)$로 나눈 나머지가 $2x-15$일 때, 다항식 $xf\left(\dfrac{1}{2}x\right)$를 $x+2$로 나눈 나머지를 구하시오.

# 100 06.06 고2 학력평가 가형 9번 [3점], 나형 9번 [3점]

다항식 $f(x)$에 대하여 $(x+2)f(x)$를 $x-1$로 나눈 나머지가 3이고, $(2x-3)f(2x-5)$를 $x-2$로 나눈 나머지가 $-7$이다. $f(x)$를 $(x+1)(x-1)$로 나눈 나머지를 $R(x)$라 할 때, $R(3)$의 값은?

① 8    ② 9    ③ 10
④ 11    ⑤ 12

# 101 05.11 고1 학력평가 공통 7번 [3점]

다항식 $f(x)$를 $x+3$으로 나눈 나머지가 1일 때, 다항식 $f(x+2005)$를 $x+2008$로 나눈 나머지는?

① 1    ② 2    ③ 3
④ 4    ⑤ 5

# 102 05.11 고1 학력평가 공통 10번 [3점]

$m$차 다항식 $f(x)$를 $n$차 다항식 $g(x)$로 나눈 몫을 $Q(x)$, 나머지를 $R(x)$라 할 때, <보기>에서 옳은 것을 모두 고르면? (단, $m > n > 0$)

─── <보 기> ───
ㄱ. $Q(x)$의 차수는 $m-n$이다.
ㄴ. $Q(x)$의 차수는 $R(x)$의 차수보다 크다.
ㄷ. $n=3$일 때, $R(x)$의 차수는 2차 이하이다.

① ㄱ     ② ㄴ     ③ ㄱ, ㄷ
④ ㄴ, ㄷ     ⑤ ㄱ, ㄴ, ㄷ

# 103 07.11 고1 학력평가 공통 7번 [3점]

등식
$$x^3 + x^2 - 8x + 7 = (x-1)^3 + a(x-1)^2 + b(x-1) + c$$
가 $x$의 값에 관계없이 항상 성립하도록 하는 상수 $a$, $b$, $c$에 대하여 다항식 $ax^2 - bx - c$를 $x-2$로 나눈 나머지는?

① 15     ② 17     ③ 19
④ 21     ⑤ 23

# 104 11.11 고1 학력평가 공통 15번 [3점]

다음은 다항식 $f(x)$를 $(2x-3)(x+1)$로 나눈 몫이 $Q(x)$, 나머지가 $x+7$일 때, $f(3x+1)$을 $3x+2$로 나눈 나머지를 구하는 과정이다.

다항식 $f(x)$를 $(2x-3)(x+1)$로 나눈 몫이 $Q(x)$이고 나머지가 $x+7$이므로
$f(x) = (2x-3)(x+1)Q(x) + x + 7$이다.
한편,
$f(3x+1) = (6x-1)(3x+2)Q(3x+1) + \boxed{(가)}$
$= (3x+2)\{(6x-1)Q(3x+1)+1\} + \boxed{(나)}$
이므로 $f(3x+1)$을 $3x+2$로 나눈 나머지는 $\boxed{(다)}$ 이다.

위의 과정에서 (가)에 알맞은 식을 $P(x)$, (나)에 알맞은 값을 $r$라 할 때, $r \times P(2)$의 값은?

① 66     ② 72     ③ 78
④ 84     ⑤ 90

# 105 12.11 고1 학력평가 공통 6번 [3점]

다항식 $P(x)$를 $x-5$로 나눈 나머지가 $10$이고, $x+3$으로 나눈 나머지가 $-6$이다. $P(x)$를 $(x-5)(x+3)$으로 나눈 나머지를 $R(x)$라 할 때, $R(1)$의 값은?

① $-2$     ② $0$     ③ $2$
④ $4$     ⑤ $6$

## 106　13.03 고2 학력평가 A형 25번 [3점]

다항식 $P(x)$를 $2x^2-5x-3$으로 나눈 나머지가 $2x+3$일 때, 다항식 $(x^2-2)P(x)$를 $x-3$으로 나눈 나머지를 구하시오.

## 108　13.09 고1 학력평가 공통 11번 [3점]

다항식 $f(x)$가 다음 조건을 모두 만족할 때, $f(0)$의 값은?

> (가) $f(x)$를 $x-2$로 나누면 나머지가 $7$이다.
> (나) $f(x)$를 $x+1$로 나누면 나머지가 $1$이다.
> (다) $f(x)$를 $(x-2)(x+1)$로 나누면 몫과 나머지가 서로 같다.

① $-3$　　② $-2$　　③ $-1$
④ $0$　　⑤ $1$

## 107　13.06 고1 학력평가 공통 25번 [3점]

다항식 $x^4$을 $x-1$로 나눈 몫을 $q(x)$, 나머지를 $r_1$이라 하고, $q(x)$를 $x-4$로 나눈 나머지를 $r_2$라 하자. $r_1+3r_2$의 값을 구하시오.

## 109　13.09 고1 학력평가 공통 14번 [3점]

$x$에 대한 두 다항식
$f(x)=2x^2+5x+2,\ g(x)=(a-1)x+b$가 있다.
(단, $a$, $b$는 실수이다.)
다항식 $f(x)-g(x)$가 $x+2$를 인수로 갖기 위한 $a$와 $b$의 관계로 항상 옳은 것은?

① $a-b=0$
② $a+b=0$
③ $a+b-2=0$
④ $2a-b-2=0$
⑤ $2a+b+2=0$

## 110 14.09 고1 학력평가 공통 22번 [3점]

다항식 $P(x)=x^3-x^2-kx-6$이 $x+2$로 나누어떨어지도록 하는 상수 $k$의 값을 구하여라.

## 111 14.11 고1 학력평가 공통 24번 [3점]

두 다항식 $f(x)$, $g(x)$에 대하여 $f(x)+g(x)$를 $x-3$으로 나누었을 때의 나머지가 8이고, $f(x)g(x)$를 $x-3$으로 나누었을 때의 나머지가 6이다. $\{f(x)\}^2+\{g(x)\}^2$을 $x-3$으로 나누었을 때의 나머지를 구하시오.

## 112 15.03 고2 학력평가 가형 15번 [4점]

다항식 $P(x)$를 $x-2$로 나누었을 때의 몫이 $Q(x)$, 나머지는 3이고, 다항식 $Q(x)$를 $x-1$로 나누었을 때의 나머지는 2이다. $P(x)$를 $(x-1)(x-2)$로 나누었을 때의 나머지를 $R(x)$라 하자. $R(3)$의 값은?

① 5　　　② 7　　　③ 9
④ 11　　　⑤ 13

## 113 16.06 고1 학력평가 공통 26번 [4점]

다항식 $f(x)$를 $x-1$로 나눈 몫은 $Q(x)$, 나머지는 5이므로, $Q(x)$를 $x-2$로 나눈 나머지는 10이다. $f(x)$를 $(x-1)(x-2)$로 나눈 나머지를 $ax+b$라 할 때, 두 상수 $a$, $b$에 대하여 $3a+b$의 값을 구하시오.

## 114 16.09 고1 학력평가 공통 24번 [3점]

다항식 $f(x)=x^2+ax+b$를 $x+1$로 나눈 나머지가 2이고, $x-1$로 나눈 나머지가 8일 때, $f(2)$의 값을 구하시오. (단, $a$, $b$는 상수이다.)

## 115 17.03 고2 학력평가 나형 8번 [3점]

다항식 $x^2+ax+4$를 $x-1$로 나누었을 때의 나머지와 $x-2$로 나누었을 때의 나머지가 서로 같을 때, 상수 $a$의 값은?

① $-3$     ② $-1$     ③ $1$
④ $3$     ⑤ $5$

## 117 18.06 고1 학력평가 공통 12번 [3점]

다항식 $2x^3+x^2+x-1$을 일차식 $x-a$로 나누었을 때의 몫은 $Q(x)$, 나머지는 $3$이다. $Q(a)$의 값은? (단, $a$는 상수이다.)

① $5$     ② $6$     ③ $7$
④ $8$     ⑤ $9$

## 116 18.03 고2 학력평가 나형 7번 [3점]

다항식 $P(x)$를 $x^2-1$로 나눈 몫은 $2x+1$이고 나머지가 $5$일 때, 다항식 $P(x)$를 $x-2$로 나눈 나머지는?

① $15$     ② $20$     ③ $25$
④ $30$     ⑤ $35$

## 118 18.11 고1 학력평가 공통 11번 [3점]

$x$에 대한 다항식 $x^4-4x^2+a$가 $x-1$로 나누어떨어질 때의 몫을 $Q(x)$라 하자. $Q(a)$의 값은? (단, $a$는 상수이다.)

① $24$     ② $25$     ③ $26$
④ $27$     ⑤ $28$

## 119 19.03 고2 학력평가 나형 13번 [3점]

다항식 $f(x)$를 $(x-3)(2x-a)$로 나눈 몫은 $x+1$이고 나머지는 6이다. 다항식 $f(x)$를 $x-1$로 나눈 나머지가 6일 때, 상수 $a$의 값은?

① 2　　　② 4　　　③ 6
④ 8　　　⑤ 10

## 121 19.11 고1 학력평가 공통 15번 [4점]

다항식 $f(x)$를 $x^2-x$로 나눈 나머지가 $ax+a$이고, 다항식 $f(x+1)$을 $x$로 나눈 나머지는 6일 때, 상수 $a$의 값은?

① 1　　　② 2　　　③ 3
④ 4　　　⑤ 5

## 120 19.09 고1 학력평가 공통 11번 [3점]

최고차항의 계수가 1인 이차다항식 $f(x)$를 $x-1$로 나누었을 때의 나머지와 $x-3$으로 나누었을 때의 나머지가 6으로 같다. 이차다항식 $f(x)$를 $x-4$로 나눈 나머지는?

① 1　　　② 3　　　③ 5
④ 7　　　⑤ 9

## 122 20.11 고1 학력평가 공통 13번 [3점]

다항식 $f(x+3)$을 $(x+2)(x-1)$로 나눈 나머지가 $3x+8$일 때, 다항식 $f(x^2)$을 $x+2$로 나눈 나머지는?

① 11　　　② 12　　　③ 13
④ 14　　　⑤ 15

# 123 10.09 고1 학력평가 공통 5번 [3점]

부피가 $(x^3+x^2-5x+3)\pi$인 직원기둥이 있다. 이 직원기둥의 높이와 밑면의 반지름의 길이가 각각 최고차항의 계수가 1인 $x$에 대한 일차식으로 나타내어 질 때, 이 직원기둥의 겉넓이는? (단, $x>1$)

① $4(x^2-x)\pi$    ② $4(x^2-1)\pi$    ③ $4x^2\pi$

④ $4(x^2+1)\pi$    ⑤ $4(x^2+x)\pi$

# 124 09.09 고1 학력평가 공통 17번 [3점]

삼각형의 세 변의 길이가 각각 $a$, $b$, $c$이고, $a^3+c^3+a^2c+ac^2-ab^2-b^2c=0$을 만족할 때, 이 삼각형은 어떤 삼각형인가?

① 정삼각형
② $a=b$인 이등변삼각형
③ $b=c$인 이등변삼각형
④ $a$가 빗변인 직각삼각형
⑤ $b$가 빗변인 직각삼각형

# 125 09.09 고1 학력평가 공통 22번 [3점]

$x=3+2\sqrt{2}$, $y=3-2\sqrt{2}$ 이면 $x^2-y^2=p\sqrt{2}$ 이다. 이 때, 유리수 $p$의 값을 구하시오.

# 126 06.06 고2 학력평가 가형 6번 [3점], 나형 6번 [3점]

두 변의 길이가 각각 $a$, $b$인 그림과 같은 직사각형에서 어두운 부분의 넓이는?

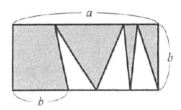

① $\dfrac{1}{3}b(a+b)$  ② $\dfrac{1}{2}b(a+b)$  ③ $\dfrac{1}{3}b(a-b)$

④ $\dfrac{1}{2}b(a-b)$  ⑤ $\dfrac{2}{3}b(a-b)$

**127**   07.11 고1 학력평가 공통 16번 [4점]

$(x^2-x)(x^2+3x+2)-3$을 인수분해 하면 $(x^2+ax+b)(x^2+cx+d)$이다. 이 때, $a+b+c+d$의 값은? (단, $a$, $b$, $c$, $d$는 상수이다.)

① $-2$     ② $-1$     ③ $0$
④ $1$     ⑤ $2$

**128**   06.11 고1 학력평가 공통 8번 [3점]

$x$, $y$, $z$에 대한
다항식 $xy(x+y)-yz(y+z)-zx(z-x)$의 인수는?

① $x-y$     ② $x-z$     ③ $y-z$
④ $x-y+z$  ⑤ $x+y+z$

**129**   12.03 고1 학력평가 공통 23번 [3점]

$(300-5)(300+1)+9=N^2$을 만족하는 자연수 $N$의 값을 구하시오.

**130**   12.06 고1 학력평가 공통 24번 [3점]

다항식 $x^4-8x^2+16$을 인수분해하면 $(x+a)^2(x+b)^2$이다.
$\dfrac{2012}{a-b}$의 값을 구하시오. (단, $a>b$이다.)

**131**   15.06 고1 학력평가 공통 11번 [3점]

다항식 $x^4+4x^2+16$이
$(x^2+ax+b)(x^2-cx+d)$로 인수분해될 때,
$a+b+c+d$의 값은? (단, $a$, $b$, $c$, $d$는 양수이다.)

**132**   16.03 고2 학력평가 가형 9번 [3점]

다항식 $2x^3-3x^2-12x-7$을 인수분해하면 $(x+a)^2(bx+c)$일 때, $a+b+c$의 값은?
(단, $a$, $b$, $c$는 상수이다.)

## 133 16.06 고1 학력평가 공통 8번 [3점]

다항식 $\left(x^2-x\right)^2+2x^2-2x-15$가 $\left(x^2+ax+b\right)\left(x^2+ax+c\right)$로 인수분해 될 때, 세 상수 $a$, $b$, $c$에 대하여 $a+b+c$의 값은?

① $-2$   ② $-1$   ③ $0$
④ $1$   ⑤ $2$

## 134 16.11 고1 학력평가 공통 14번 [4점]

다항식 $x^4-2x^3+2x^2-x-6$이 $(x+1)(x+a)$ $\left(x^2+bx+c\right)$로 인수분해될 때, 세 정수 $a$, $b$, $c$의 합 $a+b+c$의 값은?

① $-2$   ② $-1$   ③ $0$
④ $1$   ⑤ $2$

## 135 17.06 고1 학력평가 공통 6번 [3점]

1이 아닌 두 자연수 $a$, $b(a<b)$에 대하여 $11^4-6^4=a\times b\times 157$로 나타낼 때, $a+b$의 값은?

① $21$   ② $22$   ③ $23$
④ $24$   ⑤ $25$

## 136 19.03 고2 학력평가 가형 26번 [4점]

$\sqrt{10\times 13\times 14\times 17+36}$ 의 값을 구하시오.

## 137 19.06 고1 학력평가 공통 9번 [3점]

$x=\sqrt{3}+\sqrt{2}$, $y=\sqrt{3}-\sqrt{2}$ 일 때, $x^2y+xy^2+x+y$의 값은?

## 138 19.06 고1 학력평가 공통 17번 [4점]

두 자연수 $a$, $b(a<b)$와 모든 실수 $x$에 대하여 등식 $\left(x^2-x\right)\left(x^2-x+3\right)+k\left(x^2-x\right)+8$ $=\left(x^2-x+a\right)\left(x^2-x+b\right)$를 만족시키는 모든 상수 $k$의 값의 합은?

① $8$   ② $9$   ③ $10$
④ $11$   ⑤ $12$

# 139 20.06 고1 학력평가 공통 24번 [3점]

$(2020+1)(2020^2-2020+1)$을 2017로 나눈 나머지를 구하시오.

# 140 20.11 고1 학력평가 공통 10번 [3점]

그림과 같이 세 모서리의 길이가 각각 $x$, $x$, $x+3$인 직육면체 모양에 한 모서리의 길이가 1인 정육면체 모양의 구멍이 두 개 있는 나무 블록이 있다. 세 정수 $a$, $b$, $c$에 대하여 이 나무 블록의 부피를 $(x+a)(x^2+bx+c)$로 나타낼 때, $a \times b \times c$의 값은? (단, $x > 1$)

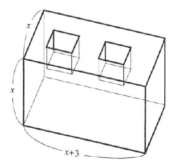

① $-5$      ② $-4$      ③ $-3$

④ $-2$      ⑤ $-1$

# 141 11.06 고1 학력평가 공통 26번 [3점]

농도가 $a\%$인 소금물 $100g$과 $b\%$의 소금물 $200g$을 섞어 $p\%$의 소금물을 얻었다. 또, 농도가 $a\%$인 소금물 $200g$과 $b\%$의 소금물 $100g$을 섞어 $q\%$의 소금물을 얻었다. $p:q=2:3$일 때, $\dfrac{3a^2+4b^2}{ab}$의 값을 구하시오. (단, $ab \neq 0$)

# 142 12.03 고1 학력평가 공통 30번 [4점]

수학 책에 소개된 회전체의 부피와 관련된 내용의 일부분이다.

[그림1]과 같이 색칠된 직사각형을 직선 $l$을 축으로 하여 1회전 시켜 만든 회전체는 [그림2]와 같다.

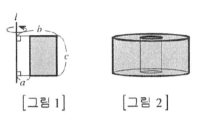

[그림 1]          [그림 2]

이 회전체의 부피는 큰 원기둥의 부피에서 가운데 원기둥의 부피를 떼서 구할 수 있으므로

$$V = \pi b^2 c - \pi a^2 c$$
$$= \pi(b+a)(b-a)c$$
$$= 2\pi \frac{a+b}{2}(b-a)c$$
$$\vdots$$

그림과 같이 직선 $m$에 대하여 대칭이고 넓이가 23인 색칠된 직사각형과 직선 $m$에 평행하고 직선 $m$으로부터 3만큼 떨어져 있는 직선 $l$이있다. 이 직사각형을 직선 $l$을 축으로 하여 1회전시켜 만든 회전체의 부피는 $V$이다. $\dfrac{V}{\pi}$의 값을 구하시오.

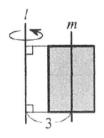

# 143 12.06 고1 학력평가 공통 7번 [3점]

그림과 같이 점 O를 중심으로 하는 반원에 내접하는 직사각형 ABCD가 다음 조건을 만족시킨다.

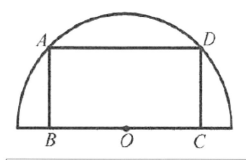

(가) $\overline{OC} + \overline{CD} = x + y + 3$

(나) $\overline{DA} + \overline{AB} + \overline{BO} = 3x + y + 5$

직사각형 ABCD의 넓이를 $x$, $y$의 식으로 나타내면?

① $(x-1)(y+2)$

② $(x+1)(y+2)$

③ $2(x-1)(y+2)$

④ $2(x+1)(y-2)$

⑤ $2(x+1)(y+2)$

# 144 13.06 고1 학력평가 공통 28번 [4점]

세 실수 $x$, $y$, $z$가 다음 조건을 만족시킨다.

(가) $x$, $y$, $2z$ 중에서 적어도 하나는 3이다.

(나) $3(x+y+2z) = xy + 2yz + 2zx$

$10xyz$의 값을 구하시오.

# 145 07.09 고1 학력평가 공통 27번 [4점]

사면체 OABC가 다음 조건을 만족한다.

(가) 세 선분 OA, OB, OC는 점 O에서 서로 수직이다.

(나) $\overline{OA} + \overline{OB} + \overline{OC} = 9$이다.

(다) 세 삼각형 △OAB, △OBC, △OCA의 넓이의 합은 13이다.

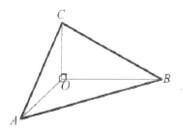

이때, $\overline{OA}^2 + \overline{OB}^2 + \overline{OC}^2$의 값을 구하시오.

# 146

09.05 고2 성취도평가 가형 30번 [4점], 나형 30번 [4점]

다음은 △△천문대의 깃발에 대한 설명이다.

(가) 삼각형 ABC에서 $\angle A = 90°$, $\overline{BC} = 29$이다. $\overline{AC} = \overline{CE}$이고, $\overline{DE} = 12$이다.

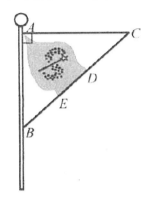

$\overline{AB} = x$, $\overline{AC} = y$라 할 때, $xy$의 값을 구하시오.

# 147

12.09 고1 학력평가 공통 28번 [4점]

그림과 같이 반지름의 길이가 8인 원 $O$의 내부에 반지름의 길이가 각각 $r_1$, $r_2$, $r_3$인 세 원 $O_1$, $O_2$, $O_3$이 있다. 네 원 $O$, $O_1$, $O_2$, $O_3$의 중심이 한 직선 위에 있고 원 $O_1$, $O_3$은 각각 원 $O$와 내접하며 원 $O_2$는 원 $O_1$, $O_3$과 동시에 외접한다. 원 $O_1$, $O_2$, $O_3$의 넓이의 합이 어두운 부분의 넓이와 같을 때, $r_1 r_2 + r_2 r_3 + r_3 r_1$의 값을 구하시오. (단, 원 $O_1, O_2, O_3$의 중심의 위치는 서로 다르다.)

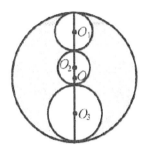

# 148 13. 06 고1 학력평가 공통 16번 [4점]

그림과 같이 $\overline{AB}=2$, $\overline{BC}=4$인 직사각형과 선분 BC를 지름으로 하는 반원이 있다. 직사각형 ABCD의 내부에 있는 한 점 P에서 선분 AB에 내린 수선의 발을 Q, 선분 AD에 내린 수선의 발을 R라고 할 때,

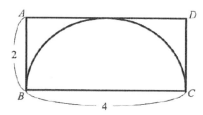

호 BC 위에 있는 점 P에 대하여 직사각형 AQPR의 둘레의 길이는 10이다. 직사각형 AQPR의 넓이는?

① 4　　② $\dfrac{9}{2}$　　③ 5

④ $\dfrac{11}{2}$　　⑤ 6

# 149 15. 06 고1 학력평가 공통 18번 [4점]

다음은 이차함수 $y=x^2$의 그래프 위의 세 점 $P(-1,\ 1)$, $A(a,\ a^2)$, $B\left(\dfrac{a-1}{2},\ \left(\dfrac{a-1}{2}\right)^2\right)$을 꼭짓점으로 하는 삼각형 PAB의 넓이를 구하는 과정이다. (단, $a>1$이다.)

점 B를 지나고 $y$축과 평행한 직선이 직선 PA와 만나는 점을 M, $x$축과 만나는 점을 N이라 하자.

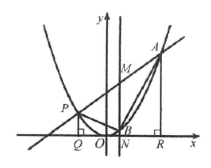

두 점 $Q(-1,\ 0)$, $R(a,\ 0)$에 대하여 사각형 PARQ는 사다리꼴이다. 두 점 M과 N은 각각 두 선분 PA, QR의 중점이므로

$\overline{MN}=\dfrac{1}{2}\times(\overline{PQ}+\overline{AR})=\boxed{(가)}$ 이다. 또한

$\overline{MB}=\overline{MN}-\overline{BN}=\boxed{(가)}-\left(\dfrac{a-1}{2}\right)^2=\boxed{(나)}$ 이다. 따라서 삼각형 PAB의 넓이를 S라 하면

$S=2\times\triangle MAB=2\times\dfrac{1}{2}\times\overline{MB}\times\overline{NR}=\dfrac{(a+1)^3}{\boxed{(다)}}$

이다. 위의 과정에서 (가), (나)에 알맞은 식을 각각 $f(a)$, $g(a)$라 하고 (다)에 알맞은 수를 $k$라 할 때, $f(3)+g(5)+k$의 값은?

① 16　　② 18　　③ 20

④ 22　　⑤ 24

## 150 17.03 고2 학력평가 나형 14번 [4점]

[그림 1]과 같이 모든 모서리의 길이가 1보다 큰 직육면체가 있다. 이 직육면체와 크기와 모양이 같은 나무토막의 한 모퉁이에서 한 모서리의 길이가 1인 정육면체 모양의 나무토막을 잘라내어 버리고 [그림2]와 같은 입체도형을 만들었다. [그림2]의 입체도형의 겉넓이는 236이고, 모든 모서리의 길이의 합은 82일 때, [그림1]에서 직육면체의 대각선의 길이는?

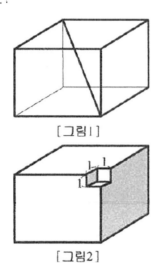

[그림1]

[그림2]

① $2\sqrt{30}$    ② $5\sqrt{5}$    ③ $\sqrt{130}$

④ $3\sqrt{15}$    ⑤ $2\sqrt{35}$

## 151 15. 06 고1 학력평가 공통 16번 [4점]

단면의 반지름의 길이가 $R$이고 길이가 $l$인 원기둥 모양의 혈관이 있다. 단면의 중심에서 혈관의 벽면 방향으로 $r$만큼 떨어진 지점에서의 혈액의 속력을 $v$라 하면, 다음관계식이 성립한다고 한다.

$$v = \frac{P}{4\eta l}\left(R^2 - r^2\right)$$

(단, $P$는 혈관 양끝의 압력차, $\eta$는 혈액의 점도이고 속력의 단위는 cm/초, 길이의 단위는 cm이다.) $R$, $l$, $P$, $\eta$가 모두 일정할 때, 단면의 중심에서 혈관의 벽면 방향으로 $\frac{R}{3}$, $\frac{R}{2}$만큼씩 떨어진 두 지점에서의 혈액의 속력을 각각 $v_1$, $v_2$라 하자. $\frac{v_1}{v_2}$의 값은?

① $\frac{28}{27}$    ② $\frac{10}{9}$    ③ $\frac{32}{27}$

④ $\frac{34}{27}$    ⑤ $\frac{4}{3}$

## 152  16. 06 고1 학력평가 공통 18번 [4점]

행성의 인력에 의하여 주위를 공전하는 천체를 위성이라고 한다. 행성과 위성 사이의 거리를 $r(\text{km})$, 위성의 공전 속력을 $v(\text{km/sec})$, 행성의 질량을 $M(\text{kg})$이라고 할 때, 다음과 같은 관계식이 성립한다고 한다.

$$M = \frac{rv^2}{G} \quad (\text{단, } G\text{는 만유인력상수이다.})$$

행성 $A$와 $A$의 위성 사이의 거리가 행성 $B$와 $B$의 위성 사이의 거리의 45배일 때, 행성 $A$의 위성의 공전 속력이 행성 $B$의 위성의 공전 속력의 $\frac{2}{3}$배이다. 행성 $A$와 행성 $B$의 질량을 각각 $M_A$, $M_B$라 할 때, $\dfrac{M_A}{M_B}$의 값은?

① 4 　　② 8 　　③ 12
④ 16 　　⑤ 20

## 153  16 06 고1 학력평가 공통 20번 [4점]

다음은 $x$에 대한 다항식 $ax^9 + bx^8 + 1$이 다항식 $x^2 - x - 1$로 나누어 떨어지기 위한 정수 $a$, $b$의 값을 구하는 과정의 일부이다.

방정식 $x^2 - x - 1 = 0$의 두 근을 $p$, $q$라 하면 $p + q = 1$, $pq = -1$이다.

따라서 $p^2 + q^2 = \boxed{\text{(가)}}$, $p^4 + q^4 = \boxed{\text{(나)}}$ 이다.

$x$에 대한 다항식 $ax^9 + bx^8 + 1$이 $x^2 - x - 1$로 나누어 떨어지면 $ap^9 + bp^8 = -1 \cdots \text{㉠}$

$aq^9 + bq^8 = -1 \cdots \text{㉡}$ 이다.

㉠, ㉡의 양변에 각각 $q^8$, $p^8$을 고하여 정리하면

$ap + b = -q^8 \cdots \text{㉢}$

$aq + b = -p^8 \cdots \text{㉣}$ 이다.

㉢에서 ㉣을 뺀 식으로부터

$a(p - q) = p^8 - q^8$이고,

$p \neq q$이므로 $a = \dfrac{p^8 - q^8}{p - q}$이다.

따라서 $a = \boxed{\text{(다)}}$ 이다.

$$\vdots$$

위의 (가), (나), (다)에 알맞은 수를 각각 $r$, $s$, $t$라 할 때, $r + s + t$의 값은?

① 27 　　② 29 　　③ 31
④ 33 　　⑤ 35

## 154 17. 06 고1 학력평가 공통 17번 [4점]

별의 표면에서 단위 시간당 방출하는 총 에너지를 광도라고 한다. 별의 반지름의 길이를 $R(km)$, 표면 온도를 $T(K)$, 광도를 $L(W)$이라 할 때, 다음과 같은 관계식이 성립한다.

$L = 4\pi R^2 \times \sigma T^4$ (단, $\sigma$는 슈테판-볼츠만 상수이다.)

별 $A$의 반지름의 길이는 별 $B$의 반지름의 길이의 12배이고, 별 $A$의 표면 온도는 별 $B$의 표면 온도의 $\frac{1}{2}$배이다.

별 $A$와 별 $B$의 광도를 각각 $L_A$, $L_B$라 할 때, $\frac{L_A}{L_B}$의 값은?

① 3　　② 6　　③ 9
④ 12　　⑤ 15

## 155 18 06 고1 학력평가 공통 17번 [4점]

실린더에 담긴 액체의 높이를 $h(m)$, 액체의 밀도를 $\rho(kg/m^3)$, 액체의 무게에 의한 밑면에서의 압력을 $P(N/m^2)$ 라 할 때, 다음과 같은 관계식이 성립한다. $P = \rho g h$ (단, $g$는 중력가속도이다.)

실린더 $A$에 담긴 액체의 높이는 실린더 $B$에 담긴 액체의 높이의 15배이고, 실린더 $A$에 담긴 액체의 밀도는 실린더 $B$에 담긴 액체의 밀도의 $\frac{3}{5}$배이다. 실린더 $A$에 담긴 액체의 무게에 의한 밑면에서의 입력과 실린더 $B$에 담긴 액체의 무게에 의한 밑면에서의 압력을 각각 $P_A$, $P_B$라 할 때, $\frac{P_A}{P_B}$의 값은?

① 3　　② 5　　③ 7
④ 9　　⑤ 11

## 156   10. 06 고1 학력평가 공통 24번 [3점]

자연수 $n$에 대하여 $n$차 다항식 $P_n(x) =$ $(x-1)(x-2)(x-3)\cdots(x-n)$이라 할 때, $2x^3 - 3x^2 + 1 = a + bP_1(x) + cP_2(x) + dP_3(x)$는 $x$에 대한 항등식이다. 상수 $a$, $b$, $c$, $d$의 합 $a+b+c+d$의 값을 구하시오.

## 157   09. 05 고1 성취도평가 공통 20번 [4점]

모든 실수 $x$에 대하여 등식

$$x^{2009} = a_0 + a_1(x+1)$$
$$+ a_2(x+1)^2 + \cdots + a_{2009}(x+1)^{2009}$$이 성립할 때, $a_0 + a_2 + a_4 \cdots + a_{2008}$의 값은?

① $-2^{2009}$    ② $-2^{2008}$    ③ $0$

④ $2^{2008}$    ⑤ $2^{2009}$

## 158   12. 09 고1 학력평가 공통 15번 [4점]

다음은 계수가 실수인 다항식 $P(x)$에 대하여 방정식 $x^3 + 2x - 1 = 0$의 서로 다른 세 근이 모두 방정식 $(x^2 + x + 1)P(x) = 1$의 근이 되도록 하는, 차수가 최소인 다항식 $P(x)$를 구하는 과정이다.

---

$x^3 + 2x - 1 = 0$의 서로 다른 세 근이 모두 방정식 $(x^2 + x + 1)P(x) = 1$의 근이므로 $(x^2 + x + 1)P(x) - 1 = (x^3 + 2x - 1)Q(x)$인 다항식 $Q(x)$가 존재한다.

즉,

$(x^2 + x + 1)P(x) = (x^3 + 2x - 1)Q(x) + 1$이다.

그런데, $x^3 + 2x - 1$을 $x^2 + x + 1$로 나눈 몫과 나머지는 각각 $x - 1$, $\boxed{(가)}$ 이므로

$(x^2 + x + 1)P(x) = (x-1)(x^2 + x + 1)Q(x)$ $+ \boxed{(가)}\, Q(x) + 1 \quad \cdots \text{㉠}$이다.

등식 ㉠을 만족하는 다항식 $P(x)$의 차수가 최소가 되기 위해서는 $Q(x)$가 다항식이므로

$\boxed{(가)}\, Q(x) + 1 = x^2 + x + 1$이어야 한다.

따라서 $Q(x) = \boxed{(나)}$ 이다.

그러므로 구하고자 하는 다항식

$P(x) = \boxed{(다)}$ 이다.

---

위의 과정에서 (가), (나), (다)에 알맞은 식을 각각 $f(x), g(x), h(x)$라 할 때, $f(1) + g(3) + h(5)$의 값은?

① $16$     ② $17$     ③ $18$

④ $19$     ⑤ $20$

## 159 2000 수능 가형 16번 [3점]

음이 아닌 정수 $n$에 대하여 $n$을 5로 나눈 나머지를 $f(n)$, 10으로 나눈 나머지를 $g(n)$이라 하자. <보 기> 중 항상 옳은 것을 모두 고른 것은?

───── <보 기> ─────

ㄱ. $f(f(n))=f(n)$　　　ㄴ. $g(f(n))=g(n)$

ㄷ. $f(g(n))=f(n)$

─────────────────

① ㄱ　　　② ㄴ　　　③ ㄱ, ㄴ

④ ㄱ, ㄷ　　⑤ ㄴ, ㄷ

## 160 2003 수능 가형 27번 [3점]

다항식 $f(x)=x^3+x^2+2x+1$에 대하여 $f(x)$를 $x-a$로 나누었을 때의 나머지를 $R_1$, $f(x)$를 $x+a$로 나누었을 때의 나머지를 $R_2$라고 하자. $R_1+R_2=6$일 때, $f(x)$를 $x-a^2$으로 나눈 나머지를 구하여라.

## 161 10. 06 고2 학력평가 가형 19번 [4점], 나형 19번 [4점]

$x$에 대한 다항식 $A$를 $x^2+1$로 나눈 나머지를 $R(A)$라 할 때, 옳은 내용만을 <보 기>에서 있는 대로 고른 것은?

───── <보 기> ─────

ㄱ. $R(x^{10}-x+1)=-x$

ㄴ. $R(x^9+x+1)=R(x^5+x+1)$

ㄷ. 자연수 $k$에 대하여 $n=4k+3$이면 $R(x^n+x+1)=-1$이다.

─────────────────

① ㄷ　　　② ㄱ, ㄴ　　③ ㄱ, ㄷ

④ ㄴ, ㄷ　　⑤ ㄱ, ㄴ, ㄷ

## 162 09. 06 고1 학력평가 공통 27번 [4점]

삼차다항식 $f(x)$에 대하여 $f(x)$는 $x^2+x+1$로 나누어 떨어지고, $f(x)+12$는 $x^2+2$로 나누어 떨어진다. $f(0)=4$일 때, $f(1)$의 값을 구하시오.

## 163   09. 09 고1 학력평가 공통 28번 [4점]

다항식 $f(x)$를 $x^2 - 8x + 12$로 나누었을 때의 나머지가 $2x + 1$이고, $(x^2 + 1)f(x+3)$을 $x^2 - 2x - 3$으로 나누었을때의 나머지가 $R(x)$일 때, $R(1)$의 값을 구하시오.

## 164   07. 09 고1 학력평가 공통 25번 [4점]

두 다항식 $f(x)$, $g(x)$에 대하여 $f(x) + g(x)$를 $x - 2$로 나눈 나머지가 $10$이고 $\{f(x)\}^2 + \{g(x)\}^2$을 $x - 2$로 나눈 나머지가 $58$일 때, $f(x)g(x)$를 $x - 2$로 나눈 나머지 구하시오.

## 165   12. 06 고1 학력평가 공통 20번 [4점]

삼차식 $f(x)$가 다음 조건을 만족시킨다.

(가) $f(0) = 3$

(나) $f(x+1) = f(x) + x^2$

$f(x)$를 $x^2 - 3x + 2$로 나눈 나머지는?

① $x + 3$    ② $x + 2$    ③ $x + 1$

④ $x$    ⑤ $x - 1$

## 166   13. 03 고2 학력평가 B형 16번 [4점]

다항식 $f(x)$가 다음 세 조건을 만족시킬 때, $f(0)$의 값은?

(가) $f(x)$를 $x^3 + 1$로 나눈 몫은 $x + 2$이다.

(나) $f(x)$를 $x^2 - x + 1$로 나눈 나머지는 $x - 6$이다.

(다) $f(x)$를 $x - 1$로 나눈 나머지는 $-2$이다.

① $-10$    ② $-9$    ③ $-8$

④ $-7$    ⑤ $-6$

# 167 14. 03 고2 학력평가 B형 14번 [4점]

다항식 $x^3 - 4x^2 + 7x + 4$를 이차항의 계수가 1인 서로 다른 두 이차식 $A(x)$, $B(x)$로 나눈 나머지가 모두 $2x + 6$이다.

다항식 $A(x) + B(x)$를 $x - 4$로 나눈 나머지는?

① 11    ② 12    ③ 13
④ 14    ⑤ 15

# 168 15. 09 고1 학력평가 공통 19번 [4점]

이차 이상의 다항식 $f(x)$를 $(x-a)(x-b)$로 나눈 나머지를 $R(x)$라 할 때, <보기>에서 옳은 것만을 있는 대로 고른 것은?

―――――― <보 기> ――――――

ㄱ. $f(a) - R(a) = 0$

ㄴ. $f(a) - R(b) = f(b) - R(a)$

ㄷ. $af(b) = bf(a) = (a-b)R(0)$

① ㄱ    ② ㄴ    ③ ㄱ, ㄷ
④ ㄴ, ㄷ    ⑤ ㄱ, ㄴ, ㄷ

# 169 17. 03 고2 학력평가 가형 14번 [4점]

세 다항식

$f(x) = x^2 + x$, $g(x) = x^2 - 2x - 1$, $h(x)$에 대하여 $\{f(x)\}^3 + \{g(x)\}^3 = (2x^2 - x - 1)h(x)$가 $x$에 대한 항등식일 때, $h(x)$를 $x - 1$로 나누었을 때의 나머지는?

① 8    ② 9    ③ 10
④ 11    ⑤ 12

# 170 17. 06 고1 학력평가 공통 26번 [4점]

$x$에 대한 삼차다항식 $P(x)$
$= (x^2 - x - 1)(ax + b) + 2$에 대하여 $P(x+1)$을 $x^2 - 4$로 나눈 나머지가 $-3$일 때, $50a + b$의 값을 구하시오. (단, $a$, $b$는 상수이다.)

# 171 17.09 고1 학력평가 공통 19번 [4점]

최고차항의 계수가 양수인 다항식 $f(x)$가 모든 실수 $x$에 대하여

$\{f(x)\}^3 = 4x^2 f(x) + 8x^2 + 6x + 1$을 만족시킬 때, <보기>에서 옳은 것만을 있는 대로 고른 것은?

---

<보 기>

ㄱ. 다항식 $f(x)$를 $x$로 나눈 나머지는 1이다.

ㄴ. 다항식 $f(x)$의 최고차항의 계수는 4이다.

ㄷ. 다항식 $\{f(x)\}^3$을 $x^2 - 1$로 나눈 나머지는 $14x + 13$이다.

---

① ㄱ      ② ㄴ      ③ ㄱ, ㄷ
④ ㄴ, ㄷ      ⑤ ㄱ, ㄴ, ㄷ

# 172 17.11 고1 학력평가 공통 20번 [4점]

최고차항의 계수가 1인 이차식 $f(x)$를 $x - 1$로 나누었을때의 몫을 $Q_1(x)$라 하고, $f(x)$를 $x - 2$로 나누었을때의 몫을 $Q_2(x)$라 하면 $Q_1(x), Q_2(x)$는

다음 조건을 만족시킨다.

---

(가) $Q_2(1) = f(2)$    (나) $Q_1(1) + Q_2(1) = 6$

---

$f(3)$의 값은?

---

① 7      ② 8      ③ 9
④ 10      ⑤ 11

# 173 10.06 고1 학력평가 공통 9번 [4점]

두 가지 모양의 케이크를 만들려고 한다. 그림과 같이 <케이크 A>는 모서리의 길이가 각각 $a$, $b$, $c$인 정육면체 세 개를 쌓아서 만들고, <케이크 B>는 세 모서리의 길이가 $a$, $b$, $c$인 직육면체 세 개를 쌓아서 만든다. <보기>에서 옳은 설명만을 있는 대로 고른 것은? (단, $a > b > c$)

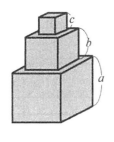 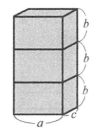

〈케이크 $A$〉　　〈케이크 $B$〉

----

<보 기>

ㄱ. <케이크 A>가 <케이크 B>보다 높다.

ㄴ. <케이크 A>에서 밑면을 제외한 겉넓이는 $5a^2 + 4b^2 + 4c^2$이다.

ㄷ. <케이크 A>와 <케이크 B>의 부피를 같게 만들 수 있다.

----

① ㄱ　　② ㄴ　　③ ㄱ, ㄷ
④ ㄴ, ㄷ　　⑤ ㄱ, ㄴ, ㄷ

# 174 10.09 고1 학력평가 공통 27번 [4점]

그림과 같이 여덟 개의 정삼각형으로 이루어진 정팔면체가 있다. 여섯 개의 꼭짓점에는 자연수를 적고 여덟 개의 정삼각형의 면에는 각각의 삼각형의 꼭짓점에 적힌 세 수의 곱을 적는다. 여덟 개의 면에 적힌 수들의 합이 105일 때, 여섯 개의 꼭짓점에 적힌 수들의 합을 구하시오.

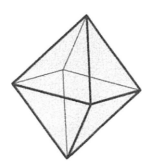

## 175 09.03 고1 학력평가 공통 15번 [4점]

서로 다른 두 자연수 $m$, $n$이 등식
$(2m-3n)^2 = (m-2n)^2 + (m-n)^2$을 만족시킬 때, 옳은 것만을 <보 기>에서 있는 대로 고른 것은?

─────── <보 기> ───────

ㄱ. $m=4$이면 $n=2$이다.

ㄴ. $n$은 짝수이다.

ㄷ. $m+n$은 3의 배수이다.

① ㄱ      ② ㄴ      ③ ㄷ

④ ㄱ, ㄴ      ⑤ ㄱ, ㄷ

## 176 06.09 고1 학력평가 공통 18번 [4점]

한 모서리의 길이가 $x$인 정육면체 모양의 나무토막이 있다. [그림 1]과 같이 이 나무토막의 윗면의 중앙에서 한 변의 길이가 $y$인 정사각형모양으로 아랫면의 중앙까지 구멍을 뚫었다. 구멍은 정사각기둥 모양이고, 각 모서리는 처음 정육면체의 모서리와 평행하다. 이와 같은 방법으로 각 면에서 구멍을 뚫어 [그림 2]와 같은 입체를 얻었다.

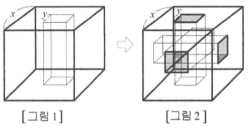

[그림 1]          [그림 2]

이때, [그림 2]의 입체의 부피를 $x$, $y$로 나타낸 것은?

① $(x-y)^2(x+2y)$

② $(x-y)(x+2y)^2$

③ $(x+y)^2(x-2y)$

④ $(x+y)(x-2y)^2$

⑤ $(x+y)^2(x+2y)$

# 177
09.05 고1 성취도평가 공통 17번 [4점]

그림과 같이 높이가 $x+2$이고 부피가 $x^3+ax-6$인 직육면체 $ABCD-EFGH$가 있다. 모든 모서리의 길이가 일차항의 계수가 1인 $x$에 대한 일차식으로 나타내어질 때, 모든 모서리의 길이의 합은? (단, $x>3$)

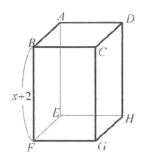

① $12x-4$  ② $12x$  ③ $12x+4$
④ $12x+8$  ⑤ $12x+12$

# 178
13.06 고1 학력평가 공통 14번 [4점]

두 양수 $a$, $b(a>b)$에 대하여 그림과 같은 직육면체 $P$, $Q$, $R$, $S$, $T$의 부피를 각각 $p$, $q$, $r$, $s$, $t$라 하자.

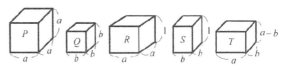

$p=q+r+s+t$일 때, $a-b$의 값은?

① $\dfrac{2}{3}$  ② $\dfrac{3}{4}$  ③ $\dfrac{4}{5}$

④ $\dfrac{5}{6}$  ⑤ $1$

# 179
16.03 고2 학력평가 나형 17번 [4점]

두 자연수 $a$, $b$에 대하여 $a^2b+2ab+a^2+2a+b+1$의 값이 245일 때, $a+b$의 값은?

① $9$  ② $10$  ③ $11$
④ $12$  ⑤ $13$

## 180   18.06 고1 학력평가 공통 15번 [4점]

$2018^3 - 27$을 $2018 \times 2021 + 9$로 나눈 몫은?

① 2015    ② 2025    ③ 2035

④ 2045    ⑤ 2055

MAC

# 02 방정식과 부등식

모의, 수능/ 3단계 난이도 기출문항

난이도 (기본)

난이도 (응용)

난이도 (심화)

## 181 08.09 고1 학력평가 공통 1번 [2점]

$\dfrac{1}{1+i}+\dfrac{i}{1-i}$의 값은? (단, $i=\sqrt{-1}$ 이다.)

① $-i$  ② $i$  ③ $0$
④ $-1$  ⑤ $1$

## 182 06.11 고1 학력평가 공통 5번 [3점]

복소수 $z=1+i$일 때, $\left(z-\dfrac{2}{z}\right)^2$의 값은?

(단, $i=\sqrt{-1}$)

① $-4$  ② $-2$  ③ $1$
④ $2$  ⑤ $4$

## 183 12.09 고1 학력평가 공통 1번 [2점]

$(1+i)\left(1-\dfrac{1}{i}\right)$의 값은? (단, $i=\sqrt{-1}$)

① $-2i$  ② $-i$  ③ $0$
④ $i$  ⑤ $2i$

## 184 13.09 고1 학력평가 공통 1번 [2점]

$i(i+1)+\dfrac{1}{i}$의 값은? (단, $i=\sqrt{-1}$)

① $i-2$  ② $i$  ③ $i+2$
④ $-1$  ⑤ $1$

## 185 15.03 고2 학력평가 가형 23번 [3점]

$(1+i)^8$의 값을 구하시오. (단, $i=\sqrt{-1}$)

## 186 19.06 고1 학력평가 공통 13번 [3점]

두 복소수 $\alpha=\dfrac{1-i}{1+i}$, $\beta=\dfrac{1+i}{1-i}$에 대하여

$(1-2\alpha)(1-2\beta)$의 값은? (단, $i=\sqrt{-1}$ 이다.)

① $1$  ② $2$  ③ $3$
④ $4$  ⑤ $5$

# 187 20.06 고1 학력평가 공통 22번 [3점]

$i+2i^2+3i^3+4i^4+5i^5=\alpha+bi$일 때, $3a+2b$의 값을 구하시오. (단, $i=\sqrt{-1}$이고, $a$, $b$는 실수이다.)

# 188 08.03 고2 학력평가 공통 22번 [3점]

복소수 $z=3+i$의 켤레복소수를 $\bar{z}$라 할 때, $z^2+(\bar{z})^2$의 값을 구하시오. (단, $i=\sqrt{-1}$이다.)

# 189 07.06 고2 학력평가 가형 2번 [2점], 나형 2번 [2점]

두 실수 $a$, $b$에 대하여

$\dfrac{\sqrt{27}}{\sqrt{-3}}+\sqrt{-4}\sqrt{-9}=a+bi$일 때, $a+b$의 값은?

(단, $i=\sqrt{-1}$)

① $-9$     ② $-3$     ③ $0$
④ $3$     ⑤ $9$

# 190 06.06 고1 학력평가 공통 3번 [3점]

$\sqrt{-3}\sqrt{-2}\sqrt{2}\sqrt{3}+\dfrac{\sqrt{6}}{\sqrt{-2}}$을 간단히 하면?

(단, $i=\sqrt{-1}$)

① $6+\sqrt{3}i$    ② $6-\sqrt{3}i$    ③ $0$
④ $-6+\sqrt{3}i$    ⑤ $-6-\sqrt{3}i$

# 191 07.03 고2 학력평가 공통 2번 [2점]

$z=1+i$일 때, $\dfrac{\bar{z}}{2}+\dfrac{1}{z}$의 값은?

(단, $i=\sqrt{-1}$이고 $\bar{z}$는 $z$의 켤레복소수이다.)

① $1$     ② $-1$     ③ $i$
④ $1+i$     ⑤ $1-i$

# 192 05.06 고1 학력평가 공통 2번 [2점]

$z=1+i$일 때, $\dfrac{z\bar{z}}{z-\bar{z}}$의 값은?

(단, $i=\sqrt{-1}$, $\bar{z}$는 $z$의 켤레복소수)

① $1+i$     ② $1-i$     ③ $1$
④ $i$     ⑤ $-i$

# 193 08.06 고1 학력평가 공통 27번 [3점]

$x(2+3i)+y(5-i)=39+16i$를 만족하는 실수 $x$, $y$의 합 $x+y$의 값을 구하오. (단, $i=\sqrt{-1}$)

# 194 05.06 고1 학력평가 공통 22번 [2점]

$(2-3i)x-(1-i)y=5-2i$를 만족하는 두 실수 $x$, $y$에 대하여 $xy$의 값을 구하시오.
(단, $i=\sqrt{-1}$)

# 195 06.06 고1 학력평가 공통 22번 [2점]

실수 $x$, $y$에 대하여 $(1+i)x+(3-i)y=9-7i$가 성립할 때, $x^2+y^2$의 값을 구하시오.
(단, $i=\sqrt{-1}$)

# 196 06.09 고1 학력평가 공통 23번 [3점]

등식 $\dfrac{x}{1-i}+\dfrac{y}{1+i}=12-9i$를 만족시키는 실수 $x$, $y$에 대하여 $x+10y$의 값을 구하시오.
(단, $i=\sqrt{-1}$)

# 197 10.11 고1 학력평가 공통 22번 [2점]

$\dfrac{1+i}{1-i}+(1+2i)(3-i)=a+bi$일 때, $ab$의 값을 구하시오. (단, $i=\sqrt{-1}$이고, $a$, $b$는 실수이다.)

# 198 05.11 고1 학력평가 공통 6번 [3점]

$(a+2i)(2-bi)=6+5i$를 만족하는 두 실수 $a$, $b$에 대하여 $a^2+b^2$의 값은? (단, $i=\sqrt{-1}$)

① 7    ② 8    ③ 9
④ 10    ⑤ 11

# 199 17.11 고1 학력평가 공통 3번 [2점]

복소수 $z = 1 + 2i$에 대하여 $z \times \bar{z}$의 값은?
(단, $i = \sqrt{-1}$이고, $\bar{z}$는 $z$의 켤레복소수이다.

① $-3$      ② $-1$      ③ $1$

④ $3$      ⑤ $5$

# 200 19.09 고1 학력평가 공통 10번 [3점]

두 실수 $a$, $b$에 대하여 $\dfrac{2a}{1-i} + 3i = 2 + bi$일 때, $a + b$의 값은? (단, $i = \sqrt{-1}$)

① $6$      ② $7$      ③ $8$

④ $9$      ⑤ $10$

# 201 20.06 고1 학력평가 공통 9번 [3점]

복소수 $z = x^2 - (5-i)x + 4 - 2i$에 대하여 $\bar{z} = -z$를 만족시키는 모든 실수 $x$의 값의 합은?
(단, $i = \sqrt{-1}$이고, $\bar{z}$는 $z$의 켤레복소수이다.)

① $1$      ② $2$      ③ $3$

④ $4$      ⑤ $5$

# 202 05.11 고1 학력평가 공통 22번 [2점]

$x^2 - 5x + 1 = 0$일 때, $x + \dfrac{1}{x}$의 값을 구하시오.

# 203 10.11 고1 학력평가 공통 12번 [3점]

$x$에 대한 이차방정식
$4x^2 + 2(2k+m)x + k^2 - k + n = 0$이 실수 $k$의 값에 관계없이 중근을 가질 때, $m+n$의 값은?
(단, $m$, $n$은 실수이다.)

① $-\dfrac{3}{4}$      ② $-\dfrac{1}{4}$      ③ $0$

④ $\dfrac{1}{4}$      ⑤ $\dfrac{3}{4}$

# 204 20.09 고1 학력평가 공통 4번 [3점]

$x$에 대한 이차방정식 $x^2 + 4x + a = 0$이 실근을 갖도록 하는 자연수 $a$의 개수는?

① $1$      ② $2$      ③ $3$

④ $4$      ⑤ $5$

Ⅱ. 방정식과 부등식(기본)

# 205 08.09 고1 학력평가 공통 2번 [2점]

이차방정식 $x^2 - 2x + 3 = 0$의 한 근을 $\alpha$라 할 때, $\alpha + \dfrac{3}{\alpha}$의 값은?

① $-3$     ② $-2$     ③ $1$
④ $2$     ⑤ $3$

# 206 06.09 고1 학력평가 공통 7번 [3점]

$x$에 대한 이차방정식 $x^2 + ax + b = 0$의 두 근이 $a$, $b$일 때, $a^2 + b^2$의 값은? (단, $ab \neq 0$)

① $3$     ② $5$     ③ $7$
④ $10$     ⑤ $13$

# 207 06.03 고2 학력평가 공통 22번 [3점]

$a$, $b$가 실수일 때, 이차방정식 $x^2 + ax + b = 0$의 한 근이 $4 + 3i$이다. $a + b$의 값을 구하시오. (단, $i = \sqrt{-1}$ 이다.)

# 208 05.11 고1 학력평가 공통 23번 [3점]

이차방정식 $(x-2)(x-3) = 3$의 두 근을 $\alpha$, $\beta$라 할 때, $\alpha^2 + \beta^2$의 값을 구하시오.

# 209 12.11 고1 학력평가 공통 4번 [3점]

$x$에 대한 이차방정식 $x^2 + ax + b = 0$의 한 근이 $1 + i$일 때, 두 실수 $a$, $b$의 곱 $ab$의 값은? (단, $i = \sqrt{-1}$)

① $-4$     ② $-2$     ③ $0$
④ $2$     ⑤ $4$

# 210 15.03 고2 학력평가 가형 3번 [2점]

이차방정식 $x^2 + 4 = 0$의 두 근의 곱은?

① $-4$     ② $-2$     ③ $2$
④ $4$     ⑤ $6$

# 211 17.03 고2 학력평가 나형 3번 [2점]

이차방정식 $x^2 - x + 2 = 0$의 두 근의 곱은?

① $-2$  ② $-1$  ③ $0$
④ $1$   ⑤ $2$

# 214 18.03 고2 학력평가 가형 23번 [3점]

이차방정식 $x^2 + 8x - 2 = 0$의 두 근을 $\alpha$, $\beta$라 할 때, $\dfrac{\alpha + \beta}{\alpha\beta}$의 값을 구하시오.

# 212 17.03 고2 학력평가 가형 23번 [3점]

이차방정식 $3x^2 - 16x + 1 = 0$의 두 근을 $\alpha$, $\beta$라 할 때, $\dfrac{1}{\alpha} + \dfrac{1}{\beta}$의 값을 구하시오.

# 215 18.06 고1 학력평가 공통 23번 [3점]

$x$에 대한 이차방정식 $x^2 + ax + b = 0$의 두 근이 3, 4일 때, 두 상수 $a$, $b$에 대하여 $a + b$의 값을 구하시오.

# 213 17.11 고1 학력평가 공통 11번 [3점]

이차방정식 $x^2 - 2x + 4 = 0$의 두 근을 $\alpha$, $\beta$라 할 때, $\dfrac{\beta^2}{\alpha} + \dfrac{\alpha^2}{\beta}$의 값은?

① $-7$  ② $-4$  ③ $-1$
④ $2$   ⑤ $5$

# 216 19.06 고1 학력평가 공통 24번 [3점]

$x$에 대한 이차방정식 $x^2 - kx + 4 = 0$의 두 근을 $\alpha$, $\beta$라 할 때, $\dfrac{1}{\alpha} + \dfrac{1}{\beta} = 5$이다. 상수 $k$의 값을 구하시오.

## 217   19.09 고1 학력평가 공통 6번 [3점]

이차방정식 $x^2+6x+7=0$의 두 근을 $\alpha$, $\beta$라 할 때, $\alpha^2+\beta^2$의 값은?

① 14     ② 16     ③ 18
④ 20     ⑤ 22

## 218   20.06 고1 학력평가 공통 5번 [3점]

이차함수 $y=x^2-6x+a$의 그래프가 $x$축과 만나지 않도록 하는 정수 $a$의 최솟값은?

① 8     ② 10     ③ 12
④ 14     ⑤ 16

## 219   15.06 고1 학력평가 공통 8번 [3점]

이차함수 $y=-x^2+4x$의 그래프와 직선 $y=2x+k$가 적어도 한 점에서 만나도록 하는 실수 $k$의 최댓값은?

① $\dfrac{1}{2}$     ② 1     ③ $\dfrac{3}{2}$
④ 2     ⑤ $\dfrac{5}{2}$

## 220   15.09 고1 학력평가 공통 22번 [3점]

이차함수 $y=3x^2-4x+k$의 그래프와 직선 $y=8x+12$가 한 점에서 만날 때, 실수 $k$의 값을 구하시오

## 221   17.06 고1 학력평가 공통 10번 [3점]

이차함수 $y=-2x^2+5x$의 그래프와 직선 $y=2x+k$가 적어도 한 점에서 만나도록 하는 실수 $k$의 최댓값은?

① $\dfrac{3}{8}$     ② $\dfrac{3}{4}$     ③ $\dfrac{9}{8}$
④ $\dfrac{3}{2}$     ⑤ $\dfrac{15}{8}$

## 222   19.06 고1 학력평가 공통 10번 [3점]

이차함수 $y=x^2+5x+2$의 그래프와 직선 $y=-x+k$가 서로 다른 두 점에서 만나도록 하는 정수 $k$의 최솟값은?

① $-10$     ② $-8$     ③ $-6$
④ $-4$     ⑤ $-2$

## 223 20.03 고2 학력평가 공통 8번 [3점]

곡선 $y=2x^2-5x+a$와 직선 $y=x+12$가 서로 다른 두 점에서 만나고 두 교점의 $x$좌표의 곱이 $-4$일 때, 상수 $a$의 값은?

① 3 ② 4 ③ 5
④ 6 ⑤ 7

## 225 15.09 고1 학력평가 공통 4번 [3점]

$-2 \leq x \leq 3$에서 이차함수 $y=(x+1)^2-2$의 최댓값을 $M$, 최솟값을 $m$이라 할 때, $M+m$의 값은?

① 10 ② 12 ③ 14
④ 16 ⑤ 18

## 224 20.06 고1 학력평가 공통 12번 [3점]

직선 $y=-x+a$가 이차함수 $y=x^2+bx+3$의 그래프에 접하도록 하는 $a$의 최댓값은?
(단, $a$, $b$는 실수이다.)

① 1 ② 2 ③ 3
④ 4 ⑤ 5

## 226 17.03 고2 학력평가 나형 23번 [3점]

$0 \leq x \leq 3$에서 함수 $f(x)=2x^2-4x+1$의 최댓값을 구하시오.

## 227 17.03 고1 학력평가 공통 8번 [3점]

이차함수 $y = 2x^2 - 4x + 5$의 최솟값은?

① 3      ② 4      ③ 5
④ 6      ⑤ 7

## 228 06.03 고1 학력평가 공통 23번 [3점]

이차함수 $y = -2x^2 - 8x + 15$의 최댓값을 구하시오.

## 229 13.03 고1 학력평가 공통 25번 [3점]

좌표평면에서 점 $(1, 13)$을 지나는 이차함수 $y = -x^2 + ax + 10$의 최댓값을 $M$이라 할 때, $a + M$의 값을 구하시오.

## 230 18.11 고1 학력평가 공통 6번 [3점]

$0 \leq x \leq 3$에서 이차함수 $y = -x^2 + 2x + 5$의 최솟값은?

① 2      ② 1      ③ 0
④ $-1$      ⑤ $-2$

## 231 19.09 고1 학력평가 공통 23번 [3점]

이차함수 $f(x) = -x^2 - 4x + k$의 최댓값이 20일 때, 상수 $k$의 값을 구하시오.

# 232 19.11 고1 학력평가 공통 9번 [3점]

$-1 \leq x \leq 3$에서 이차함수 $f(x) = x^2 - 4x + k$의 최댓값이 9일 때, 상수 $k$의 값은?

① 1          ② 2          ③ 3

④ 4          ⑤ 5

# 233 08.03 고2 학력평가 공통 3번 [2점]

다음 중 삼차방정식 $x^3 - 7x^2 + 5x + 1 = 0$의 근은?

①  $1 - \sqrt{10}$  ②  $2 - \sqrt{10}$  ③  $-1$

④  $3 - \sqrt{10}$  ⑤  $2$

# 234 13.09 고1 학력평가 공통 23번 [3점]

삼차방정식 $x^3 - 7x + 6 = 0$의 세 근 $\alpha, \beta, \gamma(\alpha > \beta > \gamma)$에 대하여 $\alpha + 2\beta - 3\gamma$의 값을 구하시오.

# 235 18.06 고1 학력평가 공통 8번 [3점]

$x$에 대한 삼차방정식 $ax^3 + x^2 + x - 3 = 0$의 한 근이 1일 때, 나머지 두 근의 곱은? (단, $a$는 상수이다.)

① 1          ② 2          ③ 3

④ 4          ⑤ 5

# 236 06.11 고1 학력평가 공통 25번 [3점]

연립방정식 $\begin{cases} x - y + 2 = 0 \\ x^2 + 3x - y - 1 = 0 \end{cases}$ 의 해를 $x = \alpha$, $y = \beta$라 할 때, $|\alpha + \beta|$의 값을 구하시오.

## 237 18.11 고1 학력평가 공통 7번 [3점]

$x$, $y$에 대한 연립방정식 $\begin{cases} 2x - y = 3 \\ x^2 - y = 2 \end{cases}$ 의 해가

$x = \alpha$, $y = \beta$일 때, $\alpha + \beta$의 값은?

① $-4$     ② $-2$     ③ $0$

④ $2$     ⑤ $4$

## 238 19.03 고2 학력평가 나형 11번 [3점]

연립방정식 $\begin{cases} x - 2y = 1 \\ x^2 - 4y^2 = 5 \end{cases}$ 의 해를 $x = a$, $y = b$라

할 때, $a + b$의 값은?

① $1$     ② $2$     ③ $3$

④ $4$     ⑤ $5$

## 239 19.06 고1 학력평가 공통 25번 [3점]

연립방정식 $\begin{cases} x = y + 5 \\ x^2 - 2y^2 = 50 \end{cases}$ 의 해를

$x = \alpha$, $y = \beta$라 할 때, $\alpha + \beta$의 값을 구하시오.

## 240 19.09 고1 학력평가 공통 8번 [3점]

연립방정식 $\begin{cases} x - y - 1 = 0 \\ x^2 - xy + 2y = 4 \end{cases}$ 의 해를

$x = \alpha$, $y = \beta$라 할 때, $\alpha + \beta$의 값은?

① $1$     ② $2$     ③ $3$

④ $4$     ⑤ $5$

## 241 19.11 고1 학력평가 공통 25번 [3점]

$x$, $y$에 대한 연립방정식 $\begin{cases} x - 2y = 1 \\ 2x - y^2 = 6 \end{cases}$ 의 해가

$x = \alpha$, $y = \beta$일 때, $\alpha + \beta$의 값을 구하시오.

## 242 07.03 고1 학력평가 공통 6번 [3점]

부등식 $3x-a < 2x-3$의 해 중 가장 큰 정수가 2일 때, 상수 $a$의 값의 범위는?

① $2 < a \le 3$
② $3 \le a \le 4$
③ $4 < a \le 5$
④ $5 < a \le 6$
⑤ $6 \le a < 7$

## 244 06.09 고1 학력평가 공통 8번 [3점]

부등식 $|2x-1| \le a$의 해가 $b \le x \le 3$일 때, 상수 $a$, $b$의 합 $a+b$의 값은?

① $-1$ ② $0$ ③ $1$
④ $2$ ⑤ $3$

## 245 13.09 고1 학력평가 공통 4번 [3점]

부등식 $2|x-1|+x \le 4$를 만족하는 모든 정수 $x$의 값의 합은?

① $-2$ ② $-1$ ③ $0$
④ $1$ ⑤ $2$

## 243 09.09 고1 학력평가 공통 4번 [3점]

부등식 $|x-2| \le 3$을 만족하는 정수 $x$의 개수는?

① $6$ ② $7$ ③ $8$
④ $9$ ⑤ $10$

## 246 15.06 고1 학력평가 공통 23번 [3점]

부등식 $|x-1| \le 5$를 만족시키는 정수 $x$의 개수를 구하여라.

## 247 09.03 고1 학력평가 공통 3번 [2점]

부등식 $-2 < \dfrac{1}{2}x - 3 < 2$를 만족시키는 정수 $x$의 개수는?

① 4    ② 5    ③ 6
④ 7    ⑤ 8

## 248 18.06 고1 학력평가 공통 7번 [3점]

$x$에 대한 부등식 $|x-a| < 2$를 만족시키는 모든 정수 $x$의 값의 합이 33일 때, 자연수 $a$의 값은?

① 11    ② 12    ③ 13
④ 14    ⑤ 15

## 249 13.09 고1 학력평가 공통 10번 [3점]

$x$에 대한 이차방정식

$x^2 - 2(k+2)x + 2k^2 - 28 = 0$이 서로 다른 두 실근을 갖기 위한 정수 $k$의 개수는?

① 11    ② 12    ③ 13
④ 14    ⑤ 15

## 250 09.03 고2 학력평가 공통 2번 [2점]

이차부등식 $x^2 + 2x - 3 \leq 0$을 만족하는 정수 $x$의 개수는?

① 1    ② 2    ③ 3
④ 4    ⑤ 5

## 251 07.03 고2 학력평가 공통 5번 [3점]

연립부등식 $\begin{cases} x + 6 > 0 \\ x^2 + 2x - 35 \leq 0 \end{cases}$ 을 만족하는 정수 $x$의 개수는?

① 8    ② 9    ③ 10
④ 11    ⑤ 12

## 252 06.09 고1 학력평가 공통 3번 [2점]

이차부등식 $x^2 - 4x + 2 \leq 2x - 3$을 만족하는 정수 $x$의 개수는?

① 1    ② 2    ③ 3
④ 4    ⑤ 5

## 253 05.11 고1 학력평가 공통 5번 [3점]

연립부등식 $\begin{cases} x^2 - 4x - 12 < 0 \\ x^2 - 2x - 3 \geq 0 \end{cases}$ 을 만족시키는 정수

$x$의 개수는?

① 1      ② 2      ③ 3

④ 4      ⑤ 5

## 254 12.09 고1 학력평가 공통 13번 [3점]

$x$에 대한 이차부등식

$x^2 - 2kx - 2k^2 + k + 4 > 0$이 모든 실수 $x$에

대하여 성립하도록 하는 모든 정수 $k$의 값의

합은?

① 1      ② 3      ③ 5

④ 7      ⑤ 9

## 255 14.03 고2 학력평가 B형 23번 [3점]

이차부등식 $2x^2 - 33x - 17 \leq 0$을 만족시키는

정수 $x$의 개수를 구하시오.

## 256 14.11 고1 학력평가 공통 5번 [3점]

연립부등식 $\begin{cases} x^2 - x - 6 > 0 \\ x^2 - 7x + 6 \leq 0 \end{cases}$ 을 만족시키는 정수

$x$의 개수는?

① 1      ② 2      ③ 3

④ 4      ⑤ 5

## 257 15.09 고1 학력평가 공통 8번 [3점]

연립부등식 $\begin{cases} x^2 + x \geq 6 \\ x^2 + 5 < 6x \end{cases}$ 을 만족시키는 정수 $x$의

개수는?

① 1      ② 2      ③ 3

④ 4      ⑤ 5

## 258 17.06 고1 학력평가 공통 24번 [3점]

연립부등식 $\begin{cases} 2x+1 < x-3 \\ x^2+6x-7 < 0 \end{cases}$ 의 해가 $\alpha < x < \beta$일

때, $\beta-\alpha$의 값을 구하시오.

## 259 18.06 고1 학력평가 공통 24번 [3점]

연립부등식 $\begin{cases} x-1 \geq 2 \\ x^2-6x \leq -8 \end{cases}$ 의 해가

$\alpha \leq x \leq \beta$이다. $\alpha+\beta$의 값을 구하시오.

## 260 19.03 고2 학력평가 가형 11번 [3점]

모든 실수 $x$에 대하여 부등식

$x^2-2kx+2k+15 \geq 0$이 성립하도록 하는 정수

$k$의 개수는?

## 261 09.05 고1 성취도평가 공통 9번 [3점]

$\left(\dfrac{1+i}{1-i}\right)^{2009} + \left(\dfrac{1-i}{1+i}\right)^{2011}$ 의 값은? (단, $i = \sqrt{-1}$)

① $-i$    ② $2i$    ③ $2$
④ $1-i$    ⑤ $1+i$

## 262 12.11 고1 학력평가 공통 3번 [3점]

$z = \dfrac{1-i}{\sqrt{2}}$ 일 때 $z^8 + z^{12}$ 의 값은?

(단, $i = \sqrt{-1}$)

① $-2i$    ② $-2$    ③ $0$
④ $2i$    ⑤ $2$

## 263 13.09 고1 학력평가 공통 5번 [3점]

등식 $i - \left(\dfrac{1-i}{1+i}\right)^{2013} = a + bi$ 를 만족하는 두 실수

$a$, $b$에 대하여 $a+b$의 값은? (단, $i = \sqrt{-1}$)

① $4$    ② $2$    ③ $0$
④ $-2$    ⑤ $-4$

## 264 15.06 고1 학력평가 공통 26번 [4점]

등식 $(a-bi)^2 = 8i$를 만족시키는 실수 $a$, $b$에 대하여 $20a+b$의 값을 구하시오.

(단, $a > 0$이고 $i = \sqrt{-1}$ 이다.)

## 265 17.09 고1 학력평가 공통 7번 [3점]

복소수 $0$, $i$, $-2i$, $3i$, $-4i$, $5i$가 적힌 다트판에 3개의 다트를 던져 맞히는 게임이 있다. 3개의 다트를 모두 다트판에 맞혔을 때, 얻을 수 있는 세 복소수를 $a$, $b$, $c$라 하자. $a^2 - bc$의 최솟값은?

(단, $i = \sqrt{-1}$ 이고 경계에 맞는 경우는 없다.)

① $-49$    ② $-47$    ③ $-45$
④ $-43$    ⑤ $-41$

# 266 15.06 고1 학력평가 공통 27번 [4점]

등식 $(i+i^2)+(i^2+i^3)+(i^3+i^4)+\cdots+(i^{18}+i^{19})$
$=a+bi$를 만족시키는 실수 $a$, $b$에 대하여
$4(a+b)^2$의 값을 구하시오. (단, $i=\sqrt{-1}$ 이다.)

# 267 16.06 고1 학력평가 공통 15번 [4점]

복소수 $z=\dfrac{1+i}{\sqrt{2i}}$ 에 대하여 $z^n=1$이 되도록

하는 자연수 $n$의 최솟값은? (단, $i=\sqrt{-1}$ 이다.)

① 2        ② 4        ③ 6
④ 8        ⑤ 10

# 268 05.06 고2 학력평가 가형 10번 [3점], 나형 10번 [3점]

<보 기>에서 옳은 것을 모두 고르면?
(단, $i=\sqrt{-1}$)

―――――― <보 기> ――――――
ㄱ. $\sqrt{-a}=\sqrt{a}\,i$ $(a>0)$
ㄴ. $a<0$, $b<0$일 때, $\sqrt{a}\,\sqrt{b}=-\sqrt{ab}$
ㄷ. $i^{4n+2}=1$ ($n$은 음이 아닌 정수)

① ㄱ        ② ㄷ        ③ ㄱ, ㄴ
④ ㄴ, ㄷ        ⑤ ㄱ, ㄴ, ㄷ

# 269 05.06 고1 학력평가 공통 6번 [3점]

0이 아닌 두 실수 $a$, $b$에 대하여 $\dfrac{\sqrt{a}}{\sqrt{b}}=-\sqrt{\dfrac{a}{b}}$

일 때, $\sqrt{(a-2b)^2}+|3b|$을 간단히 하면?

① $a-b$        ② $-a+b$        ③ $a+5b$
④ $a-5b$        ⑤ $-a-5b$

## 270 12.09 고1 학력평가 공통 9번 [3점]

복소수 $z$가 다음 조건을 모두 만족할 때,

$\frac{1}{2}(z+\overline{z})$의 값은?

(단, $\overline{z}$는 켤레복소수, $i=\sqrt{-1}$)

---

(가) $z+(1-2i)$는 양의 실수

(나) $z\overline{z}=7$

---

① 1     ② $\sqrt{2}$     ③ $\sqrt{3}$

④ 2     ⑤ $\sqrt{5}$

## 271 05.06 고2 학력평가 가형 4번 [3점], 나형 4번 [3점]

두 실수 $x$, $y$에 대하여 $(x+i)(y+i)=(1+i)^4$이

성립할 때, $x^2+y^2$의 값은? (단, $i=\sqrt{-1}$)

① 5     ② 6     ③ 7

④ 8     ⑤ 9

## 272 14.06 고1 학력평가 공통 7번 [3점]

$\sqrt{-2}\sqrt{-18}+\dfrac{\sqrt{12}}{\sqrt{-3}}$의 값은?

(단, $i=\sqrt{-1}$이다.)

① $6+2i$     ② $6-2i$     ③ $-8i$

④ $-6+2i$     ⑤ $-6-2i$

## 273 16.09 고1 학력평가 공통 9번 [3점]

등식 $(3+2i)x^2-5(2y+i)x=8+12i$를

만족시키는 두 정수 $x$, $y$에 대하여 $x+y$의

값은? (단, $i=\sqrt{-1}$)

① 1     ② 2     ③ 3

④ 4     ⑤ 5

## 274 17.06 고1 학력평가 공통 14번 [4점]

두 복소수 $\alpha=\dfrac{1+i}{2i}$, $\beta=\dfrac{1-i}{2i}$에 대하여

$(2\alpha^2+3)(2\beta^2+3)$의 값은? (단, $i=\sqrt{-1}$이다.)

① 6     ② 10     ③ 14

④ 18     ⑤ 22

# 275 19.06 고1 학력평가 공통 27번 [4점]

실수 $a$에 대하여 복소수 $z = a + 2i$가 $\overline{z} = \dfrac{z^2}{4i}$을 만족시킬 때, $a^2$의 값을 구하시오.

(단, $i = \sqrt{-1}$ 이고, $\overline{z}$는 $z$의 켤레복소수이다.)

# 276 19.06 고1 학력평가 공통 18번 [4점]

한 변의 길이가 $a$인 정사각형 ABCD와 한 변의 길이가 $b$인 정사각형 EFGH가 있다. 그림과 같이 네 점 A, E, B, F가 한 직선 위에 있고 $\overline{\mathrm{EB}} = 1$, $\overline{\mathrm{AF}} = 5$가 되도록 두 정사각형을 겹치게 놓았을 때, 선분 CD와 선분 HE의 교점을 I라 하자. 직사각형 EBCI의 넓이가 정사각형 EFGH의 넓이의 $\dfrac{1}{4}$일 때, $b$의 값은?

(단, $1 < a < b < 5$)

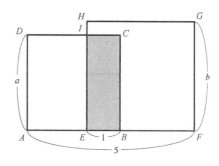

① $-2 + \sqrt{26}$

② $-2 + 3\sqrt{3}$

③ $-2 + 2\sqrt{7}$

④ $-2 + \sqrt{29}$

⑤ $-2 + \sqrt{30}$

# 277 05.09 고1 학력평가 공통 24번 [3점]

$x$에 대한 이차방정식 $x^2+2(k-1)x+k^2-20=0$ 이 서로 다른 두 실근을 갖도록 $k$의 값을 정할 때, 자연수 $k$의 개수를 구하시오.

# 278 18.09 고1 학력평가 공통 6번 [3점]

$x$에 대한 이차방정식 $x^2+4x+k-3=0$이 실근을 갖도록 하는 모든 자연수 $k$의 개수는?

① 4    ② 5    ③ 6
④ 7    ⑤ 8

# 279 008.11 고1 학력평가 공통 25번 [3점]

$x$에 대한 이차방정식 $x^2-ax+120=0$의 두 근이 양의 정수일 때, $a$의 최솟값을 구하시오.

# 280 11.11 고1 학력평가 공통 8번 [3점]

0이 아닌 세 실수 $p$, $q$, $r$에 대하여 이차방정식 $x^2+px+q=0$이 두 근을 $\alpha$, $\beta$라 할 때, $x^2+rx+p=0$은 두 근 $2\alpha$, $2\beta$를 갖는다. 이때, $\dfrac{r}{q}$의 값은?

① 6    ② $\dfrac{13}{2}$    ③ 7
④ $\dfrac{15}{2}$    ⑤ 8

# 281 13.03 고2 학력평가 A형 11번 [3점]

이차방정식 $x^2+4x+2=0$의 서로 다른 두 실근을 $\alpha$, $\beta$라 할 때, $\dfrac{1}{|\alpha|}+\dfrac{1}{|\beta|}$의 값은?

① $\dfrac{1}{2}$    ② 1    ③ $\dfrac{3}{2}$
④ 2    ⑤ $\dfrac{5}{2}$

## 282 13.11 고1 학력평가 공통 23번 [3점]

이차방정식 $2x^2-4x+k=0$의 서로 다른 두 실근 $\alpha$, $\beta$가 $\alpha^3+\beta^3=7$을 만족시킬 때, 상수 $k$에 대하여 $30k$의 값을 구하시오.

## 283 14.03 고2 학력평가 B형 12번 [3점]

이차방정식
$(x-a)(x-b)+(x-b)(x-c)+(x-c)(x-a)=0$
의 두 근의 합과 곱이 각각 4, $-3$일 때,
이차방정식 $(x-a)^2+(x-b)^2+(x-c)^2=0$의 두 근의 곱은? (단, $a$, $b$, $c$는 상수이다.)

① 15  ② 16  ③ 17
④ 18  ⑤ 19

## 284 17.06 고1 학력평가 공통 25번 [3점]

이차방정식 $x^2+4x-3=0$의 두 실근을 $\alpha$, $\beta$라 할 때, $\dfrac{6\beta}{\alpha^2+4\alpha-4}+\dfrac{6\alpha}{\beta^2+4\beta-4}$의 값을 구하시오.

## 285 18.09 고1 학력평가 공통 8번 [3점]

이차방정식 $x^2+3x+1=0$의 서로 다른 두 실근을 $\alpha$, $\beta$라 할 때, $\alpha^2+\beta^2-3\alpha\beta$의 값은?

① 4  ② 5  ③ 6
④ 7  ⑤ 8

## 286 19.06 고1 학력평가 공통 16번 [4점]

이차방정식 $x^2+x-1=0$의 서로 다른 두 근을 $\alpha$, $\beta$라 하자. 다항식 $P(x)=2x^2-3x$에 대하여 $\beta P(\alpha)+\alpha P(\beta)$의 값은?

① 5  ② 6  ③ 7
④ 8  ⑤ 9

# 287 17.09 고1 학력평가 공동 25번 [3점]

이차함수 $y = x^2 + 2(a-4)x + a^2 + a - 1$의
그래프가 $x$축과 만나지 않도록 하는 정수 $a$의
최솟값을 구하시오.

# 288 18.11 고1 학력평가 공통 13번 [3점]

항공기가 수평면에서 일정한 선회 속도와
선회각을 유지한 채 360° 회전하는 선회 비행을
할 때 생기는 원의 반지름을 선회 반경이라 한다.

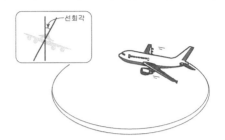

항공기의 선회 속도를 $V$, 선회각을 $\theta$, 선회
반경을 $R$라 하면 다음과 같은 관계식이
성립한다고 한다.

$$R = \frac{V^2}{g \tan\theta}$$

(단, $0° < \theta < 90°$이고, $g$는 중력 가속도이다.)
어떤 항공기가 선회 속도 $V_1$, 선회각 30°로 선회
비행할 때의 선회 반경을 $R_1$이라 하고, 선회 속도
$V_2$, 선회각 30°로 선회 비행할 때의 선회 반경을
$R_2$라 하자. 선회 속도 $V_1$과 $V_2$의 비가 $2:3$일

때, $\dfrac{R_1}{R_2}$의 값은?

① $\dfrac{1}{9}$     ② $\dfrac{2}{9}$     ③ $\dfrac{1}{3}$

④ $\dfrac{4}{9}$     ⑤ $\dfrac{5}{9}$

# 289 16.09 고1 학력평가 공통 25번 [3점]

최고차항의 계수가 1인 이차방정식 $f(x)=0$의 두 근을 $\alpha$, $\beta$라 하자. $\alpha+\beta=6$이고 이차함수 $y=f(x)$의 그래프의 꼭짓점이 직선 $y=2x-7$ 위에 있을 때, $f(0)$의 값을 구하시오.

# 290 09.11 고1 학력평가 공통 23번 [3점]

이차함수 $y=x^2+ax+3$의 그래프와 직선 $y=2x+b$가 서로 다른 두 점에서 만나고 두 교점의 $x$좌표가 $-2$와 $1$일 때, $2b-a$의 값을 구하시오. (단, $a$, $b$는 상수이다.)

# 291 14.06 고1 학력평가 공통 23번 [3점]

이차함수 $y=x^2+5$의 그래프와 직선 $y=mx$가 접할 때, $m^2$의 값을 구하시오. (단, $m$은 상수이다.)

# 292 14.11 고1 학력평가 공통 13번 [3점]

그림과 같이 함수 $f(x)=x^2-x-5$와 $g(x)=x+3$의 그래프가 만나는 두 점을 각각 A, B라 하자.

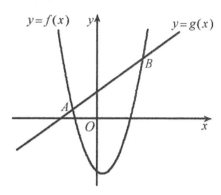

방정식 $f(2x-k)=g(2x-k)$의 두 실근의 합이 3일 때, 상수 $k$의 값은?

① 1  ② 2  ③ 3
④ 4  ⑤ 5

# 293 15.06 고1 학력평가 공통 13번 [3점]

그림과 같이 점 $A(a, b)$를 지나고 꼭짓점이 점 $B(0, -b)$인 이차함수 $y=f(x)$의 그래프와 원점을 지나는 직선 $y=g(x)$가 점 A에서 만난다.

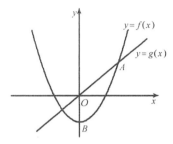

$a+b=5$이고 삼각형 $OAB$의 넓이가 $\dfrac{5}{2}$일 때, $a^2+b^2$의 값은? (단, $a$, $b$는 양수이고, O는 원점이다.)

① 15 　　② 17 　　③ 19
④ 21 　　⑤ 23

# 294 16.06 고1 학력평가 공통 13번 [3점]

이차함수 $f(x)=x^2-2ax+5a$의 그래프의 꼭짓점을 A라 하고, 점 A에서 $x$축에 내린 수선의 발을 B라 하자.
(단, O는 원점이고, $a$는 $a \neq 0$, $a \neq 5$인 실수이다.)

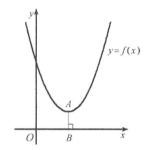

이차함수 $y=f(x)$의 그래프와 직선 $y=x$가 오직 한 점에서 만나도록 하는 모든 실수 $a$의 값의 합은?

① 1 　　② 2 　　③ 3
④ 4 　　⑤ 5

## 295 19.09 고1 학력평가 공통 9번 [3점]

기울기가 $5$인 직선이 이차함수
$f(x) = x^2 - 3x + 17$의 그래프에 접할 때, 이
직선의 $y$절편은?

① 1      ② 2      ③ 3
④ 4      ⑤ 5

## 296 14.03 고2 학력평가 B형 5번 [3점]

$-2 \leq x \leq 2$에서 이차함수 $f(x) = x^2 - 2x + a$의
최댓값과 최솟값의 합이 $21$일 때, 상수 $a$의
값은?

① 6      ② 7      ③ 8
④ 9      ⑤ 10

## 297 014.09 고1 학력평가 공통 10번 [3점]

처음 속도 $v_0$으로 지면과 수직하게 위로 던져진
물체의 운동은 위쪽을 (+)방향으로 하면 처음
속도의 방향과 가속도의 방향이 반대가 되어
가속도가 $-g$인 등가속도 직선운동을 한다. 이때,
시간 $t$초에 대한 물체의 높이 $h(\mathrm{m})$은

$$h = v_0 t - \frac{1}{2}gt^2 \quad (g : \text{천체의 중력가속도})$$이다.

지구에서의 중력가속도가 $10(\mathrm{m/s^2})$일 때 처음
속도 $10(\mathrm{m/s})$로 던져진 물체의 높이 $h(\mathrm{m})$의
최댓값은 $M_1$ 목성의 한 위성에서의
중력가속도가 $6(\mathrm{m/s^2})$일 때 처음 속도
$10(\mathrm{m/s})$로 던져진 물체의 높이 $h(\mathrm{m})$의
최댓값은 $M_2$이다. $M_2 - M_1$의 값은?

① 3      ② $\dfrac{10}{3}$      ③ $\dfrac{11}{3}$
④ 4      ⑤ $\dfrac{13}{3}$

## 298 14.03 고1 학력평가 공통 11번 [3점]

그림과 같이 이차함수 $y=-x(x-6)$의 그래프가
$x$축과 만나는 점 중 원점 O가 아닌 점을 A라
하고, 제 1사분면에 있는 그래프 위의 점을 P라
하자.

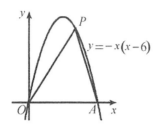

삼각형 OAP의 넓이가 최대일 때, 점 P의
$y$좌표는?

① 6        ② 7        ③ 8
④ 9        ⑤ 10

## 299 16.03 고2 학력평가 가형 7번 [3점]

$0 \leq x \leq 3$에서 정의된 이차함수
$f(x)=x^2-4x+a$의 최댓값이 12일 때, $f(x)$의
최솟값은? (단, $a$는 상수이다.)

① 2        ② 4        ③ 6
④ 8        ⑤ 10

## 300 18.03 고2 학력평가 나형 9번 [3점]

$0 \leq x \leq 4$에서 정의된 이차함수
$f(x)=x^2-6x+k$의 최댓값이 17일 때, 이차함수
$f(x)$의 최솟값은? (단, $k$는 상수이다.)

① 4        ② 5        ③ 6
④ 7        ⑤ 8

## 301 07.09 고1 학력평가 공통 17번 [3점]

한 모서리의 길이가 $x$cm인
정육면체 네 개를 그림과 같이 쌓아
높은 입체의 부피는 $A$cm³, 겉넓이는
$B$cm²이다. $3A=B+24$일 때, $x$의 값은?

① $\dfrac{3}{2}$        ② 2        ③ $1+\sqrt{2}$
④ $\dfrac{5}{2}$        ⑤ 3

# 302 05.09 고1 학력평가 공통 18번 [3점]

$a$, $b$가 유리수일 때, $x$에 대한 삼차방정식 $x^3 + ax^2 + bx + 1 = 0$의 한 근이 $-1 + \sqrt{2}$ 이다. $a + b$의 값은?

① 0      ② $-1$      ③ $-2$
④ $-3$      ⑤ $-4$

# 303 09.11 고1 학력평가 공통 16번 [4점]

방정식 $(x-3)(x-1)(x+2) + 1 = x$의 세 근을 $\alpha$, $\beta$, $\gamma$라 할 때, $\alpha^3 + \beta^3 + \gamma^3$의 값은?

① 21      ② 23      ③ 25
④ 27      ⑤ 29

# 304 08.11 고1 학력평가 공통 14번 [4점]

다음은 $x$에 대한 사차방정식 $x^4 - 6x^2 + 24x - 35 = 0$의 해를 구하는 과정이다.

> $x^4 - 6x^2 + 24x - 35 = 0$을 변형하면
> $(x^2-1)^2 - \boxed{\text{(가)}} = 0$ $\cdots$ ㉠
> ㉠의 좌변을 인수분해하면
> $(x^2 + 2x + \boxed{\text{(나)}})(x^2 - 2x + \boxed{\text{(다)}}) = 0$
> 복소수 범위에서 해를 구하면
> $x = -1 \pm 2\sqrt{2}$ 또는 $x = 1 \pm 2i$
> (단, $i = \sqrt{-1}$ )

(가)~(다)에 알맞은 것을 바르게 짝지은 것은?

| | (가) | (나) | (다) |
|---|---|---|---|
| ① | $4(x-3)^2$ | $-7$ | $5$ |
| ② | $4(x-3)^2$ | $7$ | $-5$ |
| ③ | $4(x-3)^2$ | $5$ | $-7$ |
| ④ | $4(x+3)^2$ | $-7$ | $5$ |
| ⑤ | $4(x+3)^2$ | $5$ | $-7$ |

# 305 13.03 고2 학력평가 B형 7번 [3점]

두 유리수 $a$, $b$에 대하여 삼차방정식 $x^3 + ax^2 + bx - 6 = 0$의 한 근이 $\sqrt{2}$ 일 때, $a + b$의 값은?

① $-5$      ② $-3$      ③ $-1$
④ 1      ⑤ 3

# 306 14.06 고1 학력평가 공통 12번 [3점]

다음은 삼차방정식 $x^3+2x+3x+1=0$의 세 근이 $\alpha$, $\beta$, $\gamma$일 때, $\dfrac{1}{\alpha}$, $\dfrac{1}{\beta}$, $\dfrac{1}{\gamma}$을 세 근으로 갖는 삼차방정식을 구하는 과정의 일부이다.

$\alpha$가 삼차방정식 $x^3+2x^2+3x+1=0$의 한 근이므로 $\alpha^3+2\alpha^2+3\alpha+1=0$이다.
$\alpha$는 0이 아니므로 양변을 $\alpha^3$으로 나누어 정리하면

$$\left(\dfrac{1}{\alpha}\right)^3+\boxed{\text{(가)}}\times\left(\dfrac{1}{\alpha}\right)^2+2\left(\dfrac{1}{\alpha}\right)+1=0\text{이다.}$$

그러므로 $\dfrac{1}{\alpha}$은 최고차항의 계수가 1인 $x$에 대한 삼차방정식 $\boxed{\text{(나)}}=0$의 한 근이다.
같은 방법으로 $\beta$, $\gamma$도 삼차방정식 $x^3+2x^2+3x+1=0$의 근이므로

$$\vdots$$

이다.

따라서 $\dfrac{1}{\alpha}$, $\dfrac{1}{\beta}$, $\dfrac{1}{\gamma}$을 세 근으로 갖는 최고차항의 계수가 1인 $x$에 대한 삼차방정식은 $\boxed{\text{(나)}}=0$이다.

위의 (가)에 알맞은 수를 $p$, (나)에 알맞은 식을 $f(x)$라 할 때 $p+f(2)$의 값은?

① 28     ② 29     ③ 30
④ 31     ⑤ 32

# 307 14.09 고1 학력평가 공통 7번 [3점]

사차방정식 $(x^2+x-1)(x^2+x+3)-5=0$의 서로 다른 두 허근을 $\alpha$, $\beta$라 할 때, $\alpha\bar{\alpha}+\beta\bar{\beta}$의 값은? (단, $\bar{z}$는 $z$의 켤레복소수이다.)

① 4     ② 5     ③ 6
④ 7     ⑤ 8

# 308 14.11 고1 학력평가 공통 23번 [3점]

사차방정식 $x^4-6x^3+15x^2-22x+12=0$의 모든 실근의 합을 구하시오.

# 309 15.03 고2 학력평가 가형 12번 [3점]

$x$에 대한 삼차방정식 $x^3+(a-1)x^2+ax-2a=0$이 한 실근과 서로 다른 두 허근을 갖도록 하는 정수 $a$의 개수는?

① 5     ② 6     ③ 7
④ 8     ⑤ 9

## 310 16.03 고2 학력평가 나형 10번 [3점]

방정식 $x^3 + 8 = 0$의 근 중 허수부분이 양수인
근을 $\alpha$라 하자. $\alpha - \overline{\alpha}$의 값은?
(단, $i = \sqrt{-1}$이고, $\overline{\alpha}$는 $\alpha$의 켤레복소수이다.)

① $-2\sqrt{3}i$  ② $-\sqrt{3}i$  ③ $\sqrt{3}i$

④ $2\sqrt{3}i$  ⑤ $4\sqrt{3}i$

## 311 17.03 고2 학력평가 가형 9번 [3점]

삼차방정식 $2x^3 + x^2 + 2x + 3 = 0$의 한 허근을
$\alpha$라 할 때, $4\alpha^2 - 2\alpha + 7$의 값은?

① 1    ② 3    ③ 5

④ 7    ⑤ 9

## 312 17.06 고1 학력평가 공통 9번 [3점]

삼차방정식 $x^3 - 2x^2 - 5x + 6 = 0$의 세 실근
$\alpha$, $\beta$, $\gamma$ $(\alpha < \beta < \gamma)$에 대하여 $\alpha + \beta + 2\gamma$의
값은?

① 3    ② 4    ③ 5

④ 6    ⑤ 7

## 313 17.06 고1 학력평가 공통 13번 [3점]

$x$에 대한 사차방정식 $x^4 - x^3 + ax^2 + x + 6 = 0$의
한 근이 $-2$일 때, 네 실근 중 가장 큰 것을 $b$라
하자. $a + b$의 값은? (단, $a$는 상수이다.)

① $-7$    ② $-6$    ③ $-5$

## 314 17.09 고1 학력평가 공통 9번 [3점]

삼차방정식 $x^3 + x^2 + x - 3 = 0$의 두 허근을 각각
$z_1$, $z_2$라 할 때, $z_1 \overline{z_1} + z_2 \overline{z_2}$의 값은?
(단, $\overline{z_1}$, $\overline{z_2}$는 각각 $z_1$, $z_2$의 켤레복소수이다.)

① 2    ② 4    ③ 6

④ 8    ⑤ 10

## 315 18.06 고1 학력평가 공통 14번 [4점]

삼차방정식 $x^3 + 2x^2 - 3x + 4 = 0$의 세 근을
$\alpha$, $\beta$, $\gamma$라 할 때, $(3+\alpha)(3+\beta)(3+\gamma)$의 값은?

① $-5$    ② $-4$    ③ $-3$

④ $-2$    ⑤ $-1$

# 316 19.06 고1 학력평가 공통 26번 [4점]

$x$에 대한 삼차방정식 $x^3 - x^2 + kx - k = 0$이 허근 $3i$와 실근 $\alpha$를 가질 때, $k+\alpha$의 값을 구하시오. (단, $k$는 실수이고, $i = \sqrt{-1}$ 이다.)

# 317 20.03 고2 학력평가 공통 26번 [4점]

삼차방정식 $x^3 + x - 2 = 0$의 서로 다른 두 허근을 $\alpha$, $\beta$라 할 때, $\alpha^3 + \beta^3$의 값을 구하시오.

# 318 06.09 고1 학력평가 공통 28번 [4점]

$x$에 대한 이차방정식 $9x^2 + ax + 20 = 0$과 $20x^2 + ax + 9 = 0$을 동시에 만족하는 근이 존재할 때, 양수 $a$의 값을 구하시오.

# 319 06.03 고2 학력평가 공통 12번 [4점]

연립방정식 $\begin{cases} x^2 - 4xy + 3y^2 = 0 \\ 2x^2 + xy + 3y^2 = 24 \end{cases}$ 의 해를

$\begin{cases} x = \alpha_i \\ y = \beta_i \end{cases}$ $(i = 1, 2, 3, 4)$라 할 때, $\alpha_i \beta_i$의

최댓값은?

① 9      ② 3      ③ 6

④ 4      ⑤ 3

# 320 05.11 고1 학력평가 공통 24번 [3점]

길이가 160cm인 철사를 잘라서 한 변의 길이가 각각 $a$cm, $b$cm $(a > b)$인 두 개의 정사각형을 만들었다. 이 두 정사각형의 넓이의 합이 850cm$^2$일 때, $a$의 값을 구하시오. (단, 철사는 모두 사용하고 굵기는 무시한다.)

## 321 15.03 고2 학력평가 가형 24번 [3점]

$x$, $y$에 대한 연립방정식 $\begin{cases} 2x-y=5 \\ x^2-2y=k \end{cases}$ 가 오직 한

쌍의 해 $x=\alpha$, $y=\beta$를 가질 때, $\alpha+\beta+k$의

값을 구하시오. (단, $k$는 상수이다.)

## 322 15.11 고1 학력평가 공통 8번 [3점]

두 양수 $\alpha$, $\beta$에 대하여 $x=\alpha$, $y=\beta$가

연립이차방정식 $\begin{cases} 2x-y=-3 \\ 2x^2+y^2=27 \end{cases}$ 의 해일 때,

$\alpha \times \beta$의 값은?

① 1　　　② 2　　　③ 3
④ 4　　　⑤ 5

## 323 16.09 고1 학력평가 공통 13번 [3점]

연립방정식 $\begin{cases} x^2+y^2=40 \\ 4x^2+y^2=4xy \end{cases}$ 의 해를

$x=\alpha$, $y=\beta$라 할 때, $\alpha\beta$의 값은?

① 16　　　② 17　　　③ 18
④ 19　　　⑤ 20

## 324 16.11 고1 학력평가 공통 26번 [4점]

두 양수 $\alpha$, $\beta$에 대하여 $x=\alpha$, $y=\beta$가

연립이차방정식 $\begin{cases} x-y=2 \\ x^2+3y^2=28 \end{cases}$ 의 해일 때,

$\alpha \times \beta$의 값을 구하시오.

## 325 17.03 고2 학력평가 나형 11번 [3점]

$x$, $y$에 대한 연립방정식 $\begin{cases} x+y=k \\ xy+2x-1=0 \end{cases}$ 이 오직

한 쌍의 해를 갖도록 하는 모든 실수 $k$의 값의

합은?

## 326 18.06 고1 학력평가 공통 10번 [3점]

밑변의 반지름의 길이가 $r$, 높이가 $h$인 원기둥

모양의 용기에 대하여 $r+2h=8$, $r^2-2h^2=8$일

때, 이 용기의 부피는? (단, 용기의 두께는

무시한다.)

① $16\pi$　　　② $20\pi$　　　③ $24\pi$
④ $28\pi$　　　⑤ $32\pi$

# 327 18.06 고1 학력평가 공통 11번 [3점]

$x$, $y$에 대한 두 연립방정식

$\begin{cases} 3x+y=a \\ 2x+2y=1 \end{cases}$, $\begin{cases} x^2-y^2=-1 \\ x-y=b \end{cases}$ 의 해가 일치할 때,

두 상수 $a$, $b$에 대하여 $ab$의 값은?

① 1　　② 2　　③ 3
④ 4　　⑤ 5

# 328 18.09 고1 학력평가 공통 13번 [3점]

연립방정식 $\begin{cases} x^2-3xy+2y^2=0 \\ 2x^2-y^2=2 \end{cases}$ 의 해를

$x=\alpha$, $y=\beta$라 할 때, $\alpha^2+\beta^2$의 최댓값은?

① 4　　② $\dfrac{9}{2}$　　③ 5

④ $\dfrac{11}{2}$　　⑤ 6

# 329 19.03 고2 학력평가 가형 13번 [3점]

연립방정식 $\begin{cases} x^2-2xy-3y^2=0 \\ x^2+y^2=20 \end{cases}$ 의 해를

$x=a$, $y=b$라 할 때, $a+b$의 값은?
(단, $a>0$, $b>0$)

① $2\sqrt{6}$　② $2\sqrt{7}$　③ $4\sqrt{2}$
④ 6　　⑤ $2\sqrt{10}$

# 330 20.03 고2 학력평가 공통 13번 [3점]

연립방정식 $\begin{cases} x^2-3xy+2y^2=0 \\ x^2-y^2=9 \end{cases}$ 의 해를 $\begin{cases} x=\alpha_1 \\ y=\beta_1 \end{cases}$

또는 $\begin{cases} x=\alpha_2 \\ y=\beta_2 \end{cases}$ 라 하자. $\alpha_1 < \alpha_2$일 때, $\beta_1 - \beta_2$의

값은?

① $-2\sqrt{3}$　② $-2\sqrt{2}$　③ $2\sqrt{2}$
④ $2\sqrt{3}$　⑤ 4

# 331 20.11 고1 학력평가 공통 9번 [3점]

$x$, $y$에 대한 연립방정식 $\begin{cases} 2x+y=1 \\ x^2-ky=-6 \end{cases}$ 이 오직

한 쌍의 해를 갖도록 하는 양수 $k$의 값은?

① 1　　② 2　　③ 3
④ 4　　⑤ 5

# 332 11.11 고1 학력평가 공통 23번 [3점]

부등식 $|x+1|+|x-2|<5$를 만족시키는 정수 $x$의 개수를 구하시오.

## 333 17.06 고1 학력평가 공통 8번 [3점]

$x$에 대한 부등식 $|x-2|<a$를 만족시키는 모든 정수 $x$의 개수가 19일 때, 자연수 $a$의 값은?

① 10  ② 12  ③ 14
④ 16  ⑤ 18

## 334 06.03 고1 학력평가 공통 4번 [3점]

$x$에 대한 연립부등식 $\begin{cases} 2x-a>3 \\ -2x+4>b \end{cases}$ 의 해가

$2<x<3$이 되도록 두 수 $a$, $b$의 값을 정할 때, $a+b$의 값은?

① $-2$  ② $-1$  ③ 0
④ 1  ⑤ 2

## 335 12.03 고1 학력평가 공통 11번 [3점]

연립부등식 $\begin{cases} 3x-5<4 \\ x \geq a \end{cases}$ 를 만족하는 정수 $x$의

값이 2개일 때, 상수 $a$의 값의 범위는?

① $0 \leq a < 1$
② $0 < a \leq 1$
③ $1 < a < 2$
④ $1 \leq a < 2$
⑤ $1 < a \leq 2$

## 336 18.03 고2 학력평가 가형 11번 [3점]

부등식 $|3x-2| \leq x+6$의 해가 $\alpha \leq x \leq \beta$일 때, $\alpha+\beta$의 값은?

① 3  ② 4  ③ 5
④ 6  ⑤ 7

## 337 18.09 고1 학력평가 공통 26번 [4점]

$x$에 대한 연립부등식 $3x-1<5x+3 \leq 4x+a$를 만족시키는 정수 $x$의 개수가 8이 되도록 하는 자연수 $a$의 값을 구하시오.

## 338 18.11 고1 학력평가 공통 14번 [4점]

$x$에 대한 부등식 $|3x-1|<x+a$의 해가 $-1<x<3$일 때, 양수 $a$의 값은?

① 4  ② $\dfrac{17}{4}$  ③ $\dfrac{9}{2}$
④ $\dfrac{19}{4}$  ⑤ 5

# 339 19.03 고2 학력평가 나형 12번 [3점]

$x$에 대한 부등식 $|x-3| \le a$를 만족시키는 정수 $x$의 개수가 15가 되도록 는 자연수 $a$의 값은?

① 5      ② 6      ③ 7

④ 8      ⑤ 9

# 340 19.06 고1 학력평가 공통 15번 [4점]

$x$에 대한 연립부등식 $\begin{cases} x+2 > 3 \\ 3x < a+1 \end{cases}$ 을 만족시키는

모든 정수 $x$의 값의 합이 9가 되도록 하는 자연수 $a$의 최댓값은?

① 10      ② 11      ③ 12

④ 13      ⑤ 14

# 341 19.11 고1 학력평가 공통 10번 [3점]

부등식 $x > |3x+1| - 7$을 만족시키는 모든 정수 $x$의 값의 합은?

① $-2$      ② $-1$      ③ 0

④ 1      ⑤ 2

# 342 20.11 고1 학력평가 공통 12번 [3점]

$x$에 대한 부등식 $|x-7| \le a+1$을 만족시키는 모든 정수 $x$의 개수가 9가 되도록 하는 자연수 $a$의 값은?

① 1      ② 2      ③ 3

④ 4      ⑤ 5

# 343 11.09 고1 학력평가 공통 13번 [3점]

이차방정식 $x^2 + 2\sqrt{2}x - m(m+1) = 0$은 실근을 갖고, 이차방정식 $x^2 - (m-2)x + 4 = 0$의 허근을 갖도록 하는 실수 $m$의 값의 범위는?

① $-3 \le m < 4$

② $-2 < m < 6$

③ $0 < m \le 7$

④ $1 < m < 8$

⑤ $2 \le m < 9$

# 344 09.11 고1 학력평가 공통 12번 [3점]

연립부등식 $\begin{cases} x^2-2x-24 \le 0 \\ -1 \le [x-1] \le 6 \end{cases}$ 을 만족하는 정수

$x$의 개수는? (단, $[x]$는 $x$보다 크지 않은 최대의 정수이다.)

① 7　　　② 8　　　③ 9
④ 10　　　⑤ 11

# 346 12.09 고1 학력평가 공통 8번 3점

연립부등식 $\begin{cases} x^2-2x-3 \le 0 \\ (x-4)(x-a) \le 0 \end{cases}$ 을 만족하는 정수

$x$의 개수가 4개가 되도록 하는 실수 $a$의 값의 범위는?

① $-1 \le a \le 0$
② $-1 \le a < 0$
③ $-1 < a \le 0$
④ $0 \le a < 1$
⑤ $0 < a \le 1$

# 345 11.11 고1 학력평가 공통 9번 [3점]

$x$에 대한 이차부등식 $ax^2+bx+c \ge 0$의 해가
오직 $x=3$뿐일 때, $bx^2+cx+6a < 0$를
만족시키는 정수 $x$의 개수는?

① 1　　　② 2　　　③ 3
④ 4　　　⑤ 5

# 347 12.11 고1 학력평가 공통 11번 [3점]

$x$에 대한 연립부등식 $\begin{cases} x^2+ax+b \ge 0 \\ x^2+cx+d \le 0 \end{cases}$ 의 해가

$1 \le x \le 3$ 또는 $x=4$일 때, $a+b+c+d$의 값은?

① 1　　　② 2　　　③ 3
④ 4　　　⑤ 5

**348** 13.11 고1 학력평가 공통 5번 [3점]

연립부등식 $\begin{cases} |2x-1| < 5 \\ x^2 - 5x + 4 \leq 0 \end{cases}$ 을 만족시키는 모든

정수 $x$의 개수는?

① 1    ② 2    ③ 3
④ 4    ⑤ 5

**349** 14.06 고1 학력평가 공통 9번 [3점]

모든 실수 $x$에 대하여 이차부등식
$x^2 - 2(k-2)x - k^2 + 5k - 3 \geq 0$이 성립하도록
하는 모든 정수 $k$의 값의 합은?

① 2    ② 4    ③ 6
④ 8    ⑤ 10

**350** 14.06 고1 학력평가 공통 24번 [3점]

연립부등식 $\begin{cases} |x-1| \leq 6 \\ (x-2)(x-8) \leq 0 \end{cases}$ 의 해가

$\alpha \leq x \leq \beta$일 때, $\alpha + \beta$의 값을 구하시오.

**351** 15.03 고2 학력평가 가형 11번 [3점]

이차함수 $f(x)$가 다음 조건을 만족시킨다.

(가) $f(0) = 8$

(나) 이차부등식 $f(x) > 0$의 해는 $x \neq 2$인 모든 실수이다.

$f(5)$의 값은?

① 12    ② 14    ③ 16
④ 18    ⑤ 20

**352** 15.06 고1 학력평가 공통 7번 [3점]

모든 실수 $x$에 대하여 부등식 $x^2 + 6x + a \geq 0$이
성립하도록 하는 상수 $a$의 최솟값은?

① 1    ② 3    ③ 5
④ 7    ⑤ 9

# 353 15.06 고1 학력평가 공통 12번 [3점]

$3 \leq x \leq 5$인 실수 $x$에 대하여 부등식
$x^2 - 4x - 4k + 3 \leq 0$이 항상 성립하도록 하는
상수 $k$의 최솟값은?

① 1      ② 2      ③ 3
④ 4      ⑤ 5

# 354 15.06 고1 학력평가 공통 15번 [4점]

연립부등식 $0 \leq -x^2 + 5x < -x + 9$를 만족시키는
모든 정수 $x$의 값의 합은?

① 6      ② 8      ③ 10
④ 12      ⑤ 14

# 355 15.11 고1 학력평가 공통 10번 [3점]

이차함수 $f(x) = x^2 - x - 12$에 대하여
$f(x-1) < 0$을 만족시키는 모든 정수 $x$의 값의
합은?

① 7      ② 8      ③ 9
④ 10      ⑤ 11

# 356 16.03 고2 학력평가 가형 24번 [3점]

이차함수 $f(x)$에 대하여 $f(1) = 8$이고 부등식
$f(x) \leq 0$의 해가 $-3 \leq x \leq 0$일 때, $f(4)$의 값을
구하시오.

# 357 16.09 고1 학력평가 공통 10번 [3점]

이차함수 $f(x) = x^2 - 2ax + 9a$에 대하여
이차부등식 $f(x) < 0$을 만족시키는 해가 없도록
하는 정수 $a$의 개수는?

① 9      ② 10      ③ 11
④ 12      ⑤ 13

## 358 17.03 고2 학력평가 나형 13번 [3점]

어느 라면 전문점에서 라면 한 그릇의 가격이 2000원이면 하루에 200그릇이 판매되고, 라면 한 그릇의 가격을 100원씩 내릴 때마다 하루 판매량이 20그릇씩 늘어난다고 한다. 하루의 라면 판매액의 합계가 442000원 이상이 되기 위한 라면 한 그릇의 가격의 최댓값은?

① 1500원 ② 1600원 ③ 1700원
④ 1800원 ⑤ 1900원

## 359 17.11 고1 학력평가 공통 9번 [3점]

연립부등식 $\begin{cases} |x-1| \leq 3 \\ x^2-8x+15 > 0 \end{cases}$ 을 만족시키는 정수 $x$의 개수는?

① 1 ② 2 ③ 3
④ 4 ⑤ 5

## 360 19.09 고1 학력평가 공통 14번 [4점]

$x$에 대한 이차부등식 $x^2-(n+5)x+5n \leq 0$을 만족시키는 정수 $x$의 개수가 3이 되도록 하는 모든 자연수 $n$의 값의 합은?

① 8 ② 9 ③ 10
④ 11 ⑤ 12

## 361 06.11 고1 학력평가 공통 13번 [4점]

복소수 $(a^2+3a+2)+(a^2+2a)i$ 를 제곱하면 음의
실수가 된다. 이때, 실수 $a$ 의 값은?
(단, $i=\sqrt{-1}$ )

① $-3$      ② $-2$      ③ $-1$
④ $0$      ⑤ $1$

## 362 12.09 고1 학력평가 공통 20번 [4점]

자연수 $n$ 에 대하여 복소수 $z_n=\left(\dfrac{\sqrt{2}\,i}{1+i}\right)^n$ 이라 할
때, 옳은 것만을 <보 기>에서 있는 대로 고른
것은? (단, $i=\sqrt{-1}$ )

———— <보 기> ————
ㄱ. $z_2=i$      ㄴ. $z_6=-z_2$      ㄷ. $z_{n+8}=z_n$

① ㄱ      ② ㄷ      ③ ㄱ, ㄴ
④ ㄴ, ㄷ      ⑤ ㄱ, ㄴ, ㄷ

## 363 13.06 고1 학력평가 공통 21번 [4점]

그림과 같이 숫자가 표시되는 화면과 $\boxed{A}$, $\boxed{B}$
두 개의 버튼으로 구성된 장치가 있다.

$\boxed{A}$ 버튼을 누르면 화면에 표시된 수와
$\dfrac{\sqrt{2}+\sqrt{2}\,i}{2}$ 를 곱한 결과가, $\boxed{B}$ 버튼을 누르면

화면에 표시된 수와 $\dfrac{-\sqrt{2}+\sqrt{2}\,i}{2}$ 를 곱한

결과가 화면에 나타난다. 화면에 표시된 수가 1일

때, $\boxed{A}$ 또는 $\boxed{B}$ 버튼을 여러 번 눌렀더니 다시

1이 나타났다. 버튼을 누른 회수의 최솟값은?
(단, $i=\sqrt{-1}$ 이다.)

① 3      ② 4      ③ 5
④ 6      ⑤ 7

# 364 05.09 고1 학력평가 공통 30번 [4점]

두 실수 $x$, $y$에 대하여 복소수 $x+yi$를 좌표평면 위의 점 $(x, y)$에 대응시킨다. 예를 들면, $3+2i$를 점 $(3, 2)$에 대응시키고, $-3i$를 점 $(0, -3)$에 대응시킨다. 자연수 $n$에 대하여 복소수 $(3+4i) \times i^n$을 대응시킨 점을 $P_n$이라 할 때, 네 점 $P_1$, $P_2$, $P_3$, $P_4$를 꼭짓점으로 하는 사각형의 넓이를 구하시오. (단, $i = \sqrt{-1}$ 이다.)

# 366 11.11 고1 학력평가 공통 14번 [4점]

0이 아닌 복소수 $z = (i-2)x^2 - 3xi - 4i + 32$가 $z + \bar{z} = 0$을 만족시킬 때, 실수 $x$의 값은? (단, $i = \sqrt{-1}$ 이고 $\bar{z}$는 $z$의 켤레복소수이다.)

① $-4$     ② $-1$     ③ $1$
④ $3$     ⑤ $4$

# 365 07.09 고1 학력평가 공통 13번 [4점]

복소수 $z = \dfrac{3+\sqrt{2}\,i}{\sqrt{2}-3i}$에 대하여 $\omega = \dfrac{z(1-\bar{z})}{\sqrt{2}}$라 할 때, $\omega^n = 1$을 만족시키는 100 이하의 자연수 $n$의 개수는?

(단, $i = \sqrt{-1}$ 이고, $\bar{z}$는 $z$의 켤레복소수이다.)

① $6$     ② $8$     ③ $12$
④ $18$     ⑤ $25$

# 367 09.05 고1 성취도평가 공통 14번 [4점]

두 복소수 $z_1$, $z_2$에 대하여

$$z_1 \triangle z_2 = \begin{cases} z_1 z_2 & (z_1 = \bar{z_2}) \\ z_1 - z_2 & (z_1 \neq \bar{z_2}) \end{cases}$$ 라 할 때,

$\{(1+i)\triangle(1-i)\}\triangle(2-3i)$의 값은? (단, $\bar{z}$는 $z$의 켤레복소수이다.)

① $-3i$     ② $3i$     ③ $4i$
④ $2-3i$     ⑤ $2+3i$

## 368 13.03 고2 학력평가 A형 16번 [4점]

등식 $z^2 = 3 + 4i$를 만족시키는 복소수 $z$에 대하여 $z\bar{z}$의 값은?

(단, $i = \sqrt{-1}$이고 $\bar{z}$는 $z$의 켤레복소수이다.)

① 5     ② 6     ③ 7
④ 8     ⑤ 9

## 369 08.11 고1 학력평가 공통 27번 [4점]

어느 주유소에서 $1L$당 $a$원인 기름을 하루에 $bL$ 판매하였다. 이 주유소에서 기름 값을 $x\%$ 내렸더니 하루 판매량이 $2x\%$ 증가하여 하루 판매액이 $8\%$ 증가하였다. 이때 $x$의 값을 구하시오. (단, $0 < x < 30$)

## 370 13.09 고1 학력평가 공통 19번 [4점]

$x$에 대한 이차방정식 $x^2 + (m+1)x + 2m - 1 = 0$의 두 근이 정수가 되도록 하는 모든 정수 $m$의 값의 합은?

① 6     ② 7     ③ 8
④ 9     ⑤ 10

## 371 06.11 고1 학력평가 공통 16번 [4점]

이차방정식 $x^2 + x - 3 = 0$의 두 근을 $\alpha$, $\beta$라 할 때, $f(\alpha) = f(\beta) = 1$을 만족하는 이차식 $f(x)$는? (단, $f(x)$의 이차항의 계수는 1이다.)

① $x^2 + x - 2$
② $x^2 - x - 4$
③ $x^2 + x + 4$
④ $x^2 - 2x + 2$
⑤ $x^2 + 2x + 4$

## 372 12.03 고2 학력평가 공통 10번 [4점]

이차방정식 $x^2 + ax + b = 0$의 두 근이 $\alpha$, $\beta$이고 $x^2 + bx + a = 0$의 두 근이 $\dfrac{1}{\alpha}$, $\dfrac{1}{\beta}$이다. $a + b$의 값은? (단, $a$, $b$는 실수이다.)

① 1     ② 2     ③ 3
④ 4     ⑤ 5

# 373 13.03 고2 학력평가 B형 19번 [4점]

이차방정식 $x^2 - ax - 3a = 0 \ (a > 0)$의 서로 다른 두 실근 $\alpha$, $\beta$에 대하여 $|\alpha| + |\beta| = 8$일 때, $\alpha^2 + \beta^2$의 값은?

① 34    ② 36    ③ 38
④ 40    ⑤ 42

# 374 14.03 고2 학력평가 A형 19번 [4점]

이차항의 계수가 1인 이차함수 $f(x)$는 다음 조건을 만족시킨다.

> (가) 이차방정식 $f(x) = 0$의 두 근의 곱은 7이다.
>
> (나) 이차방정식 $x^2 - 3x + 1 = 0$의 두 근 $\alpha$, $\beta$에 대하여 $f(\alpha) + f(\beta) = 3$이다.

$f(7)$의 값은?

① 10    ② 11    ③ 12
④ 13    ⑤ 14

# 375 14.06 고1 학력평가 공통 16번 [4점]

이차방정식 $x^2 - 3x - 2 = 0$의 두 근이 $\alpha$, $\beta$일 때, $\alpha^3 - 3\alpha^2 + \alpha\beta + 2\beta$의 값은?

① 0    ② 2    ③ 4
④ 6    ⑤ 8

# 376 16.06 고1 학력평가 공통 16번 [4점]

한 변의 길이가 10인 정사각형 ABCD가 있다. 그림과 같이 정사각형 ABCD의 내부에 한 점 P를 잡고, 점 P를 지나고 정사각형의 각 변에 평행한 두 직선이 정사각형의 네 변과 만나는 점을 각각 E, F, G, H라 하자.

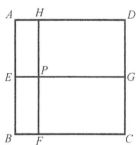

직사각형 PFCG의 둘레의 길이가 28이고 넓이가 46일 때, 두 선분 AE와 AH의 길이를 두 근으로 하는 이차방정식은? (단, 이차방정식의 이차항의 계수는 1이다.)

① $x^2 - 6x + 4 = 0$

② $x^2 - 6x + 6 = 0$

③ $x^2 - 6x + 8 = 0$

④ $x^2 - 8x + 6 = 0$

⑤ $x^2 - 8x + 8 = 0$

Practice is the only way to live.

# 377
06.06 고2 학력평가 가형 14번 [4점], 나형 14번 [4점]

이차함수 $f(x) = ax^2 + bx + c$의 그래프가 다음과 같을 때, <보 기>에서 옳은 것을 모두 고른 것은?

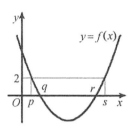

<보 기>

ㄱ. 방정식 $f(-x) = 0$의 근은 $x = -q$ 또는 $x = -r$이다.

ㄴ. 방정식 $f(x) - 2 = 0$의 두 근의 합은 $-\dfrac{b}{a}$이다.

ㄷ. $p + s = q + r$

① ㄱ     ② ㄱ, ㄴ     ③ ㄱ, ㄷ

④ ㄴ, ㄷ     ⑤ ㄱ, ㄴ, ㄷ

# 378
13.11 고1 학력평가 공통 14번 [4점]

그림은 최고차항의 계수가 1이고 $f(-2) = f(4) = 0$인 이차함수 $y = f(x)$의 그래프이다.

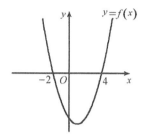

함수 $y = f(x)$의 그래프와 함수 $y = -f(x) + 2$의 그래프의 꼭짓점을 각각 A, B라 하고, 함수 $y = f(x)$의 그래프와 함수 $y = -f(x) + 2$의 그래프가 만나는 두 점을 각각 C, D라 하자. 사각형 ADBC의 넓이는?

① $5\sqrt{10}$     ② $10\sqrt{5}$     ③ $10\sqrt{10}$

④ $20\sqrt{5}$     ⑤ $20\sqrt{10}$

# 379 14.03 고1 학력평가 공통 26번 [4점]

두 이차함수 $y = x^2 - 2x - 3$, $y = x^2 - 10x + 21$의
그래프가 그림과 같다. 두 그래프의 꼭짓점을
각각 A, B라 하고, 이차함수 $y = x^2 - 2x - 3$의
그래프와 $x$축의 교점을 각각 C, D라 할 때,
사각형 ABCD의 넓이를 구하시오.

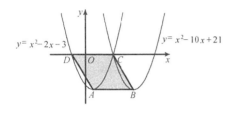

# 381 17.06 고1 학력평가 공통 15번 [4점]

그림과 같이 유리수 $a$, $b$에 대하여 두 이차함수
$y = x^2 - 3x + 1$과 $y = -x^2 + ax + b$의 그래프가
만나는 두 점을 각각 P, Q라 하자. 점 P의
$x$좌표가 $1 - \sqrt{2}$일 때, $a + 3b$의 값은?

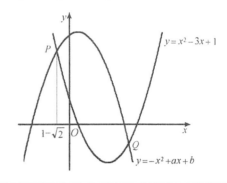

① 6      ② 7      ③ 8
④ 9      ⑤ 10

# 380 15.06 고1 학력평가 공통 17번 [4점]

이차함수 $f(x)$에 대하여 $x$에 대한 방정식
$f(x) + x - 1 = 0$의 두 근 $\alpha$, $\beta$라 하자.
$\alpha + \beta = 1$, $\alpha\beta = -3$이고 $f(1) = -6$일 때, $f(3)$의
값은?

① 0      ② 2      ③ 4
④ 6      ⑤ 8

## 382 07.06 고1 학력평가 공통 18번 [4점]

좌표평면에 A(1, 4), B(1, 1), C(4, 1)을 꼭짓점으로 하는 삼각형 ABC가 있다. 이차함수 $y = ax^2$의 그래프와 삼각형 ABC의 교점의 개수를 F(a)라고 할 때, <보 기>에서 옳은 것을 모두 고른 것은?

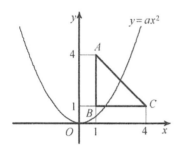

<보 기>

ㄱ. $F(3) = 2$

ㄴ. $a > 4$이면 $F(a) = 0$이다.

ㄷ. $\dfrac{1}{16} \le a \le 4$이면 $F(a) = 2$

① ㄱ　　　② ㄴ　　　③ ㄱ, ㄴ
④ ㄴ, ㄷ　　⑤ ㄱ, ㄴ, ㄷ

## 383 14.11 고1 학력평가 공통 14번 [4점]

그림과 같이 함수 $f(x) = x^2 - x - 5$와 $g(x) = x + 3$의 그래프가 만나는 두 점을 각각 A, B라 하자.

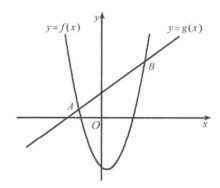

함수 $y = f(x)$의 그래프 위의 점 P에 대하여 $\overline{AP} = \overline{BP}$일 때, 점 P의 $x$좌표는? (단, 점 P의 $x$좌표는 양수이다.)

① $2\sqrt{2}$　　② $3$　　③ $\sqrt{10}$
④ $\sqrt{11}$　　⑤ $2\sqrt{3}$

# 384 16.09 고1 학력평가 공통 15번 [4점]

양수 $a$에 대하여 두 함수 $f(x)=x^2$과 $g(x)=ax+2a^2$의 그래프가 만나는 두 점을 각각 A, B라 하고, 직선 $y=g(x)$가 $x$축과 만나는 점을 C, $y$축과 만나는 점을 D, 점 A에서 $x$축에 내린 수선의 발을 E라 하자. 삼각형 COD의 넓이를 $S_1$, 사각형 OEAD의 넓이를 $S_2$라 할 때, $S_2=kS_1$을 만족시키는 실수 $k$의 값은? (단, O는 원점이고, 두 점 A, B는 각각 제 1사분면과 제 2사분면 위에 있다.)

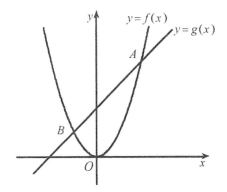

① $\dfrac{11}{4}$   ② $\dfrac{23}{8}$   ③ $3$

④ $\dfrac{25}{8}$   ⑤ $\dfrac{13}{4}$

# 385 16.03 고2 학력평가 나형 15번 [4점]

이차항의 계수가 $-1$인 이차함수 $y=f(x)$의 그래프와 직선 $y=g(x)$가 만나는 두 점의 $x$좌표는 2와 6이다. $h(x)=f(x)-g(x)$라 할 때, 함수 $h(x)$는 $x=p$에서 최댓값 $q$를 갖는다. $p+q$의 값은?

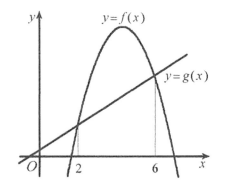

① 8   ② 9   ③ 10
④ 11   ⑤ 12

# 386 16.06 고1 학력평가 공통 14번 [4점]

이차함수 $f(x)=x^2-2ax+5a$의 그래프의 꼭짓점을 A라 하고, 점 A에서 $x$축에 내린 수선의 발을 B라 하자. (단, O는 원점이고, $a$는 $a\neq 0$, $a\neq 5$인 실수이다.)

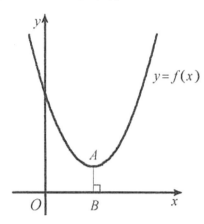

$0<a<5$일 때, $\overline{OB}+\overline{AB}$의 최댓값은?

① 5 ② 6 ③ 7
④ 8 ⑤ 9

# 387 16.06 고1 학력평가 공통 27번 [4점]

이차함수 $f(x)$가 다음 조건을 만족시킨다.

(가) $x$에 대한 방정식 $f(x)=0$의 두 근은 $-2$와 4이다.

(나) $5\leq x\leq 8$에서 이차함수 $f(x)$의 최댓값은 80이다.

$f(-5)$의 값을 구하시오.

# 388 16.03 고1 학력평가 공통 15번 [4점]

그림과 같이 평평한 지면 위에 있는 두 지점 A, B 사이의 거리는 6m이다. 두 지점 A, B에서 각각 4.5m, 1.5m 떨어진 C지점에 지면과 수직으로 높이가 3m인 기둥이 세워져 있다. A지점에서 쏘아 올린 공이 포물선 모양으로 날아 기둥의 꼭대기에서 지면에 수직으로 3m 위인 P지점을 지나 B지점에 떨어졌다. 이 공이 가장 높이 올라갔을 때의 지면으로부터의 높이는? (단, 포물선의 축은 지면에 수직이고, 공의 크기와 기둥의 굵기는 생각하지 않는다.)

① 7.5m ② 8m ③ 8.5m
④ 9m ⑤ 9.5m

# 389 18.06 고1 학력평가 공통 16번 [4점]

두 실수 $a$, $b$에 대하여 복소수 $z=a+2bi$가 $z^2+(\overline{z})^2=0$을 만족시킬 때, $6a+12b^2+11$의 최솟값은? (단, $i=\sqrt{-1}$이고, $\overline{z}$는 $z$의 켤레복소수이다.)

① 6 ② 7 ③ 8
④ 9 ⑤ 10

# 390 06.09 고1 학력평가 공통 13번 [4점]

삼차방정식 $x^3 + 1 = 0$의 한 허근을 $\alpha$라 할 때, 옳은 내용을 <보 기>에서 모두 고른 것은?
(단, $\overline{\alpha}$는 $\alpha$의 켤레복소수이다.)

<보 기>
ㄱ. $\alpha^2 - \alpha + 1 = 0$
ㄴ. $\alpha + \overline{\alpha} = \alpha\overline{\alpha} = 1$
ㄷ. $\alpha^3 + (\overline{\alpha})^3 = \alpha^2 + (\overline{\alpha})^2$

① ㄱ     ② ㄱ, ㄴ     ③ ㄱ, ㄷ
④ ㄴ, ㄷ     ⑤ ㄱ, ㄴ, ㄷ

# 391 11.09 고1 학력평가 공통 16번 [4점]

그림과 같이 세 모서리의 길이가 각각 $x$, $x+1$, $x+2$인 직육면체 모양의 블록이 있다.

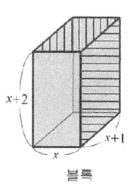

블록

이 블록들을 쌓아 만든 입체도형을 앞면, 옆면, 윗면에서 바라본 모양은 다음과 같다.

앞면     옆면     윗면

이 입체도형의 부피가 $7x^3 + 28x^2 + 20x + 5$와 같을 때, $x$의 값은?

① 1     ② 2     ③ 3
④ 4     ⑤ 5

# 392  11.09 고1 학력평가 공통 19번 [4점]

삼차방정식 $x^3 + ax^2 + bx + c = 0$의 세 근을 $\alpha$, $\beta$, $\gamma$라 하자. $\dfrac{1}{\alpha\beta}$, $\dfrac{1}{\beta\gamma}$, $\dfrac{1}{\gamma\alpha}$을 세 근으로 하는 삼차방정식을 $x^3 - 2x^2 + 3x - 1 = 0$이라 할 때, $a^2 + b^2 + c^2$의 값은? (단, $a$, $b$, $c$는 상수이다.)

① 14    ② 15    ③ 16
④ 17    ⑤ 18

# 393  12.09 고1 학력평가 공통 18번 [4점]

그림은 오각기둥의 전개도이다. 이 전개도의 점선을 따라 접어서 만든 오각기둥의 부피가 108일 때, 전개도에서 $x$의 값은?

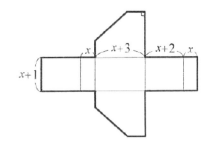

① 1    ② 2    ③ 3
④ 4    ⑤ 5

# 394  13.11 고1 학력평가 공통 19번 [4점]

방정식 $(x^2 - 4x + 3)(x^2 - 6x + 8) = 120$의 한 허근을 $w$라 할 때, $w^2 - 5w$의 값은?

① $-16$    ② $-14$    ③ $-12$
④ $-10$    ⑤ $-8$

# 395  14.06 고1 학력평가 공통 26번 [4점]

그림과 같이 선분 AB 위의 점 C에 대하여 선분 AC를 한 모서리로 하는 정육면체와 선분 BC를 한 모서리로 하는 정육면체를 만든다. $\overline{AB} = 8$이고 두 정육면체의 부피의 합이 224일 때, 두 정육면체의 겉넓이의 합을 구하시오. (단, 두 정육면체는 한 모서리에서만 만난다.)

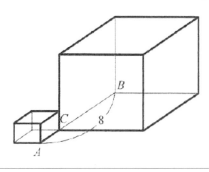

## 396 16.09 고1 학력평가 공통 16번 [4점]

$x$에 대한 방정식

$x^3 + (8-a)x^2 + (a^2 - 8a)x - a^3 = 0$이 서로 다른 세 실근을 갖기 위한 정수 $a$의 개수는?

① 6          ② 8          ③ 10

④ 12          ⑤ 14

## 397 07.03 고2 학력평가 공통 15번 [4점]

다음은 삼차다항식 $P(x)$가

$P(k) = \dfrac{k+1}{k}$ $(k = 1,\ 2,\ 3,\ 4)$을 만족할 때,

$P(-1)$의 값을 구하는 과정이다.

---
$Q(x) = x \cdot P(x) - (x+1)$ ⋯㉠

이라 하면 $Q(x)$는 사차다항식이다.

자연수 $k$ $(1 \le k \le 4)$에 대하여 $Q(k) = $ ☐(가)

이므로 $Q(x) = a(x-1)(x-2)(x-3)(x-4)$

($a$는 상수) ⋯㉡

그런데 ㉠에서 $Q(0) = -1$이므로 ㉡에서

$a = $ ☐(나) 따라서 ㉠, ㉡에서

$P(-1) = -Q(-1) = $ ☐(다)

---

위의 과정에서 (가), (나), (다)에 알맞은 것은?

|  | (가) | (나) | (다) |
|---|---|---|---|
| ① | 0 | $-\dfrac{1}{24}$ | 5 |
| ② | $-1$ | $\dfrac{1}{60}$ | 5 |
| ③ | 0 | $-\dfrac{1}{24}$ | 2 |
| ④ | $-1$ | $\dfrac{1}{60}$ | 2 |
| ⑤ | 0 | $-\dfrac{1}{60}$ | 5 |

# 398 18.03 고2 학력평가 가형 14번 [4점]

$x$에 대한 방정식

$(1+x)(1+x^2)(1+x^4) = x^7 + x^6 + x^5 + x^4$의 세

근을 각각 $\alpha$, $\beta$, $\gamma$라 할 때, $\alpha^4 + \beta^4 + \gamma^4$의 값은?

① 3　　　　② 7　　　　③ 11

④ 15　　　　⑤ 19

# 399 19.06 고1 학력평가 공통 19번 [4점]

다음은 $x$에 대한 방정식

$(x^2 + ax + a)(x^2 + x + a) = 0$의 근 중 서로 다른

허근의 개수가 2이기 위한 실수 $a$의 값의 범위를

구하는 과정이다.

---

(1) $a = 1$인 경우

주어진 방정식은 $(x^2 + x + 1)^2 = 0$이다.

이때, 방정식 $x^2 + x + 1 = 0$의 근은

$$x = \frac{-1 \pm \sqrt{\boxed{(가)}\, i}}{2} \quad (단,\ i = \sqrt{-1})$$

이므로 방정식 $(x^2 + x + 1)^2 = 0$의 서로

다른 허근의 개수는 2이다.

(2) $a \neq 1$인 경우

방정식 $x^2 + ax + a = 0$의 근은

$$x = \frac{-a \pm \sqrt{\boxed{(나)}}}{2}\ 이다.$$

( ⅰ ) $\boxed{(나)} < 0$일 때, 방정식

$x^2 + x + a = 0$은 실근을 가져야 하므로 실수

$a$의 값의 범위는 $0 < a \le \dfrac{1}{4}$이다.

( ⅱ ) $\boxed{(나)} \ge 0$일 때, 방정식

$x^2 + x + a = 0$은 허근을 가져야 하므로

실수 $a$의 값의 범위는 $a \ge \boxed{(다)}$ 이다.

따라서 (1)과 (2)에 의하여 방정식

$(x^2 + ax + a)(x^2 + x + a) = 0$의 근 중 서로

다른 허근의 개수가 2이기 위한 실수 $a$의

값의 범위는 $0 < a \le \dfrac{1}{4}$ 또는 $a = 1$ 또는

$a \ge \boxed{(다)}$이다.

---

위의 (가), (다)에 알맞은 수를 각각 $p$, $q$라 하고,

(나)에 알맞은 식을 $f(a)$라 할 때, $p + q + f(5)$의

값은?

① 8　　　　② 9　　　　③ 10

④ 11　　　　⑤ 12

# 400 12.11 고1 학력평가 공통 15번 [4점]

그림과 같이 $\overline{\mathrm{AD}} : \overline{\mathrm{DC}} = 3 : 2$인 직사각형 ABCD가 있다. 변 AD를 삼등분한 점들 중 A에 가까운 점을 $P_1$, D에 가까운 점을 $P_2$라 하고, 변 DC를 삼등분한 점들 중 D에 가까운 점을 $Q_1$, C에 가까운 점을 $Q_2$라 하자.

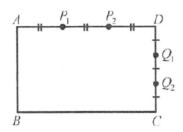

세 삼각형 $\mathrm{AQ_1D}$, $\mathrm{P_1Q_2D}$, $\mathrm{P_2CD}$의 넓이의 합이 10일 때, 직사각형 ABCD의 둘레의 길이는?

① $10\sqrt{2}$  ② $10\sqrt{3}$  ③ $20$
④ $10\sqrt{5}$  ⑤ $10\sqrt{6}$

# 401 14.06 고1 학력평가 공통 27번 [4점]

연립방정식 $\begin{cases} x^2 - y^2 = 6 \\ (x+y)^2 - 2(x+y) = 3 \end{cases}$을 만족시키는 양수 $x$, $y$에 대하여 $20xy$의 값을 구하시오.

Practice is the only way to live.

# 402 18.03 고2 학력평가 가형 26번 [4점]

어느 인기 그룹의 공연을 준비하고 있는 기획사는 다음과 같은 조건으로 총 1500장의 티켓을 판매하려고 한다.

(가) 티켓의 종류는 R석, S석, A석 세 가지이다.

(나) R석, S석, A석 티켓의 가격은 각각 10만 원, 5만 원, 2만 원이고, A석 티켓의 수는 R석과 S석 티켓의 수의 합과 같다.

티켓 1500장을 모두 판매한 금액이 6000만 원이 되도록 하기 위해 판매해야 할 S석 티켓의 수를 구하시오.

# 403 05.11 고1 학력평가 공통 18번 [4점]

$x$, $y$에 대한 방정식 $xy + x + y - 1 = 0$을 만족시키는 정수 $x$, $y$를 좌표평면 위의 점 $(x, y)$로 나타낼 때, 이 점들을 꼭짓점으로 하는 사각형의 넓이는?

① 2  ② 6  ③ 8
④ $3\sqrt{2}$  ⑤ $4\sqrt{2}$

# 404 14.03 고2 학력평가 A형 14번 [4점]

두 실수 $x$, $y$에 대하여 $x*y = x + y + xy$라 하자. $(1*a)*b = 3$을 만족시키는 정수 $a$, $b$의 순서쌍 $(a, b)$의 개수는?

① 2  ② 4  ③ 6
④ 8  ⑤ 10

# 405 10.11 고1 학력평가 공통 19번 [4점]

이차항의 계수가 음수인 이차함수 $y = f(x)$의 그래프와 직선 $y = x + 1$이 두 점에서 만나고 그 교점의 $y$좌표가 각각 3과 8이다. 이때, 이차부등식 $f(x) - x - 1 > 0$을 만족시키는 모든 정수 $x$의 값의 합은?

① 14  ② 15  ③ 16
④ 17  ⑤ 18

## 406 09.11 고1 학력평가 공통 14번 [4점]

그림은 두 점 $(-1, 0)$, $(2, 0)$을 지나는 이차함수 $y = f(x)$의 그래프를 나타낸 것이다. 부등식 $f\left(\dfrac{x+k}{2}\right) \le 0$의 해가 $-3 \le x \le 3$일 때, 상수 $k$의 값은?

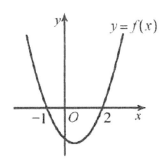

① 0      ② 1      ③ 2
④ 3      ⑤ 4

## 407 06.11 고1 학력평가 공통 18번 [4점]

연립부등식 $\begin{cases} x^2 + x - 6 > 0 \\ |x - a| \le 1 \end{cases}$가 항상 해를 갖기 위한 실수 $a$의 값의 범위는?

① $-2 < a < 1$      ② $-1 \le a \le 2$
③ $a < -1$ 또는 $a > 0$    ④ $a \le -2$ 또는 $a \ge 0$
⑤ $a < -2$ 또는 $a > 1$

## 408 14.09 고1 학력평가 공통 16번 [4점]

연립이차부등식 $\begin{cases} x^2 + 4x - 21 \le 0 \\ x^2 - 5kx - 6k^2 > 0 \end{cases}$ 의 해가 존재하도록 하는 양의 정수 $k$의 개수는?

① 4      ② 5      ③ 6
④ 7      ⑤ 8

## 409 12.09 고1 학력평가 공통 17번 [4점]

삼차방정식 $2x^3 + 5x^2 + (k+3)x + k = 0$의 세 근이 음수가 되도록 하는 실수 $k$의 값의 범위는?

① $-1 \le k \le \dfrac{5}{8}$      ② $-1 \le k < \dfrac{9}{8}$

③ $0 < k \le \dfrac{9}{8}$      ④ $0 < k < \dfrac{11}{8}$

⑤ $1 \le k < \dfrac{11}{8}$

# 410 14.06 고1 학력평가 공통 15번 [4점]

이차함수 $f(x) = (x-a)(x-b)$에 대하여 <보기>에서 옳은 것만을 있는 대로 고른 것은? (단, $a$, $b$는 실수이다.)

———— <보 기> ————

ㄱ. $a = b$이면
모든 실수 $x$에 대하여 $f(x) \geq 0$이다.

ㄴ. 이차함수 $f(x)$의 최솟값은 $f\left(\dfrac{a+b}{2}\right)$이다.

ㄷ. $0 < a < b$이면 $f\left(\dfrac{b-a}{2}\right) < f\left(\dfrac{a-b}{2}\right)$이다.

① ㄱ           ② ㄷ

③ ㄱ, ㄴ        ④ ㄴ, ㄷ

⑤ ㄱ, ㄴ, ㄷ

MAC

# 03 도형의 방정식

모의, 수능/ 3단계 난이도 기출문항

난이도 (기본)

난이도 (응용)

난이도 (심화)

## 411  09.09 고1 학력평가 공통 3번 [2점]

수직선 위의 두 점 $A(-1)$, $B(2)$를 이은 선분 $AB$를 $3:2$로 외분하는 점 $P$의 좌표는?

① $P\left(\dfrac{4}{5}\right)$    ② $P\left(\dfrac{6}{5}\right)$    ③ $P\left(\dfrac{8}{5}\right)$

④ $P(4)$    ⑤ $P(8)$

## 412  11.09 고1 학력평가 공통 23번 [3점]

좌표평면 위의 두 점 $A(2, 4)$, $B(-2, 5)$에 대하여 선분 $AB$를 $1:2$로 외분하는 점의 좌표를 $(x, y)$라 할 때, $xy$의 값을 구하시오.

## 413  12.09 고1 학력평가 공통 23번 [3점]

좌표평면 위에 있는 두 점 $A(a-1, 4)$, $B(5, a-4)$사이의 거리가 $\sqrt{10}$ 이 되도록 하는 모든 실수 $a$의 값의 합을 구하시오.

## 414  13.03 고2 학력평가 B형 2번 [2점]

좌표평면 위의 세 점 $A(a, 3)$, $B(-1, b)$, $C(4, -5)$를 꼭짓점으로 하는 삼각형 $ABC$의 무게중심의 좌표가 $(4, 0)$일 때, $a+b$의 값은?

① 7    ② 8    ③ 9
④ 10    ⑤ 11

## 415  14.03 고2 학력평가 B형 2번, A형 3번 [2점]

수직선 위의 두 점 $A(1)$, $B(7)$에 대하여 선분 $AB$를 $1:3$으로 내분하는 점을 $P(a)$라 할 때, $a$의 값은?

① $\dfrac{3}{2}$    ② 2    ③ $\dfrac{5}{2}$

④ 3    ⑤ $\dfrac{7}{2}$

## 416  15.03 고2 학력평가 가형 8번 [3점]

두 점 $A(a, 4)$, $B(-9, 0)$에 대하여 선분 $AB$를 $4:3$으로 내분하는 점이 $y$축 위에 있을 때, $a$의 값은?

① 6    ② 8    ③ 10
④ 12    ⑤ 14

III. 도형의 방정식(기본)

# 417 15.03 고2 학력평가 나형 23번 [3점]

두 점 $A(3, 4)$, $B(5, 7)$에 대하여 선분 AB를 $2:1$로 외분하는 점의 좌표가 $(a, b)$일 때, $a+b$의 값을 구하시오.

# 420 17.03 고2 학력평가 가형 6번 [3점]

좌표평면 위의 두 점 $A(0, 4)$, $B(2, 3)$에 대하여 선분 AB를 $2:1$로 외분하는 점과 원점 사이의 거리는?

① $2\sqrt{3}$   ② $\sqrt{14}$   ③ $4$
④ $3\sqrt{2}$   ⑤ $2\sqrt{5}$

# 418 17.03 고2 학력평가 나형 2번 [2점]

좌표평면 위의 두 점 $A(3, 4)$, $B(-3, 2)$에 대하여 선분 AB의 중점의 $y$좌표는?

① $1$        ② $2$        ③ $3$
④ $4$        ⑤ $5$

# 421 18.03 고2 학력평가 나형 4번 [3점]

좌표평면 위의 두 점 $O(0, 0)$, $A(6, 6)$에 대하여 선분 OA를 $2:1$로 내분하는 점의 $x$좌표는?

① $1$        ② $2$        ③ $3$
④ $4$        ⑤ $5$

# 419 17.03 고2 학력평가 나형 22번 [3점]

좌표평면 위의 두 점 $A(2, 0)$, $B(0, 5)$에 대하여 선분 AB의 길이를 $l$이라 할 때, $l^2$의 값을 구하시오.

# 422 18.11 고1 학력평가 공통 9번 [3점]

좌표평면 위의 세 점 A, B, C를 꼭짓점으로 하는 삼각형 ABC에서 점 A의 좌표가 $(1, 1)$, 변 BC의 중점의 좌표가 $(7, 4)$이다. 삼각형 ABC의 무게중심의 좌표가 $(a, b)$일 때, $a+b$의 값은?

① $4$        ② $5$        ③ $6$
④ $7$        ⑤ $8$

## 423 18.11 고1 학력평가 공통 24번 [3점]

좌표평면 위의 두 점 $A(-2, 0)$, $B(0, 7)$에 대하여 선분 AB를 $2:1$로 외분하는 점의 좌표가 $(2, a)$일 때, $a$의 값을 구하시오.

## 424 19.03 고2 학력평가 가형 4번 [3점]

좌표평면 위의 두 점 $A(-2, 0)$, $B(a, b)$에 대하여 선분 AB를 $2:1$로 외분하는 점의 좌표는 $(10, 0)$이다. $a+b$의 값은?

① 1     ② 2     ③ 3
④ 4     ⑤ 5

## 425 19.03 고2 학력평가 나형 23번 [3점]

좌표평면 위의 두 점 $A(-1, 3)$, $B(4, 1)$에 대하여 선분 AB를 한 변으로 하는 정사각형의 넓이를 구하시오.

## 426 19.11 고1 학력평가 공통 8번 [3점]

좌표평면 위의 두 점 $A(1, 7)$, $B(2, a)$에 대하여 선분 AB를 $2:1$로 외분하는 점이 $x$축 위에 있을 때, 상수 $a$의 값은?

## 427 20.03 고2 학력평가 공통 7번 [3점]

좌표평면 위에 두 점 $A(0, a)$, $B(6, 0)$이 있다. 선분 AB를 $1:2$로 내분하는 점이 직선 $y=-x$ 위에 있을 때, $a$의 값은?

① $-1$     ② $-2$     ③ $-3$
④ $-4$     ⑤ $-5$

## 428 20.11 고1 학력평가 공통 7번 [3점]

좌표평면 위의 두 점 $O(0, 0)$, $A(3, 1)$에 대하여 선분 OA를 $2:1$로 외분하는 점의 좌표가 $(a, b)$일 때, $a \times b$의 값은?

① 8     ② 9     ③ 10
④ 11     ⑤ 12

## 429 15.11 고1 학력평가 공통 23번 [3점]

좌표평면에서 두 점 $(-2, -3)$, $(2, 5)$를 지나는 직선이 점 $(a, 7)$을 지날 때, 상수 $a$의 값을 구하시오.

## 430 16.09 고1 학력평가 공통 7번 [3점]

좌표평면에서 두 직선 $x-2y+2=0$, $2x+y-6=0$이 만나는 점과 점 $(4, 0)$을 지나는 직선의 $y$절편은?

① $\dfrac{5}{2}$    ② $3$    ③ $\dfrac{7}{2}$

④ $4$    ⑤ $\dfrac{9}{2}$

## 431 19.03 고2 학력평가 나형 3번 [2점]

좌표평면에서 직선 $12x-2y+5=0$의 기울기는?

① $6$    ② $7$    ③ $8$

④ $9$    ⑤ $10$

## 432 10.11 고1 학력평가 공통 5번 [3점]

두 직선 $(2+k)x-y-10=0$과 $y=-\dfrac{1}{3}x+1$이 서로 수직일 때, 상수 $k$의 값은?

① $-5$    ② $-3$    ③ $-1$

④ $1$    ⑤ $3$

## 433 06.11 고1 학력평가 공통 4번 [3점]

두 직선 $x+ky-1=0$, $kx+(2k+3)y-3=0$이 서로 평행할 때, 상수 $k$의 값은?

## 434 18.03 고2 학력평가 가형 6번 [3점]

두 직선 $x+y+2=0$, $(a+2)x-3y+1=0$이 서로 수직일 때, 상수 $a$의 값은?

① $\dfrac{1}{2}$    ② $1$    ③ $\dfrac{3}{2}$

④ $2$    ⑤ $\dfrac{5}{2}$

## 435 20.03 고2 학력평가 공통 4번 [3점]

두 직선 $y=-2x+3$, $y=ax+1$이 서로 수직일 때, 상수 $a$의 값은?

① $-\dfrac{1}{2}$    ② $-\dfrac{1}{3}$    ③ $\dfrac{1}{3}$

④ $\dfrac{1}{2}$    ⑤ $\dfrac{2}{3}$

## 436 06.03 고2 학력평가 공통 2번 [2점]

좌표평면 위의 점 $(1,\ 2)$와 직선 $x+2y=0$ 사이의 거리는?

① $1$    ② $\sqrt{2}$    ③ $2$
④ $\sqrt{5}$    ⑤ $5$

## 437 11.11 고1 학력평가 공통 4번 [3점]

점 $(\sqrt{3},\ 1)$과 직선 $y=\sqrt{3}x+n$ 사이의 거리가 3일 때, 양수 $n$의 값은?

① $1$    ② $2$    ③ $3$
④ $4$    ⑤ $5$

## 438 16.11 고1 학력평가 공통 23번 [3점]

좌표평면 위의 점 $(0,\ 1)$과 직선 $\sqrt{3}x+y+23=0$ 사이의 거리를 구하시오.

## 439 14.11 고1 학력평가 공통 22번 [3점]

원 $x^2+y^2-4x-2y-2k+8=0$의 반지름의 길이가 1일 때, 상수 $k$의 값을 구하시오.

## 440 19.09 고1 학력평가 공통 24번 [3점]

원 $x^2+y^2-2x+4y-11=0$의 반지름의 길이를 구하시오.

# 441 20.03 고2 학력평가 공통 24번 [3점]

원 $x^2+y^2-8x+6y=0$의 넓이는 $k\pi$이다. $k$의 값을 구하시오.

# 444 16.09 고1 학력평가 공통 3번 [2점]

좌표평면 위의 점 $(2, 3)$을 $x$축의 방향으로 $-1$만큼, $y$축의 방향으로 2만큼 평행이동한 점의 좌표가 $(a, b)$일 때, $a+b$의 값은?

① 4      ② 5      ③ 6
④ 7      ⑤ 8

# 442 20.11 고1 학력평가 공통 8번 [3점]

좌표평면에서 직선 $y=2x+3$이 원 $x^2+y^2-4x-2ay-19=0$의 중심을 지날 때, 상수 $a$의 값은?

① 4      ② 5      ③ 6
④ 7      ⑤ 8

# 445 008.11 고1 학력평가 공통 16번 [3점]

직선 $2x-y+1=0$을 $x$축의 방향으로 $a$만큼, $y$축의 방향으로 $b$만큼 평행이동하였더니 직선 $2x-y+3=0$과 일치하였다. 이때 $b$를 $a$에 관한 식으로 나타내면?

① $b=-2a+2$     ② $b=-a+2$
③ $b=a+2$     ④ $b=2a+2$
⑤ $b=3a+2$

# 443 13.03 고2 학력평가 A형 5번 [3점]

직선 $3x+2y+9=0$을 $x$축의 방향으로 $a$만큼 평행이동한 직선이 원점을 지날 때, 상수 $a$의 값은?

① 3      ② 5      ③ 7
④ 9      ⑤ 11

# 446 17.11 고1 학력평가 공통 23번 [3점]

직선 $y=3x-5$를 $x$축의 방향으로 $a$만큼, $y$축의 방향으로 $2a$만큼 평행이동한 직선이 직선 $y=3x-10$과 일치할 때, 상수 $a$의 값을 구하시오.

# 447 19.09 고1 학력평가 공통 5번 [3점]

직선 $2x+y+5=0$을 $x$축의 방향으로 2만큼, $y$축의 방향으로 $-1$만큼 평행이동한 직선의 방정식이 $2x+y+a=0$일 때, 상수 $a$의 값은?

① 1       ② 2       ③ 3
④ 4       ⑤ 5

# 448 20.11 고1 학력평가 공통 23번 [3점]

좌표평면 위의 점 $(-4,\ 3)$을 $x$축의 방향으로 $a$만큼, $y$축의 방향으로 $b$만큼 평행이동한 점의 좌표가 $(1,\ 5)$일 때, $a+b$의 값을 구하시오. (단, $a,\ b$는 상수이다.)

# 449 10.11 고1 학력평가 공통 11번 [3점]

다음은 평행이동과 대칭이동을 이용하여 점 $P(1,\ 5)$를 직선 $x-y+1=0$에 대하여 대칭이동한 점 Q의 좌표를 구하는 과정이다.

직선 $x-y+1=0$을 $y$축의 방향으로 $-1$만큼 평행이동한 직선의 방적식은 (가) 이다.

또한, 점 $P(1,\ 5)$를 $y$축의 방향으로 $-1$만큼 평행이동한 점을 $P'$이라 하면, 점 $P'$의 좌표는 $(1,\ 4)$이다. 이때, 점 $P'$을 직선 (가) 에 대하여 대칭이동한 점을 $Q'$이라 하면, 점 $Q'$이라 하면, 점 $Q'$의 좌표는 (나) 이다. 따라서 점 $Q'$을 $y$축의 방향으로 (다) 만큼 평행이동하면, 점 Q의 좌표는 $(4,\ 2)$이다.

위의 과정에서 (가), (나), (다)에 알맞은 것은?

| | (가) | (나) | (다) |
|---|---|---|---|
| ① | $y=x$ | $(4,\ 1)$ | $-1$ |
| ② | $y=x$ | $(2,\ 3)$ | $-1$ |
| ③ | $y=x$ | $(4,\ 1)$ | $1$ |
| ④ | $y=x+2$ | $(2,\ 3)$ | $-1$ |
| ⑤ | $y=x+2$ | $(4,\ 1)$ | $1$ |

# 450 20.09 고1 학력평가 공통 8번 [3점]

직선 $2x+3y+6=0$을 직선 $y=x$에 대하여 대칭이동한 직선의 $y$절편은?

① $-5$  　② $-4$  　③ $-3$

④ $-2$  　⑤ $-1$

# 451 10.03 고2 학력평가 공통8번 [3점]

그림과 같이 두 직선 $y=\dfrac{1}{2}x$와 $y=3x$가

직선 $y=-2x+k$와 만나는 점을 각각 A, B라

하자. 원점 O와 두 점 A, B를 꼭짓점으로 하는

삼각형 OAB의 무게중심의 좌표가 $\left(2,\ \dfrac{8}{3}\right)$일 때,

상수 $k$의 값은?

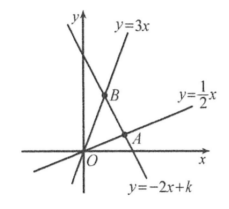

① 2        ② 4        ③ 6
④ 8        ⑤ 10

# 452 10.06 고2 학력평가 나형23번 [3점]

두 점 $A(-1,\ 1)$, $B(4,\ 6)$에 대하여 선분

$AB$를 $2:3$으로 내분하는 점을 $P(a,\ b)$, 선분

$AB$를 $4:3$으로 외분하는 점을 $Q(c,\ d)$라 할 때,

$a+b+c+d$의 값을 구하시오.

# 453 09.06 고2 학력평가 가형12번 [3점]

좌표평면 위에 두 점 $A(5,\ 2)$, $B(1,\ 4)$가 있다.

$x$축 위의 점 $P$와 $y$축 위의 점 $Q$에 대하여

사각형 $ABQP$의 둘레의 길이의 최솟값은?

①  10           ②  $6\sqrt{3}$          ③  $8\sqrt{5}$
④  $6\sqrt{2}+2\sqrt{5}$   ⑤  $2\sqrt{2}+6\sqrt{5}$

# 454 09.06 고2 학력평가 가형23번 [3점], 나형23번 [3점]

두 점 A$(1,\ -4)$, B$(7,\ 8)$에 대하여 선분 $\overline{AB}$를 $1:2$로 내분하는 점을 P, $2:1$로 외분하는 점을 Q라 하자. 선분 $\overline{PQ}$의 길이를 $a$라 할 때, $a^2$의 값을 구하시오.

# 456 06.09 고1 학력평가 공통39번 [4점]

좌표평면 위의 두 점 A$(-2,\ 5)$, B$(6,\ -3)$을 잇는 선분 AB를 $t:(1-t)$로 내분하는 점이 제1사분면에 있을 때, $t$의 값의 범위는?
(단, $0 < t < 1$)

① $\dfrac{1}{8} < t < \dfrac{1}{4}$  ② $\dfrac{1}{4} < t < \dfrac{5}{8}$  ③ $\dfrac{3}{8} < t < \dfrac{3}{4}$

④ $\dfrac{1}{2} < t < \dfrac{7}{8}$  ⑤ $\dfrac{5}{8} < t < 1$

# 455 08.09 고1 학력평가 공통24번 [2점]

그림과 같이 좌표평면 위의 두 점 A$(0,\ 2)$, B$(3,\ 0)$을 잇는 선분 AB를 한 변으로 하는 정사각형 ABCD에 대하여 선분 OC의 길이의 제곱 $\overline{OC}^2$의 값을 구하시오.
(단, O는 원점이고, 점 C는 제1사분면 위의 점이다.)

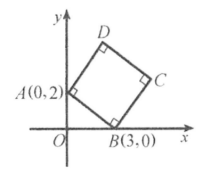

# 457 05.11 고1 학력평가 공통12번 [4점]

반지름의 길이가 3인 세 개의 원이 서로 외접해 있고, 이 세 개의 원과 동시에 외접하는 원을 그릴 때, 이 원의 반지름의 길이는?

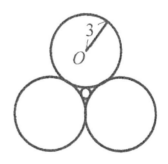

① $2\sqrt{2}-2$ ② $2\sqrt{3}-2$ ③ $2\sqrt{3}-3$
④ $3\sqrt{2}-2$ ⑤ $3\sqrt{2}-3$

# 458 11.09 고1 학력평가 공통9번 [3점]

좌표평면 위의 한 점 $A(2, 1)$을 꼭짓점으로 하는 삼각형 ABC의 외심은 변 BC위에 있고 좌표가 $(-1, -1)$일 때, $\overline{AB}^2 + \overline{AC}^2$의 값은?

① 51　　② 52　　③ 53
④ 54　　⑤ 55

# 460 13.03 고2 학력평가 A형8번 [3점]

그림과 같이 두 점 $P(\sqrt{2})$, $Q(\sqrt{3})$을 수직선 위에 나타내었다.

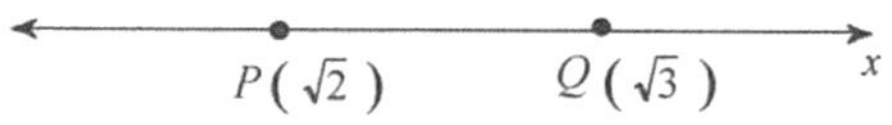

세 점
$$A\left(\frac{\sqrt{2}+\sqrt{3}}{2}\right), B\left(\frac{\sqrt{3}+3\sqrt{2}}{1+3}\right), \left(\frac{3\sqrt{3}-\sqrt{2}}{3-1}\right)$$
를 수직선 위에 나타낼 때, 세 점의 위치를 왼쪽으로 순서대로 나열한 것은?

① A, B, C　② A, C, B　③ B, A, C
④ B, C, A　⑤ C, B, A

# 459 12.11 고1 학력평가 공통9번 [3점]

좌표평면 위에 세 점 $O(0, 0)$, $A(3, 0)$, $B(0, 6)$을 꼭짓점으로 하는 삼각형 OAB의 내부에 점 P가 있다.

이때, $\overline{OP}^2 + \overline{AP}^2 + \overline{BP}^2$의 최솟값은?

① 18　　② 21　　③ 24
④ 27　　⑤ 30

# 461 13.09 고1 학력평가 공통12번 [3점]

점 $A(1, 6)$을 한 꼭짓점으로 하는 삼각형 ABC의 두 변 AB, AC의 중점을 각각 $M(x_1, y_1)$, $N(x_2, y_2)$라 하자.
$x_1 + x_2 = 2$, $y_1 + y_2 = 4$일 때, 삼각형 ABC의 무게중심의 좌표는?

① $\left(\frac{1}{2}, \frac{2}{3}\right)$　② $\left(\frac{1}{2}, 1\right)$　③ $\left(1, \frac{2}{3}\right)$
④ $(1, 2)$　⑤ $(2, 1)$

## 462 12.09 고1 학력평가 공통6번 [3점]

꼭짓점 A의 좌표가 $(1, -2)$인 △ABC에서 변 BC의 중점의 좌표가 $(-2, 4)$일 때, △ABC의 무게중심의 좌표는?

① $\left(-\dfrac{1}{2},\ 1\right)$ ② $(-1,\ 2)$ ③ $\left(-\dfrac{3}{2},\ 3\right)$

④ $(0,\ 0)$ ⑤ $\left(\dfrac{1}{2},\ -1\right)$

## 463 15.03 고2 학력평가 가형13번 [3점]

그림과 같이 4이상의 자연수 $n$에 대하여 곡선 $y=x^2+x$와 직선 $y=nx-2$가 두 점 A, B에서 만난다.

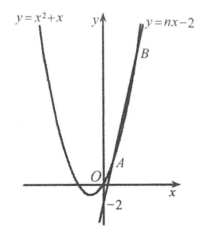

$n=4$일 때, 선분 AB의 길이는? (단, O는 원점이다.)

① $\sqrt{17}$ ② $\sqrt{34}$ ③ $2\sqrt{17}$
④ $2\sqrt{34}$ ⑤ $4\sqrt{17}$

## 464 15.03 고2 학력평가 나형13번 [3점]

그림과 같이 3이상의 자연수 $n$에 대하여 곡선 $y=x^2$과 직선 $y=nx-2$가 두 점 A, B에서 만난다.

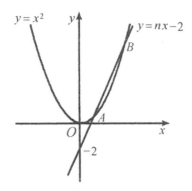

$n=4$일 때, 선분 AB의 길이는? (단, O는 원점이다.)

① $\sqrt{17}$ ② $\sqrt{34}$ ③ $2\sqrt{17}$
④ $2\sqrt{34}$ ⑤ $4\sqrt{17}$

## 465 17.11 고1 학력평가 공통10번 [3점]

좌표평면 위의 두 점 A$(2, 0)$, B$(-1, 5)$에 대하여 선분 AB를 $1:2$로 외분하는 점을 P라 할 때, 선분 OP를 $3:2$로 내분하는 점의 좌표는? (단, O는 원점이다.)

① $(2, -3)$ ② $(2, 2)$ ③ $(3, -3)$
④ $(3, -2)$ ⑤ $(3, 2)$

# 466 09.09 고1 학력평가 공통14번 [3점]

삼각형 ABC의 세 변 AB, BC, CA의 중점이 각각 $(1, 2)$, $(3, 5)$, $(a, b)$일 때, △ABC의 무게중심의 좌표는 $\left(\dfrac{8}{3}, \dfrac{14}{3}\right)$이다. 이때, $a+b$의 값은?

① 5　　② 7　　③ 9
④ 11　　⑤ 13

# 467 19.09 고1 학력평가 공통12번 [3점]

직선 $y=\dfrac{1}{3}x$ 위의 두 점 A$(3, 1)$, B$(a, b)$가 있다. 제 2사분면 위의 한 점 C에 대하여 삼각형 BOC와 삼각형 OAC의 넓이의 비가 $2 : 1$일 때, $a+b$의 값은? (단, $a<0$이고, O는 원점이다.)

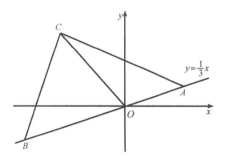

① −8　　② −7　　③ −6
④ −5　　⑤ −4

# 468 20.09 고1 학력평가 공통12번 [3점]

그림과 같이 좌표평면 위의 세 점 A$(0, a)$, B$(-3, 0)$, C$(1, 0)$을 꼭짓점으로 하는 삼각형 ABC가 있다. ∠ABC의 이등분선이 선분 AC의 중점을 지날 때, 양수 $a$의 값은?

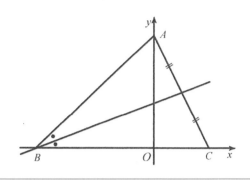

① $\sqrt{5}$　　② $\sqrt{6}$　　③ $\sqrt{7}$
④ $2\sqrt{2}$　　⑤ 3

# 469 05.06 고1 학력평가 공통14번 [4점]

그림과 같이 좌표평면 위의 네 점 A$(-8, 3)$, B, C, D를 꼭짓점으로 하는 직사각형의 둘레의 길이는 32이고, 가로의 길이는 세로 길이의 세 배일 때, 점 B와 D를 지나는 직선의 방정식은? (단, 각 변은 축에 평행하다.)

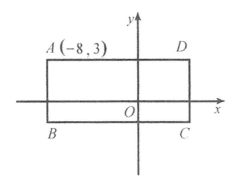

① $y = \dfrac{1}{3}x + \dfrac{3}{4}$  　② $y = \dfrac{1}{3}x + \dfrac{4}{3}$

③ $y = \dfrac{1}{3}x + \dfrac{5}{3}$  　④ $y = \dfrac{1}{4}x + \dfrac{4}{3}$

⑤ $y = \dfrac{1}{4}x + \dfrac{5}{3}$

# 470 15.09 고1 학력평가 공통13번 [3점]

0이 아닌 실수 $p$에 대하여 이차함수 $f(x) = x^2 + px + p$의 그래프의 꼭짓점을 A, 이차함수의 그래프가 $y$축과 만나는 점을 B라 할 때, 두 점 A, B를 지나는 직선을 $l$이라 하자.

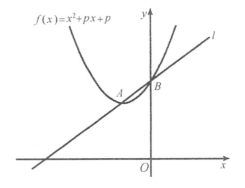

직선 $l$의 $x$절편은?

① $-\dfrac{5}{2}$  　② $-2$  　③ $-\dfrac{3}{2}$

④ $-1$  　⑤ $-\dfrac{1}{2}$

# 471 17.11 고1 학력평가 공통7번 [3점]

좌표평면 위의 두 점 $(-1, 2)$, $(2, a)$를 지나는 직선이 $y$축과 점 $(0, 5)$에서 만날 때, 상수 $a$의 값은?

① 5  　② 7  　③ 9

④ 11  　⑤ 13

## 472 15.11 고1 학력평가 공통13번 [3점]

그림과 같이 양수 $a$에 대하여 이차함수

$f(x)=x^2-2ax$의 그래프와 직선 $g(x)=\dfrac{1}{a}x$가

두 점 O, A에서 만난다. (단, O는 원점이다.)

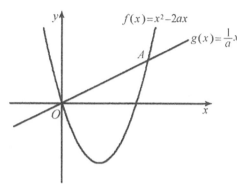

$a=2$일 때, 직선 $l$은 이차함수 $y=f(x)$의

그래프에 접하고 직선 $y=g(x)$와 수직이다. 직선

$l$의 $y$절편은?

① $-2$　② $-\dfrac{5}{3}$　③ $-\dfrac{4}{3}$

④ $-1$　⑤ $-\dfrac{2}{3}$

## 473 14.11 고1 학력평가 공통10번 [3점]

점 $(1,\ 0)$을 지나는 직선과 직선

$3k+2)x-y+2=0$이 $y$축에서 수직으로 만날

때, 상수 $k$의 값은?

① $-\dfrac{5}{6}$　② $-\dfrac{1}{2}$　③ $-\dfrac{1}{3}$

④ $\dfrac{1}{6}$　⑤ $\dfrac{3}{2}$

## 474 009.11 고1 학력평가 공통24번 [3점]

직선 $y=mx+3$이 직선 $nx-2y-2=0$과는

수직이고, 직선 $y=(3-n)x-1$과는 평행할 때,

$m^2+n^2$의 값을 구하시오. (단, $m,\ n$은 상수이다.)

# 475 08.11 고1 학력평가 공통8번 [3점]

두 직선 $ax+2y+2=0$과 $x+(a+1)y+2=0$이 수직일 때와 평행일 때 $a$의 값을 각각 $m$, $n$이라 하자. 이때 $mn$의 값은? (단, $a$는 상수이다.)

# 476 07.11 고1 학력평가 공통23번 [3점]

두 점 $(3, 5)$, $(5, 3)$을 지나는 직선이 두 직선 $y=x$, $y=3x$와 만나는 교점을 각각 A, B라 할 때, 삼각형 OAB의 넓이를 구하시오. (단, O는 원점이다.)

# 477 11.11 고1 학력평가 공통24번 [3점]

세 직선
$$l : x-ay+2=0,$$
$$m : 4x+by+2=0,$$
$$n : x-(b-3)y-2=0$$
에 대하여 두 직선 $l$과 $m$은 수직이고 두 직선 $l$과 $n$은 평행할 때, $a^2+b^2$의 값을 구하시오. (단, $a$, $b$는 상수이다.)

# 478 12.11 고1 학력평가 공통26번 [3점]

그림과 같이 좌표평면 위에 마름모 ABCD가 있다. 두 점 A, C의 좌표가 각각 $(1, 3)$, $(5, 1)$이고, 두 점 B, D를 지나는 직선의 $l$의 방정식이 $2x+ay+b=0$일 때, $ab$의 값을 구하시오. (단, $a$, $b$는 상수이다.)

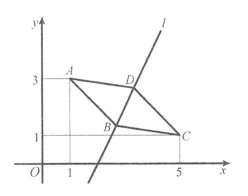

# 479   <small>15.09 고1 학력평가 공통7번 [3점]</small>

좌표평면 위의 두 직선 $x-2y+2=0$, $2x+y-6=0$의 교점을 지나고 직선 $x-3y+6=0$에 수직인 직선의 $y$절편은?

① $\dfrac{13}{2}$     ② $7$     ③ $\dfrac{15}{2}$

④ $8$     ⑤ $\dfrac{17}{2}$

# 480   <small>16.03 고2 학력평가 가형13번 [3점]</small>

자연수 $n$에 대하여 좌표평면에서 점 $\mathrm{A}(0, 2)$를 지나는 직선과 점 $\mathrm{B}(n, 2)$를 지나는 직선이 서로 수직으로 만나는 점을 P라 하자.

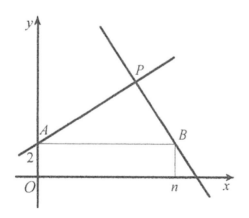

점 P의 좌표가 $(4, 4)$일 때, 삼각형 ABP의 무게중심의 좌표를 $(a, b)$라 하자. $a+b$의 값은?

① $5$     ② $\dfrac{17}{3}$     ③ $\dfrac{19}{3}$

④ $7$     ⑤ $\dfrac{23}{3}$

# 481   <small>07.11 고1 학력평가 공통20번 [4점]</small>

좌표평면 위의 원점에서 직선 $3x-y+2-k(x+y)=0$까지의 거리의 최댓값은? (단, $k$는 실수이다.)

① $\dfrac{1}{4}$     ② $\dfrac{\sqrt{2}}{4}$     ③ $\dfrac{1}{2}$

④ $\dfrac{\sqrt{2}}{2}$     ⑤ $\sqrt{2}$

# 482   <small>12.03 고2 학력평가 공통25번 [3점]</small>

그림과 같이 직선 $l : 2x+3y=12$와 두 점 $\mathrm{A}(4, 0)$, $\mathrm{B}(0, 2)$가 있다. $\overline{\mathrm{AP}}=\overline{\mathrm{BP}}$가 되도록 직선 $l$위의 점 $\mathrm{P}(a, b)$를 잡을 때, $8a+4b$의 값을 구하시오.

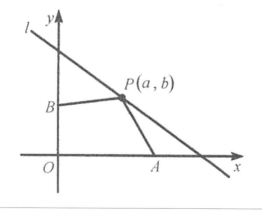

# 483 13.11 고1 학력평가 공통11번 [3점]

그림과 같이 가로의 길이가 6, 세로의 길이가 3인 직사각형 OABC에 대하여 선분 OB를 1:2로 내분하는 점을 D라 하자. 선분 OD를 2:3으로 외분하는 점과 직선 CD 사이의 거리는?

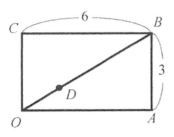

① $\dfrac{3}{2}\sqrt{2}$  ② $\dfrac{5}{2}\sqrt{2}$  ③ $\dfrac{7}{2}\sqrt{2}$

④ $\dfrac{9}{2}\sqrt{2}$  ⑤ $\dfrac{11}{2}\sqrt{2}$

# 484 19.03 고2 학력평가 가형17번 [4점]

그림과 같이 좌표평면 위의 점 A(8, 6)에서 $x$축에 내린 수선의 발을 H라 하고, 선분 OH위의 점 B에서 선분 OA에 내린 수선의 발을 I라 하자. $\overline{BH}=\overline{BI}$일 때, 직선 AB의 방정식은 $y=mx+n$이다. $m+n$의 값은? (단, O는 원점이고, $m$, $n$은 상수이다.)

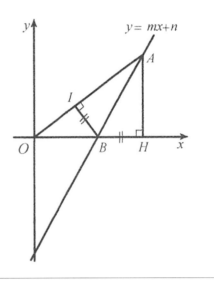

① $-10$  ② $-9$  ③ $-8$

④ $-7$  ⑤ $-6$

## 485 06.03 고2 학력평가 공통7번 [3점]

좌표평면에서 직선 $2x-y=5$와 수직이고 원 $x^2+y^2-2x=0$의 넓이를 이등분하는 직선의 방정식은?

① $x+2y=1$  ② $x+2y=-1$
③ $2x+y=2$  ④ $2x+y=-2$
⑤ $2x+2y=1$

## 486 10.11 고1 학력평가 공통14번 [4점]

원 $x^2+y^2-2x-4y-7=0$의 내부와 네 직선 $x=-6$, $x=0$, $y=-4$, $y=-2$로 둘러싸인 직사각형의 넓이를 모두 이등분하는 직선의 방정식은?

① $y=\dfrac{4}{5}x+\dfrac{6}{4}$  ② $y=\dfrac{5}{4}x+\dfrac{3}{4}$
③ $y=\dfrac{8}{5}x+\dfrac{2}{5}$  ④ $y=4x-2$
⑤ $y=5x-3$

## 487 07.11 고1 학력평가 공통18번 [4점]

원 $x^2+y^2-4x-2y=a-3$이 $x$축과 만나고, $y$축과 만나지 않도록 하는 실수 $a$의 값의 범위는?

① $a>-2$  ② $a\geq-1$
③ $-1\leq a<2$  ④ $-2<a\leq2$
⑤ $-2\leq a<3$

## 488 16.09 고1 학력평가 공통 8번 [3점]

좌표평면 위의 두 점 A$(1,\ 3)$, B$(2,\ 1)$에 대하여 선분 AB를 $3:2$로 외분하는 점을 C라 하자. 선분 BC를 지름으로 하는 원의 중심의 좌표를 $(a,\ b)$라 할 때, $a+b$의 값은?

① $1$  ② $2$  ③ $3$
④ $4$  ⑤ $5$

# 489 17.09 고1 학력평가 공통 10번 [3점]

좌표평면 위의 세 점 $A(-2, 0)$, $B(4, 0)$, $C(1, 2)$를 지나는 원이 있다. 이 원의 중심의 좌표를 $(p, q)$라 할 때, $p+q$의 값은?

① $-\dfrac{3}{4}$    ② $-\dfrac{5}{8}$    ③ $-\dfrac{1}{2}$

④ $-\dfrac{3}{8}$    ⑤ $-\dfrac{1}{4}$

# 491 11.11 고1 학력평가 공통 10번 [3점]

점 $(-6, 0)$에서 원 $x^2+y^2=9$에 그은 접선의 방정식이 $y=mx+n$일 때, $mn$의 값은? (단, $m$, $n$은 상수이다.)

① $\dfrac{\sqrt{3}}{3}$    ② $2$    ③ $3$

④ $2\sqrt{3}$    ⑤ $3\sqrt{3}$

# 490 011.03 고2 학력평가 공통 18번 [3점]

좌표평면에서 원 $x^2+y^2=2$ 위를 움직이는 점 $A$와 직선 $y=x-4$위를 움직이는 두 점 $B$, $C$를 연결하여 삼각형 $ABC$를 만들 때, 정삼각형이 되는 삼각형 $ABC$의 넓이의 최솟값과 최댓값의 비는?

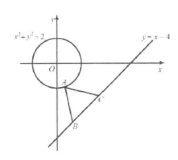

① $1:7$    ② $1:8$    ③ $1:9$

④ $1:10$    ⑤ $1:11$

# 492 07.03 고2 학력평가 공통 9번 [3점]

좌표평면에서 원 $x^2+y^2+6x-4y+9=0$에서 직선 $y=mx$가 접하도록 상수 $m$의 값을 정할 때, 모든 $m$의 값의 합은?

① $-\dfrac{12}{5}$    ② $-2$    ③ $0$

④ $2$    ⑤ $\dfrac{12}{5}$

# 493 07.03 고2 학력평가 공통 18번 [3점]

그림과 같이 원점을 중심으로 하는 원 O가 점 T(3, -4)에서 직선 $l$에 접하고 있다. 직선 $l$을 따라 점 O를 굴려서 생긴 원 $O_1$의 방정식을 $(x-a)^2+(y-b)^2=25$라 할 때, $\dfrac{b}{a}$의 값은?

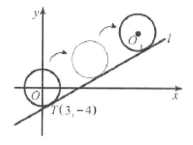

① $\dfrac{1}{2}$     ② $\dfrac{2}{3}$     ③ $\dfrac{3}{4}$

④ $1$     ⑤ $\dfrac{4}{3}$

# 494 09.05 고2 성취도평가 가형 27번 [3점]

좌표평면 위의 두 점 A(1, -1), B(4, 8)에 대하여 $\overline{AB}$를 2:1로 내분하는 점을 중심으로 하고, 직선 $3x-4y-9=0$에 접하는 원의 반지름의 길이를 구하시오.

# 495 08.11 고1 학력평가 공통 28번 [4점]

좌표평면 위의 원 $x^2+y^2=4$와 직선 $y=ax+2\sqrt{b}$가 접하도록 하는 $b$의 모든 값의 합을 구하시오. (단, $a$, $b$는 10보다 작은 자연수이다.)

# 496 12.11 고1 학력평가 공통 7번 [3점]

직선 $y=\sqrt{2}x+k$가 원 $x^2+y^2=4$에 접할 때, 양의 실수 $k$의 값은?

① $\sqrt{2}$     ② $\sqrt{3}$     ③ $2\sqrt{2}$
④ $2\sqrt{3}$     ⑤ $3\sqrt{2}$

# 497 14.03 고2 학력평가 B형 9번 [점], A형 12번 [3점]

그림은 원 $(x+1)^2+(y-3)^2=4$와 직선 $y=mx+2$를 좌표평면 위에 나타낸 것이다. (단, O는 원점이다.)

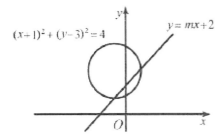

원과 직선의 두 교점을 각각 A, B라 할 때, 선분 AB의 길이가 $2\sqrt{2}$가 되도록 상수 $m$의 값은?

① $\dfrac{\sqrt{3}}{3}$  ② $\dfrac{\sqrt{2}}{2}$  ③ $1$

④ $\sqrt{2}$  ⑤ $\sqrt{3}$

# 498 16.11 고1 학력평가 공통 25번 [3점]

직선 $y=x+2$와 평행하고 원 $x^2+y^2=9$에 접하는 직선의 $y$절편을 $k$라 할 때, $k^2$의 값을 구하시오.

# 499 20.03 고2 학력평가 공통 11번 [3점]

좌표평면에서 원 $x^2+y^2=1$ 위의 점 중 제 1사분면에 있는 점 P에서의 접선이 점 $(0,\ 3)$을 지날 때, 점 P의 $x$좌표는?

① $\dfrac{2}{3}$  ② $\dfrac{\sqrt{5}}{3}$  ③ $\dfrac{\sqrt{6}}{3}$

④ $\dfrac{\sqrt{7}}{3}$  ⑤ $\dfrac{2\sqrt{2}}{3}$

# 500 10.03 고2 학력평가 공통 7번 [3점]

이차함수 $y=x^2-2x$의 그래프를 $x$축의 방향으로 $-2$만큼, $y$축의 방향으로 $-1$만큼 평행이동시키면 직선 $y=mx$와 두 점 P, Q에서 만난다. 선분 PQ의 중점이 원점일 때, 상수 $m$의 값은?

① $-2$  ② $-1$  ③ $0$

④ $1$  ⑤ $2$

# 501 08.03 고2 학력평가 공통 17번 [3점]

원 $x^2+y^2=1$을 $x$축의 방향으로 $a$만큼 평행이동하면 직선 $3x-4y-4=0$에 접한다. 이때 양수 $a$의 값은?

① $\dfrac{8}{3}$  ② $2\sqrt{2}$  ③ $3$

④ $\sqrt{10}$  ⑤ $\dfrac{7}{2}$

# 502 07.11 고1 학력평가 공통 8번 [3점]

그림의 삼각형 A′B′C′은 삼각형 ABC를 평행이동한 도형이다. 두 점 B′, C′을 지나는 직선의 방정식이 $ax+by=24$일 때, $a+b$의 값은? (단, $a$, $b$는 상수이다.)

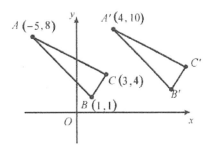

① $1$  ② $2$  ③ $3$
④ $4$  ⑤ $5$

# 503 14.06 고1 학력평가 공통 11번 [3점]

그림과 같이 두 이차함수 $f(x)=(x-2)^2$, $g(x)=(x-2)^2+3$의 그래프 위에 네 점 A(1, $f(1)$), B(4, $f(4)$), C(4, $g(4)$), D(1, $g(1)$) 이 있다. 두 함수 $y=f(x)$, $y=g(x)$의 그래프와 선분 AD, 선분 BC로 둘러싸인 부분의 넓이는?

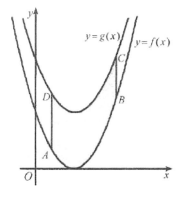

① $7$  ② $8$  ③ $9$
④ $10$  ⑤ $11$

# 504 14.09 고1 학력평가 공통 6번 [3점]

두 양수 $m$, $n$에 대하여 좌표평면 위의 점 A($-2$, 1)을 $x$축의 방향으로 $m$만큼 평행이동한 점을 B라 하고, 점 B를 $y$축의 방향으로 $n$만큼 평행이동한 점을 C라 하자. 세 점 A, B, C를 지나는 원의 중심의 좌표가 (3, 2)일 때, $mn$의 값은?

① $16$  ② $18$  ③ $20$
④ $22$  ⑤ $24$

# 505 15.11 고1 학력평가 공통 9번 [3점]

직선 $y = kx + 1$을 $x$축의 방향으로 2만큼, $y$축으로 방향으로 $-3$만큼 평행이동시킨 직선이 원 $(x-3)^2 + (y-2)^2 = 1$의 중심을 지날 때, 상수 $k$의 값은?

① $\dfrac{7}{2}$　　② $4$　　③ $\dfrac{9}{2}$

④ $5$　　⑤ $\dfrac{11}{2}$

# 507 05.06 고1 학력평가 공통 13번 [4점]

이차함수 $y = x^2 - 2x - 3$에 대한 <보 기>의 설명 중 옳은 것을 모두 고르면?

——— < 보 기 > ———

ㄱ. 최솟값은 $-4$이다.

ㄴ. 그래프를 평행이동하면 $y = x^2$의 그래프와 겹쳐진다.

ㄷ. 원점을 O, 그래프의 꼭짓점을 A, $y$축과의 교점을 B라 할 때, 삼각형 OAB의 넓이는 4이다.

① ㄴ　　② ㄱ, ㄴ　③ ㄱ, ㄷ
④ ㄴ, ㄷ　⑤ ㄱ, ㄴ, ㄷ

# 506 16.03 고2 학력평가 가형 10번 [3점]

좌표평면에서 원 $(x+1)^2 + (y+2)^2 = 9$를 $x$축의 방향으로 3만큼, $y$축의 방향으로 $a$만큼 평행이동한 원을 C라 하자. 원 C의 넓이가 직선 $3x + 4y - 7 = 0$에 의하여 이등분되도록 하는 상수 $a$의 값은?

① $\dfrac{1}{4}$　　② $\dfrac{3}{4}$　　③ $\dfrac{5}{4}$

④ $\dfrac{7}{4}$　　⑤ $\dfrac{9}{4}$

# 508 18.11 고1 학력평가 공통 15번 [4점]

좌표평면에서 직선 $3x + 4y + 17 = 0$을 $x$축의 방향으로 $n$만큼 평행이동한 직선이 원 $x^2 + y^2 = 1$에 접할 때, 자연수 $n$의 값은?

① $1$　　② $2$　　③ $3$
④ $4$　　⑤ $5$

# 509 19.11 고1 학력평가 공통 12번 [3점]

좌표평면 위의 점 $P(a, a^2)$을 $x$축의 방향으로 $-\dfrac{1}{2}$만큼, $y$축의 방향으로 2만큼 평행이동한 점이 직선 $y=4x$ 위에 있을 때, 상수 $a$의 값은?

① $-2$　　② $-1$　　③ $0$
④ $1$　　⑤ $2$

# 510 09.05 고2 성취도평가 가형 24번 [3점], 나형 24번 [3점]

좌표평면 위에 두 점 $A\left(2, \dfrac{1}{2}\right)$, $B(5, -4)$가 있다. 직선 $y=x$위를 움직이는 점 $P$와 직선 $y=-x$위를 움직이는 점 $Q$에 대하여 $\overline{AP}+\overline{PQ}+\overline{QB}$가 최소가 될 때, 두 점 $P$와 $Q$를 지나는 직선의 방정식을 $y=ax+b$라 하자. 이때 $a^2+b^2$의 값을 구하시오.

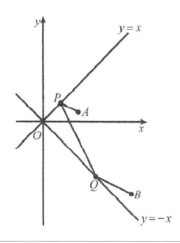

# 511 08.11 고1 학력평가 공통 9번 [3점]

좌표평면에서 점 $A(1, 3)$을 $x$축, $y$축에 대하여 대칭이동한 점을 각각 $B$, $C$라 하고, 점 $D(a, b)$를 $x$축에 대하여 대칭이동한 점을 $E$라 하자. 세 점 $B$, $C$, $E$가 한 직선 위에 있을 때, 직선 $AD$의 기울기는? (단, $a \neq \pm 1$)

① $-2$　　② $-1$　　③ $1$
④ $2$　　⑤ $3$

# 512 07.11 고1 학력평가 공통 10번 [3점]

원점에 대하여 대칭이동하였을 때, 자기 자신과 일치하는 도형의 방정식을 <보 기>에서 모두 고르면?

---
**< 보 기 >**

ㄱ. $y=-x$

ㄴ. $|x+y|=1$

ㄷ. $x^2+y^2=2(x+y)$

---

① ㄱ　　② ㄷ　　③ ㄱ, ㄴ
④ ㄴ, ㄷ　　⑤ ㄱ, ㄴ, ㄷ

# 513 14.09 고1 학력평가 공통 13번 [3점]

직선 $x-2y=9$를 직선 $y=x$에 대하여 대칭이동한 도형이 원 $(x-3)^2+(y+5)^2=k$에 접할 때, 실수 $k$의 값은?

① 80     ② 83     ③ 85
④ 88     ⑤ 90

# 514 17.03 고2 학력평가 가형 12번 [3점]

좌표평면에서 방정식 $2|x|-y-10=0$이 나타내는 도형과 이 도형을 $x$축에 대하여 대칭이동한 도형으로 둘러싸인 부분은 사각형이다. 이 사각형의 네 변에 모두 접하는 원의 넓이는?

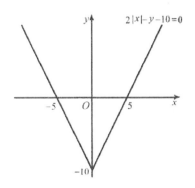

① $16\pi$     ② $18\pi$     ③ $20\pi$
④ $22\pi$     ⑤ $24\pi$

# 515 17.09 고1 학력평가 공통 13번 [3점]

좌표평면에서 방정식 $f(x, y)=0$이 나타내는 도형이 그림과 같은 ⌐ 모양일 때, 다음 중 방정식 $f(x+1, 2-y)=0$이 좌표평면에 나타내는 도형은?

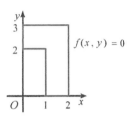

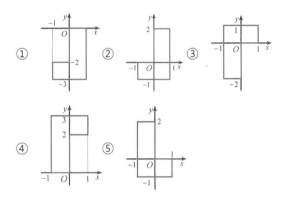

# 516 18.03 고2 학력평가 나형 24번 [3점]

좌표평면에서 원 $x^2+y^2+10x-12y+45=0$을 원점에 대하여 대칭이동한 원을 $C_1$이라 하고, 원 $C_1$을 $x$축에 대하여 대칭이동한 원을 $C_2$라 하자. 원 $C_2$의 중심의 좌표를 $(a, b)$라 할 때, $10a+b$의 값을 구하시오.

# 517　18.09 고1 학력평가 공통 7번 [3점]

직선 $y=ax-6$을 $x$축에 대하여 대칭이동한 직선이 점 $(2,\ 4)$를 지날 때, 상수 $a$의 값은?

① 1　　② 2　　③ 3
④ 4　　⑤ 5

# 518　18.09 고1 학력평가 공통 9번 [3점]

좌표평면 위의 점 $(3,\ 2)$를 직선 $y=x$에 대하여 대칭이동한 점을 A, 점 A를 원점에 대하여 대칭이동한 점을 B라 할 때, 선분 AB의 길이는?

① $2\sqrt{13}$　② $3\sqrt{6}$　③ $2\sqrt{14}$
④ $\sqrt{58}$　⑤ $2\sqrt{15}$

# 519　18.09 고1 학력평가 공통 15번 [4점]

직선 $3x+4y-12=0$이 $x$축, $y$축과 만나는 점을 각각 A, B라 하자. 선분 AB를 $2:1$로 내분하는 점을 P라 할 때, 점 P를 $x$축, $y$축에 대하여 대칭이동한 점을 각각 Q, R라 하자. 삼각형 RQP의 무게중심의 좌표를 $(a,\ b)$라 할 때, $a+b$의 값은?

① $\dfrac{2}{9}$　② $\dfrac{4}{9}$　③ $\dfrac{2}{3}$
④ $\dfrac{8}{9}$　⑤ $\dfrac{10}{9}$

# 520　20.09 고1 학력평가 공통 13번 [3점]

원 $(x-6)^2+(y+3)^2=4$ 위의 점 P와 $x$축 위의 점 Q가 있다. 점 $A(0,\ -5)$에 대하여 $\overline{AQ}+\overline{QP}$의 최솟값은?

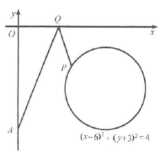

① 8　　② 9　　③ 10
④ 11　　⑤ 12

136

## 521 05.06 고2 학력평가 가형 28번 [4점], 나형 28번 [4점]

두 함수 $f(x) = x^2 - 6x$, $g(x) = mx + n$의 그래프가 만나는 서로 다른 두 교점과 점 $P(2, 5)$를 세 꼭짓점으로 하는 삼각형의 무게중심의 좌표가 $(4, 1)$일 때, $m$의 값을 구하시오.

## 522 2001 수능 가형 23번 [3점]

좌표평면 위의 네 점 $(-2, 2)$, $(4, 2)$, $(1, -2)$, $(4, -2)$에 있는 나사를 모두 조이는 작업을 반복하는 로봇 팔의 한쪽 끝을 점 P에 고정시키려 한다. 로봇 팔을 점 P를 중심으로 $360°$ 회전가능하고, 점 P로부터의 거리가 로봇 팔의 길이 이하인 모든 곳의 나사를 조일 수 있다. 로봇 팔의 길이를 최소로 할 수 있는 점 P의 좌표는?

① $(0, 0)$　② $(0, 1)$　③ $(0, -1)$
④ $(1, 0)$　⑤ $(1, 1)$

## 523 10.03 고2 학력평가 공통 20번 [4점]

세 지점 A, B, C에 대리점이 있는 회사가 세 지점에서 같은 거리에 있는 지점에 물류창고를 지으려고 한다. 그림과 같이 B지점은 A지점에서 서쪽으로 4km만큼 떨어진 위치에 있고, C지점은 A지점에서 동쪽으로 1km, 북쪽으로 1km만큼 떨어진 위치에 있을 때, 물류창고를 지으려는 지점에서 A지점에 이르는 거리는?

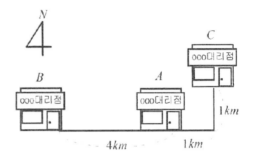

① $2\sqrt{2}$ km ② $\sqrt{13}$ km ③ $\sqrt{17}$ km
④ $2\sqrt{5}$ km ⑤ $\sqrt{29}$ km

# 524 08.09 고1 학력평가 공통 13번 [4점]

그림은 한 변의 길이가 4인 정사각형 ABCD의 내부에 한 변의 길이가 2인 정사각형 EFGH를 $\overline{AB}$와 $\overline{EF}$가 평행하도록 그린 것이다. 네 사다리꼴 ABFE, BCGF, CDHG, DAEH의 넓이를 각각 $S_1$, $S_2$, $S_3$, $S_4$라 하자.

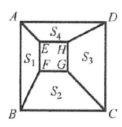

<보 기> 에서 항상 옳은 것만을 있는 대로 고른 것은?

```
─────────── <보 기> ───────────
ㄱ. $\overline{AE}^2 + \overline{CG}^2 = \overline{BF}^2 + \overline{DH}^2$

ㄴ. $\overline{AE} = \overline{BF}$ 이면 $\overline{CG} = \overline{DH}$ 이다.

ㄷ. $S_1 + S_3 = S_2 + S_4$
```

① ㄴ        ② ㄷ        ③ ㄱ, ㄴ

④ ㄱ, ㄷ     ⑤ ㄱ,ㄴ,ㄷ

# 525 08.09 고1 학력평가 공통 18번 [4점]

두 그릇 A, B가 있다. A그릇에는 농도가 $a\%$인 소금물 300g이 들어 있고, B그릇에는 농도가 $b\%$ 소금물 200g이 들어 있다. 두 그릇 A, B의 소금물을 모두 섞을 때의 농도를 $x\%$라 하자. 이때, $a$, $b$, $x$를 좌표로 하는 수직선 위의 점을 각각 P, Q, R라 하면 점 R는 선분 PQ를 $m$, $n$으로 내분하는 점이다. 두 자연수 $m$, $n$에 대하여 $\dfrac{m}{n}$의 값은? (단, $0 < a < b$이다.)

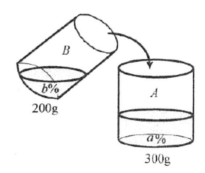

① $\dfrac{2}{5}$        ② $\dfrac{1}{2}$        ③ $\dfrac{3}{5}$

④ $\dfrac{2}{3}$        ⑤ $\dfrac{3}{2}$

# 526 07.09 고1 학력평가 공통 10번 [3점]

그림과 같이 반직선 $OA$와 한 변의 길이가 4인 정사각형 $OABC$가 있다. 점 $O$를 중심으로 하고 선분 $OB$를 반지름으로 하는 원이 반직선 $OA$와 만나는 점을 $P$, 선분 $OA$를 $1:3$으로 내분하는 점 $D$를 중심하고 선분 $DB$를 반지름으로 하는 원이 반지름 $OA$와 만나는 점 $Q$라 하자.

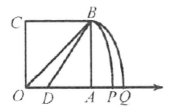

이때, $\overline{OP}^2 + \overline{OQ}^2$의 값은?

① 52          ② 56          ③ 60

④ 64          ⑤ 68

# 527 07.09 고1 학력평가 공통 15번 [4점]

다음은 $\overline{OA}=2$, $\overline{OB}=3$, $\angle AOB=30°$인 삼각형 $AOB$의 내부의 점 $P$에서 세 꼭짓점에 이르는 거리의 합의 최솟값을 구하는 과정이다.

삼각형 $AOB$를 오른쪽 그림과 같이 좌표평면 위에 나타내고 점 $C(0,\ 2)$에 대하여 $\triangle AOP \equiv \triangle COQ$가

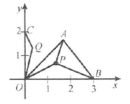

되도록 1사분면에 점 $Q$를 잡으면 $\overline{OP}=\overline{OQ}$이고 $\angle QOP = $ ⸢(가)⸥ 이므로 $\overline{OP}=\overline{QP}$이다.

$\overline{AP}+\overline{OP}+\overline{BP}=$ ⸢(나)⸥ $+\overline{QP}+\overline{BP} \geq$ ⸢(다)⸥ 따라서 점 $P$에서 세 꼭짓점에 이르는 거리의 합의 최솟값은 ⸢(다)⸥ 이다.

위 과정에서 (가), (나), (다)에 알맞은 것은?

|   | (가) | (나) | (다) |
|---|------|------|------|
| ① | 45° | $\overline{CQ}$ | $\sqrt{11}$ |
| ② | 45° | $\overline{OQ}$ | $\sqrt{13}$ |
| ③ | 60° | $\overline{CQ}$ | $\sqrt{13}$ |
| ④ | 60° | $\overline{OQ}$ | $\sqrt{15}$ |
| ⑤ | 60° | $\overline{CQ}$ | $\sqrt{15}$ |

## 528 07.09 고1 학력평가 공통 18번 [4점]

수직선 위의 두 점 $A(3)$, $B(7)$에 대하여 점 $P(x)$가 $\overline{AP}+\overline{BP} \leq 8$을 만족시킬 때, 선분 $OP$의 길이의 최댓값과 최솟값의 합은? (단, O는 원점이다.)

① 7　　② 8　　③ 9
④ 10　　⑤ 11

## 530 05.06 고2 학력평가 가형 26번 [4점], 나형 26번 [4점]

중심이 O, O′인 두 원이 서로 다른 두 점 A, B에서 만나고 $\overline{OO'}=4$이고, 선분 $OO'$를 $3:1$로 내분하는 점을 P, 외분하는 점을 Q라 한다. $\triangle OPA$와 $\triangle OQB$의 넓이의 비가 $m:n$일 때, $m+n$의 값을 구하시오.
(단, $m$, $n$은 서로수인 양수)

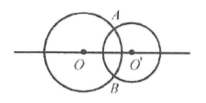

## 529 05.09 고1 학력평가 공통 19번 [4점]

좌표평면 위의 세 점 $O(0, 0)$, $A(4, 1)$, $B(1, 4)$를 꼭짓점으로 하는 삼각형 $OAB$에 대하여 선분 $AB$를 $1:2$로 외분하는

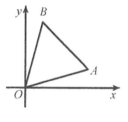

점을 C, 선분 $AB$를 $2:1$로 외분하는 점을 D라 하자. 두 삼각형 $OCB$, $OAD$의 무게중심을 각각 $G_1$, $G_2$라 할 때, 선분 $G_1G_2$의 길이는?

① $2\sqrt{2}$　　② $\dfrac{5\sqrt{2}}{3}$　　③ $\dfrac{4\sqrt{2}}{3}$

④ $\sqrt{2}$　　⑤ $\dfrac{2\sqrt{2}}{3}$

# 531 06.09 고1 학력평가 공통 20번 [4점]

좌표평면 위의 네 점 A$(-1, 0)$, B$(-1, -1)$, C$(0, -1)$, D$(a, a)$를 꼭짓점으로 하는 사각형 ABCD가 있다.

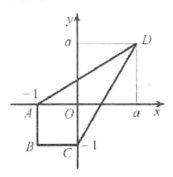

$y$축이 사각형 ABCD의 넓이를 이등분할 때, 양수 $a$의 값은?

① $\dfrac{-1+\sqrt{5}}{2}$

② $\dfrac{\sqrt{5}}{2}$

③ $\dfrac{1+\sqrt{5}}{2}$

④ $\dfrac{2+\sqrt{5}}{2}$

⑤ $\sqrt{5}$

# 532 09.05 고2 성취도평가 나형 25번 [4점]

좌표평면 위의 일직선 위에 있지 않은 서로 다른 세 점 A$(1, 5)$, B$(6-p, 1+q)$, C$(8+p, 9-q)$를 꼭짓점으로 하는 삼각형 ABC의 무게중심을 $G$라 하자. 선분 AG를 $3:1$로 외분하는 점을 P$(a, b)$라 할 때, $a+b$의 값을 구하시오.

# 533 07.11 고1 학력평가 공통 17번 [4점]

그림과 같이 두 산봉우리 A, B지점을 직선으로 잇는 케이블을 차지하려고 한다. A, B의 높이 차는 200m이고, A에서 B를 올려다 본 각은 $30°$이다. 선분 AB를 $m:n$으로 내분하는 점 P와 $n:m$으로 내분하는 점 Q에 각각 지지대를 설치했더니, P와 Q사이의 거리가 200m가 되었다. 이 때, $\dfrac{n}{m}$의 값은? (단, 케이블의 늘어짐은 무시한다.)

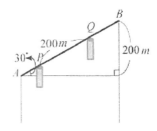

① $\dfrac{5}{3}$    ② $2$    ③ $\dfrac{7}{3}$

④ $\dfrac{5}{2}$    ⑤ $3$

# 534 06.11 고1 학력평가 공통 17번 [4점]

그림과 같이 좌표평면 위의 세 점
P(3, 7), Q(1, 1), R(9, 3)으로부터 같은 거리에
있는 직선 $l$이 선분 PQ, PR과 만나는 점을
각각 A, B라 하자. 선분 QR의 중점을 C라 할
때, △ABC의 무게중심을 좌표를 G($x$, $y$)라 하면
$x+y$의 값은?

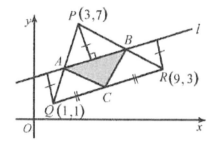

①  $\dfrac{16}{3}$    ②  6    ③  $\dfrac{20}{3}$

④  $\dfrac{22}{3}$    ⑤  8

# 535 13.09 고1 학력평가 공통 18번 [4점]

세 꼭짓점의 좌표가 A(0, 3), B(−5, −9),
C(4, 0)인 삼각형 ABC가 있다. 그림과 같이
$\overline{AC}=\overline{AD}$가 되도록 점 D를 선분 AB 위에
잡는다. 점 A를 지나면서 선분 DC와 평행인
직선이 선분 BC의 연장선과 만나는 점을 P라
하자. 이때, 점 P의 좌표는?

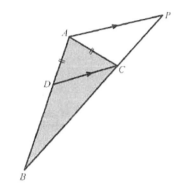

①  $\left(\dfrac{61}{8},\ \dfrac{29}{8}\right)$    ②  $\left(\dfrac{65}{8},\ \dfrac{33}{8}\right)$

③  $\left(\dfrac{69}{8},\ \dfrac{37}{8}\right)$    ④  $\left(\dfrac{73}{8},\ \dfrac{41}{8}\right)$

⑤  $\left(\dfrac{77}{8},\ \dfrac{45}{8}\right)$

# 536 13.09 고1 학력평가 공통 28번 [4점]

그림과 같이 $x$축 위의 네 점 $A_1$, $A_2$, $A_3$, $A_4$에 대하여 $\overline{OA_1}$, $\overline{A_1A_2}$, $\overline{A_2A_3}$, $\overline{A_3A_4}$를 각각 한 변으로 하는 정사각형 $OA_1B_1C_1$, $A_1A_2B_2C_2$, $A_2A_3B_3C_3$, $A_3A_4B_4C_4$가 있다. 점 $B_4$의 좌표를 $(30, 18)$이고 정사각형 $OA_1B_1C_1$, $A_1A_2B_2C_2$, $A_2A_3B_3C_3$의 넓이의 비가 $1:4:9$일 때, $\overline{B_1B_3}^2$의 값을 구하시오. (단, $O$는 원점이다.)

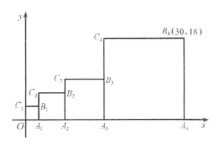

# 537 09.03 고2 학력평가 공통 27번 [4점]

그림과 같이 두 점 $(4, 0)$, $(0, 2)$를 지나는 직선 $l$이 있다. 직선 $l$위의 임의의 점 $(x, y)$에 대하여 등식 $x^2+ay^2+bx+c=0$이 성립하도록 실수 $a$, $b$, $c$를 정할 때, $|a|+|b|+|c|$의 값을 구하시오.

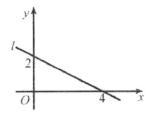

# 538 08.03 고2 학력평가 공통 27번 [4점]

좌표평면 위에서 원 $x^2+y^2=1$이 $x$축 $y$축의 양의 부분과 만나는 점을 각각 A, B라 하자. 그림과 같이 제 1사분면에서 $\angle AOP=60°$인 점 P를 원 위에 잡으면 직선 BP의 기울기는 $a+b\sqrt{3}$이다. 이때 $20(a^2+b^2)$의 값을 구하시오. (단, $a$, $b$는 유리수이다.)

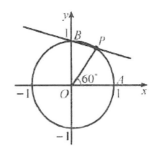

# 539 13.03 고2 학력평가 A형 28번 [4점]

그림과 같이 좌표평면 위에 모든 변이 $x$축 또는 $y$축에 평행한 두 직사각형 ABCD, EFGH가 있다. 기울기가 $m$인 한 직선이 두 직사각형 ABCD, EFGH의 넓이를 각각 이등분할 때, 12m의 값을 구하시오.

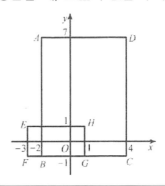

# 540 16.09 고1 학력평가 공통 13번 [3점]

좌표평면에서 원점 O을 지나고 꼭짓점이 A$(2, -4)$인 이차함수 $y = f(x)$의 그래프가 $x$축과 만나는 점 중에서 원점이 아닌 점을 B라 하자. 직선 $y = mx$가 삼각형 OAB의 넓이를 이등분하도록 하는 실수 $m$의 값은?

① $-\dfrac{1}{6}$　　② $-\dfrac{1}{3}$　　③ $-\dfrac{1}{2}$

④ $-\dfrac{2}{3}$　　⑤ $-\dfrac{5}{6}$

# 541 18.09 고1 학력평가 공통 16번 [4점]

그림과 같이 좌표평면 위의 세 점 A$(3, 5)$, B$(0, 1)$, C$(6, -1)$을 꼭짓점으로 하는 삼각형 ABC에 대하여 선분 AB 위의 한 점 D와 선분 AC 위의 한 점 E가 다음 조건을 만족시킨다.

> (가) 선분 DE와 선분 BC는 평행하다.
> (나) 삼각형 ADE와 삼각형 ABC의 넓이의 비는 $1 : 9$이다.

직선 BE의 방정식이 $y = kx + 1$일 때, 상수 $k$의 값은?

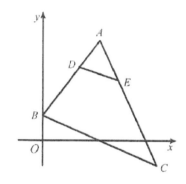

① $\dfrac{1}{8}$　　② $\dfrac{1}{4}$　　③ $\dfrac{3}{8}$

④ $\dfrac{1}{2}$　　⑤ $\dfrac{5}{8}$

Ⅲ. 도형의 방정식(심화)

# 542 13.11 고1 학력평가 공통 20번 [4점]

좌표평면 위에 세 점 A(5, 3), B(2, 1), C(3, 0)을 꼭짓점으로 하는 삼각형 ABC가 있다. 선분 OC위를 움직이는 점 D에 대하여 삼각형 ABC의 넓이와 삼각형 ADC의 넓이가 같을 때, 직선 AD의 기울기는?
(단, O는 원점이다.)

① $\dfrac{5}{7}$  ② $\dfrac{3}{4}$  ③ $\dfrac{7}{9}$

④ $\dfrac{4}{5}$  ⑤ $\dfrac{9}{11}$

# 543 14.09 고1 학력평가 공통 20번 [4점]

두 직선 $l : ax - y + a + 2 = 0$,
$m : 4x + ay + 3a + 8 = 0$에 대하여 <보 기>에서 옳은 것만을 있는 대로 고른 것은?
(단, $a$는 실수이다.)

─── <보 기> ───
ㄱ. $a = 0$일 때 두 직선 $l$과 $m$은 서로 수직 이다.
ㄴ. 직선 $l$은 $a$의 값에 관계없이 항상 점 (1, 2)를 지난다.
ㄷ. 두 직선 $l$과 $m$이 평행이 되기 위한 $a$의 값은 존재하지 않는다.

① ㄱ  ② ㄴ  ③ ㄱ, ㄷ

④ ㄴ, ㄷ  ⑤ ㄱ, ㄴ, ㄷ

# 544 18.11 고1 학력평가 공통 17번 [4점]

그림과 같이 좌표평면에서 직선 $y = -x + 10$과 $y$축과의 교점을 A, 직선 $y = 3x - 6$과 $x$축과의 교점을 B, 두 직선 $y = -x + 10$, $y = 3x - 6$의 교점을 C라 하자. $x$축 위의 점 D$(a, 0)(a > 2)$에 대하여 삼각형 ABD의 넓이가 삼각형 ABC의 넓이와 같도록 하는 $a$의 값은?

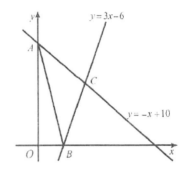

① 5  ② $\dfrac{26}{5}$  ③ $\dfrac{27}{5}$

④ $\dfrac{28}{5}$  ⑤ $\dfrac{29}{5}$

## 545 06.11 고1 학력평가 공통 19번 [4점]

그림과 같이 한 변의 길이가 2인 정사각형 모양의 종이를 꼭짓점 A가 선분 MN위에 놓이도록 접었을 때, 점 A가 선분 MN과 만나는 점을 A′이라 하자. 이 때, 점 A와 직선 A′B사이의 거리는? (단, M은 선분 AB의 중점, N은 선분 CD의 중점이다.)

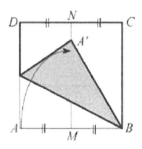

① $\sqrt{2}$     ② $\dfrac{3}{2}$     ③ $\sqrt{3}$

④ 2     ⑤ $\dfrac{3\sqrt{2}}{2}$

## 546 13.03 고2 학력평가 B형 16번[4점]

좌표평면에서 세 직선

$$y=2x, \quad y=-\frac{1}{2}x, \quad y=mx+5 \quad (m>0)$$

로 둘러싸인 도형이 이등변삼각형일 때, $m$의 값은?

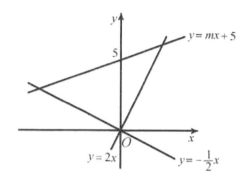

① $\dfrac{1}{3}$     ② $\dfrac{2}{5}$     ③ $\dfrac{7}{15}$

④ $\dfrac{8}{15}$     ⑤ $\dfrac{3}{5}$

Ⅲ. 도형의 방정식(심화)

# 547 15.11 고1 학력평가 공통20번[4점]

그림과 같이 한 변의 길이가 10인 정사각형 ABCD에 내접 하는 원이 있다. 선분 BC를 $1:2$로 내분하는 점을 P라 하자. 선분 AP가 정사각형 ABCD에 내접하는 원과 만나는 두 점을 Q, R라 할 때, 선분 QR의 길이는?

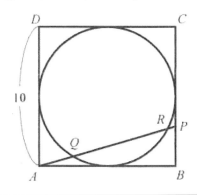

① $2\sqrt{11}$  ② $4\sqrt{3}$  ③ $2\sqrt{13}$
④ $2\sqrt{14}$  ⑤ $2\sqrt{15}$

# 548 16.03 고2 학력평가 나형18번[4점]

그림과 같이 좌표평면에 세 점 O$(0,\ 0)$, A$(8,\ 4)$, B$(7,\ a)$와 삼각형 OAB의 무게중심 G$(5,\ b)$가 있다. 점 G와 직선 OA 사이의 거리가 $\sqrt{5}$일 때, $a+b$의 값은? (단, $a$는 양수이다.)

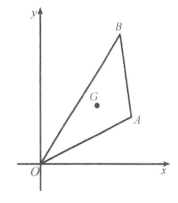

① 16  ② 17  ③ 18
④ 19  ⑤ 20

## 549 20.03 고2 학력평가 공통 18번[4점]

좌표평면의 제 1사분면에 있는 두 점 A, B와 원점 O에 대하여 삼각형 OAB의 무게중심 G의 좌표는 $(8, 4)$이고, 점 B와 직선 OA 사이의 거리는 $6\sqrt{2}$이다. 다음은 직선 OB의 기울기가 직선 OA의 기울기보다 클 때, 직선 OA의 기울기를 구하는 과정이다.

선분 OA의 중점을 M이라 하자.

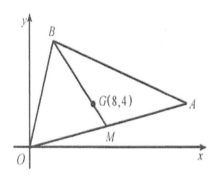

점 G가 삼각형 OAB의 무게중심이므로 $\overline{BG} : \overline{GM} = 2 : 1$이고, 점 B와 직선 OA 사이의 거리가 $6\sqrt{2}$이므로 점 G와 직선 OA 사이의 거리는 (가) 이다. 직선 OA의 기울기를 $m$이라 하면 점 G와 직선 OA 사이의 거리는

$$\frac{(나)}{\sqrt{m^2 + (-1)^2}}$$ 이고 (가) 와 같다.

즉, (나) = (가) $\times \sqrt{m^2 + 1}$ 이다. 양변을 제곱하여 $m$의 값을 구하면 $m = \boxed{\phantom{xx}}$ 또는 $m = \boxed{\phantom{xx}}$ 이다. 이때 직선 OG의 기울기가 $\dfrac{1}{2}$이므로 직선 OA의 기울기는 (다) 이다.

위의 (가), (다)에 알맞은 수를 각각 $p$, $q$라 하고, (나)에 알맞은 식을 $f(m)$이라 할 때, $\dfrac{f(q)}{p^2}$의 값은?

① $\dfrac{2}{7}$  ② $\dfrac{5}{14}$  ③ $\dfrac{3}{7}$

④ $\dfrac{1}{2}$  ⑤ $\dfrac{4}{7}$

## 550 09.03 고2 학력평가 공통28번[4점]

원 $x^2 + y^2 - x - 12y = 0$위에 두 점 O$(0, 0)$, A$(5, 2)$가 있다. 이 원 위의 점 P에 대하여 $\angle \text{OAP} = 90°$일 때, 직선 OP의 기울기를 구하시오.

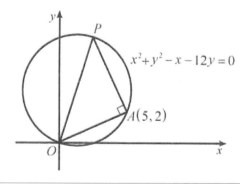

# 551 14.09 고1 학력평가 공통17번[4점]

다음은 한 변의 길이가 $2a$인 정사각형 ABC의 내부의 점 P가 $\overline{AP}^2 + \overline{BP}^2 = \overline{CP}^2$을 만족할 때, $\angle APB = 150°$임을 보이는 과정이다.

---

그림과 같이 변 AB를 $x$축 위에 놓고 변 AB의 중점을 원점 O라 하면 점 A의 좌표는 $(-a, 0)$, 점 B의 좌표는 $(a, 0)$, 점 C의 좌표는 $(0, \boxed{(가)})$이다.

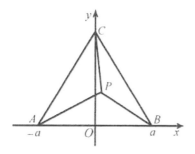

정삼각형 ABC의 내부의 점 P의 좌표를 $(x, y)$라 하면 $\overline{AP}^2 + \overline{BP}^2 = \overline{CP}^2$을 만족하므로

$$\{(x+a)^2 + y^2\} + \{(x-a)^2 + y^2\}$$
$$= x^2 + (y - \boxed{(가)})^2$$

이다. 위 식을 정리하면 점 P는 중심이 점 $(0, \boxed{(나)})$이고 반지름의 길이가 $\boxed{(다)}$인 원 위의 점이다. 점 $(0, \boxed{(나)})$에서 두 점 A, B까지의 거리가 각각 반지름의 길이 $\boxed{(다)}$로 같다. 따라서 점 P가 호 AB 위의 점이므로 $\angle APB = 150°$이다.

---

위의 과정에서 (가), (나), (다)에 알맞은 식을 각각 $f(a)$, $g(a)$, $h(a)$라 할 때, $f(3) + g(3) + h(7)$의 값은?

① 11  ② 12  ③ 13
④ 14  ⑤ 15

# 552 2002 수능 가형 20번[3점]

그림과 같이 좌표평면 위에 원과 반원으로 이루어진 태극문양이 있다. 태극문양과 직선 $y = a(x-1)$이 서로 다른 다섯 점에서 만나게 되는 $a$의 범위는?

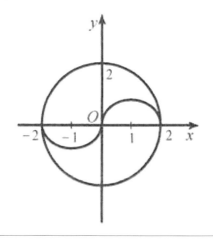

① $0 < a < \dfrac{\sqrt{2}}{3}$  ② $0 < a < \dfrac{\sqrt{3}}{3}$

③ $0 < a < \dfrac{2}{3}$  ④ $0 < a < \dfrac{\sqrt{5}}{3}$

⑤ $0 < a < \dfrac{\sqrt{6}}{3}$

III. 도형의 방정식(심화)

## 553 2003 수능 가형 21번[3점]

좌표평면에서 중심이 $(a, b)$이고 $x$축에 접하는 원이 두 점 A$(0, 5)$와 B$(8, 1)$을 지난다. 이 때, 원의 중심 $(a, b)$와 직선 AB사이의 거리는? (단, $0 \le a \le 8$)

① $\sqrt{3}$　　② $\sqrt{5}$　　③ $\sqrt{6}$

④ $\sqrt{7}$　　⑤ $2\sqrt{2}$

## 554 2000 수능 가형 28번[2점]

반지름의 길이가 10인 원 O의 내부에 한 점 P가 있다. 점 P를 지나고 직선 OP에 수직인 직선이 원과 만나는 두 점을 A, B라 하고, A, B에서의 두 접선의 교점을 Q라 하자. $\overline{\mathrm{OP}} = 5$일 때, 선분 PQ의 길이를 구하여라.

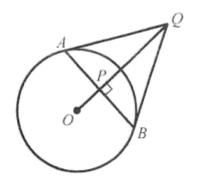

## 555 13.03 고2 학력평가 A형 19번[4점]

두 실수 $x$, $y$가 등식 $(x-y-3)(x+y-2)=0$을 만족시킬 때, $6(x^2+y^2)$의 최솟값은?

① 4　　② 6　　③ 8
④ 10　　⑤ 12

# 556 16.09 고1 학력평가 공통19번[4점]

그림과 같이 좌표평면에서 원점을 지나는 직선 $l$이 $x$축 과 이루는 각의 크기가 60°이고, 직선 $l$을 $y$축에 대하여 대칭이동시킨 직선 $m$이 있다. 원 $x^2+y^2=r^2$위의 제 1사분면에 있는 점 P에서 $x$축과 두 직선 $l$, $m$에 내린 수선의 발을 각각 A, B, C라 하자.

다음은 $\overline{\mathrm{PA}}^2+\overline{\mathrm{PB}}^2+\overline{\mathrm{PC}}^2=$ (다) 를 구하는 과정이다. (단, 점 P는 직선 $l$ 위에 있지 않다.)

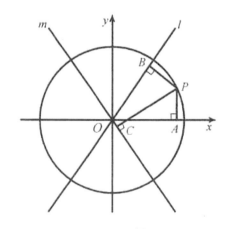

직선 $l$의 방정식은 $y=\sqrt{3}\,x$이고 직선 $m$의 방정식은 $y=$ (가) $x$이다.

원 위의 제 1사분면에 있는 점을 P$(a\,,b)$라 하면 $a>0$, $b>0$이고 $a^2+b^2=r^2$이다.

점 P에서 $x$축과 두 직선 $l$, $m$에 내린 수선의 발이 각각 A, B, C이므로

$$\overline{\mathrm{PA}}=b,\ \overline{\mathrm{PB}}=\frac{|\sqrt{3}\,a-b|}{\boxed{(나)}},\ \overline{\mathrm{PC}}=\frac{|\sqrt{3}\,a+b|}{\boxed{(나)}}$$

따라서 $\overline{\mathrm{PA}}^2+\overline{\mathrm{PB}}^2+\overline{\mathrm{PC}}^2=$ (다)

위의 (가), (나)에 알맞은 수를 각각 $s$, $t$라 하고, (다)에 알맞은 식을 $f(r)$라 할 때, $f(s\times t)$의 값은?

① 14      ② 15      ③ 16
④ 17      ⑤ 18

# 557 14.06 고1 학력평가 공통14번[4점]

이차함수 $f(x)=x^2$의 그래프가 그림과 같을 때, 다음 물음에 답하시오.

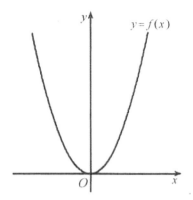

이차함수 $y=f(x)$의 그래프를 $x$축의 방향으로 $p$만큼 평행이동 하였더니 함수 $y=g(x)$의 그래프와 일치하였다. 직선 $y=\dfrac{1}{2}x+1$이 두 함수 $y=f(x)$, $y=g(x)$의 그래프와 서로 다른 네 점에서 만날 때, 네 교점의 $x$좌표의 합이 9가 되도록 하는 $p$의 값은? (단, $p>0$이다.)

① $\dfrac{5}{2}$      ② 3      ③ $\dfrac{7}{2}$

④ 4      ⑤ $\dfrac{9}{2}$

# 558  11.03 고2 학력평가 공통27번[4점]

좌표평면에서 포물선 $y = x^2 - 2x$를 포물선 $y = x^2 - 12x + 30$으로 옮기는 평행이동에 의하여 직선 $l : x - 2y = 0$이 직선 $l'$으로 옮겨진다. 두 직선 $l$, $l'$사이의 거리를 $d$라 할 때, $d^2$의 값을 구하시오.

# 559  06.03 고1 학력평가 공통11번[4점]

좌표평면 위에서 원점 O를 출발한 점 P는 다음 규칙대로 이동한다.

(가) 점 P는 $x$좌표, $y$좌표가 각각 정수인 점으로 이동한다.
(나) 1회 이동할 때, 오른쪽 위(↗) 또는 오른쪽 아래(↘)로 이동한다.
(다) 1회 이동하는 거리는 $\sqrt{2}$ 이다.

예를 들어 그림은 점 P가 5회 이동하여 좌표가 $(5, 1)$인 점에 도착하는 한 가지 방법을 나타낸 것이다.

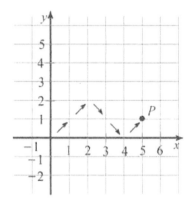

이와 같이 점 P가 이동할 때, 도착할 수 있는 점의 좌표를 <보기>에서 모두 고른 것은? (단, 이동하는 횟수의 제한은 없다.)

<보 기>
ㄱ. $(2, 1)$
ㄴ. $(6, -2)$
ㄷ. $(51, 100)$
ㄹ. $(93, 39)$

① ㄴ          ② ㄹ          ③ ㄱ, ㄷ
④ ㄴ, ㄷ          ⑤ ㄴ, ㄹ

# 560 17.03 고2 학력평가 가형 17번[4점]

좌표평면에서 원 $x^2 + (y-1)^2 = 9$를 $x$축의 방향으로 $m$만큼, $y$축의 방향으로 $n$만큼 평행이동한 원을 $C$라 할 때, <보기>에서 옳은 것만을 있는 대로 고른 것은?

─── <보 기> ───

ㄱ. 원 $C$의 반지름의 길이가 3이다.

ㄴ. 원 $C$가 $x$축에 접하도록 하는 실수 $n$의 값은 1개다.

ㄷ. $m \neq 0$일 때, 직선 $y = \dfrac{n+1}{m}x$는 원 $C$ 의 넓이를 이등분한다.

① ㄱ      ② ㄴ      ③ ㄱ,ㄷ

④ ㄴ,ㄷ      ⑤ ㄱ,ㄴ,ㄷ

# 561 07.03 고2 학력평가 공통10번[3점]

좌표평면 위의 정점 P에 대한 두 점 A, B의 대칭점은 각각 A′, B′이고, 직선 AB의 방정식은 $x - 2y + 4 = 0$이라 한다. 점 A′의 좌표가 $(3, 1)$, 직선 A′B′의 방정식이 $y = ax + b$일 때, 두 상수 $a$, $b$의 곱 $ab$의 값은?

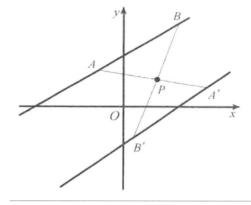

① $-\dfrac{1}{4}$      ② $\dfrac{1}{4}$      ③ $-\dfrac{1}{3}$

④ $\dfrac{1}{3}$      ⑤ $-\dfrac{1}{2}$

# 562
05.06 고2 학력평가 가형 20번[4점] , 나형 20번[4점]

가로, 세로의 길이가 각각 4, 3인 직사각형 모양의 포켓당구대가 있다. 공이 내부에서는 직선운동을 하고 벽에서는 입사각과 반사각이 같도록 움직일 때, 그림과 같은 방향으로

P지점에서 Q지점까지의 공이 움직인 거리는? (단, 한 눈금의 길이가 모드 가로, 세로 각각 1이고 공의 크기는 무시함)

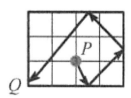

① $2\sqrt{13}$    ② $\sqrt{65}$    ③ $4\sqrt{5}$
④ $\sqrt{85}$    ⑤ $7\sqrt{2}$

# 563
09.11 고1 학력평가 공통21번[4점]

그림과 같이 두 함수

$y=-(x-1)^2+1$, $y=x^2$의 그래프 위에 각각 점 A와 C를, 직선 $y=x$위에 서로 다른 두 점 B와 D를 잡아 사각형 ABCD가 정사각형이 되도록 하였다. 이때, 정사각형 ABCD의 한 변의 길이는? (단, 점 A, B, C, D의 $x$좌표는 양수이다.)

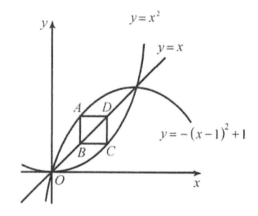

① $\dfrac{\sqrt{5}}{2}-1$    ② $\sqrt{5}-2$    ③ $2-\sqrt{3}$
④ $\sqrt{3}-1$    ⑤ $3-\sqrt{5}$

# 564 06.11 고1 학력평가 공통20번[4점]

원 $C_1 = x^2 - 2x + y^2 + 4y + 4 = 0$을 직선 $y = x$에 대하여 대칭이동한 원을 $C_2$라 하자. $C_1$위의 임의의 점 P와 $C_2$위의 임의의 점 Q에 대하여 두 점 P, Q사이의 최소 거리는?

① $2\sqrt{3} - 2$ ② $2\sqrt{3} + 2$ ③ $3\sqrt{2} - 2$
④ $3\sqrt{2} + 2$ ⑤ $3\sqrt{3} - 2$

# 565 13.03 고2 학력평가 B형 27번[4점]

좌표평면 위에
점 $A(-1, 0)$과 원 $C : (x+3)^2 + (y-8)^2 = 5$가 있다. $y$축 위의 점 P와 원 C위의 점 Q에 대하여 $\overline{AP} + \overline{PQ}$의 최솟값을 $k$라 할 때, $k^2$의 값을 구하시오.

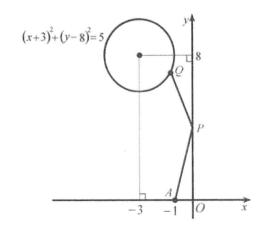

# 566 14.11 고1 학력평가 공통19번[4점]

중심이 $(4, 2)$이고 반지름의 길이가 2인 원 $O_1$이 있다. 원 $O_1$을 직선 $y = x$에 대하여 대칭이동한 후 $y$축의 방향으로 $a$만큼 평행이동한 원을 $O_2$라 하자. 원 $O_1$과 $O_2$가 서로 다른 두 점 A, B에서 만나고 선분 AB의 길이가 $2\sqrt{3}$일 때, 상수 $a$의 값은?

① $-2\sqrt{2}$ ② $-2$ ③ $-\sqrt{2}$
④ $-1$ ⑤ $-\dfrac{\sqrt{2}}{2}$

# 567 15.09 고1 학력평가 공통27번[4점]

자연수 $n$에 대하여 좌표평면 위의 점 $P_n(x_n, y_n)$은 다음과 같은 규칙에 따라 이동한다. (단, $x_n y_n \neq 0$)

(가) 점 $P_n$이 $x_n y_n > 0$이고 $x_n > y_n$이면 이 점을 직선 $y = x$에 대하여 대칭이동한 점이 점 $P_{n+1}$이다.

(나) 점 $P_n$이 $x_n y_n > 0$이고 $x_n < y_n$이면 이 점을 $x$축에 대하여 대칭이동한 점이 점 $P_{n+1}$이다.

(다) 점 $P_n$이 $x_n y_n < 0$이고 이 점을 $y$축에 대하여 대칭이동한 점이 점 $P_{n+1}$이다.

점 $P_1$의 좌표가 $(3, 2)$일 때, $10x_{50} + y_{50}$의 값을 구하시오.

# 568 15.11 고1 학력평가 공통27번[4점]

좌표평면에서 제1사분면 위의 점 A를 $y=x$에 대하여 대칭이동시킨 점을 B라 하자. $x$축 위의 점 P에 대하여 $\overline{AP}+\overline{PB}$의 최솟값이 $10\sqrt{2}$일 때, 선분 OA의 길이를 구하시오. (단, O는 원점이다.)

# 569 16.11 고1 학력평가 공통18번[4점]

그림과 같이 좌표평면 위에 두 점 A$(-10, 0)$, B$(10, 10)$과 선분 AB 위의 두 점 C$(-8, 1)$, D$(4, 7)$이 있다. 선분 AO 위의 점 E와 선분 OB 위의 점 F에 대하여 $\overline{CE}+\overline{EF}+\overline{FD}$의 값이 최소가 되도록 하는 점 E의 $x$좌표는? (단, O는 원점이다.)

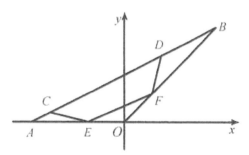

①　$-5$　　②　$-\dfrac{9}{2}$　　③　$-4$

④　$-\dfrac{7}{2}$　　⑤　$-3$

# 570 19.03 고2 학력평가 가형 19번[4점]

그림과 같이 두 대각선 AC, BD의 교점이 원점이고 네변이 각각 $x$축 또는 $y$축에 평행한 직사각형 ABCD가 다음 조건을 만족시킨다.

(가) $\overline{AD}>\overline{AB}>2$

(나) 직사각형 ABCD를 $y$축의 방향으로 2만큼 평행 이동한 직사각형의 내부와 직사각형 ABCD내부와의 공통부분의 넓이는 18이다.

(다) 직사각형 ABCD를 직선 $y=x$에 대하여 대칭이동한 직사각형의 내부와 직사각형 ABCD내부와의 공통부분의 넓이는 16이다.

직사각형 ABCD의 넓이는? (단, 점 A는 제2사분면 위의 점이다.)

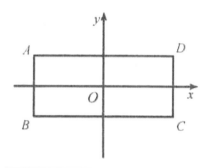

①　32　　　②　36　　　③　40

④　44　　　⑤　48

# MAC

킬러 문항100

# 571 13.06 고1 학력평가 공통16번[4점]

그림과 같이 $\overline{AB}=2$, $\overline{BC}=4$인 직사각형과 선분 BC를 지름으로 하는 반원이 있다. 직사각형 ABCD의 내부에 있는 한 점 P에서 선분 AB에 내린 수선의 발을 Q, 선분 AD에 내린 수선의 발을 R라고 할 때,

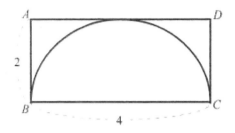

호 BC 위에 있는 점 P에 대하여 직사각형 AQPR의 둘레의 길이는 10이다. 직사각형 AQPR의 넓이는?

① 4     ② $\dfrac{9}{2}$     ③ 5

④ $\dfrac{11}{2}$     ⑤ 6

# 572 18.06 고1 학력평가 공통21번[4점]

모든 실수의 $x$에 대하여 두 이차다항식 $P(x), Q(x)$가 다음 조건을 만족시킨다.

(가) $P(x)+Q(x)=4$

(나) $\{P(x)\}^3+\{Q(x)\}^3$
$=12x^4+24x^3+12x^2+16$

$P(x)$의 최고차항의 계수가 음수일 때, $P(2)+Q(3)$의 값은?

① 6     ② 7     ③ 8

④ 9     ⑤ 10

# 573 020.11 고1 학력평가 공통19번[4점]

그림과 같이 중심이 O, 반지름의 길이가 4이고 중심각의 크기가 90°인 부채꼴 OAB가 있다. 호 AB위의 점 P에서 두 선분 OA, OB에 내린 수선의 발을 각각 H, I라 하자. 삼각형 PIH에 내접하는 원의 넓이가 $\frac{\pi}{4}$일 때, $\overline{PH}^3, \overline{PI}^3$ 의 값은? (단, 점 P는 점 A도 아니고 점 B도 아니다.)

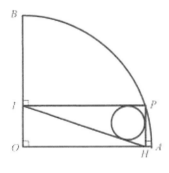

① 56    ② $\frac{115}{2}$    ③ 59

④ $\frac{121}{2}$    ⑤ 62

# 574 15.03 고2 학력평가 가형 20번[4점], 나형 20번[4점]

이차함수 $f(x) = k(x-1)^2 - 4k + 2$에 대하여 곡선 $y = f(x)$의 꼭짓점을 A라고 하고, 이 곡선이 $y$축과 만나는 점을 B라 하자. <보기>에서 옳은 것만을 있는 대로 고른 것은? (단, O는 원점이다.)

<보 기>

ㄱ. $k = 1$일 때, $\overline{OA} = \sqrt{5}$ 이다.

ㄴ. 0이 아닌 실수 $k$의 값에 관계없이 곡선 $y = f(x)$가 항상 지나는 점은 2개다.

ㄷ. 0이 아닌 실수 $k$의 값에 관계없이 직선 AB는 항상 점 $(-3, 2)$를 지난다.

① ㄱ    ② ㄷ    ③ ㄱ,ㄴ
④ ㄴ,ㄷ    ⑤ ㄱ,ㄴ,ㄷ

## 575 14.06 고1 학력평가 공통21번[4점]

삼차다항식 $P(x)$가 다음 조건을 만족시킨다.

---

(가) $(x-1)P(x-2) = (x-7)P(x)$

(나) $P(x)$를 $x^2-4x+2$로 나눈 나머지는 $2x-10$이다.

---

$P(4)$의 값은?

① $-6$　　② $-3$　　③ $0$

④ $3$　　⑤ $6$

## 576 14.11 고1 학력평가 공통28번[4점]

$x$에 대한 다항식 $ax^3+b$를 $ax+b$로 나눈 몫을 $Q_1(x)$, 나머지를 $R_1$이라고 하고, $x$에 대한 다항식 $ax^4+b$를 $ax+b$로 나눈 몫을 $Q_2(x)$, 나머지를 $R_2$라 하자. $R_1=R_2$가 되도록 하는 두 실수 $a$, $b$에 대하여 $Q_1(2)+Q_2(1)$의 값을 구하시오. (단, $ab \neq 0$)

## 577 17.06 고1 학력평가 공통26번[4점]

$x$에 대한 삼차다항식

$P(x) = (x^2-x-1)(ax+b)+2$에 대하여

$P(x+1)$

을 $x^2-4$로 나눈 나머지가 $-3$일 때, $50a+b$의 값을 구하시오. (단, $a$, $b$는 상수이다.)

## 578 17.09 고1 학력평가 공통17번[4점]

모든 실수 $x$에 대하여 다항식 $f(x)$가 다음 조건을 만족시킨다.

---

(가) $f(x) < 0$

(나)

$\{f(x+1)\}^2 - 9$

$= (x-1)(x+1)(x^2+5)$

---

다항식 $f(x+a)$를 $x-2$로 나눈 나머지가 $-6$이 되도록 하는 모든 상수 $a$의 값의 곱은?

① $-9$　　② $-7$　　③ $-5$

④ $-3$　　⑤ $-1$

## 579 17.11 고1 학력평가 공통20번[4점]

최고차항의 계수가 1이 이차식 $f(x)$를 $x-1$로 나누었을 때의 몫을 $Q_1(x)$라 하고, $f(x)$를 $x-2$로 나누었을 때의 몫을 $Q_2(x)$라 하면 $Q_1(x)$, $Q_2(x)$는 다음 조건을 만족시킨다.

(가) $Q_2(1) = f(2)$

(나) $Q_1(1) + Q_2(1) = 6$

$f(3)$의 값은?

① 7    ② 8    ③ 9
④ 10    ⑤ 11

## 581 19.06 고1 학력평가 공통28번[4점]

두 이차다항식 $P(x)$, $Q(x)$가 다음 조건을 만족시킨다.

(가) 모든 실수 $x$에 대하여 $2P(x) + Q(x) = 0$이다.

(나) $P(x)Q(x)$는 $x^2 - 3x + 2$로 나누어떨어진다.

$P(0) = -4$일 때, $Q(4)$의 값을 구하시오.

## 580 18.09 고1 학력평가 공통17번[4점]

이차식 $f(x)$와 일차식 $g(x)$가 다음 조건을 만족시킨다.

(가) 방정식 $f(x) - g(x) = 0$이 중근 1을 갖는다.

(나) 두 다항식 $f(x)$, $g(x)$를 $x-2$로 나누었을 때의 나머지는 각각 2, 5이다.

다항식 $f(x) - g(x)$를 $x+1$로 나누었을 때의 나머지는?

① $-16$    ② $-14$    ③ $-12$
④ $-10$    ⑤ $-8$

## 582 20.06 고1 학력평가 공통21번[4점]

최고차항의 계수가 1인 사차다항식 $f(x)$가 다음 조건을 만족시킬 때, 양수 $p$의 값은?

(가) $f(x)$를 $x+2$, $x^2+4$로 나눈 나머지는 모두 $3p^2$이다.

(나) $f(1) = f(-1)$

(다) $x - \sqrt{p}$는 $f(x)$의 인수이다.

① $\dfrac{1}{2}$    ② 1    ③ $\dfrac{3}{2}$
④ 2    ⑤ $\dfrac{5}{2}$

# 583 20.09 고1 학력평가 공통17번[4점]

이차방정식 계수가 1인 이차다항식 $P(x)$와 일차항의 계수가 1인 일차다항식 $Q(x)$가 다음 조건을 만족시킨다.

(가) 다항식 $P(x+1) - Q(x+1)$은 $x+1$로 나누어 떨어진다.

(나) 방정식 $P(x) - Q(x) = 0$은 중근을 갖는다.

다항식 $P(x) + Q(x)$를 $x - 2$로 나눈 나머지가 12일 때, $P(2)$의 값은?

① 7　　　　② 8　　　　③ 9
④ 10　　　⑤ 11

# 584 13.06 고1 학력평가 공통29번[4점]

그림과 같이 크기가 다른 직사각형 모양의 색종이 A, B, C가 각각 5장, 11장, 8장 있다.

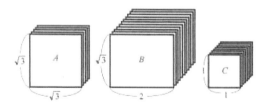

이들을 모두 사용하여 겹치지 않게 빈틈없이 이어 붙여서 하나의 직사각형을 만들었다. 이 직사각형의 둘레의 길이가 $a + b\sqrt{3}$일 때, $a + b$의 값을 구하시오. (단, $a$, $b$는 자연수이다.)

# 585 12.06 고1 학력평가 공통30번[4점]

그림과 같이 6개의 면에 각각 0, 2, 3, 5, $2i$, $1+i$가 적힌 정육면체 모양의 주사위가 있다. 이 주사위를 $n$번 던져서 나온 수들을 모두 곱하였더니 $-32$가 되었다. 가능한 모든 $n$의 값의 합을 구하시오. (단, $i = \sqrt{-1}$ 이다.)

# 586 13.11 고1 학력평가 공통26번[4점]

두 복소수 $z_1 = \dfrac{\sqrt{2}}{1+i}$, $z_2 = \dfrac{-1+\sqrt{3}i}{2}$에 대하여 $z_1{}^n = z_2{}^n$을 만족시키는 자연수 $n$의 최솟값을 구하시오. (단, $i = \sqrt{-1}$)

# 587 20.11 고1 학력평가 공통28번[4점]

복소수 $z = \dfrac{i-1}{\sqrt{2}}$ 에 대하여

$z^n + (z+\sqrt{2})^n = 0$ 을 만족시키는 25이하의 자연수 $n$의 개수를 구하시오.

(단, $i = \sqrt{-1}$)

# 589 14.06 고1 학력평가 공통28번[4점]

실수 $x$에 대하여 복소수 $z$가 다음 조건을 만족시킨다.

> (가) $z = 3x + (2x-7)i$
>
> (나) $z^2 + (\bar{z})^2$ 은 음수이다.

이 때, 정수 $x$의 개수를 구하시오. (단, $i = \sqrt{-1}$ 이고, $\bar{z}$는 $z$의 켤레복소수이다.)

# 588 12.11 고1 학력평가 공통21번[4점]

0이 아닌 세 복소수 $\alpha$, $\beta$, $\gamma$가 다음 조건을 만족시킨다.

> (가) $\alpha + \beta + \gamma = 0$
>
> (나) $\dfrac{1}{\alpha} + \dfrac{1}{\beta} + \dfrac{1}{\gamma} = 0$

이 때, $\dfrac{\gamma}{\alpha} + \overline{\left(\dfrac{\alpha}{\beta}\right)}$ 의 값은? (단, $\overline{\left(\dfrac{\alpha}{\beta}\right)}$는 $\dfrac{\alpha}{\beta}$의 켤레복소수 이고, $i = \sqrt{-1}$ 이다.)

① $-i$     ② $-1$     ③ $0$

④ $i$     ⑤ $1$

# 590 17.06 고1 학력평가 공통18번[4점]

복소수 $z = a + bi$ ($a$, $b$는 0이 아닌 실수)에 대하여 $iz = \bar{z}$일 때, <보기>에서 옳은 것만을 있는 대로 고른 것은? (단, $i = \sqrt{-1}$ 이고, $\bar{z}$는 $z$의 켤레복소수이다.)

> ─── <보 기> ───
>
> ㄱ. $z + \bar{z} = -2b$
>
> ㄴ. $i\bar{z} = -z$
>
> ㄷ. $\dfrac{\bar{z}}{z} + \dfrac{z}{\bar{z}} = 0$

① ㄱ     ② ㄷ     ③ ㄱ,ㄴ

④ ㄴ,ㄷ     ⑤ ㄱ,ㄴ,ㄷ

# 591 15.06 고1 학력평가 공통28번[4점]

정삼각형 ABC에서 두 변 AB와 AC의 중점을 각각 M, N이라 하자. 그림과 같이 점 P는 반직선 MN이 삼각형 ABC의 외접원과 만나는 점이고 $\overline{\text{NP}} = 1$이다. $\overline{\text{MN}} = x$라 할 때, $10\left(x^2 + \dfrac{1}{x^2}\right)$의 값을 구하시오.

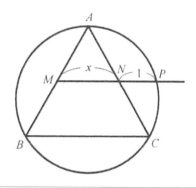

# 592 14.06 고1 학력평가 공통20번[4점]

$x$에 대한 이차방정식 $x^2 - px + p + 3 = 0$이 허근 $\alpha$를 가질 때, $\alpha^3$이 실수가 되도록 하는 모든 실수 $p$의 값의 곱은?

① $-2$  ② $-3$  ③ $-4$
④ $-5$  ⑤ $-6$

# 593 15.09 고1 학력평가 공통29번[4점]

이차방정식 $x^2 + x + 1 = 0$의 두 근 $\alpha$, $\beta$에 대하여 이차함수 $f(x) = x^2 + px + q$가 $f(\alpha^2) = -4\alpha$와 $f(\beta^2) = -4\beta$를 만족시킬 때, 두 상수 $p$, $q$에 대하여 $p + q$의 값을 구하시오.

# 594 17.06 고1 학력평가 공통19번[4점]

이차방정식 $x^2 - 4x + 2 = 0$의 두 실근을 $\alpha$, $\beta(\alpha < \beta)$라 하자. 그림과 같이 $\overline{\text{AB}} = \alpha$, $\overline{\text{BC}} = \beta$인 직각삼각형 ABC에 내접하는 정사각형의 넓이와 둘레의 길이를 두 근으로 하는 $x$에 대한 이차방정식이 $4x^2 + mx + n = 0$일 때, 두 상수 $m$, $n$에 대하여 $m + n$의 값은? (단, 정사각형의 두 변은 선분 AB와 선분 BC위에 있다.)

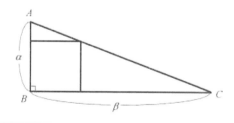

① $-11$  ② $-10$  ③ $-9$
④ $-8$  ⑤ $-7$

# 595 19.11 고1 학력평가 공통18번[4점]

등식 $(p+2qi)^2 = -16i$를 만족시키는 두 실수 $p$, $q$는 $x$에 대한 이차방정식 $x^2 + ax + b = 0$의 두 실근이다. 두 상수 $a$, $b$에 대하여 $a^2 + b^2$의 값은? (단, $p > 0$이고 $i = \sqrt{-1}$ 이다.)

① 16    ② 18    ③ 20
④ 22    ⑤ 24

# 596 15.06 고1 학력평가 공통20번[4점]

이차함수 $f(x)$가 다음 조건을 만족시킨다.

(가) $f(1) = 0$
(나) 모든 실수 $x$에 대하여 $f(x) \geq f(3)$이다.

<보기>에서 옳은 것만을 있는 대로 고른 것은?

─── <보 기> ───
ㄱ. $f(5) = 0$

ㄴ. $f(2) < f\left(\dfrac{1}{2}\right) < f(6)$

ㄷ. $f(0) = k$라 할 때, $x$에 대한 방정식 $f(x) = kx$의 두 실근의 합은 11이다.

① ㄱ    ② ㄷ    ③ ㄱ,ㄴ
④ ㄴ,ㄷ    ⑤ ㄱ,ㄴ,ㄷ

# 597 17.09 고1 학력평가 공통28번[4점]

양수 $a$에 대하여 이차함수 $y = 2x^2 - 2ax$의 그래프의 꼭짓점을 A, $x$축과 만나는 두 점을 각각 O, B라 하자. 점 A를 지나고 최고차항의 계수가 $-1$인 이차함수 $y = f(x)$의 그래프가 $x$축과 만나는 두 점을 각각 B, C라 할 때, 선분 BC의 길이는 3이다. 삼각형 ACB의 넓이를 구하시오. (단, O는 원점이다.)

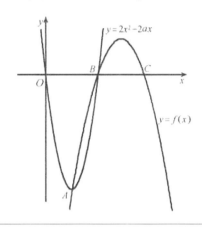

# 598 14.09 고1 학력평가 공통12번[4점]

이차함수 $y=f(x)$의 그래프가 $x$축과 만나는 서로 다른 두 점 A, B에 대하여 $\overline{AB}=l$이라 하자. $y=f(x)$의 그래프가 직선 $y=1$과 만나는 서로 다른 두 점 C, D에 대하여 $\overline{CD}=l+1$, $y=f(x)$의 그래프가 직선 $y=4$와 만나는 서로 다른 두 점 E, F에 대하여 $\overline{EF}=l+3$이다. $l$의 값은?

① $1$    ② $\dfrac{3}{2}$    ③ $2$

④ $\dfrac{5}{2}$    ⑤ $3$

# 599 12.11 고1 학력평가 공통13번[4점]

$x$에 대한 방정식 $|x^2-2|+x-k=0$이 서로 다른 세 실근을 가질 때, 모든 실수 $k$의 값의 곱은?

① $\dfrac{9\sqrt{2}}{4}$    ② $\dfrac{21\sqrt{2}}{8}$    ③ $3\sqrt{2}$

④ $\dfrac{27\sqrt{2}}{8}$    ⑤ $\dfrac{15\sqrt{2}}{4}$

# 600 15.06 고1 학력평가 공통14번[4점]

그림과 같이 점 $A(a, b)$를 지나고 꼭짓점이 점 $B(0, -b)$인 이차함수 $y=f(x)$의 그래프와 원점을 지나는 직선 $y=g(x)$가 점 A에서 만난다.

$b=2$이고 $x$에 대한 방정식 $f(x)=g(x)$의 두 근의 차가 6일 때, 방정식 $f(x)=0$의 두 근의 곱은? (단, $a$, $b$는 양수이고, O는 원점이다.)

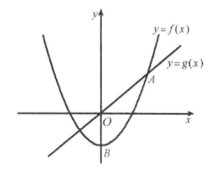

① $-12$    ② $-10$    ③ $-8$
④ $-6$    ⑤ $-4$

# 601 15.11 고1 학력평가 공통21번[4점]

이차항의 계수가 1인 이차함수 $y = f(x)$의 그래프의 꼭짓점이 직선 $y = kx$위에 있다. 이차함수 $y = f(x)$의 그래프가 직선 $y = kx + 5$와 만나는 서로 다른 두 점의 $x$좌표를 $\alpha$, $\beta$라 하자. 이차함수 $y = f(x)$의 그래프의 축이 직선 $x = \dfrac{\alpha + \beta}{2} - \dfrac{1}{4}$일 때, $|\alpha - \beta|$의 값은? (단, $k$는 상수이다.)

① $\dfrac{7}{2}$    ② $\dfrac{23}{6}$    ③ $\dfrac{25}{6}$

④ $\dfrac{9}{2}$    ⑤ $\dfrac{29}{6}$

# 602 16.09 고1 학력평가 공통21번[4점]

두 이차함수 $y = f(x)$, $y = g(x)$와 일차함수 $y = h(x)$에 대하여 두 함수 $y = f(x)$, $y = h(x)$의 그래프가 접하는 점의 $x$좌표를 $\alpha$, 두 함수 $y = g(x)$, $y = h(x)$의 그래프가 접하는 점의 $x$좌표를 $\beta$라 할 때, 다음 조건을 만족시킨다.

(가) 두 함수 $y = f(x)$와 $y = g(x)$의 최고차 항의 계수는 각각 1과 4이다.

(나) 두 양수 $\alpha$, $\beta$에 대하여 $\alpha : \beta = 1 : 2$

두 이차함수 $y = f(x)$와 $y = g(x)$의 그래프가 만나는 점 중에서 $x$좌표가 $\alpha$와 $\beta$사이에 있는 점의 $x$좌표를 $t$라 할 때, $\dfrac{t}{\alpha}$의 값은?

① $\dfrac{7}{6}$    ② $\dfrac{4}{3}$    ③ $\dfrac{3}{2}$

④ $\dfrac{5}{3}$    ⑤ $\dfrac{11}{6}$

# 603 16.11 고1 학력평가 공통20번[4점]

두 함수
$f(x)=x^2-ax+b$, $g(x)=ax+2b$가 임의의 실수 $x$에 대하여 $f(x)>g(x)$를 만족시킬 때, <보기>에서 옳은 것만을 있는 대로 고른 것은?(단, $a$, $b$는 상수이다.)

─── <보 기> ───

ㄱ. 임의의 실수 $x$에 대하여
$x^2-2ax-b>0$

ㄴ. $b<0$

ㄷ. 함수 $y=f(x)$의 그래프의 꼭짓점의 $y$좌표는 직선 $y=g(x)$의 $y$절편보다 크다.

① ㄱ     ② ㄷ     ③ ㄱ, ㄴ
④ ㄴ, ㄷ     ⑤ ㄱ, ㄴ, ㄷ

# 604 17.09 고1 학력평가 공통18번[4점]

양수 $k$에 대하여 이차함수 $y=-\dfrac{x^2}{2}+k$의 그래프와 직선 $y=mx$가 만나는 서로 다른 두 점을 각각 A, B라 하자. 다음은 실수 $m$의 값에 관계없이 $\dfrac{1}{\text{OA}}+\dfrac{1}{\text{OB}}$이 일정한 값을 갖기 위한 $k$의 값을 구하는 과정이다. (단, O는 원점이다.)

두 점 A, B의 $x$좌표를 각각
$\alpha$, $\beta(\alpha<0<\beta)$라 하면 $\alpha$, $\beta$는 이차방정식
$-\dfrac{x^2}{2}+k=mx$의 근이므로 이차방정식의 근과 계수의 관계에 의해
$\alpha+\beta=-2m$, $\alpha\beta=-2k$
두 점 A, B는 직선 $y=mx$위의 점이므로
A$(\alpha,\ m\alpha)$, B$(\beta,\ m\beta)$
$\overline{\text{OA}}=-\alpha\times\boxed{(가)}$, $\overline{\text{OB}}=\beta\times\boxed{(가)}$

$\dfrac{1}{\text{OA}}+\dfrac{1}{\text{OB}}=\dfrac{1}{-\alpha\times\boxed{(가)}}+\dfrac{1}{\beta\times\boxed{(가)}}$

$=\dfrac{\alpha-\beta}{\alpha\beta\times\boxed{(가)}}$

$=\dfrac{-\sqrt{4m^2+\boxed{(나)}}}{-2k\times\boxed{(가)}}$

실수 $m$의 값에 관계없이 $\dfrac{1}{\text{OA}}+\dfrac{1}{\text{OB}}$이 갖는 일정한 값을 $t$라 하자.

$t^2=\dfrac{4m^2+\boxed{(나)}}{(2k\times\boxed{(가)})^2}$이므로 이를 정리하면

$4(1-k^2t^2)m^2+4(2k-k^2t^2)=0$ $\cdots$ ㉠

따라서 ㉠이 $m$에 대한 항등식이므로

$k=\boxed{(다)}$ 이다. 이때 $\dfrac{1}{\text{OA}}+\dfrac{1}{\text{OB}}=\dfrac{1}{k}$이다.

위의 (가), (나)에 알맞은 식을 각각 $f(m)$, $g(k)$라 하고 (다)에 알맞은 수를 $p$라 할 때, $f(p)\times g(p)$의 값은?

① 2     ② $2\sqrt{5}$     ③ 10
④ $10\sqrt{5}$     ⑤ 50

## 605 18.09 고1 학력평가 공통20번[4점]

그림과 같이 최고차항의 계수가 1인 이차함수 $y=f(x)$의 그래프가 두 점 $A(1, 0)$, $B(a, 0)$을 지난다.

이차함수 $y=f(x)$의 그래프의 꼭짓점을 P, 점 A를 지나고 직선 PB에 평행한 직선이 이차함수 $y=f(x)$의 그래프와 만나는 점 중 A가 아닌 점을 Q, 점 Q에서 $x$축에 내린 수선의 발을 R라 하자. 직선 PB의 기울기를 $m$이라 할 때, <보기>에서 옳은 것만을 있는 대로 고른 것은? (단, $a>1$)

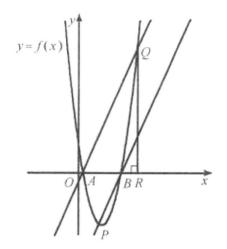

<보 기>

ㄱ. $f(2)=2-a$

ㄴ. $\overline{AR}=3m$

ㄷ. 삼각형 BRQ의 넓이가 $\dfrac{81}{2}$일 때, $a+m=10$이다.

① ㄱ　　② ㄷ　　③ ㄱ,ㄴ
④ ㄴ,ㄷ　　⑤ ㄱ,ㄴ,ㄷ

## 606 20.06 고1 학력평가 공통16번[4점]

두 이차함수

$f(x)=x^2+ax+b$, $g(x)=-x^2+cx+d$에 대하여 그림과 같이 함수 $y=f(x)$의 그래프는 $x$축에 접하고, 두 함수 $y=f(x)$와 $y=g(x)$의 그래프는 제 1사분면과 제 2사분면에서 만난다. <보기>에서 옳은 것만을 있는 대로 고른 것은?

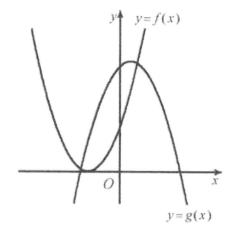

<보 기>

ㄱ. $a^2-4b=0$

ㄴ. $a^2-4d<0$

ㄷ. $(a-c)^2-8(b-d)>0$

① ㄱ　　② ㄱ,ㄴ　　③ ㄱ,ㄷ
④ ㄴ,ㄷ　　⑤ ㄱ,ㄴ,ㄷ

# 607 20.06 고1 학력평가 공통17번[4점]

자연수 $n$에 대하여 두 함수 $f(x) = x^2 + n^2$과 $g(x) = 2nx + 1$의 그래프가 만나는 두 점을 각각 A, B라 하고, 점 A와 B에서 $x$축에 내린 수선의 발을 각각 C, D라 하자. 네 점 A, B, C, D를 꼭짓점으로 하는 사각형의 넓이가 66이 되도록 하는 $n$의 값은?

① 1      ② 2      ③ 3
④ 4      ⑤ 5

# 608 20.06 고1 학력평가 공통19번[4점]

이차함수 $f(x) = x^2 - x + k$의 그래프와 직선 $y = x + 1$이 두 점에서 만날 때, 그 교점의 $x$좌표를 각각 $\alpha$, $\beta(\alpha < \beta)$라 하자. 세 점 A$(\alpha, f(\alpha))$, B$(\beta, f(\alpha))$, C$(\beta, f(\beta))$를 꼭짓점으로 하는 삼각형 ABC의 넓이가 8일 때, $f(6)$의 값은? (단, $k$는 상수이다.)

① 28      ② 29      ③ 30
④ 31      ⑤ 32

# 609 20.11 고1 학력평가 공통27번[4점]

좌표평면에서 직선 $y = t$가 두 이차함수 $y = \dfrac{1}{2}x^2 + 3$, $y = -\dfrac{1}{2}x^2 + x + 5$의 그래프와 만날 때, 만나는 서로 다른 점의 개수가 3인 모든 실수 $t$의 값의 합을 구하시오.

# 610 12.11 고1 학력평가 공통27번[4점]

그림과 같이 이차함수 $y = x^2 - 3x + 2$의 그래프가 $y$축과 만나는 점을 A, $x$축과 만나는 점을 각각 B, C라 하자. 점 P$(a, b)$가 점 A에서 이차함수 $y = x^2 - 3x + 2$의 그래프를 따라 점 B를 거쳐 점 C까지 움직일 때, $a + b + 3$의 최댓값과 최솟값의 합을 구하시오.

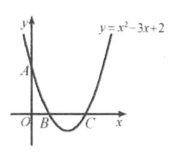

# 611 13.11 고1 학력평가 공통29번[4점]

그림과 같이 $135°$로 꺾인 벽면이 있는 땅에 길이가 150m인 철망으로 울타리를 설치하여 직사각형 모양의 농장 X와 사다리꼴 모양의 농장 Y를 만들려고 한다. 농장 X의 넓이가 농장 Y의 넓이의 2배일 때, 농장 Y의 넓이의 최댓값을 $S(\text{m}^2)$라 하자. $S$의 값을 구하시오. (단, 벽면에는 울타리를 설치하지 않고, 철망의 폭은 무시한다.)

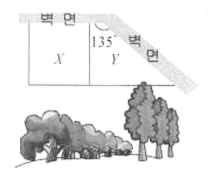

# 612 16.06 고1 학력평가 공통29번[4점]

그림과 같이 $\angle A = 90°$이고 $\overline{AB} = 6$인 직각이등변삼각형 ABC가 있다. 변 AB위의 한 점 P에서 변 BC에 내린 수선의 발을 Q라 하고, 점 P를 지나고 변 BC와 평행한 직선이 변 AC와 만나는 점을 R라 하자. 사각형 PQCR의 넓이의 최댓값을 구하시오.(단, 점 P는 꼭짓점 A와 꼭짓점 B가 아니다.)

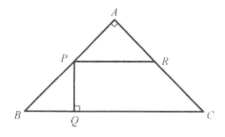

# 613 16.09 고1 학력평가 공통29번[4점]

고대 이집트의 태양신을 상징하는 어느 오벨리스크는 사각뿔 모양의 돌이다. [그림 1]과 같이 높이가 10m인 삼각기둥 ABC−DEF 모양의 돌을 이용하여 [그림 2]와 같이 밑면이 직사각형인 사각뿔 모양의 오벨리스크를 만들려고 한다. 삼각기둥 ABC −DEF모양의 돌은 모서리 EF의 길이가 6m, 꼭짓점 D에서 모서리 EF에 내린 수선의 발과 꼭짓점 D 사이와 두 모서리 FD, DE위의 각각의 점 I, J가 직사각형 GHIJ의 네 꼭짓점이 될 때, 높이가 10m이고 직사각형 GHIJ를 밑면으로 하는 부피가 최대인 사각뿔 모양의 오벨리스크의 부피는 $V\text{m}^3$이다. $V$의 값을 구하시오. (단, 각 면에 있는 무늬는 무시한다.)

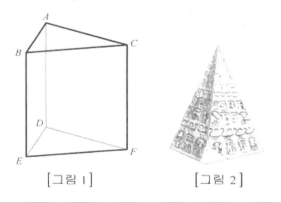

[그림 1]          [그림 2]

# 614 17.06 고1 학력평가 공통20번[4점]

길이가 10인 선분 AB를 지름으로 하는 반원이 있다. 그림과 같이 호 AB위의 점 P에 대하여 현 AP의 중점과 호 AP의 중점을 지름의 양끝으로 하는 원을 $O_1$, 현 BP의 중점과 호 BP의 중점을 지름의 양끝으로 하는 원을 $O_2$, 삼각형 PAB에 내접하는 원을 O라 하자. 다음은 세 원 $O_1$, $O_2$, O의 넓이의 합의 최솟값을 구하는 과정을 나타낸 것이다.

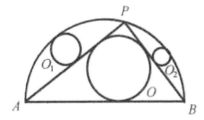

그림과 같이 두 현 AP, BP의 중점을 각각 Q, R라 하고 선분 AB의 중점을 C라 하면 사각형 PQCR는 직사각형이다.

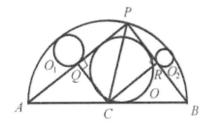

$\overline{PQ} = a$, $\overline{PR} = b$라 하면 $a^2 + b^2 = \boxed{(가)}$ 이다. 원 $O_1$의 반지름의 길이를 $r_1$, 원 $O_2$의 반지름의 길이를 $r_2$, 원 O의 반지름의 길이를 $r$라 하면

$\overline{CQ} = 5 - 2r_1$, $\overline{CR} = 5 - 2r_2$이다.

이 때 $\overline{CQ} = \overline{PR}$, $\overline{CR} = \overline{PQ}$이므로

$r_1 = \dfrac{5-b}{2}$, $r_2 = \dfrac{5-a}{2}$이다. 한편, 원 밖의 한 점에서 그 원에 그은 두 접선의 길이는 같으므로

$(2a - r) + (2b - r) = 2 \times \boxed{(나)}$ 이다.

따라서 $r = a + b - \boxed{(나)}$ 이다. 그러므로 세 원 $O_1$, $O_2$, O의 넓이의 합은 $\pi(r_1^2 + r_2^2 + r^2)$

$= \pi\left\{ \left(\dfrac{5-b}{2}\right)^2 + \left(\dfrac{5-a}{2}\right)^2 + \left(a + b - \boxed{(나)}\right)^2 \right\} \cdots \bigcirc$

이다. $a + b = t(5 < t < 5\sqrt{2})$라 하면 식 $\bigcirc$은

$\pi\left(t - \boxed{(다)}\right)^2 + \dfrac{75}{16}\pi$이므로 세 원 $O_1$, $O_2$, O의

넓이의 최솟값은 $\dfrac{75}{16}\pi$이다.

위의 (가), (나), (다)에 알맞은 수를 각각 $\alpha$, $\beta$, $\gamma$라 할 때, $(\alpha - \beta) \times \gamma$의 값은?

① 100  ② 125  ③ 150
④ 175  ⑤ 200

# 615 17.06 고1 학력평가 공통27번[4점]

최고차항의 계수가 $a(a > 0)$인 이차함수 $f(x)$가 다음 조건을 만족시킨다.

> (가) 직선 $y = 4ax - 10$과 함수 $y = f(x)$의 그래프가 만나는 두 점의 $x$좌표는 1과 5이다.
> (나) $1 \leq x \leq 5$에서 $f(x)$의 최솟값은 $-8$이다.

$100a$의 값을 구하시오.

# 616 18.06 고1 학력평가 공통18번[4점]

자연수 $n$에 대하여 그림과 같은 함수 $y=x^2$의 그래프를 $x$축의 방향으로 $n$만큼, $y$축의 방향으로 3만큼 평행 이동한 그래프를 나타내는 함수를 $y=f(x)$라 하자. 함수 $f(x)$에 대하여 <보 기>에서 옳은 것만을 있는 대로 고른 것은?

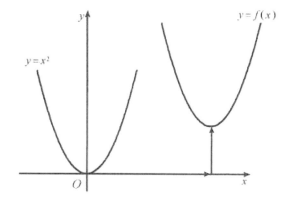

─── <보 기> ───

ㄱ. 함수 $f(x)$의 최솟값은 3이다.

ㄴ. $n=3$일 때, 방정식 $f(x)=10$의 서로 다른 두 실근의 합은 6이다.

ㄷ. 함수 $y=f(x)$의 그래프는 직선 $y=x-\dfrac{3n-4}{2}$와 만나지 않는다.

① ㄱ     ② ㄷ     ③ ㄱ,ㄴ
④ ㄴ,ㄷ     ⑤ ㄱ,ㄴ,ㄷ

# 617 18.06 고1 학력평가 공통27번[4점]

이차함수 $f(x)=x^2+ax-(b-7)^2$이 다음 조건을 만족시킨다.

(가) $x=-1$에서 최솟값을 가진다.

(나) 이차함수 $y=f(x)$의 그래프와 직선 $y=cx$가 한 점에서만 만난다.

세 상수 $a$, $b$, $c$에 대하여 $a+b+c$의 값을 구하시오.

# 618 19.06 고1 학력평가 공통20번[4점]

그림과 같이 좌표평면 위의 네 점 $O(0, 0)$, $A(1, 0)$, $B(1, 2)$, $C(0, 1)$을 꼭짓점으로 하는 사각형 OABC가 있다. 실수 $k(0 < k < 1)$에 대하여 직선 $y = k$가 세 선분 OC, OB, AB와 만나는 점을 각각 D, E, F라 하자. 삼각형 OED의 넓이를 $S_1$, 사각형 OAFE의 넓이를 $S_2$, 삼각형 EFB의 넓이를 $S_3$, 사각형 DEBC의 넓이를 $S_4$라 할 때, $(S_1 - S_3)^2 + (S_2 - S_4)^2$의 최솟값은?

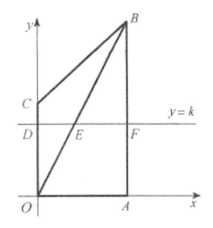

① $\dfrac{1}{8}$
② $\dfrac{3}{16}$
③ $\dfrac{1}{4}$

④ $\dfrac{5}{16}$
⑤ $\dfrac{3}{8}$

# 619 19.09 고1 학력평가 공통17번[4점]

양수 $a$에 대하여 $0 \le x \le a$에서 이차함수 $f(x) = x^2 - 8x + a + 6$의 최솟값이 $0$이 되도록 하는 모든 $a$의 값의 합은?

① 11
② 12
③ 13

④ 14
⑤ 15

# 620 19.11 고1 학력평가 공통20번[4점]

이차함수 $f(x)$가 다음 조건을 만족시킨다.

> (가) $f(-4) = 0$
> (나) 모든 실수 $x$에 대하여 $f(x) \le f(-2)$이다.

<보기>에서 옳은 것만을 있는 대로 고른 것은?

—— <보 기> ——

ㄱ. $f(0) = 0$

ㄴ. $-1 \le x \le 1$에서 함수 $f(x)$의 최솟값은 $f(1)$이다.

ㄷ. 실수 $p$에 대하여 $p \le x \le p+2$에서 함수 $f(x)$의 최솟값을 $g(p)$라 할 때, 함수 $g(p)$의 최댓값이 $1$이면 $f(-2) = \dfrac{4}{3}$이다.

① ㄱ
② ㄱ, ㄴ
③ ㄱ, ㄷ

④ ㄴ, ㄷ
⑤ ㄱ, ㄴ, ㄷ

# 621 20.06 고1 학력평가 공통18번 [4점]

그림과 같이 한 변의 길이가 20인 정삼각형 ABC에 대하여 변 AB 위의 점 D, 변 AC 위의 점 G, 변 BC 위의 두 점 E, F를 꼭짓점으로 하는 직사각형 DEFG가 있다.
직사각형 DEFG의 넓이가 최대일 때, 삼각형 DBE에 내접하는 원의 둘레의 길이는 $(p\sqrt{3}+q)\pi$이다. $p^2+q^2$의 넓이는? (단, $p$, $q$는 유리수이다.)

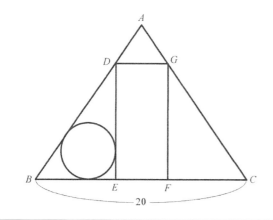

① 10     ② 20     ③ 30
④ 40     ⑤ 50

# 622 20.06 고1 학력평가 공통20번 [4점]

그림은 이차함수 $f(x)=-x^2+11x-10$의 그래프와 직선 $y=-x+10$을 나타낸 것이다. 직선 $y=-x+10$ 위의 한 점 A($t$, $-t+10$)에 대하여 점 A를 지나고 $y$축에 평행한 직선이 이차함수 $y=f(x)$의 그래프와 만나는 점을 B, 점 B를 지나고 $x$축과 평행한 직선 이차함수 $y=f(x)$의 그래프와 만나는 점 중 B가 아닌 점을 C, 점 A를 지나고 $x$축에 평행한 직선과 점C를 지나고 $y$축에 평행한 직선이 만나는 점을 D 라 하자. 네 점 A, B, C, D를 꼭짓점으로 하는 직사각형의 둘레의 길이의 최댓값은? (단, $2 < t < 10$, $t \neq \dfrac{11}{2}$이다.)

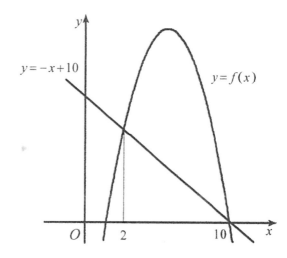

① 30     ② 33     ③ 36
④ 39     ⑤ 42

# 623 12.09 고1 학력평가 공통27번 [4점]

그림과 같이 원 밖의 점 $P$에서 원에 그은 접선의 접점을 A라 하고, 점 P를 지니는 직선이 원과 만나는 두 점을 B, C라 하자.

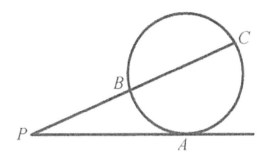

$\overline{PB} = x^2 - x + 4$, $\overline{BC} = 2x$, $\overline{PA} = 2\sqrt{6}\,x$가 되도록 하는 모든 $x$의 값의 합을 구하시오.

① 1          ② 2          ③ 3
④ 4          ⑤ 5

# 624 17.11 고1 학력평가 공통18번 [4점]

삼차방정식 $x^3 = 1$의 한 허근을 $\omega$라 할 때, <보기>에서 옳은 것만을 있는 대로 고른 것은? (단, $\overline{\omega}$는 $\omega$의 켤레복소수이다.)

<보 기>

ㄱ. $\overline{\omega}^3 = 1$

ㄴ. $\dfrac{1}{\omega} + \left(\dfrac{1}{\omega}\right)^2 = \dfrac{1}{\overline{\omega}} + \left(\dfrac{1}{\overline{\omega}}\right)^2$

ㄷ. $(-\omega - 1)^n = \left(\dfrac{\overline{\omega}}{\omega + \overline{\omega}}\right)^n$을 만족시키는 100 이하의 자연수 $n$의 개수는 50이다.

① ㄱ          ② ㄷ          ③ ㄱ, ㄴ
④ ㄴ. ㄷ          ⑤ ㄱ, ㄴ, ㄷ

## 625 18.06 고1 학력평가 공통20번 [4점]

다음은 $x$에 대한 삼차방정식

$2x^3 - 5x^2 + (k+3)x - k = 0$의 서로 다른 세

실근의 직각삼각형의 세 변의 길이일 때, 상수

$k$의 값을 구하는 과정의 일부이다.

삼차방정식 $2x^3 - 5x^2 + (k+3)x - k = 0$에서

$(x-1)(\boxed{\text{(가)}} + k) = 0$ 이므로 삼차방정식

$2x^3 - 5x^2 + (k+3)x - k = 0$의 서로 다른 세

실근은 1과 이차방정식 $\boxed{\text{(가)}} + k$의 두

근이다.

이차방정식 $\boxed{\text{(가)}} + k = 0$의 두 근을

$\alpha$, $\beta$ $(\alpha > \beta)$라 하자. 1, $\alpha$, $\beta$가 직각삼각형의

세 변의 길이가 되는 경우는 다음과 같이

2가지로 나눌 수 있다.

(i) 빗변의 길이가 1인 경우

$\alpha^2 + \beta^2 = 1$이므로 $(\alpha + \beta)^2 - 2\alpha\beta = 1$이다.

그러므로 $k = \boxed{\text{(나)}}$ 이다.

그런데 $\boxed{\text{(가)}} + k = 0$에서 판별식

$D < 0$이므로 $\alpha$, $\beta$는 실수가 아니다.

따라서 1, $\alpha$, $\beta$는 직각삼각형의 세 변의

길이가 될 수 없다.

(ii) 빗면의 길이가 $\alpha$인 경우

$1 + \beta^2 = \alpha^2$이므로 $(\alpha + \beta)(\alpha - \beta) = 1$이다.

그러므로 $k = \boxed{\text{(다)}}$ 이다. 이때 1, $\alpha$, $\beta$는

직각삼각형의 세 변의 길이가 될 수 있다.

따라서 (i)과 (ii)에 의하여 $k = \boxed{\text{(다)}}$ 이다.

위의 (가)에 알맞은 식을 $f(x)$라 하고, (나),

(다)에 알맞은 수를 각각 $p$, $q$라 할 때,

$f(3) \times \dfrac{q}{p}$의 값은?

① $\dfrac{13}{2}$　　② $\dfrac{15}{2}$　　③ $\dfrac{17}{2}$

④ $\dfrac{19}{2}$　　⑤ $\dfrac{21}{2}$

## 626 19.09 고1 학력평가 공통20번 [4점]

9 이하의 자연수 $n$에 대하여 다항식 $P(x)$가

$P(x) = x^4 + x^2 - n^2 - n$일 때, <보기>에서 옳은

것만을 있는 대로 고른 것은?

<보 기>

ㄱ. $P(\sqrt{n}) = 0$

ㄴ. 방정식 $P(x) = 0$의 실근의 개수는 2이

다.

ㄷ. 모든 정수 $k$에서 대하여 $P(k) \neq 0$이 되

도록 하는 모든 $n$의 값의 합은 31이다.

① ㄱ　　② ㄷ　　③ ㄱ, ㄴ

④ ㄴ, ㄷ　　⑤ ㄱ, ㄴ, ㄷ

# 627 19.11 고1 학력평가 공통19번 [4점]

곡선 $y = x^2$ 위의 임의의 점 $A(t, t^2)(0 < t < 1)$을 직선 $y = x$에 대하여 대칭이동한 점을 B라 하고 두 점 A, B에서 $y$축에 내린 수선의 발을 각각 C, D라 하자.

다음은 사각형 ABDC의 넓이가 $\frac{1}{8}$이 되는 상수 $t$의 값을 구하는 과정이다.

---

점 A에서 $y$축에 내린 수선의 발이 C이므로 $\overline{AC} = t$ 점 B에서 $y$축 내린 수선의 발이 D이므로 $\overline{BD} = t^2$, $\overline{DC} = \boxed{\text{(가)}}$ 이므로 사각형 ABDC의 넓이는 $\frac{1}{2}t^2 \times \left( \boxed{\text{(나)}} \right)$

사각형 ABDC의 넓이가 $\frac{1}{8}$이므로

$\frac{1}{2}t^2 \times \left( \boxed{\text{(나)}} \right) = \frac{1}{8}$ 따라서 $t = \boxed{\text{(다)}}$

---

위의 (가), (나)에 알맞은 식을 각각 $f(t)$, $g(t)$라 하고, (다)에 알맞은 수를 $k$라 할 때, $f(k) \times g(k)$의 값은?

① $\dfrac{\sqrt{2}-1}{4}$　② $\dfrac{\sqrt{3}-1}{2}$　③ $\dfrac{\sqrt{3}+1}{4}$

④ $\dfrac{2\sqrt{2}-1}{2}$　⑤ $\dfrac{2\sqrt{2}+1}{4}$

# 628 20.03 고2 학력평가 공통20번 [4점]

$x$에 대한 사차방정식 $x^4 + (3-2a)x^2 + a^2 - 3a - 10 = 0$이 실근과 허근을 모두 가질 때, 이 사차방정식에 대하여 <보기>에서 옳은 것만을 있는 대로 고른 것은? (단, $a$는 실수이다.)

---
<보 기>

ㄱ. $a = 1$이면 모든 실근의 곱은 $-3$이다.

ㄴ. 모든 실근의 곱이 $-4$이면 모든 허근의 곱은 3이다.

ㄷ. 정수인 근을 갖도록 하는 모든 실수 $a$의 값의 합은 $-1$이다.

---

① ㄱ　　② ㄱ, ㄴ　　③ ㄱ, ㄷ
④ ㄴ, ㄷ　　⑤ ㄱ, ㄴ, ㄷ

## 629 17.11 고1 학력평가 공통27번 [4점]

그림과 같이 삼각형 ABC의 변 BC 위의 점 D에 대하여 $\overline{AD}=6$, $\overline{BD}=8$이고, $\angle BAD = \angle BCA$이다. $\overline{AC}=\overline{CD}-1$일 때, 삼각형 ABC의 둘레의 길이를 구하시오.

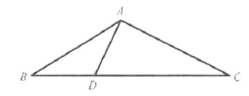

## 630 18.06 고1 학력평가 공통28번 [4점]

한 모서리의 길이가 $a$인 정육면체 모양의 입체도형이 있다. 이 입체도형에서 그림과 같이 밑면의 반지름의 길이가 $b$이고 높이가 $a$인 원기둥 모양의 구멍을 뚫었다.
남아 있는 입체도형의 겉넓이가 $216+16\pi$일 때, 두 유리수 $a$, $b$에 대하여 $15(a-b)$의 값을 구하시오. (단, $a>2b$)

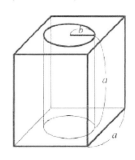

## 631 18.09 고1 학력평가 공통18번 [4점]

그림과 같이 어느 행사장에서 바닥면이 등변사다리꼴이 되도록 무대 위에 3개의 직사각형 모양의 스크린을 설치하려고 한다.

양옆 스크린의 하단과 중앙 스크린의 하단이 만나는 지점을 각각 A, B라 하고, 만나지 않는 하단의 끝 지점을 각각 C, D라 하자. 사각형 ACDB는 $\overline{AC}=\overline{BD}$인 등변사다리꼴이고 $\overline{CD}=20\,\mathrm{m}$, $\angle BAC = 120°$이다. 선분 AB의 길이는 선분 AC의 길이의 4배보다 크지 않고, 사다리꼴 ACDB의 넓이는 $75\sqrt{3}\,\mathrm{m}^2$ 이하이다. 중앙 스크린의 가로인 선분 AB의 길이를 $d(m)$라 할 때, $d$의 최댓값과 최솟값의 합은? (단 스크린의 두께는 무시한다.)

① 25  ② 26  ③ 27
④ 28  ⑤ 29

## 632   20.03 고1 학력평가 공통28번 [4점]

다음은 어느 학교의 수학 캠프에서 두 학생이 참가자들에게 나눠줄 초콜릿을 상자에 담으면서 나눈 대화의 일부이다.

위 학생들의 대화를 만족시키는 상자의 개수의 최댓값을 $M$, 최솟값을 $m$이라 할 때, $M+m$의 값을 구하시오.

## 633   14.11 고1 학력평가 공통29번 [4점]

최고차항의 계수가 각각 $\frac{1}{2}$, $2$인 두 이차함수 $y=f(x)$, $y=g(x)$가 다음 조건을 만족시킨다.

(가) 두 함수 $y=f(x)$와 $y=g(x)$의 그래프는 직선 $x=p$를 축으로 한다.
(나) 부등식 $f(x) \geq g(x)$의 해는 $-1 \leq x \leq 5$ 이다.

$p \times \{f(2)-g(2)\}$의 값을 구하시오. (단, $p$는 상수이다.)

# 634 15.09 고1 학력평가 공통14번 [4점]

0이 아닌 실수 $p$에 대하여 이차함수 $f(x) = x^2 + px + p$의 그래프의 꼭짓점을 A, 이차함수의 그래프가 $y$축과 만나는 점을 B라 할 때, 두 점 A, B를 지나는 직선을 $l$이라 하자.

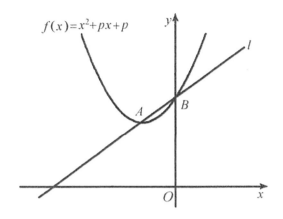

직선 $l$의 방정식을 $y = g(x)$라 하자.
부등식 $f(x) - g(x) \leq 0$을 만족시키는 정수 $x$의 개수가 10이 되도록 하는 정수 $p$의 최댓값을 $M$, 최솟값을 $m$이라 할 때, $M - m$의 값은?

① 32    ② 34    ③ 36
④ 38    ⑤ 40

# 635 18.03 고2 학력평가 가형21번[4점]

다음 조건을 만족시키는 이차함수 $f(x)$에 대하여 $f(3)$의 최댓값을 $M$, 최솟값을 $m$이라 할 때, $M - m$의 값은?

(가) 부등식 $f\left(\dfrac{1-x}{4}\right) \leq 0$의 해가 $-7 \leq x \leq 9$이다.

(나) 모든 실수 $x$에 대하여 부등식 $f(x) \geq 2x - \dfrac{13}{3}$이 성립한다.

① $\dfrac{7}{4}$    ② $\dfrac{11}{6}$    ③ $\dfrac{23}{12}$

④ 2    ⑤ $\dfrac{25}{12}$

# 636 14.09 고1 학력평가 공통15번[4점]

두 다항식 $P(x) = 3x^3 + x + 11$, $Q(x) = x^2 - x + 1$에 대하여 $x$에 대한 이차방정식 $P(x) - 3(x+1)Q(x) + mx^2 = 0$이 2보다 작은 한 근과 2보다 큰 한 근을 갖도록 하는 정수 $m$의 개수는?

① 1    ② 2    ③ 3
④ 4    ⑤ 5

# 637 14.09 고1 학력평가 공통19번[4점]

좌표평면 위의 세 점 A, B, C를 꼭짓점으로 하는 삼각형 ABC의 무게중심을 G라 하고, 변 AB, 변 BC, 변 CA의 중점의 좌표를 각각 L(2, 1), M(4, −1), N($a$, $b$)라 하자. 직선 BN과 직선 LM이 서로 수직이고, 점 G에서 직선 LM까지의 거리가 $4\sqrt{2}$일 때, $ab$의 값은? (단, 무게중심 G는 제1사분면에 있다.)

① 60    ② 90    ③ 120
④ 150    ⑤ 180

# 638 14.09 고1 학력평가 공통27번[4점]

좌표평면 위의 두 점 P(3, 4), Q(12, 5)에 대하여 ∠POQ의 이등분선과 선분 PQ와의 교점의 좌표를 $x$좌표를 $\dfrac{b}{a}$라 할 때, $a+b$의 값을 구하여라. (단, 점 O는 원점이고, $a$와 $b$는 서로소인 자연수이다.)

# 639 16.03 고2 학력평가 나형 21번[4점]

그림과 같이 한 변의 길이가 12인 정사각형 OABC 모양의 종이를 점 O가 원점에, 두 점 A, C가 각각 $x$축, $y$축 위에 있도록 좌표평면 위에 놓았다. 두 점 D, E는 각각 두 선분 OC, AB를 2 : 1로 내분하는 점이고, 선분 OA 위의 점 F에 대하여 $\overline{OF}=5$이다. 선분 OC 위의 점 P와 선분 AB 위의 점 Q에 대하여 선분 PQ를 접는 선으로 하여 종이를 접었더니 점 O는 선분 BC 위의 점 O′으로, 점 F는 선분 DE 위의 점 F′으로 옮겨졌다. 이때 좌표평면에서 직선 PQ의 방정식은 $y=mx+n$이다. $m+n$의 값은? (단, $m$, $n$은 상수이고, 종이의 두께는 고려하지 않는다.)

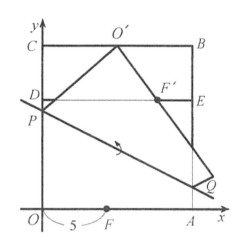

① 6    ② $\dfrac{25}{4}$    ③ $\dfrac{13}{2}$
④ $\dfrac{27}{4}$    ⑤ 7

# 640 14.03 고2 학력평가 B형 13번[3점], A형 17번 [4점]

그림과 같이 직선 $x+y=2$ 위의 점 $P(a, b)(ab \neq 0)$에서 $x$축, $y$축에 내린 수선의 발을 각각 $Q, R$라 하고, 점 $P$를 지나고 직선 $QR$에 수직인 직선을 $l$이라 하자.

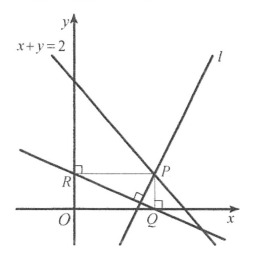

다음은 직선 $l$이 점 $P$의 위치에 관계없이 항상 일정한 점을 지남을 보이는 과정이다.

점 $P(a, b)$는 직선 $x+y=2$ 위의 점이므로 $b=2-a$ 이때 직선 $l$의 기울기는 [(가)] 이므로 직선 $l$의 방정식은
$y-(2-a)=$ [(가)] $(x-a)$...㉠
한편, ㉠이 $a$의 값에 관계없이 항상 성립하려면
$x=$ [(나)] , $y=$ [(다)]
따라서 직선 $l$은 점 $P$의 위치에 관계없이 항상 일정한 점을 지닌다.

위의 과정에서 (가)에 알맞은 식을 $f(a)$라 하고, (나), (다)에 알맞은 수를 각각 $\alpha, \beta$라 할 때, $f\left(\dfrac{4}{3}\right)+\alpha+\beta$의 값은? (단, O는 원점이다.)

① 4     ② 5     ③ 6
④ 7     ⑤ 8

# 641 16.09 고1 학력평가 공통20번[4점]

좌표평면에서 점 $A(0, 1)$과 $x$축 위의 점 $P(t, 0)$에 대하여 점 $P$를 지나고 직선 $AP$에 수직인 직선을 $l$이라 할 때 <보기>에서 옳은 것만을 있는 대로 고른 것은? (단, $t$는 0이 아닌 실수이다.)

<보 기>

ㄱ. $t=1$일 때, 직선 $l$의 기울기는 1이다.
ㄴ. 점 $(3, 2)$를 지나는 직선 $l$의 개수는 2이다.
ㄷ. 직선 $l$ 위의 모든 점 $(x, y)$에 대하여 부등식 $y \leq ax^2$이 성립하도록 하는 실수 $a$의 최솟값은 $\dfrac{1}{4}$이다.

① ㄱ     ② ㄷ     ③ ㄱ, ㄷ
④ ㄴ, ㄷ     ⑤ ㄱ, ㄴ, ㄷ

## 642 17.03 고2 학력평가 가형19번[4점]

그림과 같이 좌표평면에서 두 점 A$(0, 6)$, B$(18, 0)$과 제 1사분면 위의 점 C$(a, b)$가 $\overline{AC} = \overline{BC}$를 만족시킨다. 두 선분 AC, BC를 $1:3$으로 내분하는 점을 각각 P, Q라 할 때, 삼각형 CPQ의 무게중심을 G라 하자. 선분 CG의 길이가 $\sqrt{10}$일 때 $a+b$의 값은?

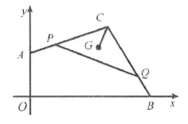

① 17          ② 18          ③ 19
④ 20          ⑤ 21

## 643 14.03 고2 학력평가 B형26번[4점]

좌표평면 위의 점 P$(x, y)$에 대하여 복소수 $z$를 $z = (x+y-2) + (4x+y-8)i$라 하자. $z^2$이 실수가 되도록 하는 점 P가 나타내는 도형과 $y$축으로 둘러싸인 부분의 넓이를 구하시오. (단, $i = \sqrt{-1}$)

## 644 18.03 고2 학력평가 가형19번[4점]

좌표평면 위의 네 점 A$(3, 0)$, B$(6, 0)$, C$(3, 6)$, D$(1, 4)$를 꼭짓점므로 하는 사각형 ABCD에서 선분 AD를 $1:3$으로 내분하는 점을 지나는 직선 $l$이 사각형 ABCD의 넓이를 이등분한다. 직선 $l$이 BC와 만나는 점 좌표가 $(a, b)$일 때, $a+b$의 값은?

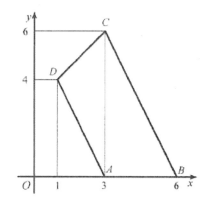

① $\dfrac{13}{2}$          ② 7          ③ $\dfrac{15}{2}$

④ 8          ⑤ $\dfrac{17}{2}$

## 645 20.09 고1 학력평가 공통19번[4점]

좌표평면 위에 점 $A(0, 1)$이 있다. 이차함수 $f(x) = \dfrac{1}{4}x^2$의 그래프 위의 점 $P\left(t, \dfrac{t^2}{4}\right)(t > 0)$을 지나고, 기울기가 $\dfrac{t}{2}$인 직선이 $x$축과 만나는 점을 $Q$라 할 때, <보기>에서 옳은 것만을 있는 대로 고른 것은?

<보 기>

ㄱ. $t = 2$일 때, 점 $Q$의 $x$좌표는 $1$이다.

ㄴ. 두 직선 $PQ$와 $AQ$는 서로 수직이다.

ㄷ. 선분 $QA$를 $3:2$로 외분하는 점 $R$가 함수 $y = f(x)$의 그래프 위의 점일 때, 삼각형 $RQP$의 넓이는 $6\sqrt{3}$이다.

① ㄱ     ② ㄴ     ③ ㄱ, ㄴ
④ ㄱ, ㄷ     ⑤ ㄱ, ㄴ, ㄷ

## 646 20.11 고1 학력평가 공통18번[4점]

좌표평면 위의 두 점 $A(2, 0)$, $B(0, 6)$이 있다. 다음 조건을 만족시키는 두 직선 $l$, $m$의 기울기의 합의 최댓값은? (단, $O$는 원점이다.)

(가) 직선 $l$은 점 $O$를 지난다.

(나) 두 직선 $l$과 $m$은 선분 $AB$ 위의 점 $P$에서 만난다.

(다) 두 직선 $l$과 $m$은 삼각형 $OAB$의 넓이를 삼등분한다.

① $\dfrac{3}{4}$     ② $\dfrac{4}{5}$     ③ $\dfrac{5}{6}$

④ $\dfrac{6}{7}$     ⑤ $\dfrac{7}{8}$

# 647 15.03 고2 학력평가 가형 21번 [4점]

그림과 같이 점 A$(4, 3)$을 지나고 기울기가 양수인 직선 $l$이 원 $x^2 + y^2 = 10$과 두 점 P, Q에서 만난다. $\overline{AP} = 3$일 때, 직선 $l$의 기울기는?

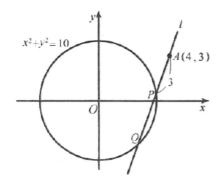

① $\dfrac{23}{7}$   ② $\dfrac{24}{7}$   ③ $\dfrac{25}{7}$

④ $\dfrac{26}{7}$   ⑤ $\dfrac{27}{7}$

# 648 15.03 고2 학력평가 나형 26번 [4점]

곡선 $y = -x^2 + 4$ 위의 점과 직선 $y = 2x + k$ 사이의 거리의 최솟값이 $2\sqrt{5}$가 되도록 하는 상수 $k$의 값을 구하시오.

# 649 17.09 고1 학력평가 공통 20번 [4점]

좌표평면 위에 원 $C : (x-1)^2 + (y-2)^2 = 4$와 두 점 A$(4, 3)$, B$(1, 7)$이 있다. 원 C 위를 움직이는 점 P에 대하여 삼각형 PAB의 무게중심과 직선 AB 사이의 거리의 최솟값은?

# 650 15.03 고2 학력평가 나형 15번 [4점]

좌표평면에 원 $x^2 + y^2 - 10x = 0$이 있다. 이 원의 현 중에서 점 A$(1, 0)$을 지나고 그 길이가 자연수인 현의 개수는?

① 6   ② 7   ③ 8
④ 9   ⑤ 10

# 651 14.09 고1 학력평가 공통 28번 [4점]

이차함수 $y = x^2$의 그래프 위의 점을 중심으로 하고 $y$축에 접하는 원 중에서 직선 $y = \sqrt{3}\,x - 2$와 접하는 원은 2개이다. 두 원의 반지름의 길이를 각각 $a$, $b$라 할 때, $100ab$의 값을 구하여라.

# 652 14.09 고1 학력평가 공통 29번 [4점]

좌표평면 위의 두 점 $A(-\sqrt{5}, -1)$, $B(\sqrt{5}, 3)$과 직선 $y = x - 2$ 위의 서로 다른 두 점 P, Q에 대하여 $\angle APB = \angle AQB = 90°$일 때, 선분 PQ의 길이를 $l$이라 하자. $l^2$의 값을 구하여라.

# 653 15.03 고2 학력평가 가형 19번 [4점]

좌표평면에 두 원 $C_1 : x^2 + y^2 = 1$, $C_2 : x^2 + y^2 - 8x + 6y + 21 = 0$이 있다. 그림과 같이 $x$축 위의 점 P에서 원 $C_1$에 그은 한 접선의 접점을 Q, 점 P에서 원 $C_2$에 그은 한 접선의 접점을 R라 하자. $\overline{PQ} = \overline{PR}$일 때, 점 P의 $x$좌표는?

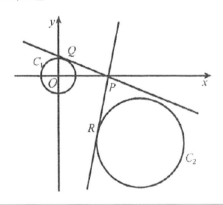

# 654 15.03 고2 학력평가 나형 16번 [4점]

좌표평면에서 중심이 $(1, 1)$이고 반지름의 길이가 1인 원과 직선 $y = mx$ $(m > 0)$가 두 점 A, B에서 만난다. 두 점 A, B에서 각각 이 원에 접하는 두 직선이 서로 수직이 되도록 하는 모든 실수 $m$의 값의 합은?

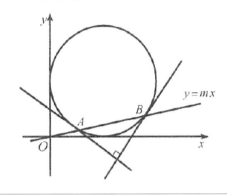

① 2          ② $\dfrac{5}{2}$          ③ 3

④ $\dfrac{7}{2}$          ⑤ 4

## 655 15.09 고1 학력평가 공통 21번 [4점]

이차함수 $y = x^2 - 2x - 3$의 그래프 위의 점 C의 좌표를 $C(a, b)$라 하자. $2a - b + 9 > 0$을 만족시키는 점 C를 중심으로 하고 직선 $y = 2x + 9$에 접하는 원의 넓이의 최댓값은 $\dfrac{q}{p}\pi$이다. $p + q$의 값은? (단, $p, q$는 서로소인 자연수이다.)

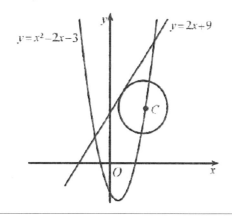

① 257     ② 259     ③ 261

④ 263     ⑤ 265

## 656 16.03 고2 학력평가 가형 21번 [4점]

좌표평면에 두 점 $A(1, -1)$, $B(4, 3)$이 있다. 반지름의 길이가 1이고 선분 AB와 만나는 원의 중심을 P라 할 때, 선분 OP의 길이의 최댓값은 $M$, 최솟값은 $m$이다. $M + m$의 값은? (단, O는 원점이다.)

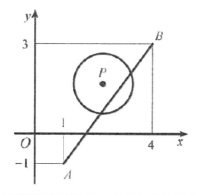

① $\dfrac{61}{10}$     ② $\dfrac{31}{5}$     ③ $\dfrac{63}{10}$

④ $\dfrac{32}{5}$     ⑤ $\dfrac{13}{2}$

## 657 16.09 고1 학력평가 공통 26번 [4점]

좌표평면 위의 점 $(3, 4)$를 지나는 직선 중에서 원점과의 거리가 최대인 직선을 $l$이라 하자.

원 $(x - 7)^2 + (y - 5)^2 = 1$ 위의 점 P와 직선 $l$ 사이의 거리의 최솟값을 $m$이라 할 때, $10m$의 값을 구하시오.

# 658
16.09 고1 학력평가 공통 28번 [4점]

그림과 같이 좌표평면 위의 세 점 $A(-2, 4)$, $B(3, -6)$, $C(a, b)$를 꼭짓점으로 하는 삼각형 ABC에서 각 ACB의 이등분선이 원점 O를 지날 때, 점 C와 직선 AB 사이의 거리의 최댓값을 $m$이라 하자. $m^2$의 값을 구하시오.

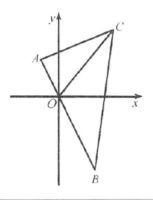

# 659
18.09 고1 학력평가 공통 19번 [4점]

좌표평면 위의 세 점 $O(0, 0)$, $A(6, -8)$, $B(7, -1)$을 지나는 원 C에 대하여 원 C 위의 점 O에서의 접선을 $l_1$이라 하자. 두 삼각형 OAB와 OPB의 넓이가 같게 되는 직선 $l_1$ 위의 점을 P, 점 P에서 $x$축에 내린 수선의 발을 Q라 할 때, 다음은 선분 QO의 길이를 구하는 과정이다. (단, 점 P는 제3사분면 위의 점이다.)

---

그림과 같이 세 점 O, A, B를 지나는 원 C의 방정식은 $(x-3)^2 + (y+4)^2 = 25$이므로 선분 OA는 원 C의 지름이다. 직선 $l_1$은 직선 OA와 수직이고 점 O를 지나므로 직선 $l_1$의 방정식은 $y = \boxed{(가)}$이다. 점 A를 지나고 직선 OB와 평행한 직선을 $l_2$라 하면, 두 직선 $l_1$, $l_2$가 만나는 점이 두 삼각형 OAB와 OPB의 넓이가 같게 되는 점 P이다.

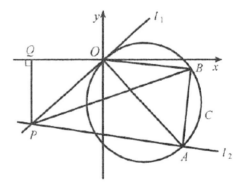

직선 $l_2$의 방정식은 $y = \boxed{(나)}$이다. 점 P는 두 직선 $l_1$, $l_2$가 만나는 점이므로 점 P의 $x$ 좌표는 $\boxed{(다)}$이다. 따라서 선분 QO의 길이는 $\left| \boxed{(다)} \right|$이다.

---

위의 (가), (나)에 알맞은 식을 각각 $f(x)$, $g(x)$라 하고, (다)에 알맞은 수를 $k$라 할 때, $f(2k) + g(-1)$의 값은?

① $-20$ ② $-19$ ③ $-18$
④ $-17$ ⑤ $-16$

# 660 18.11 고1 학력평가 공통 21번 [4점]

좌표평면에서 반지름의 길이가 $r$이고 중심이 이차함수 $y = \frac{1}{2}x^2 + \frac{7}{2}$의 그래프 위에 있는 원 중에서, 직선 $y = x + 7$에 접하는 원의 개수를 $m$이라 하고 직선 $y = x$에 접하는 원의 개수를 $n$이라 하자. $m$이 홀수일 때, $m + n + r^2$의 값은? (단, $r$는 상수이다.)

① 11      ② 12      ③ 13
④ 14      ⑤ 15

# 661 19.09 고1 학력평가 공통 21번 [4점]

좌표평면 위의 세 점 $A(6, 0)$, $B(0, -3)$, $C(10, -8)$에 대하여 삼각형 $ABC$에 내접하는 원의 중심을 $P$라 할 때, 선분 $OP$의 길이는? (단, $O$는 원점이다.)

① $2\sqrt{7}$    ② $\sqrt{30}$    ③ $4\sqrt{2}$
④ $\sqrt{34}$    ⑤ 6

# 662 20.09 고1 학력평가 공통 20번 [4점]

좌표평면 위의 두 점 $A(-1, -9)$, $B(5, 3)$에 대하여 $\angle APB = 45°$를 만족시키는 점 $P$가 있다. 서로 다른 세 점 $A$, $B$, $P$를 지나는 원의 중심을 $C$라 하자. 선분 $OC$의 길이를 $k$라 할 때, $k$의 최솟값은? (단, $O$는 원점이다.)

① 3      ② 4      ③ 5
④ 6      ⑤ 7

# 663 20.11 고1 학력평가 공통 20번 [4점]

그림과 같이 좌표평면에 원 $C : x^2 + y^2 = 4$와 점 $A(-2, 0)$이 있다. 원 $C$ 위의 제1사분면 위의 점 $P$에서의 접선이 $x$축과 만나는 점을 $B$, 점 $P$에서 $x$축에 내린 수선의 발을 $H$라 하자. $2\overline{AH} = \overline{HB}$일 때, 삼각형 $PAB$의 넓이는?

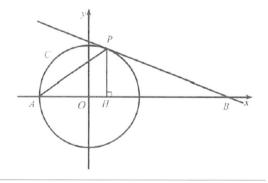

① $\dfrac{10\sqrt{2}}{3}$    ② $4\sqrt{2}$    ③ $\dfrac{14\sqrt{2}}{3}$

④ $\dfrac{16\sqrt{2}}{3}$    ⑤ $6\sqrt{2}$

## 664 19.09 고1 학력평가 공통 19번 [4점]

좌표평면 위에 세 점 A(0, 9), B(−9, 0), C(9, 0)이 있다. 실수 $t$ $(0 < t < 18)$에 대하여 세 점 O, A, B를 $x$축의 방향으로 $t$만큼 평행이동한 점을 각각 O′, A′, B′이라 하자. 삼각형 OCA의 내부와 삼각형 O′A′B′의 내부의 공통부분의 넓이를 $S(t)$라 할 때, $S(t)$의 최댓값은? (단, O는 원점이다.)

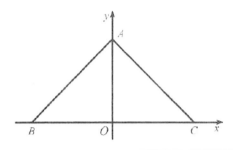

① 21      ② 24      ③ 27

④ 30      ⑤ 33

## 665 14.11 고1 학력평가 공통 21번 [4점]

원 $x^2 + (y-1)^2 = 9$ 위의 점 P가 있다. 점 P를 $y$축의 방향으로 −1만큼 평행이동한 후 $y$축에 대하여 대칭이동한 점을 Q라 하자. 두 점 A$(1, -\sqrt{3})$, B$(3, \sqrt{3})$에 대하여 삼각형 ABQ의 넓이가 최대일 때, 점 P의 $y$좌표는?

① $\dfrac{5}{2}$      ② $\dfrac{11}{4}$      ③ 3

④ $\dfrac{13}{4}$      ⑤ $\dfrac{7}{2}$

## 666 15.03 고2 학력평가 나형 21번 [4점]

그림과 같이 점 A(−2, 2)와 곡선 $y = \dfrac{2}{x}$ 위의 두 점 B, C가 다음 조건을 만족시킨다.

> (가) 점 B와 점 C는 직선 $y = x$에 대하여 대칭이다.
> (나) 삼각형 ABC의 넓이는 $2\sqrt{3}$이다.

점 B의 좌표를 $(\alpha, \beta)$라 할 때, $\alpha^2 + \beta^2$의 값은? (단, $\alpha > \sqrt{2}$)

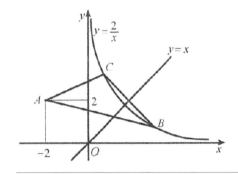

① 5      ② 6      ③ 7

④ 8      ⑤ 9

# 667 15.09 고1 학력평가 공통 20번 [4점]

테셀레이션이란 똑같은 도형을 평행이동과 대칭이동하여 빈틈이나 겹침도 없이 평면을 가득 채우는 것이다. 에스허르(Escher, M, C.)의 '도마뱀'이란 작품은 같은 크기와 모양의 여러 마리 도마뱀들이 테셀레이션을 이루고 있다. [그림 1]의 도마뱀은 [그림 2]와 같이 정육각형을 토대로 그려진 것으로 정육각형의 외부에 있는 도마뱀의 나머지 부분은 정육각형의 내부의 여백과 같다.

[그림 1]

[그림 2]

[그림 1]의 직사각형의 가로의 길이가 $4\sqrt{3}$ 일 때, [그림 1]에 있는 도마뱀 모양 한 개의 넓이는? (단, [그림 1]의 직사각형의 각 꼭짓점은 [그림 2]와 같이 토대가 된 정육각형의 한 꼭짓점이다.)

① $\dfrac{3\sqrt{3}}{4}$  ② $\sqrt{3}$  ③ $\dfrac{5\sqrt{3}}{4}$

④ $\dfrac{3\sqrt{3}}{2}$  ⑤ $\dfrac{7\sqrt{3}}{4}$

# 668 16.03 고2 학력평가 가형 27번 [4점]

그림과 같이 좌표평면에서 두 점 $A(2,\ 0)$, $B(1,\ 2)$를 직선 $y=x$에 대하여 대칭이동한 점을 각각 $C$, $D$라 하자. 삼각형 $OAB$ 및 그 내부와 삼각형 $ODC$ 및 그 내부의 공통부분의 넓이를 $S$라 할 때, $60S$의 값을 구하시오. (단, $O$는 원점이다.)

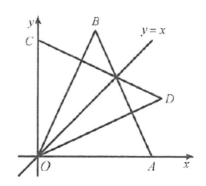

# 669 17.11 고1 학력평가 공통 16번 [4점]

좌표평면 위에 세 점 $A(0, 1)$, $B(0, 2)$, $C(0, 4)$와 직선 $y=x$ 위의 두 점 P, Q가 있다. $\overline{AP}+\overline{PB}+\overline{BQ}+\overline{QC}$의 값이 최소가 되도록 하는 두 점 P, Q에 대하여 선분 PQ의 길이는?

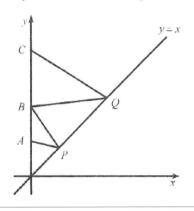

① $\dfrac{\sqrt{2}}{2}$  ② $\dfrac{2\sqrt{2}}{3}$  ③ $\dfrac{5\sqrt{2}}{6}$

④ $\sqrt{2}$  ⑤ $\dfrac{7\sqrt{2}}{6}$

# 670 18.11 고1 학력평가 공통 19번 [4점]

좌표평면 위에 두 점 $A(-4, 4)$, $B(5, 3)$이 있다. $x$축 위의 두 점 P, Q와 직선 $y=1$ 위의 점 R에 대하여 $\overline{AP}+\overline{PR}+\overline{RQ}+\overline{QB}$의 최솟값은?

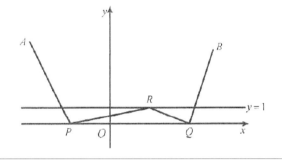

① $12$  ② $5\sqrt{6}$  ③ $2\sqrt{39}$

④ $9\sqrt{2}$  ⑤ $2\sqrt{42}$

memo

# MAC

핵심풀이와 정답

마상건 박이지

# I. 다항식

## 001

`Point`

$$A+B=\left(x^2-xy+y^2\right)+\left(x^2+xy-y^2\right)=2x^2$$

정답 ①

## 002

`Point`

$x=2-\sqrt{3},\ y=x+\sqrt{3}$ 에서 $x+y=4,\ xy=1$

$$\frac{y}{x}+\frac{x}{y}=\frac{x^2+y^2}{xy}=\frac{(x+y)^2-2xy}{xy}=14$$

정답 ④

## 003

`Point`

$$(준식)=\frac{1}{2}a^2-\frac{1}{9}b^2=34-3=31$$

정답 31

## 004

`Point`

$$\frac{(1-\sqrt{x})(1+\sqrt{x})(1+x)}{x}=\frac{(1-x)(1+x)}{x}=\frac{1-x^2}{x}$$

이 식에 $x=\sqrt{2}$ 를 대입하면

$$\frac{1-x^2}{x}=\frac{1-2}{\sqrt{2}}=-\frac{1}{\sqrt{2}}-\frac{\sqrt{2}}{2}$$

정답 ②

## 005

`Point`

$(a+b)^2=a^2+b^2+2ab$에서

$$ab=\frac{1}{2}\{(a+b)^2-(a^2+b^2)\}=\frac{1}{2}(9-11)=-1$$

정답 ②

## 006

`Point`

$$a^3+b^3=(a+b)^3-3ab(a+b)=5^3-3\times3\times5=80$$

정답 80

## 007

`Point`

$$a^3+b^3=(a+b)^3-3ab(a+b)=64-12=52$$

정답 52

## 008

`Point`

다항식의 곱셈 공식을 이용하면

$$(a+b+c)^2=a^2+b^2+c^2+2(ab+bc+ca)$$
$$\therefore a^2+b^2+c^2=(a+b+c)^2-2(ab+bc+ca)$$
$$=5^2-2\cdot(-8)=41$$

정답 41

## 009

`Point`

$$125^2-75^2=(125+75)(125-75)=200\times50$$
$$=10000$$
$$5+(30-50)\div(-4)=10$$
$$(준식)=10000\div10=1000$$

정답 ④

## 010

`Point`

$$(a+b+2c)^2=a^2+b^2+(2c)^2+2ab+2b(2c)+2(2c)a$$
$$=a^2+b^2+4c^2+2(ab+2bc+2ca)$$
$$=44+2\times28$$
$$=100$$

정답 100

## 011

**Point**

$(a+b-c)^2 = a^2+b^2+(-c^2)+2ab+2b(-c)+2(-c)a$
$= a^2+b^2+c^2+2(ab-bc-ca)$
$(a+b-c)^2 = 25, \ ab-bc-ca = -2$이므로
$25 = a^2+b^2+c^2+2\times(-2)$
따라서 $a^2+b^2+c^2 = 25+4 = 29$

정답 29

## 012

**Point**

$(x-y)^3 = x^3-3x^2y+3xy^2-y^3$이므로
$x^3-y^3 = (x-y)^3+3xy(x-y)$이다.
$x-y = 3, \ x^3-y^3 = 18$을 대입하면 $18 = 27+9xy$
이므로 $xy = -1$이다.
따라서 $x^2+y^2 = (x-y)^2+2xy = 3^2-2 = 7$

정답 ①

## 013

**Point**

$(x+3)^3 = x^3+9x^2+27x+27$이므로 $x^2$의 계수는 $9$
이다.

정답 9

## 014

**Point**

$(x-y-2z)^2 = x^2+y^2+4z^2-2xy+4yz-4zx$
$= x^2+y^2+4z^2-2(xy-2yz+2zx)$
$= 62-2\times13 = 36$

정답 36

## 015

**Point**

$x^3-y^3 = (x-y)^3 = 3xy(x-y)$이므로
$x-y = 2, \ x^3-y^3 = 12$를 대입하면,
$12 = 2^3+3xy\times2$
이때 $6xy = 4$이다.

따라서 $xy = \dfrac{2}{3}$이다.

정답 ②

## 016

**Point**

$(3x+ay)^3 = 27x^3+27ax^2y+9a^2xy^2+a^3y^3$에서
$x^2y$의 계수는 $27a$이다. 따라서 $a = 2$이다.

정답 2

## 017

**Point**

$2x^3+x^2+3x = (x^2+1)(2x+1)+x-1$
따라서, 구하는 나머지는 $x-1$

정답 ①

## 018

**Point**

$$
\begin{array}{r}
4x+2 \\
x^2-x+1 \overline{\smash{\big)}\ 4x^3-2x^2+3x+1} \\
\underline{4x^3-4x^2+4x} \\
2x^2-x+1 \\
\underline{2x^2-2x+2} \\
x-1
\end{array}
$$

정답 ⑤

## 019

**Point**

$x^3-ax+6 = (x-1)(x-2)(x+3)$의 양변에 $x = 1$
을 대입하면 $a = 7$
$x^3-7x+6 = (x-1)(x-2)(x+3)$
따라서 $b = -2, \ c = 3$ 또는 $b = 3, \ c = -2$
$\therefore a+b+c = 8$

정답 ①

## 020

**Point**

$2x^2+x-2=ax^2+(2a+b)x+a-b+c$에서
$$\begin{cases} a=2 \\ 2a+b=1 \\ a-b+c=-2 \end{cases} \text{이다.}$$
따라서 $a=2$, $b=-3$, $c=-7$이므로 $abc=42$

정답 42

## 021

**Point**

$(k+3)x-(3k+4)y+5k=0$을 $k$에 대하여 정리하면
$(x-3y+5)k+(3x-4y)=0$이고, 이 식은 $k$에 대한
항등식이므로 $\begin{cases} x-3y+5=0 & \cdots \text{㉠} \\ 3x-4y=0 & \cdots \text{㉡} \end{cases}$
$3 \times$ ㉠$-$㉡에서 $3(x-3y+5)-(3x-4y)=0$
$-5y+15=0$ $\therefore y=3$
$y$의 값을 ㉡에 대입하면 $3x-12=0$ $\therefore x=4$
따라서 $x=4$, $y=3$이므로 $x+y=7$

정답 ②

## 022

**Point**

주어진 식을 $x$에 대한 내림차순으로 정리하면
$(a+2)x^2-(a^2+b)x+2a^2+2b=0$
$x$에 대한 항등식이므로 $a+2=0$, $a^2+b=0$
$\therefore a=-2$, $b=-4$ 따라서 $a+b=-6$

정답 ①

## 023

**Point**

$x^3+a=(x+3)(x^2+bx+9)$에서
$x^3+a=x^3+(3+b)x^2+(9+3b)x+27$
등식의 양변의 계수를 비교하면 $a=27$, $b=-3$
$\therefore a+b=24$

정답 ⑤

## 024

**Point**

주어진 등식의 우변을 $x$에 대하여 정리하면
$2x^2+3x+4=2x^2+(4+a)x+(2+a+b)$
항등식의 성질을 이용하여 양변의 동류항의 계수를 비교
하면 $4+a=3$, $2+a+b=4$ 즉, $a=-1$, $b=3$
따라서, $a-b=-4$

정답 ④

## 025

**Point**

$x(x+1)(x+2)=(x+1)(x-1)P(x)+ax+b$의 양변
에 $x=-1$을 대입하면 $(-1)\times 0 \times 1=$
$0\times(-2)\times P(-1)+a\times(-1)+b$
$0=-a+b$ $\cdots$ ㉠
등식 $x(x+1)(x+2)=(x+1)(x-1)P(x)+ax+b$의
양변에 $x=1$을 대입하면
$1\times 2\times 3=2\times 0\times P(1)+a\times 1+b$
$6=a+b$ $\cdots$ ㉡
㉠,㉡을 연립하여 풀면 $a=3$, $b=3$ 따라서 주어진
주어진 등식은 $x(x+1)(x+2)=$
$(x+1)(x-1)P(x)=3x+3$ $a-b=0$이므로 위
등식의 양변에 $x=0$을 대입하면
$0\times 1\times 2=1\times(-1)\times P(0)+3\times 0+3$
$P(0)=3$
따라서 $P(a-b)=P(0)=3$

정답 ③

## 026

**Point**

$x$에 대한 항등식
$a(x+1)^2+b(x-1)^2=5x^2-2x+5$에 $x=1$을
대입하면 $4a=8$, $a=2$
$x=-1$을 대입하면 $4b=12$, $b=3$
따라서 $ab=6$

정답 ②

## 027

`Point`

$f(x)=x^4-3x^2+ax+5$로 놓으면 $x+2$로 나눈 나머지는 나머지 정리에서

$f(-2)=16-12-2a+5=9-2a$

$9-2a=3$　　$\therefore a=3$

정답 ③

## 028

`Point`

$f(x)$를 $(x-1)(x-2)$로 나눈 몫을 $Q(x)$라 하면 나머지가 $4x+3$이므로

$f(x)=(x-1)(x-2)Q(x)+4x+3$

$\therefore f(2x)=(2x-1)(2x-2)Q(2x)+8x+3$

$=(x-1)\{2(2x-1)Q(2x)+8\}+11$

즉, $f(2x)$를 $x-1$로 나눈 나머지는 11이다.

정답 11

## 029

`Point`

다항식 $f(x)$를 $x+2$로 나눈 몫이 $x^2+1$이고, 나머지가 2이므로 $f(x)=(x+2)(x^2+1)+2$

나머지 정리에 의하여 $f(x)$를 $x-2$로 나눈 나머지는 $f(2)$이고, $f(2)=(2+2)(2^2+1)+2=4\times5+2=22$

정답 ③

## 030

`Point`

$f(x)=x^7+27x^4-x+k$라 할 때 $f(x)$를 $x+1$로 나눈 나머지가 12이므로 나머지 정리에 의해

$f(-1)=12$이다.

$f(x)$에 $x=-1$에 대입하면 $-1+27+1+k=12$

$\therefore k=-12$

정답 ④

## 031

`Point`

나머지 정리에 의해 다항식 $f(x)=x^3+x^2+4x-a$를 $x-2$로 나눈 나머지는 $f(2)$이므로

$f(2)=2^3+2^2+4\times2-a=3$

$\therefore a=17$

정답 17

## 032

`Point`

$x^3+ax^2+8x+1$을 $x+2$, $x-1$로 나눈 나머지가 같으므로 $-8+4a-16+1=1+a+8+1$

$\therefore a=11$

정답 11

## 033

`Point`

$f(x)=x^3-ax+9$로 놓자. $f(x)$를 $x-2$로 나누었을 때 나머지가 3이므로 나머지 정리에 의해

$f(2)=2^3-2a+9=3$　　$\therefore a=7$

조립제법을 이용하여 $f(x)=x^3-7x+9$를 $x-2$로 나눌 때의 몫 $Q(x)$를 구하면

$x^3-7x+9=(x-2)(x^2+2x-3)+3$

$\therefore Q(x)=x^2+2x-3$

따라서 $Q(10)=10^2+2\cdot10-3=117$이다.

정답 117

## 034

`Point`

다항식 $f(x)$를 $x-5$로 나눈 나머지가 3이므로 나머지 정리에 의하여 $f(5)=3$이다. 이때, $(x-1)f(x)$를 $x-5$로 나눈 나머지를 $R$이라 하면,

$R=4f(5)=4\times3=12$

정답 ②

## 035

Point

$P(x)=x^3+2x^2-3x+13$이라 하면 $P(x)$를 $x-5$로
나눈 나머지는 $P(5)=5^3+2\times5^2-3\times5+13=173$

정답 173

## 036

Point

$P(x)=(kx^3+3)(kx^2-4)-kx$라 할 때, 다항식 $P(x)$
가 $x+1$로 나누어떨어지려면 $P(-1)=0$이어야 한다.
$P(-1)=(-k+3)(k-4)+k=-k^2+7k-12+k$
$=-(k^2-8k+12)=-(k-2)(k-6)=0$
$\therefore k=2$ 또는 $k=6$
따라서 모든 실수 $k$의 값의 합은 8이다.

정답 ④

## 037

Point

다항식 $f(x)$를 $x^2-7x$로 나눈 몫을 $Q(x)$라 하면
나머지가 $x+4$이므로 $f(x)=(x^2-7x)Q(x)+x+4$
$=x(x-7)Q(x)+x+4$ 나머지 정리에 의하여 다항식
$f(x)$를 $x-7$로 나눈 나머지는 $f(7)$과 같다.
따라서 $f(x)$를 $x-7$로 나눈 나머지는 $f(7)=11$

정답 11

## 038

Point

$2^3+5\times2^2+4\times2+4=40$

정답 40

## 039

Point

$f(x)=2x^3-3x+4$라 하면 나머지 정리에 의하여
$f(x)$를 $x-1$로 나눈 나머지는 $f(1)$이므로
$f(1)=2-3+4=3$

정답 ③

## 040

Point

$f(x)=x^3-2x-a$라 하면 인수정리에 의해
$f(2)=8-4-a=0$ 따라서 $a=4$

정답 4

## 041

Point

$P(x)=x^3+ax-8$이라 하자.
$P(x)$가 $x-1$로 나누어떨어지므로 $P(1)=0$이다.
$P(1)=1+a-8=0$이다.
따라서 $a=7$이다.

정답 ④

## 042

Point

다항식 $x^3-x^2-ax+5$를 $x-2$로 나누었을 때의
몫은 $Q(x)$, 나머지는 5이므로
$x^3-x^2-ax+5=(x-2)Q(x)+5$이다.
나머지 정리에 의해 양변에 $x=2$를 대입하면
$8-4-2a+5=5$이므로 $a=2$이다.
조립제법을 이용하면

$$
\begin{array}{c|cccc}
2 & 1 & -1 & -2 & 5 \\
 & & 2 & 2 & 0 \\
\hline
 & 1 & 1 & 0 & 5 \\
\end{array}
$$

$x^3-x^2-2x+5=(x-2)(x^2+x)+5$이다.
따라서 $Q(x)=x^2+x$이므로 $Q(a)=Q(2)=4+2=6$
이다.

정답 ④

## 043

Point

$f(x)=x^3-x^2+3$이라 하면 $f(x)$를 $x-2$로 나누었을
때의 나머지는 $f(2)=8-4+3=7$

정답 ⑤

## 044

**Point**

$P(x)=x^2+4x-2$라 하면 $x-3$으로 나눈 나머지는 정리에 의해 $P(3)=19$

정답 19

## 045

**Point**

다항식 $P(x)$를 $x^2+2x-3$으로 나눈 몫을 $Q(x)$라 하면 $P(x)=(x^2+2x-3)Q(x)+2x+5$
$=(x-1)(x+3)Q(x)+2x+5$ 따라서 다항식 $P(x)$를 $x-1$로 나눈 나머지는 나머지 정리에 의하여 $P(1)=2+5=7$

정답 ⑤

## 046

**Point**

$x^3+3x+\dfrac{3}{x}+\dfrac{1}{x^3}=\left(x+\dfrac{1}{x}\right)^3=343$

정답 343

## 047

**Point**

$a^3-a^2c-ab^2+b^2c=a^2(a-c)-b^2(a-c)$
$=(a-c)(a^2-b^2)=(a-c)(a+b)(a-b)$

정답 ②

## 048

**Point**

$x^2-xy-6y^2-x+8y-2=(x+2y-2)(x-3y+1)$
$\therefore a=2,\ b=-3$ 즉, $a+b=-1$

정답 ②

## 049

**Point**

$a-b=2,\ ab=1$이므로
$\dfrac{a^3+b^3}{a+b}=\dfrac{(a+b)(a^2-ab+b^2)}{a+b}=a^2-ab+b^2$
$=(a-b)^2+ab=2^2+1=5$

정답 5

## 050

**Point**

다항식 $2x^3-x^2-7x+6$을 인수분해하면
$(x-1)(x+2)(2x-3)$이므로 $a=2,\ b=-3$이다.
따라서 $a-b=5$

정답 5

## 051

**Point**

$2016=x$라 하면
$\dfrac{2016^3+1}{2016^2-2016+1}=\dfrac{x^3+1}{x^2-x+1}$
$=\dfrac{(x+1)(x^2-x+1)}{x^2-x+1}=x+1=2017$

정답 ②

## 052

**Point**

$2x+y=t$라 하면
$(2x+y)^2-2(2x+y)-3=t^2-2t-3$
$=(t+1)(t-3)=(2x+y+1)(2x+y-3)$
즉 $a=2,\ b=1,\ c=-3$
따라서 $a+b+c=2+1+(-3)=0$

정답 ③

## 053

Point

다항식 $x^4+7x^2+16$을 인수분해하면
$x^4+7x^2+16=(x^4+8x^2+16)-x^2=(x^2+4)^2-x^2$
$=(x^2+x+4)(x^2-x+4)$ 이므로
$a=1$, $b=4$이다. 따라서 $a+b=5$이다.

정답 ①

## 054

Point

다항식 $x^3+x^2-2$를 조립제법을 이용하여 인수
분해하면

$$
\begin{array}{c|cccc}
1 & 1 & 1 & 0 & -2 \\
& & 1 & 2 & 2 \\
\hline
& 1 & 2 & 2 & 0 \\
\end{array}
$$

$x^3+x^2-2=(x-1)(x^2+2x+2)$
$\therefore a=2$, $b=2$ 따라서 $a+b=4$

정답 ⑤

## 055

Point

$x^2y+xy^2=xy(x+y)=2\times6=12$

정답 12

## 056

Point

$x^3-27=(x-3)(x^2+3x+9)$이므로
$a=3$, $b=9$ 따라서 $a+b=12$

정답 ⑤

## 057

Point

다항식 $x^3-1$을 인수분해하면
$x^3-1=(x-1)(x^2+x+1)$이므로 $a=1$, $b=1$
따라서 $a+b=2$

정답 ⑤

## 058

Point

한 변의 길이가 $a+6$인 정사각형 모양의 색종이의 넓이
는 $(a+6)^2$이다.
한 변의 길이가 $a$인 정사각형 모양의 색종이를 오려낸
후 남아 있는 ▣모양의 색종이의 넓이는
$(a+6)^2-a^2=(a+6+a)(a+6-a)=6(2a+6)$
$=12(a+3)$이다. 따라서 $k=12$이다.

정답 ④

## 059

Point

$x^2+x=t$라 하면
$(x^2+x)^2+2(x^2+x)-3=t^2+2t-3$
$=(t-1)(t+3)=(x^2+x-1)(x^2+x+3)$
에서 $a=1$, $b=3$ 따라서 $a+b=4$

정답 ④

## 060

Point

$x^2+x=X$라 하면 $(x^2+x)(x^2+x+1)-6$
$=X(X+1)-6=X^2+X-6=(X-2)(X+3)$
$=(x^2+x-2)(x^2+x+3)=(x+2)(x-1)(x^2+x+3)$
$a=1$, $b=3$ 따라서 $a+b=4$

정답 ④

## 061

**Point**

(통나무의 부피)$= \pi x^2(x+3)$

(파낸 원기둥의 부피)$= \pi(x-2)^2$

(남은부피)$= \pi\{x^2(x+3)-(x-2)^2 x\}$
$= \pi x(x^2+3x-x^2+4x-4)= \pi x(7x-4)$

정답 ②

## 062

**Point**

망원경 $A$의 구경을 $D_1$, 집광력을 $F_1$, 망원경 $B$의 구경을 $D_2$, 집광력을 $F_2$라 하자.

$D_1=40$, $D_2=x$이므로 $F_1=kD_1^2=1600k$이고

$F_2=kD_2^2=kx^2$이다.

망원경 $A$의 집광력 $F_1$은 망원경 $B$의 집광력 $F_2$의 2배이므로 $F_1=2F_2$이다.

$1600k=2kx^2$이므로 $x^2=800$이다.

따라서 $x>0$이므로 $x=20\sqrt{2}$이다.

정답 ③

## 063

**Point**

$(x+y+z)^2=x^2+y^2+x^2+2(xy+yz+zx)\cdots\bigcirc$

$x+y+z=0$, $x^2+y^2+z^2=5$ 이므로 $\bigcirc$에 각 식의 값을 대입하면 $0^2=5+2(xy+yz+zx)$ 즉,

$xy+yz+zx=-\dfrac{5}{2}\cdots\bigcirc$

$\bigcirc$의 양변을 각각 제곱하면 $(xy+yz+zx)^2=\left(-\dfrac{5}{2}\right)^2$

그런데 $(xy+yz+zx)^2$
$=(xy)^2+(yz)^2+(zx)^2+2(xy^2z+xyz^2+x^2yz)$
$=(xy)^2+(yz)^2+(zx)^2+2xyz(y+z+x)$

그러므로 $x^2y^2+y^2z^2+z^2x^2$
$=(xy+yz+zx)^2-2xyz(x+y+z)=\dfrac{25}{4}$

따라서 $p=4$, $q=25$이므로 $p+q=29$

정답 29

## 064

**Point**

사각형 ABFE의 넓이 : $a^2$

사각형 GHCH의 넓이 : $(b-a^2)$

사각형 IJHD의 넓이 : $\{a-(b-a)^2\}=(2a-b)^2$이므로

사각형 EGJI의 넓이

$ab-\{a^2+(b-a)^2+(2a-b)^2\}$
$=ab-\{a^2+b^2-2ab+a^2+4a^2-4ab+b^2\}$
$=ab-(6a^2+2b^2-6ab)$
$=-6a^2+7ab-2b^2$

정답 ①

## 065

**Point**

$x^3-\dfrac{1}{x^3}=\left(x-\dfrac{1}{x}\right)^3+3x\cdot\dfrac{1}{x}\cdot\left(x-\dfrac{1}{x}\right)=36$

정답 36

## 066

**Point**

직사각형 1개의 넓이는 $xy$, 서로 겹친 부분의 넓이는 $y^2$각각 4개씩이므로 $4xy-4y^2=4y(x-y)$

정답 ②

## 067

**Point**

$a+b=4$이고 $(a+1)(b+1)=1$에서

$ab+a+b+1=1$이므로 $ab=-4$이다.

따라서 $a^3+b^3=(a+b)^3-3ab(a+b)$
$=4^3-3\times(-4)\times4=112$

정답 112

## 068

**Point**

$(ax-1)^3=a^3x^3-3a^2x^2+3ax-1$이므로 모든 항의 계수의 합은 $a^3-3a^2+3a-1=64$

$a^3-3a^2+3a-65=0$, $(a-5)(a^2+2a+13)=0$

따라서, 만족하는 실수 $a=5$

정답 ④

## 069

Point

$\langle A,\ B\rangle=A^2+AB+B^2$의 양변에 $(A-B)$를 곱하면 $(A-B)\times\langle A,\ B\rangle=(A-B)(A^2+AB+B^2)$
$=A^3-B^3$
이 식에 $A=x^2+x+1$, $B=x^2+x$를 대입하면
$A-B=(x^2+x+1)-(x^2+x)=1$이므로
$1\times\langle x^2+x+1,\ x^2+x\rangle=(x^2+x+1)^3-(x^2+x)^3$
$\langle x^2+x+1,\ x^2+x\rangle=(x^3+x+1)^3-(x^2+x)^3$
우변을 정리하면
$\{x^2+(x+1)\}^3-(x^2+x)^3$
$=x^6+3x^4(x+1)+3x^2(x+1)^2+(x+1)^3-(x^2+x)^3$
$(x+1)^3$이외의 항에는 차수가 이차 이상인 항들이 곱해져 있으므로 일차항이 나올 수 없다. 그러므로 $\langle x^2+x+1,\ x^2+x\rangle$의 전개식에서 $x$의 계수는 $(x+1)^3$의 $x$의 계수와 일치한다.
$(x+1)^3=(x^3+3x^2+3x+1)$에서 $x$의 계수는 $3$이다. 따라서 $\langle x^2+x+1,\ x^2+x\rangle$의 전개식에서 $x$의 계수는 $3$

정답 ①

## 070

Point

$(a+b+c)^2=a^2+b^2+c^2+2ab+2bc+2ca$이므로
$(2x+y-1)^2=3$의 좌변을 전개하면
$4x^2+y^2+(-1)^2+4xy-2y-4x=3$이다.
따라서 $4x^2+y^2+4xy-4x-2y=2$

정답 ②

## 071

Point

주어진 다항식을 전개하면
$a^3x^3+(6a^2+1)x^2+(12a-2)x+9$ $x$의 계수가 $34$
이므로 $12a-2=34$ 따라서 $a=3$

정답 ②

## 072

Point

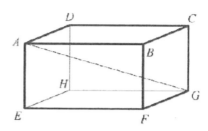

이웃하는 세 모서리의 길이를 각각 $a$, $b$, $c$라 하자.
$\overline{AG}=\sqrt{a^2+b^2+c^2}=\sqrt{13}$이므로
$a^2+b^2+c^2=13$이다. 모든 모서리의 길이의 합은
$4(a+b+c)=20$이므로 $a+b+c=5$이다. 따라서
직육면체의 겉넓이는 $2(ab+bc+ca)$
$=(a+b+c)^2-(a^2+b^2+c^2)=25-13=12$이다.

정답 ②

## 073

Point

두 정사각형의 넓이의 합은 $a^2+(2b)^2$이고 직사각형의 넓이는 $ab$이므로 $a^2+4b^2+5ab$이다.
$ab=4$이고 $(a+2b)^2=a^2+4b^2+4ab$이므로
$(a+2b)^2=9ab=36$이다.

정답 ⑤

## 074

Point

$(x-y)^2=(x+y)^2-4xy=5^2-4\times2$
따라서 $(x-y)^2=17$이다.

정답 17

## 075

Point

$2ab=(a+b)^2-(a^2+b^2)=3^2-7$이므로 $ab=1$
$a^4=b^4=(a^2+b^2)^2-2(ab)^2=7^2-2\times1^2$
따라서 $a^4+b^4=47$

정답 ⑤

## 076

**Point**

두 정육면체의 한 모서리의 길이를 각각 $a$, $b$라 하자.
한 정육면체의 모서리가 12개이고, 두 정육면체의 모든
모서리 길이의 합이 60이므로 $12(a+b)=60$,
즉 $a+b=5$ 한 정육면체의 면이 6개이고, 두 정육면
체의 겉넓이의 합이 126이므로 $6(a^2+b^2)=126$, 즉
$a^2+b^2=21$ $(a+b)^2=a^2+b^2+2ab$에서
$25=21+2ab$ $ab=2$ 따라서 두 정육면체의 부피의
합은 $a^3+b^3=(a+b)^3-3ab(a+b)=5^3-3\times2\times5$
$=125-30=95$

정답 ①

## 077

**Point**

$k=2019$라 하면 $2016\times2019\times2022$
$=(k-3)k(k+3)=k^3-9k=2019^3-9\times2019$이다.
따라서 $a=2019$이다.

정답 ②

## 078

**Point**

$P(x)+4x=3x^3+5x+11$을 $Q(x)=x^2-x+1$로
나누면 몫이 $3x+3$이고 나머지는 $5x+8$
따라서 $a=8$

정답 ④

## 079

**Point**

집 $A$와 집 $B$에 있는 덕트 안의 공기의 속력의 비가
$3:5$이므로 실수 $t$에 대하여 집 $A$에 있는 덕트 안의
공기의 속력을 $3t$, 집 $B$에 있는 덕트 안의 공기의 속력
을 $5t$라 하면
$$P_A=\frac{c\times(3t)^2}{2g}=\frac{9ct^2}{2g},\quad P_B=\frac{2c\times(5t)^2}{2g}=\frac{25ct^2}{2g}$$
이므로 $\dfrac{25ct^2}{2g}=k\times\dfrac{9ct^2}{2g}$

따라서 $k=\dfrac{50}{9}$

정답 ⑤

## 080

**Point**

$(x+1)^2=x^2+2x+1$이므로
$(x+1)^4=\{(x+1)^2\}^2=(x^2+2x+1)^2$
$=(x^2)^2+(2x)^2+1^2+2(x^2\cdot2x+2x\cdot1+1\cdot x^2)$
$=x^4+4x^2+1+4x^3+4x+2x^2$
$=x^4+4x^3+6x^2+4x+1\cdots$ ㉠
㉠과 $x^4+ax^3+bx^3+bx+4x+1$의 계수를 비교하면
$a=4$, $b=6$이다.
따라서 $a+b=10$

정답 10

## 081

**Point**

등식 $(a+b-3)x+ab+1=0$은 $x$에 대한 항등식이
므로 $a+b=3$, $ab=-1$이므로
$\therefore a^2+b^2=(a+b)^2-2ab=11$

정답 11

## 082

**Point**

$x=1$일 때,
$49=a_0+a_1+a_2+a_3+a_4+a_5+a_6\cdots$ ㉠
$x=-1$일 때,
$9=a_0-a_1+a_2-a_3+a_4-a_5+a_6\cdots$ ㉡
㉠+㉡이면 $58=2(a_0+a_2+a_4+a_6)$이므로
$\therefore(a_0+a_2+a_4+a_6)=29$

정답 29

## 083

**Point**

$a(x+y)+b(x+y)+2=3x-5y+c$
$(a+b)x+(a-b)y+2=3x-5y+c$
$\therefore a+b=3$, $a-b=-5$, $c=2$
연립하여 풀면 $a=-1$, $b=4$, $c=2$이다.
$\therefore a+2b+3c=13$

정답 13

## 084

Point

$x^3 - 3x + 6 = a(x-1)(x-2) + b(x-2)(x-3) + c(x-3)(x-1)$에서

$x=1$을 대입하면 $1^2 - 3 \cdot 1 + 6 = 2b$에서 $b=2$

$x=2$을 대입하면 $2^2 - 3 \cdot 2 + 6 = -c$에서 $c=-4$

$x=3$을 대입하면 $3^2 - 3 \cdot 3 + 6 = 2a$에서 $a=3$

$\therefore a^2 + b^2 + c^2 = 9 + 4 + 16 = 29$

정답 29

## 085

Point

$\dfrac{x^2 + 2px + q}{2x^2 + qx + 2} = k$ ($k$는 상수)라 하면,

$x^2 + 2px + q = k(2x^2 + qx + 2)$,

$(1-2k)x^2 + (2p - kq)x + q - 2k = 0 \cdots \text{㉠}$

이때, ㉠이 식이 $x$에 대한 항등식이므로

$1 - 2k = 0$, $2p - kq = 0$, $q - 2k = 0$이다.

따라서 $k = \dfrac{1}{2}$, $p = \dfrac{1}{4}$, $q = 1$이므로 $4p + q = 2$

정답 ①

## 086

Point

$3x^2 + x - 2 = a(x-1)^2 + b(x-1) + c$

모든 실수 $x$에 대하여 성립하므로

$x=1$, $x=0$, $x=2$를 각각 대입하면

$3 + 1 - 2 = c \cdots \text{㉠}$

$-2 = a - b + c \cdots \text{㉡}$

$12 + 2 - 2 = a + b + c \cdots \text{㉢}$

㉠, ㉡, ㉢에서 $a=3$, $b=7$, $c=2$

$\therefore abc = 42$

정답 42

## 087

Point

조립제법을 활용하여 $x^3 + 3x^2 - x - 3$을 인수분해하면

$$
\begin{array}{c|cccc}
1 & 1 & 3 & -1 & -3 \\
  &   & 1 & 4 & 3 \\
\hline
  & 1 & 4 & 3 & \boxed{0}
\end{array}
$$

$(x-1)(x^2 + 4x + 3) = (x-1)(x+1)P(x)$

$(x-1)(x+1)(x+3) = (x-1)(x+1)P(x)$

$P(x) = x + 3$

따라서 $P(1) = 1 + 3 = 4$

정답 ④

## 088

Point

다항식 $ax^3 = bx^2 + 1$이 $x^2 - x - 1$로 나누어떨어지므로 $ax^3 + bx^2 + 1 = (x^2 - x - 1)(ax - 1)$

$ax^3 + bx^2 + 1 = ax^3 - (a+1)x^2 - (a-1)x + 1$

위 식은 항등식이므로 $b = -a - 1$, $-a + 1 = 0$

$\therefore a = 1$, $b = -2$

따라서 $a^2 + b^2 = 5$

정답 5

## 089

Point

$P(a) = 0$, $P(b) = 0$이므로 인수정리에 의해

$P(x) = x^2 - 4x - 6 = (x-a)(x-b) = x^2 - (a+b)x + ab$ 일차항의 계수를 비교하면 $a + b = 4$

$\therefore P(4) = -6$

정답 ①

## 090

Point

$f(x) = (x^2 - 1)Q(x) + ax + b$라 하면

$f(-1) = -a + b = 5$

$f(1) = a + b = 13$   $a = 4$, $b = 9$

이므로 $R(x) = 4x + 9$   $\therefore R(10) = 49$

정답 49

## 091

**Point**

$R_1 = f(1) = 1 + a + 3 = 4 + a,$
$R_2 = f(-1) = 1 - a + 3 = 4 - a$
$R_1 - R_2 = 2a = 38$이므로
$a = 19$

정답 19

## 092

**Point**

$x^3 - 2x^2 + ax + b$를 $x^2 - 1$로 나눈 몫을 $Q(x)$라 하면
$x^3 - 2x^2 + ax + b = (x^2 - 1)Q(x) + 3x + 5$ $\cdots$ ㉠
㉠에 $x = 1$을 대입하면 $a + b = 9$, $x = -1$을 대입하면 $-a + b = 5$
두 식을 연립하여 풀면 $a = 2$, $b = 7$

$\therefore ab = 14$

정답 14

## 093

**Point**

다항식 $f(x)$를 $(x - 2)(x - 3)$으로 나눌 때 몫을 $Q(x)$, 나머지를 $ax + b$라 하면 $f(x) = (x - 2)(x - 3)Q(x) + ax + b$ 이 식은 $x$에 대한 항등식이므로
$f(2) = 2a + b$, $f(3) = 3a + b$ 나머지 정리에 의하여
$f(2) = 1$이므로 $2a + b = 1$ $\cdots$ ㉠
$f(3) = 3$이므로 $3a + b = 3$ $\cdots$ ㉡
㉠, ㉡을 연립하여 풀면 $a = 2$, $b = -3$
따라서 $R(x) = 2x - 3$이므로 $R(20) = 37$

정답 37

## 094

**Point**

$f(x) = (x^3 - x^2 - 6x)Q(x) + x^2 + ax + 4$
$= x(x^2 - x - 6)Q(x) + x^2 + ax + 4$
$= x(x^2 - x - 6)Q(x) + x^2 - x - 6(a + 1)x + 10$
$= (x^2 - x - 6)\{xQ(x) + 1\} + (a + 1)x + 10$
따라서 $5x + b = (a + 1)x + 10$

$\therefore a = 4$, $b = 10$
$\therefore a + b = 14$

정답 14

## 095

**Point**

나머지 정리에 의하여 $f(a) = R_1$, $f(-a) = R_2$
$f(x)$를 $x^2 - a^2$으로 나눌 때의 몫을 $Q(x)$, 나머지를 $px = q$라 하면 $f(x) = (x^2 - a^2)Q(x) + px + q$
$f(a) = R_1$에서 $pa + q = R_1$ $\cdots$ ㉠

$f(-a) = R_2$에서 $-pa + q = R_2$ $\cdots$ ㉡

㉠, ㉡을 연립하여 풀면 $p = \dfrac{R_1 - R_2}{2a}$, $q = \dfrac{R_1 + R_2}{2}$
이다.

정답 ①

## 096

**Point**

$P(x) - 7$이 $x - 1$로 나누어떨어지므로 $P(1) - 7 = 0$
$\therefore P(1) = 7$ $\cdots$ ㉠

$P(x) + 3$이 $x + 1$로 나누어떨어지므로 $P(-1) + 3 = 0$ $\therefore P(-1) = 3$ $\cdots$ ㉡

$P(x)$를 $x^2 - 1$로 나눈 몫을 $Q(x)$, 나머지를 $R(x) = ax + b$라 하면 $P(x) = (x^2 - 1)Q(x) + ax + b$ $\cdots$ ㉢
㉠, ㉡, ㉢에 의하여 $P(1) = a + b = 7$

정답 17

## 097

**Point**

$f(x) = (x - 1)(x - 2)q(x) + x + 1$
$f(3) = (3 - 1)(3 - 2)q(3) + 3 + 1$
$f(3) = 8$ $\therefore q(3) = 2$

정답 ②

## 098

**Point**

다항식 $f(x)=ax^4+bx^3+cx-a$라 하면 $x+1$이
$f(x)$의 인수이므로 $f(-1)=a-b-c=0$,
즉 $b+c=0$ $f(1)=a+b+c-a=0$
$\therefore x-1$은 반드시 $f(x)$의 인수이다.

정답 ③

## 099

**Point**

$f(x)$를 $(x+1)(x-2)$로 나눌 때의 몫을 $Q(x)$라 하면
$f(x)=(x+1)(x-2)Q(x)+2x-15$
$xf\left(\dfrac{1}{2}x\right)$를 $x+2$로 나눈 나머지는 나머지 정리에 의해
$xf\left(\dfrac{1}{2}x\right)$에 $x=-2$를 대입한 값과 같다.
따라서 구하는 나머지는
$-2f(-1)=-2\times(-17)=34$이다.

정답 34

## 100

**Point**

$f(1)=1$, $f(-1)=-7$, $R(x)=ax+b$라 놓으면
$f(x)=(x+1)(x-1)Q(x)+ax+b$에서
$a+b \cdots \text{㉠}$, $-a+b=-7 \cdots \text{㉡}$
㉠, ㉡에서 $a=4$, $b=-3$, $R(x)=4x-3$
$\therefore R(3)=9$

정답 ②

## 101

**Point**

나머지 정리에 의해 $f(-3)=1$ $f(x+2005)$를
$x+2008$로 나눈 몫을 $Q(x)$, 나머지를 $R$이라 하면
$f(x+2005)=(x+2008)Q(x)+R$이다. 양변에
$x=-2008$을 대입하면
$f(-2008+2005)=(-2008+2008)Q(-2008)+R$
이므로 $R=f(-3)=1$

정답 ①

## 102

**Point**

$f(x)=g(x)Q(x)+R(x)$
ㄱ. $f(x)$의 차수는 $g(x)$의 차수와 $Q(x)$의 차수의 합이
므로 $Q(x)$의 차수는 $m-n$ : 참
ㄴ. 반례) $f(x)=2x^2+4x+3$, $g(x)=x^2+x$일 때,
$Q(x)=2$이고 $R(x)=2x+3$ : 거짓
ㄷ. $R(x)$의 차수는 $g(x)$의 차수보다 작다. : 참

정답 ③

## 103

**Point**

$x^3+x^2-8x+7=(x-1)^3+a(x-1)^2+b(x-1)+c$
는 $x$대한 항등식이다. 주어진 식의 양변에
$x=0,\ 1,\ 2$ 를 대입하면
$$\begin{cases} 7=-1+a-b+c \\ 1=c \\ 3=1+a+b+c \end{cases}$$
$a=4$, $b=-3$, $c=1$, $f(x)=ax^2-bx-c$
$=4x^2+3x-1$
$x-2$로 나눈 나머지는 $f(2)=21$

정답 ④

## 104

**Point**

다항식 $f(x)$를 $(2x-3)(x+1)$로 나눈 몫이 $Q(x)$이고
나머지가 $x+7$이므로 $f(x)=(2x-3)(x+1)Q(x)$
$+x+7$이다. 한편,
$f(3x+1)=(6x-1)(3x+2)Q(3x+1)+\boxed{3x+8}$
$=(3x+2)\{(6x-1)Q(3x+1)+1\}+\boxed{6}$ 이므로
$f(3x+1)$을 $3x+2$로 나눈 나머지는 $\boxed{6}$ 이다.
$P(x)=3x+8$이고 $r=6$
따라서 $r\times P(2)=6\times14=84$

정답 ④

# 105

Point

다항식 $P(x)$를 $(x-5)(x+3)$으로 나누었을 때의 몫을
$Q(x)$, 나머지를 $R(x)=ax+b$라 하면
$P(x)=(x-5)(x+3)Q(x)+ax+b$이다.
$P(5)=10$, $P(-3)=-6$이므로
$P(5)=5a+b=10$, $P(-3)=-3a+b=-6$이므로
$\therefore a=2$, $b=0$
따라서 $R(x)=2x$이므로 $R(1)=2$

정답 ③

# 106

Point

$P(x)$를 $2x^2-5x-3$으로 나누었을 때의 몫을 $Q(x)$라
하고 나머지가 $2x+3$이므로
$P(x)=(2x^2-5x-3)Q(x)+2x+3$
$=(2x+1)(x-3)Q(x)+2x+3$
$(x^2-2)P(x)$를 $x-3$으로 나눈 나머지 $7 \times P(3)$
$P(3)=9$이므로 $7 \times 9=63$

정답 63

# 107

Point

$x^4$을 $x-1$로 나눈 몫이 $q(x)$, 나머지가 $r_1$이므로
$x^4=(x-1)q(x)+r_1$ ⋯ ㉠
$q(x)$을 $x-4$로 나눈 나머지가 $r_2$이므로 몫을 $q_1(x)$라
하면 $q(x)=(x-4)q_1(x)+r_2$ ⋯ ㉡
㉡을 ㉠에 대입하면
$x^4=(x-1)\{(x-4)q_1(x)+r_2\}+r_1$ ⋯ ㉢
㉢의 양변에 $x=4$를 대입하면 $4^4=3 \times r_2 \times r_1$
$\therefore r_1+3r_2=256$

정답 256

# 108

Point

$f(x)$를 $(x-2)(x+1)$로 나누었을 때 나머지를
$ax+b$라 하면 조건 (다)에 의하여
$f(x)=(x-2)(x+1)(ax+b)+ax+b$
(가), (나)에 의하여
$f(2)=2a+b=7$, $f(-1)=-a+b=1$
즉, $a=2$, $b=3$ 따라서
$f(x)=(x-2)(x+1)(2x+3)+2x+3$이므로
$f(0)=-3$

정답 ①

# 109

Point

$f(x)-g(x)$가 $x+2$를 인수로 가지므로
$f(-2)-g(-2)=0$
$f(-2)=0$이므로 $g(-2)=0$
따라서 $2a-b-2=0$

정답 ④

# 110

Point

다항식 $P(x)$가 $x+2$로 나누어떨어지려면
$P(-2)=(-2)^3-(-2)^2-k(-2)-6=0$,
$2k-18=0$ 따라서 $k=9$

정답 9

# 111

Point

나머지 정리에 의하여 $f(3)+g(3)=8$, $f(3)g(3)=6$
$\{f(3)\}^2+\{g(3)\}^2=\{f(3)+g(3)\}^2-2f(3)g(3)$
$=8^2-2 \times 6=52$

정답 52

## 112

Point

다항식 $P(x)$를 $x-2$로 나누었을 때의 몫이 $Q(x)$이고 나머지가 3이므로 $P(x)=(x-2)Q(x)+3$ $\cdots$ ㉠
다항식 $Q(x)$를 $x-1$로 나누었을 때의 몫을 $Q_1(x)$라 하면 나머지가 2이므로 $Q(x)$
$=(x-1)Q_1(x)+2$ $\cdots$ ㉡
㉠을 ㉡에 대입하여 정리하면
$P(x)=(x-2)\{(x-1)Q_1(x)+2\}+3$
$=(x-2)(x-1)Q_1(x)+2(x-2)+3$
$=(x-1)(x-2)Q_1(x)+2x-1$
따라서 $P(x)$를 $(x-1)(x-2)$로 나누었을 때의 나머지는 $R(x)=2x-1$이다. $\therefore R(3)=5$

정답 ①

## 113

Point

다항식 $f(x)$를 $x-1$로 나눈 몫은 $Q(x)$, 나머지는 5이므로 $f(x)=(x-1)Q(x)+5$이다. $Q(x)$를 $x-2$로 나눈 나머지는 10이므로 $Q(x)=(x-2)Q(x)+10$이다.
따라서 $f(x)=(x-1)\{(x-2)Q'(x)+10\}+5$
$=(x-1)(x-2)Q'(x)+10(x-1)+5$
$=(x-1)(x-2)Q'(x)+10x-5$ 이므로 $f(x)$를 $(x-1)(x-2)$로 나눈 나머지는 $10x-5$이다.
따라서 $a=10,\ b=-5$이므로 $3a+b=25$이다.

정답 25

## 114

Point

나머지 정리에 의해 $f(-1)=1-a+b=2$,
$f(1)=1+a+b=8$ 이므로 두 식을 정리하면
$\begin{cases} -a+b=1 & \cdots ㉠ \\ a+b=7 & \cdots ㉡ \end{cases}$
㉠과 ㉡을 연립하여 풀면 $a=3,\ b=4$
따라서 $f(x)=x^2+3x+4$이므로
$f(2)=4+6+4=14$

정답 14

## 115

Point

나머지 정리에 의해 다항식 $x^2+ax+4$를 $x-1$로 나누었을 때의 나머지는 $a+5$ 다항식 $x^2+ax+4$를 $x-2$로 나누었을 때의 나머지는 $2a+8$
$a+5=2a+8$
$a=-3$

정답 ①

## 116

Point

다항식 $P(x)$를 $x^2-1$로 나눈 몫이 $2x+1$이고 나머지는 5이므로 $P(x)=(x^2-1)(2x+1)+5$
$P(x)$를 $x-2$로 나눈 나머지는 $P(2)$이므로
$P(2)=(2^2-1)(2\times2+1)+5=3\times5+5=20$

정답 ②

## 117

Point

다항식 $2x^3+x^2+x-1$을 일차식 $x-a$로 나누었을 때 몫은 $Q(x)$, 나머지는 3이므로 $2x^3+x^2+x-1$
$=(x-a)Q(x)=3$이다. 나머지 정리에 의해 양변에 $x=a$를 대입하면 $2a^3+a^2+a-1=3$이므로
$2a^3+a^2+a-4=0$이고 $(a-1)(2a^2+3a+4)=0$
이다. $2a^2+3a+4=0$이 실근을 갖지 않으므로
$a=1$이다. $2x^3+x^2+x-1=(x-a)Q(x)+3$에서
조립제법을 이용하면

$$
\begin{array}{r|rrrr}
1 & 2 & 1 & 1 & -1 \\
  &   & 2 & 3 & 4 \\
\hline
  & 2 & 3 & 4 & 3 \\
\end{array}
$$

$2x^3+x^2+x-1=(x-1)(2x^2+3x+4)+3$이다.
따라서 $Q(x)=2x^2+3x+4$이고,
$Q(a)=Q(1)=9$이다.

정답 ⑤

## 118

Point

다항식 $x^4-4x^2+a$가 $x-1$로 나누어떨어지므로 다항식 $x^4-4x^2+a$에 $x=1$을 대입하면 인수정리에 의해 $1-4+a=0$에서 $a=3$ 다항식
$x^4-4x^2+3$을 $x-1$로 나눈 몫이 $Q(x)$이므로
$x^4-4x^2+3=(x-1)Q(x)$ $x=3$을 대입하면
$2Q(3)=3^4-4\times3^2+3=48$ 따라서 $Q(a)$
$=Q(3)=24$

정답 ①

## 119

Point

다항식 $f(x)$를 $(x-3)(2x-a)$로 나눈 몫이 $x+1$이고 나머지가 $6$이므로
$f(x)=(x-3)(2x-a)(x+1)+6$ ⋯㉠
다항식 $f(x)$를 $x-1$로 나눈 나머지가 $6$이므로 나머지 정리에 의해 $f(1)=6$이다. ㉠에 $x=1$을 대입하면
$f(1)=(1-3)(2-a)\times2+6=-4(2-a)+6$
$=-8+4a+6=4a-2$
따라서 $4a-2=6$, $a=2$

정답 ①

## 120

Point

$f(x)=x^2+ax+b$라 하면 나머지에 의하여
$f(1)=1+a+b=6$ ⋯㉠
$f(3)=9+3a+b=6$ ⋯㉡
㉠, ㉡을 연립하면 $a=-4$, $b=9$
$f(x)=x^2-4x+9$
따라서 $f(x)$를 $x-4$로 나누었을 때의 나머지는 $f(4)=16-16+9=9$

정답 ⑤

## 121

Point

다항식 $f(x+1)$을 $x$로 나눈 몫을 $Q_1(x)$라 하면
$f(x+1)=xQ_1(x)+6$
위 식의 양변에 $x=0$을 대입하면 $f(1)=6$
다항식 $f(x)$를 $x^2-x$로 나눈 몫을 $Q_2(x)$라 하면
$f(x)=(x^2-x)Q_2(x)+ax+a=x(x-1)Q_2$
$(x)+ax+a$ 위 식의 양변에 $x=1$을 대입하면
$f(1)=2a$
$2a=6$이므로 $a=3$

정답 ③

## 122

Point

다항식 $f(x+3)$을 $(x+2)(x-1)$로 나눈 몫을 $Q(x)$라 하면
$f(x+3)=(x+2)(x+1)Q(x)+3x+8$ ⋯㉠
나머지 정리에 의하여 $f(x^2)$을 $x+2$로 나눈 나머지는
$f(4)$이므로 ㉠에 $x=1$을 대입하면 $f(4)=11$

정답 ①

## 123

Point

원기둥의 반지름의 길이를 $r$, 높이를 $h$라 하면
(부피)
$=\pi r^2 h=(x^3-x^2-5x+3)\pi=(x-1)^2(x+3)\pi$
이므로 $r=x-1$, $h=x+3$

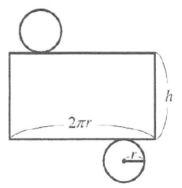

(겉넓이)
$=2\pi r^2+2\pi rh=2r(r+h)\pi=2(x-1)(2x+2)\pi$
$=4(x^2-1)\pi$

정답 ②

# 124

**Point**

$a^3 + c^3 + a^2 c + ac^2 - ab^2 - b^2 c$
$= (a+c)(a^2 - ac + c^2) + ac(a+c) - b^2(a+c)$
$= (a+c)(a^2 + c^2 - b^2) = 0$
$\therefore a^2 + c^2 = b^2 \, (\because a+c \neq 0)$
따라서, $b$가 빗변인 직각삼각형

정답 ⑤

# 125

**Point**

$x = 3 + 2\sqrt{2}$, $y = 3 - 2\sqrt{2}$ 이고 $x + y = 6$,
$x^2 - y^2 = (x+y)(x-y)$, $x^2 - y^2 = 6 \cdot 4\sqrt{2} = 24\sqrt{2}$
$\therefore p = 24$

정답 24

# 126

**Point**

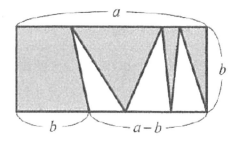

어두운 부분의 넓이는 직사각형의 넓이에서 세 삼각형의 넓이를 뺀 것이다.

$ab - \dfrac{1}{2}b(a-b) = \dfrac{1}{2}b(a+b)$

정답 ②

# 127

**Point**

$(x^2 - x)(x^2 + 3x + 2) - 3 = x(x-1)(x+1)(x+2) - 3$
$= (x^2 + x)(x^2 + x - 2) - 3$
$x^2 + x = A$로 치환하면
(준식)
$= A(A-2) - 3 = (A+1)(A-3) =$
$(x^2 + x + 1)(x^2 + x - 3)$ 따라서 $a + b + c + d = 0$

정답 ③

# 128

**Point**

$xy(x+y) - yz(y+z) - zx(z-x)$
$= (y+z)x^2 + (y^2 - z^2)x - yz(y+z)$
$= (y+z)\{x^2 + (y-z)x - yz\}$
$= (y+z)(x+y)(x-z) = (x+y)(y+z)(x-z)$

정답 ②

# 129

**Point**

$x = 3000$이라 하면
$(x-5)(x+1) + 9 = x^2 - 4x + 4 = (x-2)^2$
$= (300-2)^2 = 298^2$
따라서 자연수 $N$의 값은 298

정답 298

# 130

**Point**

$x^4 - 8x^2 + 16 = (x^2)^2 - 8(x^2) + 16 = (x^2 - 4)^2$
$= (x+2)^2(x-2)^2$ 이때 $a > b$이므로
$a = 2$, $b = -2$
$\dfrac{2012}{a-b} = \dfrac{2012}{2-(-2)} = 503$

정답 503

# 131

**Point**

다항식 $x^4 + 4x^2 + 16$을 인수분해하면
$x^4 + 4x^2 + 16 = (x^4 + 8x^2 + 16) - 4x^2$
$= (x^2 + 4)^2 - (2x)^2$
$= (x^2 + 2x + 4)(x^2 - 2x + 4)$
$= (x^2 + ax + b)(x^2 - cx + d)$이다.
$a$, $b$, $c$, $d$가 양의 실수이므로
$a = 2$, $b = 4$, $c = 2$, $d = 4$이다.
따라서 $a$, $b$, $c$, $d = 12$이다.

정답 ①

## 132

Point

$f(x)=2x^3-12x-7$이라 하면
$f(-1)=2\times(-1)^3-3\times(-1)^2-12\times(-1)-7=0$
이므로 $f(x)$는 $x+1$을 인수로 갖는다.
조립제법을 이용하여 인수분해하면

$$
\begin{array}{r|rrrr}
-1 & 2 & -3 & -12 & -7 \\
 & & -2 & 5 & 7 \\
\hline
-1 & 2 & -5 & -7 & 0 \\
 & & -2 & 7 & \\
\hline
 & 2 & -7 & 0 &
\end{array}
$$

$2x^3-3x^2-12x-7=(x+1)^2(2x+7)$에서
$a=1,\ b=2,\ c=-7$ 이므로
$a+b+c=1+2+(-7)=-4$

정답 ③

## 133

Point

$x^2-x=t$라 두면
$(x^2-x)^2+2x^2-2x-15=t^2+2t-15$
$=(t+5)(t-3)$
$=(x^2-x+5)(x^2-x-3)$
이므로 $a=-1,\ b=5,\ c=-3$ 또는
$a=-1,\ b=-3,\ c=5$이다.
따라서 $a+b+c=1$이다.

정답 ④

## 134

Point

다항식 $x^4-2x^3+2x^2-x-6$을 조립제법을 이용하여
인수분해 하면

$$
\begin{array}{r|rrrrr}
-1 & 1 & -2 & 2 & -1 & -6 \\
 & & -1 & 3 & -5 & 6 \\
\hline
2 & 1 & -3 & 5 & -6 & 0 \\
 & & 2 & -2 & 6 & \\
\hline
 & 1 & -1 & 3 & 0 &
\end{array}
$$

$x^4-2x^3+2x^2-x-6=(x+1)(x-2)(x^2-x+3)$
$\therefore a=-2,\ b=-1,\ c=3$
따라서 $a+b+c=0$

정답 ③

## 135

Point

$11^4-6^4=(11^2-6^2)(11^2+6^2)=(11-6)(11+6)\times157$
$=5\times17\times157$ 이므로
$a=5,\ b=17$이다.
따라서 $a+b=5+17=22$이다.

정답 ②

## 136

Point

$x=10$이라 하면
$10\times13\times14\times17\times36$
$=x(x+3)(x+4)(x+7)+36$
$=(x^2+7x)(x^2+7x+12)+36$
$=(x^2+7x)^2+12(x^2+7x)+36=(x^2+7x+6)^2$
$=(100+70+6)^2=176^2$
따라서 $\sqrt{10\times13\times14\times17\times36}=176$

정답 176

## 136

Point

$x=10$이라 하면
$10\times13\times14\times17\times36$
$=x(x+3)(x+4)(x+7)+36$
$=(x^2+7x)(x^2+7x+12)+36$
$=(x^2+7x)^2+12(x^2+7x)+36=(x^2+7x+6)^2$
$=(100+70+6)^2=176^2$
따라서 $\sqrt{10\times13\times14\times17\times36}=176$

정답 176

## 137

Point

$x^2y+xy^2+x+y=xy(x+y)+(x+y)$
$=(x+y)(xy+1)$이다.
$x+y=2\sqrt{3},\ xy=1$이므로
$x^2y+xy^2+x+y=2\sqrt{3}\times2=4\sqrt{3}$이다.

정답 ④

## 138

Point

$x^2-x=X$라 두자.
$(x^2-x)(x^2-x+3)+k(x^2-x)+8$
$=(x^2-x+a)(x^2-x+b)$에서
$X(X+3)+kX+8=(X+a)(X+b)$
$X^2+(k+3)X+8=X^2+(a+b)X+ab$이다.
양변의 계수를 비교하면 $k+3=a+b,\ ab=8$이다.
$a,\ b(a<b)$가 자연수이므로 $a=1,\ b=8$ 또는
$a=2,\ b=4$이다.
$k=a+b-3$이므로 $k=6$ 또는 $k=3$이다.
따라서 모든 상수 $k$의 값의 합은 $9$이다.

정답 ②

## 139

Point

$x^3+1$을 $x-3$으로 나누었을 때 몫과 나머지를 각각
$Q(x),\ R$라 하면 $x^3+1=(x-3)Q(x)+R$이다.
$x=3$을 대입하면 $R=27+1=28$이다.
$(2020+1)(2020^2-2020+1)=2020^3+1$이므로
$(2020+1)(2020^2-2020+1)$를 $2017$로 나누었을 때
나머지는 $28$이다.

정답 28

## 140

Point

나무 블록의 부피는 $x^2(x+3)-1^3\times2$
$=x^3+3x^2-2$
조립제법을 이용하여 인수분해하면

$$
\begin{array}{r|rrrr}
-1 & 1 & 3 & 0 & -2 \\
  &   & -1 & -2 & 2 \\
\hline
  & 1 & 2 & -2 & \;\bigl|\;0 \\
\end{array}
$$

$x^3+3x^2-2=(x+1)(x^2+2x-2)$
$a=1,\ b=2,\ c=-2$
따라서 $a\times b\times c=-4$

정답 ②

## 141

Point

농도가 $a\%$인 소금물 $100g$에 녹아있는 소금의 양은
$100\times\dfrac{a}{100}g$이고 농도가 $b\%$인 소금물 $200g$에 녹아있
는 소금의 양은 $200\times\dfrac{b}{100}g$이다. 그러므로 $p\%$인
소금물 $300g$에 녹아있는 소금의 양은
$100\times\dfrac{a}{100}+200\times\dfrac{b}{100}=a+2b$에서 $(a+2b)g$이다.
$\therefore p=\dfrac{a+2b}{300}\times100=\dfrac{a+2b}{3}$
농도가 $a\%$인 소금물 $200g$에 녹아있는 소금의 양은
$200\times\dfrac{a}{100}g+100\times\dfrac{b}{100}g=2a+b$에서
$(2a+b)g$이다. 즉, $q=\dfrac{2+b}{300}\times100=\dfrac{2a+b}{3}$
$\dfrac{a+2b}{3}:\dfrac{2a+b}{3}=2:3$에서 $3a+6b=4a+2b$
$\therefore a=4b$
따라서 $\dfrac{3a^2+4b^2}{ab}=\dfrac{52b^2}{4b^2}=13$

정답 13

## 142

Point

책에 진술된 내용에서

$$V = 2\pi \times \frac{a+b}{2} \times (b-a)c$$

$$= 2\pi \times (a와 \ b의 \ 평균) \times (직사각형 \ 넓이)$$

$$= 2\pi \times (l과 \ m \ 사이의 \ 거리) \times (직사각형 \ 넓이)$$

이므로 $V = 2\pi \times 3 \times 23 = 138\pi$  $\therefore \dfrac{V}{\pi} = 138$

정답 138

## 143

Point

$\overline{OC}$, $\overline{CD} = Q$라고 하면

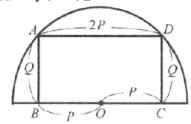

$\overline{DA} = 2P$, $\overline{AB} = Q$, $\overline{BO} = P$이고

$\overline{OC} + \overline{CD} = x + y + 3$에서 $P + Q = x + y + 3$ $\cdots$ ㉠

$\overline{DA} + \overline{AB} + \overline{BO} = 3x + y + 5$에서

$3P + Q = 3x + y + 5$ $\cdots$ ㉡

㉡$-$㉠에서 $2P = 2x + 2$

$P = x + 1$ $\cdots$ ㉢

㉢을 ㉠에 대입하면 $Q = y + 2$

직사각형 ABCD의 넓이 $S$를 구하면

$S = \overline{DA}$, $\overline{AB} = 2P \times Q = 2(x+1)(y+2)$

정답 ⑤

## 144

Point

조건 (가)에서 $(x-3)(y-3)(2z-3) = 0$ $\cdots$ ㉠

조건 (나)에서 $3(x+y+2z) = xy + 2yz + 2zx$ $\cdots$ ㉡

㉠에서

$(x-3)(y-3)(2z-3) = (xy - 3x - 3y + 9)(2z-3)$

$= 2xyz - 6xz - 6yz + 18z - 3xy + 9x + 9y - 27$

$= 2xyz - 3(xy + 2yz + 2zx) + 9(x+y+2z) - 27 = 0$

㉡을 이 식에 대입하면

$2xyz - 3(xy + 2yz + 2zx) + 9(x+y+2z) - 27$

$= 2xyz - 3\{3(x+y+2z)\} + 9(x+y+2z) - 27$

$= 2xyz - 9(x+y+2z) + 9(x+y+2z) - 27$

$= 2xyz - 27 = 0$

그러므로 $xyz = \dfrac{27}{2}$  $\therefore 10xyz = 135$

정답 135

## 145

Point

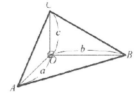

세 선분 OA, OB, OC의 길이를 각각 $a, b, c$라 하면

$\overline{OA} + \overline{OB} + \overline{OC} = 9$에서 $a + b + c = 9$

세 삼각형 $\triangle OAB$, $\triangle OBC$, $\triangle OCA$의 넓이의 합

은 13에서 $\dfrac{1}{2}ab + \dfrac{1}{2}bc + \dfrac{1}{2}ca = 13$

$\therefore ab + bc + ca = 26$

$\therefore \overline{OA}^2 + \overline{OB}^2 + \overline{OC}^2$

$= a^2 + b^2 + c^2 = (a+b+c)^2 - 2(ab+bc+ca)$

$=81-52=29$

정답 29

## 146

Point

$\overline{\mathrm{BD}}+\overline{\mathrm{CE}}=29+12=41$이므로 $x+y=41$

$\angle=90°$이므로 $x^2+y^2=29^2$

$xy=\dfrac{1}{2}\{(x+y)^2-(x^2+y^2)\}=420$

정답 420

## 147

Point

$r_1+r_2+r_3=8$이고, 어두운 부분과 원 $O_1$, $O_2$, $O_3$ 의 넓이의 합이 같으므로 원 $O_1, O_2, O_3$의 넓이의 합은 원 $O$의 넓이의 $\dfrac{1}{2}$이다. 즉 $\pi r_1^2+\pi r_2^2+\pi r_3^2$이다.

$=\dfrac{1}{2}\times64\pi$이다.

$\therefore r_1^2+r_2^2+r_3^2=32$

$r_1r_2+r_2r_3+r_3r_1=\dfrac{1}{2}\{(r_1+r_2+r_3)^2-(r_1^2+r_2^2+r_3^2)\}$

$=\dfrac{1}{2}(64-32)=16$

정답 16

## 148

Point

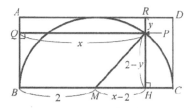

호 BC 위의 점 P에 대하여 $\overline{\mathrm{PQ}}=x$, $\overline{\mathrm{PR}}=y$ 라고 하면 직사각형 AQPR의 둘레의 길이는 10이므로

$2(x+y)=10$ $\cdots\cdots$ ㉠

점 P에서 선분 BC에 내린 수선의 발을 H라 하고 선분 BC의 중점을 M이라 하면

$\overline{\mathrm{PH}}=2-y$, $\overline{\mathrm{MH}}=x-2$ 직각삼각형 PMH에서 피타고라스 정리에 의해

$4=(2-y)^2+(x-2)^2=x^2+y^2-4(x+y)+8$

$=(x+y)^2-2xy-4(x+y)+8$

㉠에서 $x+y=5$이므로

$4=25-2xy-20+8$, $2xy=9$

$\therefore xy=\dfrac{9}{2}$

정답 ②

## 149

Point

$\overline{\mathrm{PQ}}=1$, $\overline{\mathrm{AR}}=a^2$이므로

$\overline{\mathrm{MN}}=\dfrac{1}{2}\times(\overline{\mathrm{PQ}}+\overline{\mathrm{AR}})=\boxed{\dfrac{1+a^2}{2}}$ 이다. 또한

$\overline{\mathrm{MN}}=(\overline{\mathrm{MN}}-\overline{\mathrm{BN}})=\boxed{\dfrac{1+a^2}{2}}-\left(\dfrac{a-1}{2}\right)^2$

$=\boxed{\left(\dfrac{a+1}{2}\right)^2}$ 이다.

따라서 삼각형 PAB의 넓이를 S라 하면

$\mathrm{S}=2\times\triangle\mathrm{MAB}=2\times\dfrac{1}{2}\times\overline{\mathrm{MB}}\times\overline{\mathrm{NR}}$

$=2\times\dfrac{1}{2}\times\left(\dfrac{a+1}{2}\right)^2\times\left(\dfrac{a+1}{2}\right)=\dfrac{(a+1)^3}{\boxed{8}}$이므로

$f(a)=\dfrac{1+a^2}{2}$, $g(a)=\left(\dfrac{a+1}{2}\right)^2$, $k=8$이다.

따라서 $f(3)+g(5)+k=5+9+8=22$이다.

정답 ④

## 150

Point

직육면체의 가로의 길이를 $a$, 세로의 길이를 $b$, 높이를 $c$라 하면 입체도형의 겉넓이가 236이므로

$2(ab+bc+ca)=236$ 입체도형의 모든 모서리의 길이의 합이 82이므로 $4(a+b+c)+6=82$

$\therefore a+b+c=19$

직육면체의 대각선의 길이를 $l$이라 하면

$\sqrt{a^2b^2c^2}=\sqrt{(a+b+c)^2-2(ab+bc+ca)}$

$=\sqrt{19^2-236}=\sqrt{125}=5\sqrt{5}$

정답 ②

## 151

Point

$i) r = \dfrac{R}{3}$ 을 주어진 관계식에 대입하면

$$v_1 = \frac{P}{4\eta l} \times \left(R^2 - \left(\frac{R}{3}\right)^2\right) = \frac{P}{4\eta l} \times \frac{8}{9}R^2$$

$ii) r = \dfrac{R}{2}$ 을 주어진 관계식에 대입하면

$$v_2 = \frac{P}{4\eta l} \times \left(R^2 - \left(\frac{R}{2}\right)^2\right) = \frac{P}{4\eta l} \times \frac{3}{4}R^2$$

따라서 $i), ii)$에 의해 $\dfrac{v_1}{v_2} = \dfrac{32}{27}$ 이다.

정답 ③

## 152

Point

행성 $A$와 $A$의 위성 사이의 거리가 해성 $B$와 $B$의 위성 사이의 거리를 각각 $r_A$, $r_B$라 하면
$r_A = 45r_B$ ··· ㉠이다.
행성 $A$의 위성의 공전 속력과 행성 $B$의 위성의 공전 속력을 각각 $v_A$, $v_B$라 하면 $v_A = \dfrac{2}{3}v_B$ ··· ㉡이다.

㉠과 ㉡에 의해 $M_A = \dfrac{r_A v_A^2}{G}$

$$= \frac{45r_B\left(\dfrac{2}{3}v_B\right)^2}{G} = 20 \times \frac{r_B v_B^2}{G} = 20M_B$$이다.

정답 ⑤

## 153

Point

$p + q = 1$, $pq = -1$이므로 $p^2 + q^2 = (p+q)^2 - 2pq$
$= 3$이고 $p^4 + q^4 = (p^2 + q^2)^2 - 2p^2q^2 = 7$이다.
따라서 $r = 3$, $s = 7$이다.
$a = \dfrac{p^8 - q^8}{p - q} = (p^4 + q^4)(p^2 + q^2)(p + q) = 7 \times 3 \times 1 = 21$
이므로 $t = 21$이다. 따라서 $r + s + t = 31$

정답 ③

## 154

Point

별 $A$의 반지름의 길이를 $R_A$, 별 $B$의 반지름의 길이를 $R_B$, 별 $A$의 표면 온도를 $T_A$, 별 $B$의 표면온도를 $T_B$라 하자. 별 $A$의 반지름의 길이는 별 $B$의 반지름의 길이의 12배이므로 $R_A = 12R_B$, 별 $A$의 표면 온도는 별 $B$의 표면 온도의 $\dfrac{1}{2}$배이므로 $T_A = \dfrac{1}{2}T_B$이다.
그러므로

$$\frac{L_A}{L_B} = \frac{4\pi R_A^2 \times \sigma T_A^4}{4\pi R_B^2 \times \sigma T_B^4} = \frac{4\pi(12R_B)^2 \times \sigma\left(\dfrac{1}{2}T_B\right)^4}{4\pi R_B^2 \times \sigma T_B^4}$$

$$= 144 \times \frac{1}{16} = 9$$

따라서 $\dfrac{L_A}{L_B} = 9$이다.

정답 ③

## 155

Point

실린더 $A$에 담긴 액체의 높이를 $h_A$, 실린더 $B$에 담긴 액체의 높이를 $h_B$, 실린더 $A$에 담긴 액체의 밀도를 $\rho_A$, 실린더 $B$에 담긴 액체의 밀도를 $\rho_B$ 라 하면, 실린더 $A$에 담긴 액체의 높이가 실린더 $B$에 담긴 액처의 높이의 15배이므로 $h_A = 15h_B$이고 실린더 $A$에 담긴 액체의 밀도는 실린더 $B$에 담긴 액체의 밀도의 $\dfrac{3}{5}$배이므로 $\rho_A = \dfrac{3}{5}\rho_B$이다.

따라서 $\dfrac{P_A}{P_B} = \dfrac{\rho_A g h_A}{\rho_B g h_B} = \dfrac{\left(\dfrac{3}{5}\rho_B\right)g(15h_B)}{\rho_B g h_B} = 9$이다.

정답 ④

## 156

Point

$2x^3 - 3x^2 + 1$
$= a + b(x-1) + c(x-1)(x-2) + d(x-1)(x-2)(x-$
이 $x$에 대한 항등식이므로 최고차항의 계수를 비교하면
$d = 2$
등식의 양변에 $x = 1$을 대입하면 $a = 0$

$= a + b(x-1) + c(x-1)(x-2) + d(x-1)(x-2)(x-3)$

이 $x$에 대한 항등식이므로 최고차항의 계수를 비교하면

$d = 2$

등식의 양변에 $x = 1$을 대입하면 $a = 0$

등식의 양변에 $x = 2$을 대입하면 $a + b = 5$, $b = 5$

등식의 양변에 $x = 3$을 대입하면

$a + 2b + 2c = 28$, $c = 9$

$\therefore a + b + c + d = 16$

정답 16

## 157

Point

준식에 $x = 0$을 대입하면,

$a_0 + a_1 + a_2 + \cdots + a_{2009} = 0$ $\cdots$ ㉠

$x = -2$를 대입하면,

$a_0 - a_1 + a_2 - \cdots - a_{2009} = (-2)^{2009}$ $\cdots$ ㉡

이 때, ㉠과 ㉡의 식을 변변 더하면,

$2(a_0 + a_2 - \cdots - a_{2008}) = -2^{2009}$ $\cdots$ ㉢이다.

따라서 $a_0 + a_2 - \cdots - a_{2008} = -2^{2008}$

정답 ②

## 158

Point

$(x^2 + x + 1)P(x) - 1 = (x^3 + 2x - 1)Q(x)$인 다항식

$Q(x)$가 존재한다. 즉 $(x^2 + x + 1)P(x)$

$= (x^3 + 2x - 1)Q(x) + 1$이다.

그런데, $x^3 + 2x - 1$을 $x^2 + x + 1$로 나눈 몫과 나머지

는 각각 $x - 1$, $\boxed{2x}$이므로

$(x^2 + x + 1)P(x) = (x-1)(x^2 + x + 1)Q(x)$

$+ \boxed{2x}Q(x) + 1$ $\cdots$ ㉠이다.

등식 ㉠을 만족하는 다항식 $P(x)$의 차수가 최소가 되

기 위해서는 $Q(x)$가 다항식이므로 $\boxed{2x}Q(x) + 1$

$= x^2 + x + 1$이어야 한다. 따라서 $Q(x) = \boxed{\dfrac{1}{2}x + \dfrac{1}{2}}$

이다. 그러므로 구하고자 하는 다항식

$P(x) = \dfrac{1}{2}x^2 + \dfrac{1}{2}$이다.

$f(x) = 2x$, $g(x) = \dfrac{1}{2}x + \dfrac{1}{2}$, $h(x) = \dfrac{1}{2}x^2 + \dfrac{1}{2}$이므로

$f(1) + g(3) + h(5) = 17$

정답 ②

## 159

Point

ㄱ. (참) $f(n) = 0$, 1, 2, 3, 4이고 0, 1, 2, 3, 4를

5로 나눈 나머지는 자기자신이므로

$f(f(n)) = f(n)$는 옳다.

ㄴ. (거짓) $n = 7$로 놓으면 $f(n) = 2$, $g(n) = 7$이다.

또, $g(f(n)) = g(2) = 2$에서 $g(f(n)) \neq g(n)$

즉, 옳지 않다.

ㄷ. (참) $n = 10k + \alpha$ $(\alpha = 0, 1, 2, \cdots, 9)$로 놓으면

$g(n) = \alpha$이므로 $f(g(n)) = f(\alpha) = f(10k + \alpha) = f(n)$

을 만족한다. 즉, 옳다. 따라서, 옳은 것은 ㄱ, ㄷ이다.

정답 ④

## 160

Point

$f(x) = x^3 + x^2 + 2x + 1$에서

$R(1) = f(a) = a^3 + a^2 + 2a + 1$

$R(2) = f(-a) = -a^3 + a^2 - 2a + 1$

즉, $R_1 + R_2 = 2a^2 + 2 = 6$에서 $a^2 + 1 = 3$, $a^2 = 2$

한편, $f(x)$를 $x - a^2$으로 나눈 나머지 $R$는

$R = f(a^2) = a^6 + a^4 + 2a^2 + 1$

$= 2^3 + 2^2 + 2 \cdot 2 + 1 = 17$

정답 17

## 161

Point

ㄱ. $x^{10} - x + 1 = (x^2 + 1)Q(x) + ax + b$에서

$x^2 = -1$ 대입하면 $a = 1$, $b = 0$이다.

따라서 $R(x^{10} - x + 1) = -x$ (참)

ㄴ. $x^2 = -1$ 대입하면

$R(x^9 + x + 1) = R(x^5 + x + 1) = 2x + 1$이다. (참)

ㄷ. $n = 4k + 3$ ($k$는 자연수)이면

$x^n + x + 1 = (x^2 + 1)Q(x) + ax + b$에 $x^2 = -1$을

대입하면 $R(n^n + x + 1) = 1$이다. (거짓)

정답 ②

## 162

`Point`

$f(0)=4$이고, $f(x)$는 $x^2+x+1$로 나누어 떨어지므로
$f(x)=(x^2+x+1)(ax+4)$ $\cdots$㉠
또, $f(x)+12$는 $x^2+2$로 나누어 떨어지므로
$f(x)+12=(x^2+2)(ax+8)$ $\cdots$㉡
㉠, ㉡에서
$(x^2+x+1)(ax+4)=(x^2+2)(ax+8)-12$
$ax^3+(a+4)x^2+(a+4)x+4=ax^3+8x^2+2ax+4$
계수비교법에 의하여 $a=4$
$\therefore f(x)=(x^2+x+1)(4x+4)$   $\therefore f(1)=24$

정답 24

## 163

`Point`

$f(x)=(x^2-8x+12)P(x)+2x+1$
$=(x-2)(x-6)P(x)+2x+1$ $\cdots$㉠
$(x^2+1)f(x+3)=(x^2-2x-3)Q(x)+R(x)$
$=(x-3)(x+1)Q(x)+ax+b$ $\cdots$㉡
㉠에서 $f(2)=5$, $f(6)=13$
㉡에 $x=-1$을 대입하면 $2f(2)=-a+b=10$,
$x=3$을 대입하면 $10f(6)=3a+b=130$
$\therefore a=30$, $b=40$   $\therefore R(1)=a+b=70$

정답 70

## 164

`Point`

$f(x)+g(x)$를 $x-2$로 나눈 나머지가 $10$에서
$f(2)+g(2)=10$
$\{f(x)\}^2+\{g(x)\}^2$를 $x-2$로 나눈 나머지가 $58$에서
$\{f(2)\}^2+\{g(2)\}^2=\{f(2)+g(2)\}^2-2f(2)g(2)$
이므로 $58=10^2-2f(2)g(2)$   $\therefore (2)g(2)=21$

정답 21

## 165

`Point`

삼차식 $f(x)$를 $x^2-3x+2$로 나눈 몫을 $Q(x)$라 하고
나머지를 $ax+b$라 하면
$f(x)=(x^2-3x+2)Q(x)+ax+b$
$=(x-1)(x-2)Q(x)+ax+b$ $\cdots$㉠

한편, $f(x+1)=f(x)+x^2$이므로
(i) $x=0$을 대입하면 $f(1)=f(0)+0=3(\because f(0)=3)$
(ii) $x=1$을 대입하면 $f(2)=f(1)+1=4(\because f(1)=3)$
(i),(ii)의 결과를 ㉠에 각각 대입하면
$f(1)=a+b=3$ $\cdots$㉡
$f(2)=2a+b=4$ $\cdots$㉢
㉢-㉡에서 $a=1$
$a$의 값을 ㉡에 대입하면 $b=2$
따라서 $a=1$, $b=2$이므로 삼차식 $f(x)$를
$x^2-3x+2$로 나눈 나머지는 $x+2$이다.

정답 ②

## 166

`Point`

(가), (나)에서
$f(x)=(x^3+1)(x+2)+ax^2+bx+c$
$=(x+1)(x^2-x+1)(x+2)+ax^2+bx+c$
$=(x^2-x+1)(x^2+3x+2)+a(x^2-x+1)+x-6$
(다)에서 $f(1)=-2$이므로 $a=-3$   $\therefore f(0)=-7$

정답 ④

## 167

`Point`

다항식 $x^3-4x^2+7x+4$를 두 이차식 $A(x)$, $B(x)$로
나눈 나머지가 $2x+6$으로 같으므로 $A(x)$, $B(x)$는
$x^3-4x^2+7x+4-(2x+6)$의 인수이다.
$x^3-4x^2+7x+4-(2x+6)=x^3-4x^2+5x-2$
$=(x-1)^2(x-2)$ $\cdots$㉠
두 이차식 $A(x)$, $B(x)$는 ㉠의 서로 다른 인수이므로
$A(x)=(x-1)^2$, $B(x)=(x-1)(x-2)$
또는 $A(x)=(x-1)(x-2)$, $B(x)=(x-1)^2$
$\therefore A(x)+B(x)=(x-1)^2+(x-1)(x-2)$
다항식 $A(x)+B(x)$를 $x-4$로 나눈 나머지는 다항식
$A(x)+B(x)$의 $x$에 $4$를 대입한 값과 같다.
$\therefore A(4)+B(4)=3^2+3\times2=15$

정답 ⑤

## 168

Point

다항식 $f(x)$를 $(x-a)(x-b)$로 나눈 몫을 $Q(x)$라 하면 $f(x)=(x-a)(x-b)Q(x)+R(x)$ $\cdots$ ㉠

ㄱ. ㉠은 $x$에 대한 항등식으로 $x=a$를 대입하면 $f(a)=R(a)$이므로 $f(a)-R(a)=0$ (참)

ㄴ. (반례) $f(x)=(x-a)(x-b)+x$라 하면 $R(x)=x$이고 $f(a)-R(b)=a-b$, $f(b)-R(a)=b-a$ 이때, $a \neq b$이므로 $f(a)-R(b) \neq f(b)-R(a)$ (거짓)

ㄷ. $R(x)=px+q$라 하면 $f(a)=pa+q$, $f(b)=pb+q$에서 $af(b)-bf(a)=abp+aq-abp-bq=(a-b)q$ $R(0)=q$이므로 $af(b)-bf(a)=(a-b)R(0)$ (참)

따라서 옳은 것은 ㄱ, ㄷ

정답 ③

## 169

Point

$\{f(x)\}^3+\{g(x)\}^3$
$=\{f(x)+g(x)\}[\{f(x)^2\}-f(x)g(x)+\{g(x)\}^2]$
$=(2x^2-x-1)h(x)$
$f(x)+g(x)=(x^2+x)+(x^2-2x-1)=2x^2-x-1$
이므로 $h(x)=\{f(x)\}^2-f(x)g(x)+\{g(x)\}^2$이다.

이때 $h(x)$를 $x-1$로 나누었을 때의 나머지는 $h(1)$이다. $f(1)=2$, $g(1)=-2$이므로
$h(1)=2^2-2 \times 2(-2)+(-2)^2=12$

정답 ⑤

## 170

Point

다항식의 나눗셈에 의해
$P(x)=(x^2-x-1)(ax+b)+2$ $\cdots$ ㉠
$P(x+1)=(x^2-4)Q(x)-3=(x-2)(x+2)Q(x)-3$ $\cdots$ ㉡
$x=2$를 ㉡에 대입하면 $P(3)=-3$
$x=-2$를 ㉡에 대입하면 $P(-1)=-3$이 된다.
㉠의 식에 $x=3$, $x=-1$을 대입하여 정리하면
$3a+b=-1$, $-a+b=-5$이고 $a=1$, $b=-4$이다.
따라서 $50a+b=50-4=46$이다.

정답 46

## 171

Point

ㄱ. $\{f(0)\}^3=1$이므로 $f(0)=1$ (참)

ㄴ. $f(x)$의 차수를 $n$이라 하면 좌변의 차수는 $3n$, 우변의 차수는 $n+2$이므로 $n=1$
$f(x)=ax+b$라 하면 좌변의 최고차항의 계수는 $a^3$, 우변의 최고차항의 계수는 $4a$이므로 $a^3=4a$
$a>0$이므로 $f(x)$의 최고차항의 계수는 2 (거짓)

ㄷ. ㄱ과 ㄴ에 의해 $f(x)=2x+1$이므로 $\{f(x)\}^3$을 $x^2-1$로 나눈 몫을 $Q(x)$, 나머지를 $cx+d$라 하면
$\{f(x)\}^3=(x^2-1)Q(x)+cx+d$이므로
$\{f(1)\}^3=c+d=27$
$\{f(-1)\}^3=-c+d=-1$
이를 연립하여 풀면 $c=14$, $d=13$
따라서 $\{f(x)\}^3$을 $x^2-1$로 나눈 나머지는 $14x+13$ (참)

정답 ③

## 172

Point

$f(x)$를 $x-1$로 나누었을 때의 몫을 $Q_1(x)$, 나머지를 $R_1$이라 하면 $f(x)=(x-1)Q_1(x)+R_1$ $\cdots$ ㉠
$f(x)$를 $x-2$로 나누었을 때의 몫을 $Q_2(x)$, 나머지를 $R_2$라 하면 $f(x)=(x-2)Q_2(x)+R_2$ $\cdots$ ㉡
㉡에 $x=2$를 대입하면 (가)에서 $R_2=f(2)=Q_2(1)$
$f(x)=(x-2)Q_2(x)+Q_2(1)$에 $x=1$을 대입하면
$f(1)=-Q_2(1)+Q_2(1)=0$
㉠에 $x=1$을 대입하면 $f(1)=R_1=0$
$f(x)$는 최고차항의 계수가 1인 이차식이므로
$Q_1(x)=x+a$라 하면 $f(x)=(x-1)(x+a)$
$Q_1(1)=1+a$, $f(2)=2+a=Q_2(1)$이므로 (나)에서
$Q_1(1)+Q_2(1)=(1+a)+(2+a)=2a+3=6$
$\therefore a=\dfrac{3}{2}$, $f(x)=(x-1)\left(x+\dfrac{3}{2}\right)$
따라서 $f(3)=(3-1)\left(3+\dfrac{3}{2}\right)=9$

정답 ③

# 173

Point

ㄱ. (반례) $a=4$, $b=3$, $c=1$ (거짓)

ㄴ. $(5a^2-b^2)+(5b^2-c^2)+5c^2=5a^2+4b^2+4c^2$
(참)

ㄷ. (케이크 $A$의 부피)-(케이크 $B$의 부피)
$= a^3+b^3+c^3-3abc$
$= (a+b+c)(a^2+b^2+c^2-ab-bc-ca)$
$= \dfrac{1}{2}(a+b+c)\{(a-b)^2+(b-c)^2+(c-a)^2\}>0$
(거짓)

정답 ②

# 174

Point

각 꼭짓점에 적힌 숫자를 $a$, $b$, $c$, $d$, $e$, $f$라고 하자.
이 때 면에 적힌 수는 각각
$abe$, $ade$, $acd$, $abc$, $bef$, $\mathrm{def}$, $cdf$, $bef$이다.
$abe$, $ade$, $acd$, $abc$, $bef$, $\mathrm{def}$, $cdf$, $bef$
$= (b+d)(a+f)(c+e)=150$
$105=3\times5\times7$이므로
$a+b+c+d+e+f=3+5+7=15$

정답 15

# 175

Point

$(2m-3n)^2=(m-2n)^2+(m-n)^2$을 전개하여 정리
하면 $2m^2-6mn+4n^2=0$, $m^2-3mn+2n^2=0$
$(m-n)(m-2n)=0$ $m\neq n$이므로 $m-2n=0$
$\therefore m=2n$

ㄱ. $m=4$이면 $2n=4$에서 $n=2$이다. (참)

ㄴ. $m=2$, $n=1$을 등식 $m=2n$에 대입하면 성립하
므로 $n$이 홀수이므로 $n$이 홀수일 때도 성립한다. (거짓)

ㄷ. $m+n=2n+n=3n$이므로 $m+n$은 3의 배수이
다. (참)

따라서 옳은 것은 ㄱ, ㄷ이다.

정답 ⑤

# 176

Point

구하는 입체의 부피는 원래의 정육면체의 부피에서 구멍
부분의 부피를 빼면 된다. 구멍 부분의 부피는 밑면이
한 변의 길이가 $y$인 정사각형이고 높이가 $x$인 정사각기
둥 3개의 부피에서 중복된 부분인 한 모서리의 길이가
$y$인 정육면체의 부피를 두 번 빼면 된다. 따라서 구멍
부분의 부피가 $3xy^2-2y^3$이므로 구하는 입체의 부피는
$x^3-(3xy^2-2y^3)=x^3-3xy^2+2y^3$이다.
$x=y$일 때 이 식의 값이 0이 되므로 $x-y$가 인수이
다. 조립제법에 의하여 인수분해하면
$\therefore x^3-3xy^2+2y^2=(x-y)(x^2+xy-2y^2)$
$= (x-y)^2(x+2y)$

정답 ①

# 177

Point

부피는 가로, 세로, 높이의 곱이므로
$f(x)=x^3+ax-6$라 하면, $f(x)$는 $x+2$를 인수로
갖는다. 이때, 인수정리에 의해 $f(-2)=0$이므로
$(-2)^3-2a-6=0$에서 $a=-7$이다.
그러므로 $f(x)=(x+2)(x-3)(x+1)$이다.
따라서 모든 모서리의 길이의 합은 $12x$이다.

정답 ②

# 178

Point

입체도형 $P$, $Q$, $S$, $T$의 부피가 각각 $p$, $q$, $r$, $s$, $t$
이므로 $p=a^3$, $q=b^3$, $r=a^3$, $s=b^2$, $t=ab(a-b)$
$p=q+r+s+t$이므로
$a^3=b^3+a^2+b^2+ab(a-b)$,
$a^3-b^3-a^2-b^2-ab(a-b)=0$
$(a-b)(a^2+ab+b^2)-(a^2+b^2)-ab(a-b)=0$
$(a-b)(a^2+b^2)-(a^2+b^2)=0$, $(a-b-1)(a^2+b^2)=0$
$a^2+b^2\neq$이므로 $a-b-1=0$ $\therefore a-b=1$

정답 ⑤

## 179

Point

$a^2b + 2ab + a^2 + 2a + b + 1$을 $b$에 대하여 내림차순으로 정리하여 인수분해하면

$(a^2 + 2a + 1)b + a^2 + 2a + 1 = (a+1)^2 b + (a+1)^2$
$= (a+1)^2 (b+1)$

위의 식의 값이 $245 = 7^2 \times 5$이므로

$(a+1)^2 (b+1) = 7^2 \times 5$

$a$, $b$는 자연수이므로 $a+1 = 7$, $b+1 = 5$

따라서 $a = 6$, $b = 4$이므로 $a + b = 10$

정답 ②

## 180

Point

$a = 2018$, $b = 3$이라 하면

$2018 \times 2021 + 9 = a(a+b) + b^2 = a^2 + ab + b^2$이고

$2018^2 - 27 = a^3 - b^3$이다.

인수분해 공식 $a^3 - b^3 = (a-b)(a^2 + ab + b^2)$을 이용하면 $2018^3 - 27 = a^3 - b^3$

$= (a-b)(a^2 + ab + b^2) = 2015 \times (2018 \times 2021 + 9)$

따라서 몫은 2015이다.

정답 ①

# II. 방정식과 부등식

## 181

Point

$$\frac{1}{1+i}+\frac{i}{1-i}=\frac{1-i}{(1+i)(1-i)}+\frac{i(1+i)}{(1-i)(1+i)}$$
$$=\frac{1-i}{2}+\frac{i-1}{2}=0$$

정답 ③

## 182

Point

$\dfrac{2}{z}=\dfrac{2}{1+i}=1-i$이므로 $\left(z-\dfrac{2}{z}\right)^2=(2i)^2=-4$

정답 ①

## 183

Point

$$(1+i)\left(1-\frac{1}{i}\right)=(1+i)\left(1-\frac{i}{i\times i}\right)$$
$$=(1+i)(1+i)=2i$$

정답 ⑤

## 184

Point

$$i(i+1)+\frac{1}{i}=-1+i-i=-1$$

정답 ④

## 185

Point

$i^2=-1$, $i^4=1$이므로 $(1+i)^2=1+2i+i^2=2i$
$(1+i)^8=\{(1+i)^2\}^4=(2i)^4=2^4\times i^4=16$

정답 16

## 186

Point

$$\alpha=\frac{1-i}{1+i}=\frac{(1-i)^2}{(1+i)(1-i)}=\frac{-2i}{2}=-i\text{이고}$$
$$\beta=\frac{1+i}{1-i}=\frac{(1+i)^2}{(1-i)(1+i)}=\frac{2i}{2}=i\text{이다.}$$
따라서
$$(1-2\alpha)(1-2\beta)=(1+2i)(1-2i)=1-4i^2=5$$
이다.

정답 ⑤

## 187

Point

$i+2i^2+3i^3+4i^4+5i^5=i-2-3i+4+5i=2+3i$
따라서 $a=2$, $b=3$이므로 $3a+2b=12$이다.

정답 12

## 188

Point

$z=3+i$, $\overline{z}=3-i$이므로 $z+\overline{z}=6$, $z\overline{z}=10$
$z^2+(\overline{z})^2=(z+\overline{z})^2-2z\overline{z}=6^2-2\cdot10=16$

정답 16

## 189

Point

$$\frac{\sqrt{27}}{\sqrt{-3}}+\sqrt{-4}\sqrt{-9}=\frac{3\sqrt{3}}{\sqrt{3}i}+\sqrt{4}i\sqrt{9}i=\frac{3}{i}\times\frac{i}{i}$$
$$+2i\times3i=-3i-6$$
$a=-6$, $b=-3$ $\therefore a+b=-9$

정답 ①

## 190

Point

$$\sqrt{-3}\sqrt{-2}=-\sqrt{6},\quad\frac{\sqrt{6}}{\sqrt{-2}}=\frac{\sqrt{6}}{\sqrt{2}i}=-\sqrt{3}i,$$
$(준식)=-6-\sqrt{3}i$

정답 ⑤

## 191

Point

$$\frac{\overline{z}}{2}+\frac{1}{z}=\frac{1-i}{2}+\frac{1}{1+i}=\frac{1-i}{2}+\frac{1-i}{(1+i)(1-i)}$$
$$=\frac{1-i}{2}+\frac{1-i}{2}=1-i$$

정답 ⑤

## 192

Point

$z=1+i$, $\overline{z}=1-i$이므로 $\dfrac{z\overline{z}}{z-\overline{z}}=\dfrac{2}{2i}=\dfrac{1}{i}=-i$

정답 ⑤

## 193

Point

$2x+5y=39$, $3x-y=16$을 연립하면 $x=7$, $y=5$
$\therefore x+y=12$

정답 12

## 194

Point

$(2-3i)x-(1-i)y=5-2i$
$(2x-y)+(-3x+y)i=5-2i$

복소수가 같을 조건에 의하여 $\begin{cases} 2x-y=5 \\ -3x+y=-2 \end{cases}$ 이므로

　$x=-3$, $y=-11$이다.
　$\therefore xy=33$

정답 33

## 195

Point

$(1+i)x+(3-i)y=9-7i$를 전개하여 정리하면
$(x+3y)+(x-y)i=9-7i$, $x+3y=9$, $x-y=-7$
$x=-3$, $y=4$　$\therefore x^2+y^2=25$

정답 25

## 196

Point

양변에 $(1-i)(1+i)$를 곱하여 정리하면
　$x(1+i)+y(1-i)=2(12-9i)$, $(x+y)+(x-y)i$
　　$=24-18i$
두 복소수가 서로 같을 조건에 의하여
$x+y=24$, $x-y=-18$　$\therefore x=3$, $y=21$
$\therefore x+10y=3+10\cdot 21=213$

정답 213

## 197

Point

$\dfrac{1+i}{1-i}+(1+2i)(3-i)=i+(5+5i)=5+6i$이다.

그러므로 $5+6i$이다. 그러므로 $5+6i=a+bi$에서
$a=5$, $b=6$이다. 따라서 $ab=30$

정답 30

## 198

Point

$(a+2i)(2-bi)=(2a+2b)+(4-ab)i=6+5i$에서
　$a+b=3$, $ab=-1$이므로
$a^2+b^2=(a+b)^2-2ab=3^2-2\times(-1)=11$

정답 ⑤

## 199

Point

$z=1+2i$에서 $\overline{z}=1-2i$
$z\times\overline{z}=(1+2i)\times(1-2i)=1-4i^2=1+4=5$

정답 ⑤

## 200

Point

$\dfrac{2a}{1-i}+3i=2+bi$, $\dfrac{2a(1+i)}{(1-i)(1+i)}+3i=2+bi$,
$a(1+i)+3i=2+bi$, $a+(a+3)i=2+bi$
$a=2$, $b=5$
따라서 $a+b=2+5=7$

정답 ②

## 201

Point

$z = x^2 - (5-i)x + 4 - 2i = (x^2 - 5x + 4) + (x-2)i$
이고 $\overline{z} = -z$가 성립하려면, $z$의 실수부분이 $0$이어 야 한다.

$z$의 실수부분이 $x^2 - 5x + 4$이므로 $x^2 - 5x + 4 = 0$의 근은 $x = 1$, $4$이다. 따라서 모든 실수 $x$값의 합은 $5$이다.

정답 ⑤

## 202

Point

$x^2 - 5x + 1 = 0$의 양변을 $x$로 나누면 $x - 5 + \dfrac{1}{x} = 0$
이므로 $x + \dfrac{1}{x} = 5$

정답 5

## 203

Point

주어진 이차방정식이 중근을 가지므로
$\dfrac{D}{4} = (2k+m)^2 - 4 \times (k^2 - k + n) = 0$ $\cdots$ ㉠이다.

이때, ㉠의 식을 $k$에 대하여 정리하면,
$4(m+1)k + m^2 - 4n = 0$ $\cdots$ ㉡이고 ㉡의 식이
$k$의 값에 관계없이 성립하므로
$m + 1 = 0$, $m^2 - 4n = 0$이다.

따라서 $m = -1$, $n = \dfrac{1}{4}$이므로 $m + n = -\dfrac{3}{4}$

정답 ①

## 204

Point

이차방정식 $x^2 + 4x + a = 0$의 판별식을 $D$라 하면
$D = 4^2 - 4 \times 1 \times a = 16 - 4a \geq 0$
$a \leq 4$이므로 자연수 $a$의 개수는 $4$

정답 ④

## 205

Point

이차방정식 $x^2 - 2x + 3 = 0$의 두 근을 $\alpha$, $\beta$라 하면,
이차방정식의 근과 계수의 관계에서
$\alpha + \beta = 2$, $\alpha\beta = 3$
$\therefore \alpha + \dfrac{3}{\alpha} = (1 + \sqrt{2}i) + (1 - \sqrt{2}i) = 2$

정답 ④

## 206

Point

$x^2 - ax + b = 0$의 두 근이 $a$, $b$이므로
$a + b = -a$, $ab = b$ 두 식을 연립하여 풀면
$a = 1$, $b = -2$ $\therefore a^2 + b^2 = 5$

정답 ②

## 207

Point

이차방정식의 계수가 실수이므로 한 근이 $4 + 3i$일 때
다른 한 근은 $4 - 3i$이다. 따라서 근과 계수와의
관계에 의하여
$-a = 4 + 3i + 4 - 3i = 8$, $a = -8$,
$b = (4 + 3i)(4 - 3i) = 25$
$\therefore a + b = 17$

정답 17

## 208

Point

$(x-2)(x-3) = 3$을 전개하여 정리하면
$x^2 - 5x + 3 = 0$ 두 근을 $\alpha$, $\beta$라 할 때
$\alpha + \beta = 5$, $\alpha\beta = 3$이고
$\alpha^2 + \beta^2 = (\alpha + \beta)^2 - 2\alpha\beta$이므로
$\alpha^2 + \beta^2 = 5^2 - 2 \cdot 3 = 19$

정답 19

## 209

**Point**

이차방정식 $x^2+ax+b=0$의 한 근이 $1+i$이므로
$(1+i)^2+a(1+i)+b=0$이다.
$(a+b)+(a+2)i=0$에서 $a+b=0$, $a+2=0$
$\therefore a=-2$, $b=2$
따라서 $ab=-4$

정답 ①

## 210

**Point**

이차방정식 $x^2+4=0$의 두 근을 각각 $\alpha$, $\beta$라 하면
근과 계수의 관계에 의하여 $\alpha\beta=4$

정답 ④

## 211

**Point**

이차방정식 $x^2-x+2=0$의 근과 계수의 관계에 의해
두 근의 곱은 $\dfrac{2}{1}=2$이다.

정답 ⑤

## 212

**Point**

이차방정식 $3x^2-16x+1=0$의 두 근이 $\alpha$, $\beta$이므로
근과 계수의 관계에 의하여 $\alpha+\beta=\dfrac{16}{3}$, $\alpha\beta=\dfrac{1}{3}$

$$\frac{1}{\alpha}+\frac{1}{\beta}=\frac{\alpha+\beta}{\alpha\beta}=\frac{\dfrac{16}{3}}{\dfrac{1}{3}}=16$$

정답 16

## 213

**Point**

이차방정식 $x^2-2x+4=0$의 두 근이 $\alpha$, $\beta$이므로 근
과 계수의 관계에 의해 $\alpha+\beta=2$, $\alpha\beta=4$
$$\frac{\beta^2}{\alpha}+\frac{\alpha^2}{\beta}=\frac{\alpha^3+\beta^3}{\alpha\beta}=\frac{(\alpha+\beta)^3-3\alpha\beta(\alpha+\beta)}{\alpha\beta}$$

$$=\frac{2^3-3\times4\times2}{4}=-4$$

정답 ②

## 214

**Point**

이차방정식 $x^2+8x-2=0$의 두 근을 $\alpha$, $\beta$라 하면
이차방정식의 근과 계수의 관계에 의하여
$\alpha+\beta=-8$, $\alpha\beta=-2$
따라서 $\dfrac{\alpha+\beta}{\alpha\beta}=\dfrac{-8}{-2}=4$

정답 4

## 215

**Point**

이차방정식의 근과 계수의 관계에 의하여
$3+4=-a$, $3\times4=b$이므로
$a+b=-7+12=5$이다.

정답 5

## 216

**Point**

근과 계수의 관계에 의해 $\alpha+\beta=k$, $\alpha\beta=4$이다.
따라서 $\dfrac{1}{\alpha}+\dfrac{1}{\beta}=\dfrac{\alpha+\beta}{\alpha\beta}=\dfrac{k}{4}=5$이므로 $k=20$이다.

정답 20

## 217

**Point**

이차방정식의 근과 계수의 관계에 의하여
$\alpha+\beta=-6$, $\alpha\beta=7$
$\alpha^2+\beta^2=(\alpha+\beta)^2-2\alpha\beta=(-6)^2-2\times7=22$

정답 ⑤

## 218

**Point**

이차함수의 그래프와 $x$축이 만나지 않으려면
이차방정식 $x^2-6x+a=0$이 서로 다른 두 허근을
가져야 한다. 이차방정식의 판별식을 $D$라 하면

$\dfrac{D}{4}=9-a<0$이므로 $a>9$이다.

따라서 정수 $a$의 최솟값은 $10$이다.

정답 ②

## 219

Point

이차함수 $y=-x^2+4x$의 그래프와 직선 $y=2x+k$가
적어도 한 점에서 만나기 위해서는 방정식
$-x^2+4x=2x+k$가 실근을 가져야 한다.

$x^2-2x+k=0$의 판별식을 $D$라 하면

$\dfrac{D}{4}=1-k\geq 0$이므로 $k\leq 1$이다. 따라서 $k$의

최댓값은 $1$이다.

정답 ②

## 220

Point

이차함수 $y=3x^2-4x+k$의 그래프와 직선
$y=8x+12$와 한 점에서 만나야 하므로 이차방정식
$3x^2-12x+k-12=0$의 판별식을 $D$라 하면
$D=0$이다.

$\dfrac{D}{4}=6^2-3(k-12)=72-3k=0$

따라서 $k=24$

정답 24

## 221

Point

이차함수 $y=-2x^2+5x$의 그래프와 직선
$y=2x+k$가 적어도 한 점에서 만나기 위해
$-2x^2+5x=2x+k$

$2x^2-3x+k=0$의 판별식 $D\geq 0$이어야 한다.
$D=(-3)^2-4\times 2\times k\geq 0$

$k\leq \dfrac{9}{8}$이므로 실수 $k$의 최댓값은 $\dfrac{9}{8}$이다.

정답 ③

## 222

Point

이차함수 $y=x^2+5x+2$의 그래프와 직선
$y=-x+k$가 서로 다른 두 점에서 만나려면
이차방정식 $x^2+5x+2=-x+k$는 서로 다른 두
실근을 가져야 한다.

이차방정식 $x^2+6x+2-k=0$의 판별식 $D>0$이어
야 하므로 판별식 $D=6^2-4(2-k)=28+4k>0$
에서 $k>-7$이다.

따라서 정수 $k$의 최솟값은 $-6$이다.

정답 ③

## 223

Point

곡선 $y=2x^2-5x+a$와 직선 $y=x+12$가 만나는
두 점의 $x$좌표를 각각 $\alpha$, $\beta$라 하자.

두 식 $y=2x^2-5x+a$, $y=x+12$를 연립하면
$2x^2-5x+a=x+12$
$2x^2-6x+a-12=0$ $\cdots$ ㉠

이 이차방정식의 두 근이 $\alpha$, $\beta$이므로 근과 계수의 관계

에서 $\alpha\beta=\dfrac{a-12}{2}$

이 때 조건에서 $\alpha\beta=-4$이므로 $\dfrac{a-12}{2}=-4$, $a=4$

정답 ②

## 224

Point

직선 $y=-x+a$가 이차함수 $y=x^2+bx+3$의
그래프에 접하므로 이차방정식
$x^2+(b+1)x+3-a=0$이 중근을 갖는다.

이차방정식의 판별식을 $D$라 하면

$D=(b+1)^2-4(3-a)=0$이고 $a$를 $b$에 대하여

정리하면 $a=-\dfrac{1}{4}(b+1)^2+3$이므로 실수 $a$의

최댓값은 $3$이다.

정답 ③

## 225

Point

두 식 $y = 2x^2 - 5x + a$, $y = x + 12$를 연립하면
$2x^2 - 5x + a = x + 12$
$2x^2 - 6x + a - 12 = 0$ ····· ㉠
이 이차방정식의 두 근이 $\alpha$, $\beta$이므로 근과 계수의 관계
에서 $\alpha\beta = \dfrac{a-12}{2}$

이 때 조건에서 $\alpha\beta = -4$이므로 $\dfrac{a-12}{2} = -4$, $a = 4$

정답 ②

## 226

Point

함수 $f(x) = 2(x-1)^2 - 1$의 그래프의 꼭짓점의 $x$좌
표가 1이므로 $x = 1$에서 최솟값, $x = 3$에서 최댓값
을 가진다.
따라서 최댓값은 $f(3) = 2(3-1)^2 - 1 = 7$

정답 7

## 227

Point

주어진 식을 변형하면
$y = 2x^2 - 4x + 5 = 2(x^2 - 2x) + 5$
$= 2(x^2 - 2x + 1 - 1) + 5$
$= 2(x^2 - 2x + 1) - 2 + 5 = 2(x-1)^2 + 3$

이므로 이차함수 $y = 2x^2 - 4x + 5$의 그래프는 다음과
같다.

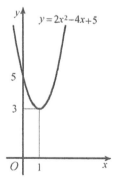

따라서 이차함수 $y = 2x^2 - 4x + 5$의 최솟값은 $x = 1$
일 때 3이다.

정답 ①

## 228

Point

$y = -2x^2 - 8x + 15 = -2(x^2 + 4x) + 15$
$= -2(x+2)^2 + 23$
따라서 최댓값은 23이다.

정답 23

## 229

Point

점 $(1, 13)$을 지나므로 $13 = -1 + a + 10$ ∴ $a = 4$
$y = -x^2 + 4x + 10 = -(x-2)^2 + 14$이므로 $M = 14$
따라서 $a + M = 18$

정답 18

## 230

Point

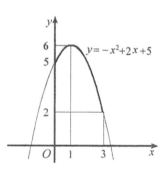

$y = -x^2 + 2x + 5 = -(x-1)^2 + 6$의 그래프가 그림과
같으므로 $x = 3$일 때 최솟값은 2

정답 ①

## 231

Point

$f(x) = -x^2 - 4x + k = -(x+2)^2 + k + 4$
이차함수 $f(x)$의 최댓값은 $k + 4 = 20$
따라서 $k = 16$

정답 16

## 232

Point

$f(x) = -x^2 - 4x + k = -(x+2)^2 + k + 4$
이차함수 $f(x)$의 최댓값은 $k+4 = 20$
따라서 $k = 16$

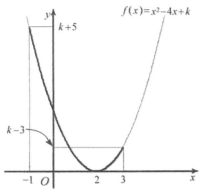

$f(x) = x^2 + 4x + k = (x-2)^2 + k - 4$
$-1 \leq x \leq 3$일 때, 함수 $f(x)$는 $x = -1$에서 최댓값
9를 갖는다.
$f(-1) = k + 5 = 9$
따라서 $k = 4$

정답 ④

## 233

Point

$f(x) = x^3 - 7x^2 + 5x + 1$이라 하면 $f(1) = 0$이므로
$f(x)$는 $x - 1$을 인수로 갖는다. 조립제법을
이용하여 인수분해하면
$x^3 - 7x^2 + 5x + 1 = (x-1)(x^2 - 6x - 1) = 0$
$\therefore x = 1$ 또는 $x^2 - 6x - 1 = 0$
$\therefore x = 1$ 또는 $x = 3 \pm \sqrt{10}$

정답 ④

## 234

Point

삼차다항식 $x^3 - 7x + 6$을 인수분해하면
$(x+3)(x-1)(x-2)$이므로 삼차방정식
$x^3 - 7x + 6 = 0$의 세 근은 각각
$\alpha = 2$, $\beta = 1$, $\gamma = -3 (\alpha > \beta > \gamma)$
따라서 $\alpha + 2\beta - 3\gamma = 13$

정답 13

## 235

Point

$ax^3 + x^2 + x - 3 = 0$의 한 근이 1이므로
$a + 1 + 1 - 3 = 0$이고 $a = 1$이다. 그러므로 주어진
방정식은 $x^3 + x^2 + x - 3 = 0$이다.
조립제법을 이용하면

| 1 | 1 | 1 | 1 | $-3$ |
|---|---|---|---|---|
| | | 1 | 2 | 3 |
| | 1 | 2 | 3 | 0 |

$x^3 + x^2 + x - 3 = (x-1)(x^2 + 2x + 3)$이다. 그러므로
삼차방정식 $x^3 + x^2 + x - 3 = 0$의 나머지 두 근은
이차방정식 $x^2 + 2x + 3 = 0$의 두 근과 같다.
따라서 두 근을 $\alpha$, $\beta$라 하면 두 근의 곱 $\alpha\beta = 3$이다.

정답 ③

## 236

Point

연립방정식 $\begin{cases} x - y + 2 = 0 & \cdots \text{㉠} \\ x^2 + 3x - y - 1 = 0 & \cdots \text{㉡} \end{cases}$

㉠을 ㉡에 대입하면 $x^2 + 3x - (x+2) - 1 = 0$
$x^2 + 2x - 3 = 0$, $(x+3)(x-1) = 0$
$\therefore x = -3$, $y = -1$ 또는 $x = 1$, $y = 3$
따라서 $|\alpha + \beta| = 4$

정답 4

## 237

Point

$\begin{cases} 2x - y = 3 & \cdots \text{㉠} \\ x^2 - y = 2 & \cdots \text{㉡} \end{cases}$

㉠에서 $y = 2x - 3$을 ㉡에 대입하면
$x^2 - (2x - 3) = 2$
$x^2 - 2x + 1 = 0$
$(x-1)^2 = 0$ $\therefore x = 1$, $y = -1$
따라서 $\alpha = 1$, $\beta = -1$이므로 $\alpha + \beta = 0$

정답 ③

## 238

Point

$x-2y=1$에서 $x=2y+1$ $\cdots$ ㉠
㉠을 $x^2-4y^2=5$에 대입하면 $(2y+1)^2-4y^2=5$
$(4y^2+4y+1)-4y^2=5$
$4y+1=5$
$y=1$ $\cdots$ ㉡
㉡을 ㉠에 대입하면 $x=2\times1+1=3$
따라서 $a=3$, $b=1$이므로 $a+b=4$

정답 ④

## 239

Point

$x=y+5$이므로 $(y+5)^2-2y^2=50$이다.
$y^2-10y+25=0$, $(y-5)^2=0$이므로 $y=5$이고
$x=10$이다. 따라서 $\alpha=10$, $\beta=5$이므로
$\alpha+\beta=15$이다.

정답 15

## 240

Point

$\begin{cases} x-y-1=0 & \cdots ㉠ \\ x^2-xy+2y=4 & \cdots ㉡ \end{cases}$

㉠에서 $y=x-1$을 ㉡에 대입하면
$x^2-x(x-1)+2(x-1)=4$
$x+2x-2=4$
$\alpha=2$, $\beta=1$
따라서 $\alpha+\beta=2+1=3$

정답 ③

## 241

Point

$\begin{cases} x-2y=1 & \cdots ㉠ \\ 2x-y^2=6 & \cdots ㉡ \end{cases}$

㉠, ㉡에서 $2(2y+1)-y^2=6$
$(y-2)^2=0$, $y=2$
$x=5$
따라서 $\alpha+\beta=7$

정답 7

## 242

Point

$3x-a<2x-3$에서 $x<a-3$ 가장 큰 정수가 $2$가
되려면 $2<a-3\leq3$이어야 한다. 따라서
$5<a\leq6$

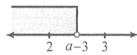

정답 ④

## 243

Point

$-3\leq x-2\leq3$이므로 $-1\leq x\leq5$
정수의 개수는 $7$개

정답 ②

## 244

Point

$|2x-1|\leq a$, $-a\leq2x-1\leq a$,
$-a+1\leq2x\leq a+1$, $\dfrac{-a+1}{2}\leq x\leq\dfrac{a+1}{2}$ 는

$b\leq x\leq3$이므로 $\dfrac{-a+1}{2}=b$, $\dfrac{a+1}{2}=3$에서

$-a+1=2b$, $a+1=6$
두 식을 연립하여 풀면
$\therefore a=5$, $b=-2$ $\therefore a+b=3$

정답 ⑤

## 245

Point

( ⅰ )$x\geq1$일 때 주어진 부등식은 $2x-2+x\leq4$이므
로 $x\leq2$
$\therefore 1\leq x\leq2$
( ⅱ )$x<1$일 때 주어진 부등식은 $-2x+2+x\leq4$이
므로 $x\geq-2$
$\therefore -2\leq x<1$
( ⅰ ), ( ⅱ )에 의해 $-2\leq x\leq2$
따라서 주어진 부등식의 정수인 근은
$-2$, $-1$, $0$, $1$, $2$이므로 모든 $x$의 값의 합은 $0$

정답 ③

## 246

Point

부등식 $|x-1| \leq 5$를 풀면 $-5 \leq x-1 \leq 5$

$-4 \leq x \leq 6$이므로 만족시키는 정수의 개수는 $11$이다.

정답 11

## 247

Point

$-2 < \dfrac{1}{2}x - 3 < 2$에서 $1 < \dfrac{1}{2}x < 5$

$\therefore 2 < x < 10$

따라서 부등식을 만족시키는 정수 $x$는

$3,\ 4,\ 5,\ \cdots,\ 9$의 7개다.

정답 ④

## 248

Point

$|x-a| < 2$를 풀면 $-2+a < x < 2+a$이다. $a$가

자연수이므로 부등식을 만족하는 정수 $x$는

$-1+a,\ a,\ 1+a$이다.

모든 정수 $x$의 값의 합이

$(-1+a)+a+(1+a)=3a$이므로 $3a=33$이다.

따라서 $a=11$이다.

정답 ①

## 249

Point

이차방정식 $x^2 - 2(k+2)x + 2k^2 - 28 = 0$이 서로

다른 두 실근을 갖기 위해서는 판별식

$D = 4(k+2)^2 - 4(2k^2 - 28) > 0$

즉, $k^2 - 4k - 32 < 0$이므로 $-4 < k < 8$

따라서 정수 $k$의 개수는 11개

정답 ①

## 250

Point

$(x+3)(x-1) \leq 0$에서 $-3 \leq x \leq 1$

$x$는 정수이므로 $-3,\ -2,\ -1,\ 0,\ 1$ 구하는 개수는

$5$이다.

정답 ⑤

## 251

Point

$x+6 > 0$ $\quad \therefore x > -6$ $\quad \cdots$ ㉠

$x^2 + 2x - 35 \leq 0,\ (x+7)(x-5) \leq 0$

$\therefore -7 \leq x \leq 5$ $\quad \cdots$ ㉡

㉠, ㉡으로부터 연립부등식의 해는 $-6 < x \leq 5$이다.

따라서 구하는 정수의 개수는 $-5,\ -4,\ \cdots,\ 4,\ 5$의

$11$(개)이다.

정답 ④

## 252

Point

$x^2 - 4x + 2 \leq 2x - 3$에서 $x^2 - 6x + 5 \leq 0$

$(x-1)(x-5) \leq 0,\ 1 \leq x \leq 5$

따라서 주어진 부등식을 만족하는 정수는

$1,\ 2,\ 3,\ 4,\ 5$의 5개이다.

정답 ⑤

## 253

Point

$x^2 - 4x - 12 < 0,\ (x-6)(x+2) < 0,$

$-2 < x < 6$ $\quad \cdots$ ㉠

$x^2 - 2x - 3 \geq 0,\ (x-3)(x+1) \geq 0,\ x \leq -1$ 또는

$x \geq 3$ $\quad \cdots$ ㉡

㉠, ㉡의 공통부분은 $-2 < x \leq -1$ 또는 $3 \leq x < 6$

이다. 이를 만족시키는 정수 $x$는 $-1,\ 3,\ 4,\ 5$이므

로 4개

정답 ④

## 254

Point

$x^2 - 2kx - 2k^2 + k + 4 = (x-k)^2 + (-3k^2 + k + 4)$

이므로 모든 실수 $x$에 대하여 이차부등식이 항상 성

립하기 위해서는 $-3k^2 + k + 4 > 0$이어야 한다.

$\therefore -1 < k < \dfrac{4}{3}$

그러므로 모든 정수 $k$의 값의 합은 $1$이다.

정답 ①

## 255

Point

$2x^2 - 33x - 17 = (2x+1)(x-17) \le 0$,

$-\dfrac{1}{2} \le x \le 17$

따라서 정수 $x$의 개수는 18이다.

정답 18

## 256

Point

$x^2 - x - 6 > 0$에서 $(x-3)(x+2) > 0$

$\therefore x < -2$ 또는 $x > 3$ $\cdots \bigcirc$

$x^2 - 7x + 6 \le 0$에서 $(x-1)(x-6) \le 0$

$\therefore 1 \le x \le 6$ $\cdots \bigcirc$

$\bigcirc$, $\bigcirc$에서 $3 < x \le 6$

따라서 정수 $x$의 개수는 3

정답 ③

## 257

Point

$x^2 + x - 6 \ge 0$에서 $(x+3)(x-2) \ge 0$, $x \le -3$ 또는 $x \ge 2$ $\cdots \bigcirc$

$x^2 - 6x + 5 < 0$에서

$(x-1)(x-5) < 0$, $1 < x < 5$ $\cdots \bigcirc$

$\bigcirc$, $\bigcirc$을 동시에 만족시키는 $x$의 값의 범위는

$2 \le x < 5$이므로 정수 $x$의 값은 2, 3, 4

따라서 정수 $x$의 개수는 3

정답 ③

## 258

Point

부등식 $2x+1 < x-3$의 해는 $x < -4$이고

$x^2 + 6x - 7 = (x-1)(x+7) < 0$의 해는

$-7 < x < 1$이므로 연립부등식의 해는

$-7 < x < -4$이다.

따라서 $\alpha = -7$, $\beta = -4$이므로

$\beta - \alpha = -4 - (-7) = 3$이다.

정답 3

## 259

Point

부등식 $x-1 \ge 2$의 해는 $x \ge 3$이고

$x^2 - 6x + 8 = (x-2)(x-4) \le 0$의 해는 $2 \le x \le 4$
이다.

그러므로 주어진 연립부등식의 해는 $3 \le x \le 4$이다.

따라서 $\alpha = 3$, $\beta = 4$이므로 $\alpha + \beta = 7$이다.

정답 7

## 260

Point

이차방정식 $x^2 - 2kx + 2k + 15 = 0$의 판별식을 $D$라 하자.

모든 실수 $x$에 대하여 부등식 $x^2 - 2kx + 2k + 15 \ge 0$
이 성립하려면 $D \le 0$이어야 한다.

$\dfrac{D}{4} = (-k)^2 - 1 \times (2k+15) \le 0$

$k^2 - 2k - 15 \le 0$

$(k-5)(k+3) \le 0$

$-3 \le k \le 5$

따라서 정수 $k$는 $-3$, $-2$, $-1$, $\cdots$, 5이므로 그 개수는 9이다.

정답 ②

## 261

Point

$$\left(\frac{1+i}{1-i}\right)^{2009} + \left(\frac{1-i}{1+i}\right)^{2011}$$
$$= i^{2009} + (-i)^{2011} = i^{2009} - i^{2011}$$
$$= (i^4)^{502} \cdot i - (i^4)^{502} \cdot i^3 = i - i^3 = 2i$$

정답 ②

## 262

Point

$$z^2 = \left(\frac{1-i}{\sqrt{2}}\right) = -i, \ z^4 = (-i)^2 = -1,$$
$$z^8 = (-1)^2 = 1$$
$$z^8 + z^{12} = z^8 + z^8 z^4 = 1 - 1 = 0$$
따라서 $z^8 + z^{12} = 0$

정답 ③

## 263

Point

$$\frac{1-i}{1+i} = \frac{(1-i)^2}{(1+i)(1-i)} = \frac{-2i}{2} = -i$$이므로
$$i - \left(\frac{1-i}{1+i}\right)^{2013} = i - (-i)^{2013} = i + i = 2i$$
따라서 $a+bi = 2i$에서 $a=0$, $b=2$이므로 $a+b=2$
이다.

정답 ②

## 264

Point

$(a-bi)^2 = 8i$, $(a-bi)^2 = a^2 - b^2 - 2abi$이므로
$(a^2 - b^2) - 2abi = 8i$에서 $\begin{cases} a^2 - b^2 = 0 \cdots \text{⊙} \\ -2ab = 8 \ \cdots \text{ⓛ} \end{cases}$ 을

만족한다.
⊙에서 $a=b$ 또는 $a=-b$이다.
 i ) $a=b$일 때, ⓛ에서 $a^2 = -4$이므로 만족하는 $a$값
은 존재하지 않는다.
ii ) $a=-b$일 때, ⓛ에서 $a^2 = 4$이므로
 $a=2$, $b=-2 \ (\because a > 0)$이다.
따라서 $20a + b = 40 - 2 = 38$이다.

정답 38

## 265

Point

$a^2$이 최솟값이고 $bc$가 최댓값일 때 $a^2 - bc$는 최솟값을
갖는다.
$a^2$의 최솟값은 $a = 5i$일 때 $-25$, $bc$의 최댓값은
 $b = -4i$, $c = 5i$ 또는 $b = 5i$, $c = -4i$일 때 20
따라서 $a^2 - bc$의 최솟값은 $-45$

정답 ③

## 266

Point

$$(i + i^2) + (i^2 + i^3) + \cdots + (i^{18} + i^{19})$$
$$= (i + i^2 + \cdots + i^{18}) + (i^2 + i^3 + \cdots + i^{19})$$
$$= (i-1) + (-1-i) = -2$$

정답 16

## 267

Point

$$z^2 = z \cdot z = -i, \ z^3 = z^2 \cdot z = -\frac{1+i}{\sqrt{2}},$$
$$z^4 = (z^2)^2 = -1, \ z^5 = z^4 \cdot z = -\frac{1+i}{\sqrt{2}i},$$
$$z^6 = z^4 \cdot z^2 = i, \ z^7 = z^6 \cdot z = \frac{1+i}{\sqrt{2}},$$
$$z^8 = (z^4)^2 = 1$$
따라서 $z^n = 1$이 되도록 하는 자연수 $n$의 최솟값은 8
이다.

정답 ④

## 268

Point

ㄷ. $i^{4n+2} = i^{4n} \cdot i^2 = -1$

정답 ③

## 269

Point

$\dfrac{\sqrt{a}}{\sqrt{b}}=-\sqrt{\dfrac{a}{b}}$ 는 $a>0$, $b<0$인 경우 성립한다.

$a-2b>0$, $3b<0$이므로

$\sqrt{(a-2b)^2}+|3b|=|a-2b|+|3b|$
$=(a-2b)-3b=a-5b$

정답 ④

## 270

Point

$z=a+bi$라 하면 $z+(1-2i)=(a+1)+(b-2)i$는
　양의 실수이므로 $a>-1$, $b=2$　$\cdots$㉠

$z\bar{z}=a^2+b^2=7$　$\cdots$㉡

㉠, ㉡에 의해 $a=\sqrt{3}$, $b=2$

$\therefore \dfrac{1}{2}(z+\bar{z})=a=\sqrt{3}$

정답 ③

## 271

Point

$(x+i)(y+i)=(1+i)^4$
$(xy-1)+(x+y)i=-4$
$xy-1=-4$, $x+y=0$
$\therefore x^2+y^2=0^2-2(-3)=6$

정답 ②

## 272

Point

$\sqrt{-2}\sqrt{-18}+\dfrac{\sqrt{12}}{\sqrt{-3}}=\sqrt{2}\,i\times\sqrt{18}\,i+\dfrac{2\sqrt{3}}{\sqrt{3}\,i}$

$=\sqrt{36}\,i^2+\dfrac{2i}{i^2}=-6-2i$

정답 ⑤

## 273

Point

주어진 식을 정리하면
$$3x^2-10xy+(2x^2-5x)i=8+12i$$
양변의 두 복소수가 서로 같으므로
$$\begin{cases}3x^2-10xy=8\cdots㉠\\2x^2-5x=12\ \cdots㉡\end{cases}$$
㉡에서 $2x^2-5x-12=0$, $(2x+3)(x-4)=0$
$x$는 정수이므로 $x=4$　$\cdots$㉢
㉠에 ㉢을 대입하면 $48-40y=8$이므로 $y=1$
따라서 $x+y=5$

정답 ⑤

## 274

Point

$\alpha=\dfrac{1+i}{2i}$에서 $\alpha^2=\dfrac{2i}{-4}=-\dfrac{i}{2}$이고,

$\beta=\dfrac{1-i}{2i}$에서 $\beta^2=\dfrac{-2i}{-4}=\dfrac{i}{2}$이므로

$2\alpha^2=-i$, $2\beta^2=i$이다.

따라서 $(2\alpha^2+3)(2\beta^2+3)=(3-i)(3+i)=10$이다.

정답 ②

## 275

Point

$\bar{z}=\dfrac{z^2}{4i}$에서 $4i\bar{z}=z^2$이다.

$z=a+2i$이면 $\bar{z}=a-2i$이므로 $4i\bar{z}=z^2$에 대입하면
$$4i(a-2i)=(a+2i)^2,\ 4ai+8=a^2+4ai-4$$이
다.

따라서 $a^2-12=0$이므로 $a^2=12$이다.

정답 12

## 276

Point

$\overline{AB}=a$, $\overline{EF}=b$이고 $\overline{AF}=5$, $\overline{EB}=1$이므로
　$a+b=6$, $a=6-b$　$\cdots$㉠　이다. 직사각형
　EBCI의 넓이는 $a$, 정사각형 EFGH의 넓이는
　$b^2$이므로 $a=\dfrac{1}{4}b^2$　$\cdots$㉡이다. ㉠을 ㉡에

대입하면 $6-b=\frac{1}{4}b^2$이므로 $b^2+4b-24=0$이다.

그러므로 $b=-2\pm2\sqrt{7}$이다.

한편, ㉠과 $a<b$에 의해서 $6-b<b$이므로 $b>3$이다.

따라서 $b=-2+2\sqrt{7}$이다.

정답 ③

## 277

**Point**

$x$에 대한 이차방정식 $x^2+2(k-1)x+k^2-20=0$이 서로 다른 두 실근을 갖기 위해서는 (판별식)$>0$이어 야 하므로 $(k-1)^2-(k^2-20)>0$

이 부등식을 정리하면 $2k<21$

따라서 $k$의 범위는 $k<\frac{21}{2}$이므로 구하는 자연수 $k$는 1, 2, 3, $\cdots$10의 10개다.

정답 10

## 278

**Point**

이차방정식 $x^2+4x+k-3=0$이 실근을 가지려면 판별식을 $D$라 할 때, $\frac{D}{4}=4-(k-3)\geq0$ 즉, $k\leq7$

따라서 자연수 $k$의 개수는 7

정답 ④

## 279

**Point**

이차방정식 $x^2-ax+120=0$의 두 근을 $\alpha$, $\beta$라 하면 $\alpha+\beta=a$, $\alpha\beta=120$

$\alpha$, $\beta$는 양의 정수이므로 $\alpha\beta=1\times120=2\times60=3\times40=\cdots=10\times12$

따라서 $a$의 최솟값은 $10+12=22$이다.

정답 22

## 280

**Point**

$x^2+px+q=0$의 두 근이 $\alpha$, $\beta$이므로 근과 계수의 관계에 의하여 $\alpha+\beta=-p$, $\alpha\beta=q$

$x^2+rx+p=0$의 두 근이 $2\alpha$, $2\beta$이므로 근과 계수의 관계에 의하여

$2\alpha+2\beta=2(\alpha+\beta)=-r$, $(2\alpha)(2\beta)=4\alpha\beta=p$

$\therefore q=\frac{p}{4}$, $r=2p$

따라서 $\frac{r}{q}=8$

정답 ⑤

## 281

**Point**

$\alpha+\beta=-4$, $\alpha\beta=2$이므로 두 근의 부호는 모두 음이 다.

$\frac{1}{|\alpha|}+\frac{1}{|\beta|}=-\frac{1}{\alpha}-\frac{1}{\beta}=-\left(\frac{1}{\alpha}+\frac{1}{\beta}\right)=-\frac{\alpha+\beta}{\alpha\beta}=2$

정답 ④

## 282

**Point**

$2x^2-4x+k=0$에서 $\alpha+\beta=\frac{-4}{2}=2$, $\alpha\beta=\frac{k}{2}$

$\alpha^2+\beta^2=(\alpha+\beta)^2-2\alpha\beta=4-k$,

$\alpha^3+\beta^3=(\alpha+\beta)(\alpha^2-\alpha\beta+\beta^2)=$

$=2\times\left(4-k-\frac{k}{2}\right)=7$ $\therefore k=\frac{1}{3}$

따라서 $30k=10$

정답 10

## 283

**Point**

$(x-a)(x-b)+(x-b)(x-c)+(x-c)(x-a)$
$=x^2-(a+b)x+ab+x^2-(b+c)x+bc+x^2-$
$(c+a)x+ca=3x^2-2(a+b+c)x+ab+bc+ca=0$
에서 근과 계수의 관계에 의하여

$\frac{2(a+b+c)}{3}=4$, $\frac{ab+bc+ca}{3}=-3$

$\therefore a+b+c=6$, $ab+bc+ca=-9$

$$(x-a)^2+(x-b)^2+(x-c)^2=3x^2-2(a+b+c)x$$
$$+a^2+b^2+c^2=0$$

에서 근과 계수의 관계에 의하여 두 근의 곱은

$$\frac{a^2+b^2+c^2}{3}=\frac{1}{3}\{(a+b+c)^2-2(ab+bc+ca)\}$$
$$=\frac{1}{3}(36+18)=18$$

정답 ④

## 284

Point

이차방정식 $x^2+4x-3=0$의 두 근이 $\alpha$, $\beta$이므로
$\alpha^2+4\alpha-3=0$, $\beta^2+4\beta-3=0$이 성립한다.
따라서 $\alpha^2+4\alpha-4=-1$, $\beta^2+4\beta-4=-1$이므로

$$\frac{6\beta}{\alpha^2+4\alpha-4}+\frac{6\alpha}{\beta^2+4\beta-4}=-6(\beta+\alpha)$$이다.

근과 계수의 관계에 따라 $\alpha+\beta=-4$이므로

$$\frac{6\beta}{\alpha^2+4\alpha-4}+\frac{6\alpha}{\beta^2+4\beta-4}=-6(\alpha+\beta)=24$$이
다.

정답 24

## 285

Point

이차방정식 $x^2+3x+1=0$의 두 실근이 $\alpha$, $\beta$이므로
근과 계수의 관계에 의하여 $\alpha+\beta=-3$, $\alpha\beta=1$
$\alpha^2+\beta^2-3\alpha\beta=(\alpha+\beta)^2-5\alpha\beta=(-3)^2-5\times1=4$

정답 ①

## 286

Point

근과 계수의 관계에 의해 $\alpha+\beta=-1$, $\alpha\beta=-1$이다.
따라서
$$\beta P(\alpha)+\alpha P(\beta)=\beta(2\alpha^2-3\alpha)+\alpha(2\beta^2-3\beta)$$
$$=2\alpha\beta(\alpha+\beta)-6\alpha\beta$$
$$=2\times(-1)\times(-1)-6\times(-1)=8$$이다.

정답 ④

## 287

Point

이차방정식 $x^2+2(a-4)x+a^2+a-1=0$의
판별식을 $D$라 하면
$$D/4=(a-4)^2-(a^2+a-1)<0,$$
$$-9a+17<0,\ a>\frac{17}{9}$$
따라서 정수 $a$의 최솟값은 2

정답 2

## 288

Point

선회 속도 $V_1$, 선회각 $30°$로 선회 비행할 때의 선회

반경이 $R_1$이고, $\dfrac{1}{\tan30°}=\sqrt{3}$이므로

$$R_1=\frac{V_1^2}{g\tan30°}=\frac{\sqrt{3}}{9}\times V_1^2$$

$V_1:V_2=2:3$이므로 $V_2=\dfrac{3}{2}V_1$

$$R_2=\frac{V_2^2}{g\tan30°}=\frac{\sqrt{3}}{g}\times\left(\frac{3}{2}V_1\right)^2=\frac{9}{4}\times\left(\frac{\sqrt{3}}{g}\times V_2^2\right)$$
$$=\frac{9}{4}R_1$$

따라서 $\dfrac{R_1}{R_2}=\dfrac{4}{9}$

정답 ④

## 289

Point

$$f(x)=(x-\alpha)(x-\beta)=x^2-(\alpha+\beta)x+\alpha\beta$$
$$=x^2-6x+\alpha\beta=(x-3)^2-9+\alpha\beta$$
따라서 이차함수 $y=f(x)$의 그래프의 꼭짓점의 좌표는
$(3,\ -9+\alpha\beta)$이다.
$y=f(x)$의 그래프의 꼭짓점이 직선 $y=2x-7$ 위에
있으므로 $-9+\alpha\beta=-1$이고 $\alpha\beta=8$
따라서 $f(x)=x^2-6x+8$이므로 $f(0)=8$

정답 8

# 290

Point

$y=x^2+ax+3$의 그래프와 직선 $y=2x+b$의 두 교점의 $x$좌표는 이차방정식
$x^2+(a-2)x+3-b=0$의 두 근이다.
이때, 주어진 조건에서 $x^2+(a-2)x+3-b=0$의 두 근이 $-2$와 1이므로 근과 계수의 관계로부터
$-2+1=-a+2$, $(-2)\times 1=3-b$이다.
그러므로 $a=3$, $b=5$이다. 따라서 $2b-a=7$

정답 7

# 291

Point

이차함수 $y=x^2+5$의 그래프와 직선 $y=mx$가 접해야하므로 방정식 $x^2+5=mx$는 중근을 가져야 한다. 그러므로 판별식을 $D$라 하면 $D=m^2-20=0$이다. 따라서 $m^2=20$이다.

정답 20

# 292

Point

$f(2x-k)=g(2x-k)$의 두 실근을 $\alpha$, $\beta$라 할 때
$\alpha+\beta=3$
$2x-k=t$라 하고 방정식
$f(t)-g(t)=t^2-2t-8=0$의 두 실근을 $t_1$, $t_2$라 하면 $2\alpha-k=t_1$, $2\beta-k=t_2$
근과 계수의 관계에 의하여 $t_1+t_2=2$이므로
$2(\alpha+\beta)-2k=t_1+t_2=2$, $2\times 3-2k=2$
따라서 $k=2$

정답 ②

# 293

Point

삼각형 OAB의 넓이가 $\dfrac{5}{2}$이므로 $\dfrac{1}{2}ab=\dfrac{5}{2}$이고
$ab=5$이다.
따라서
$a^2+b^2=(a+b)^2-2ab=5^2-2\times 5=15$이다.

정답 ①

# 294

Point

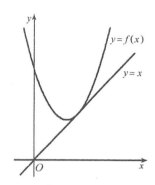

이차함수 $f(x)=x^2-2ax+5a$의 그래프와 직선 $y=x$의 그래프가 오직 한 점에서 만나므로 $x^2-2ax+5a=x$가 중근을 가져야한다. 따라서 이차방정식 $x^2-(2a+1)x+5a=0$의 판별식을 $D$라 하면 $D=(2a+1)^2-20a=4a^2-16a+1=0$이다.
근과 계수의 관계에 의해 모든 실수 $a$의 값의 합은 4이다.

정답 ④

# 295

Point

기울기가 5인 직선의 $y$절편을 $k$라 하면 이차함수
$f(x)=x^2-3x+17$의 그래프와 직선
$y=5x+k$가 한 점에서 만난다. 이차방정식
$x^2-8x+17-k=0$의 판별식을 $D$라 하면
$D=64-4(17-k)=0$
따라서 직선의 $y$절편은 1

정답 ①

# 296

Point

$f(x)=x^2-2x+a=(x-1)^2+a-1$ $(-2\le x\le 2)$

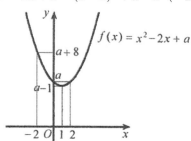

위의 그래프에서 함수 $f(x)$의 최솟값은 $f(1)=a-1$

이고, 최댓값은 $f(-2)=a+8$

최댓값과 최솟값의 합이 $21$이므로

$(a+8)+(a-1)=21$

$\therefore\ a=7$

정답 ②

## 297

**Point**

처음 속도가 $10$이고 중력가속도가 $10$인 지구에서의 물체의 높이 $h$는 $h=10t-5t^2=-5(t-1)^2+5$에서 $M_1=5$

처음 속도가 $10$이고 중력가속도가 $6$인 목성의 한 위성에서의 물체의 높이 $h$는

$h=10t-3t^2=-3\left(t-\dfrac{5}{3}\right)^2+\dfrac{25}{3}$에서

$M_2=\dfrac{25}{3}$

따라서 $M_2-M_1=\dfrac{10}{3}$

정답 ②

## 298

**Point**

이차함수 $y=-x(x-6)$의 그래프와 $x$축과의 교점의 좌표를 구하기 위해서 $y=0$을 대입하면

$-x(x-6)=0$이므로 $x=0$ 또는 $x=6$

그러므로 두 교점의 좌표는 $(0,\ 0),\ (6,\ 0)$이다.

즉, 점 A의 좌표는 $(6,\ 0)$이므로 $\overline{OA}=6$

삼각형의 넓이는 $\dfrac{1}{2}\times(밑면)\times(높이)$이고 삼각형 OAP의 밑변의 길이는 $\overline{OA}=6$으로 일정하므로 삼각형 OAP의 넓이가 최대이기 위해서는 높이가 최대이어야 한다. 높이가 최대인 경우는 점 P가 이차함수 $y=-x(x-6)$의 꼭짓점일 때이다.

$y=-(x^2-6x)=-(x-3)^2+9$에서 꼭짓점의 좌표가 $(3,\ 9)$이므로 삼각형 OAP의 넓이가 최대일 때, 점 P의 $y$좌표는 $9$

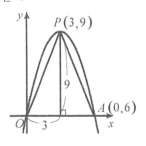

정답 ④

## 299

**Point**

$f(x)=(x^2-4x+4)-4+a=(x-2)^2-4+a$이므로 $0\le x\le 3$일 때, 꼭짓점의 $x$좌표는 주어진 $x$의 값의 범위에 속한다. 이때,

$x=0$일 때 $f(0)=a$

$x=2$일 때 $f(2)=-4+a$

$x=3$일 때 $f(3)=-3+a$이므로 주어진 이차함수 $f(x)$는 $x=0$에서 최댓값 $f(0)=a$를 갖고, $x=2$에서 최솟값 $f(2)=-4+a$를 갖는다.

$a=12$이므로 $f(2)=-4+12=8$

따라서 구하는 최솟값은 $8$이다.

정답 ④

## 300

**Point**

$f(x)=x^2-6x+k=(x-3)^2+k-9$이므로 $0\le x\le 4$에서 이차함수 $f(x)$의 그래프는 그림과 같다.

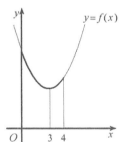

따라서 함수 $f(x)$는 $x=3$에서 최솟값 $k-9$를 갖고, $x=0$에서 최댓값 $k$를 갖는다.

이차함수 $f(x)$의 최댓값이 $17$이므로 $k=17$

따라서 이차함수 $f(x)$의 최솟값은 $k-9=17-9=8$

정답 ⑤

## 301

**Point**

한 모서리의 길이가 $x(\mathrm{cm})$인 정육면체의 부피는 $x^3(\mathrm{cm}^3)$이므로 그림에 주어진 입체의 부피는 $4x^3(\mathrm{cm}^3)$이고, 정육면체 $4$개의 $24$개의 면 중에서 $6$개의 면이 붙어 있으므로 겉넓이는

$18x^2(\text{cm}^2)$이다. $\therefore A = 4x^3, \ B = 18x^2$

$3A = B + 24$에서

$12x^2 = 18x^2 + 24, \ 2x^3 - 3x^2 - 4 = 0,$

$(x-2)(2x^2 + x + 2) = 0 \quad \therefore x = 2, \ \dfrac{1 \pm \sqrt{15}\,i}{4}$

따라서 $x = 2$이다. ($\because x$는 양의 실수)

정답 ②

## 302

**Point**

주어진 삼차방정식의 계수가 모두 유리수이므로

$-1 + \sqrt{2}$가 한 근이면 $-1 - \sqrt{2}$도 근이 된다.

또, 이 두 수를 근으로 하는 이차방정식은

$x^2 + 2x - 1 = 0$이므로 다항식 $x^2 + 2x - 1$은

다항식 $x^3 + ax^2 + bx + 1$의 인수이다.

따라서 $x^3 + ax^2 + bx + 1 = (x^2 + 2x - 1)(x - 1)$

$\qquad\qquad\qquad\qquad\quad = x^3 + x^2 - 3x + 1$

$\therefore a + b = 1 - 3 = 2$

정답 ③

## 303

**Point**

$(x-3)(x-1)(x+2) + 1 = x,$

$(x-3)(x-1)(x+2) - (x-1) = 0$

$(x-1)(x^2 - x - 7) = 0$

이므로 삼차방정식의 한 근은 $1$이고 나머지 두 근은

$x^2 - x - 7 = 0$의 근이다.

이때, $\gamma = 1$이라 하고 이차방정식 $x^2 - x - 7 = 0$의 두

근을 $\alpha, \ \beta$라 하면, 근과 계수의 관계로부터

$\alpha + \beta = 1, \ \alpha\beta = -7$이다.

그러므로 $\alpha^3 + \beta^3 = (\alpha + \beta)^3 - 3\alpha\beta(\alpha + \beta) = 22$

따라서 $\alpha^3 + \beta^3 + \gamma^3 = 23$

정답 ②

## 304

**Point**

$x^4 - 6x^2 + 24x - 35 = 0$을 변형하면

$x^4 - 2x^2 + 1 - 4x^2 + 24x - 36$

$= (x^4 - 2x^2 + 1) - 4(x^2 - 6x + 9)$

$(x^2 - 1)^2 - \boxed{4(x-3)^2} = 0$의 좌변을 인수분해하면

$(x^2 + 2x + \boxed{(-7)})(x^2 - 2x + \boxed{5}) = 0$

정답 ①

## 305

**Point**

한 근 $\sqrt{2}$를 주어진 방정식의 $x$에 대입하면

$(\sqrt{2})^3 + a(\sqrt{2})^2 + b(\sqrt{2}) - 6 = 0,$

$(2a - 6) + (2 + b)\sqrt{2} = 0$

따라서 $a = 3, \ b = -2$이므로 $a + b = 1$

정답 ④

## 306

**Point**

$\alpha$가 삼차방정식 $x^3 + 2x^2 + 3x + 1 = 0$의 한 근이므로

$\alpha^3 + 2\alpha^2 + 3\alpha + 1 = 0$이다. $\alpha$는 $0$이 아니므로

양변을 $\alpha^3$으로 나누면

$1 + \dfrac{2}{\alpha} + \dfrac{3}{\alpha^2} + \dfrac{1}{\alpha^3} = 0$이므로 식을 정리하면

$\left(\dfrac{1}{\alpha}\right)^3 + \boxed{3} \times \left(\dfrac{1}{\alpha}\right)^2 + 2\left(\dfrac{1}{\alpha}\right) + 1 = 0$이다.

그러므로 $\dfrac{1}{\alpha}$은 최고차항의 계수가 $1$인 $x$에 대한

삼차방정식 $\boxed{x^3 + 3x^2 + 2x + 1} = 0$의 한 근이다.

같은 방법으로 $\beta, \ \gamma$도 삼차방정식

$x^3 + 2x^2 + 3x + 1 = 0$의 근이므로

$\beta^3 + 2\beta^2 + 3\beta + 1 = 0 \ \cdots \text{㉠}$이고

$\gamma^3 + 2\gamma^2 + 3\gamma + 1 = 0 \ \cdots \text{㉡}$이다.

$\beta, \ \gamma$는 $0$이 아니므로 식 ㉠, ㉡의 양변을 각각

$\beta^3, \ \gamma^3$으로 나누면

$1 + \dfrac{2}{\beta} + \dfrac{3}{\beta^2} + \dfrac{1}{\beta^3} = 0, \ 1 + \dfrac{2}{\gamma} + \dfrac{3}{\gamma^2} + \dfrac{1}{\gamma^3} = 0$

이므로 식을 정리하면

$\dfrac{2}{\beta} + \dfrac{3}{\beta^2} + \dfrac{1}{\beta^3} = 0, \ 1 + \dfrac{2}{\gamma} + \dfrac{3}{\gamma^2} + \dfrac{1}{\gamma^3},$

$\left(\dfrac{1}{\beta}\right)^3 + 3\left(\dfrac{1}{\beta}\right)^2 + 2\left(\dfrac{1}{\beta}\right) + 1 = 0,$

$\left(\dfrac{1}{\gamma}\right)^3 + 3\left(\dfrac{1}{\gamma}\right)^2 + 2\left(\dfrac{1}{\gamma}\right) + 1 = 0$

이다. 그러므로 $\dfrac{1}{\beta}, \ \dfrac{1}{\gamma}$은 최고차항의 계수가 $1$인

$x$에 대한 삼차방정식 $x^3 + 3x^2 + 2x + 1 = 0$의

근이다.

따라서 $\dfrac{1}{\alpha}$, $\dfrac{1}{\beta}$, $\dfrac{1}{\gamma}$ 을 세 근으로 갖는 최고차항의

계수가 1인 $x$에 대한 삼차방정식은

$x^3 + 3x^2 + 2x + 1 = 0$이다.

따라서 $p = 3$, $f(2) = 25$이므로 $p + f(2) = 28$이다.

정답 ①

## 307

Point

$(x^2 + x - 1)(x^2 + x + 3) - 5 = 0$, $(x^2 + x + 4)(x^2 + x - 2) = 0$ $\alpha$, $\beta$는 $x^2 + x + 4 = 0$의 서로 다른 두 허근이므로 $\alpha\beta = 4$

$\overline{\alpha} = \beta$, $\overline{\beta} = \alpha$이므로 $\alpha\overline{\alpha} = \beta\overline{\beta} = 2\alpha\beta$

따라서 $\alpha\overline{\alpha} = \beta\overline{\beta} = 8$

정답 ⑤

## 308

Point

조립제법을 이용하여 인수분해하면

$$
\begin{array}{r|rrrrr}
1 & 1 & -6 & 15 & -22 & 12 \\
  &   & 1 & -5 & 10 & -12 \\
\hline
3 & 1 & -5 & 10 & -12 & 0 \\
  &   & 3 & -6 & 12 & \\
\hline
  & 1 & -2 & 4 & 0 & \\
\end{array}
$$

$\therefore (x-1)(x-3)(x^2 - 2x + 4) = 0$

$x^2 - 2x + 4 = 0$은 서로 다른 두 허근을 갖는다.

따라서 모든 실근의 합은 $1 + 3 = 4$

정답 4

## 309

Point

$f(x) = x^3 + (a-1)x^2 + ax - 2a$라 하면

$f(1) = 1 + (a-1) + a - 2a = 0$이므로 인수정리에 의하여 다항식 $f(x)$는 $x - 1$을 인수로 갖는다.

조립제법을 이용하여 인수분해하면

$$
\begin{array}{r|rrrr}
1 & 1 & a-1 & a & -2a \\
  &   & 1 & a & 2a \\
\hline
  & 1 & a & 2a & 0 \\
\end{array}
$$

$\therefore f(x) = (x-1)(x^2 + ax + 2a)$

삼차방정식 $(x-1)(x^2 + ax + 2a) = 0$이 한 실근과 서로 다른 두 허근을 가지려면 이차방정식 $x^2 + ax + 2a = 0$이 서로 다른 두 허근을 가져야 한다.

이차방정식 $x^2 + ax + 2a = 0$의 판별식을 $D$라 하면

$D = a^2 - 8a < 0$

$a(a-8) < 0$ $\therefore 0 < a < 8$

따라서 정수 $a$는 1, 2, 3, 4, 5, 6, 7의 7개이다.

정답 ③

## 310

Point

방정식 $x^3 + 8 = 0$의 좌변을 인수분해하면

$(x+2)(x^2 - 2x + 4) = 0$이므로 $x = -2$ 또는 $x^2 - 2x + 4 = 0$

$x^2 - 2x + 4 = 0$의 근을 구하면 $x = 1 \pm \sqrt{3}i$

따라서 방정식 $x^3 + 8 = 0$의 근은 $x = -2$ 또는 $x = 1 + \sqrt{3}i$ 또는 $x = 1 - \sqrt{3}i$

이때 $x = -2 + 0i$의 허수부분은 0, $x = 1 + \sqrt{3}i$의 허수부분은 $\sqrt{3}$, $x = 1 - \sqrt{3}i$의 허수부분은 $-\sqrt{3}$이다.

따라서 $a$의 값은 $1 + \sqrt{3}i$이므로 $\overline{a} = 1 - \sqrt{3}i$

$a - \overline{a} = 1 + \sqrt{3}i - (\overline{1 + \sqrt{3}i}) = 1 + \sqrt{3}i - (1 - \sqrt{3}i)$
$= 2\sqrt{3}i$

정답 ④

## 311

Point

$$
\begin{array}{r|rrrr}
-1 & 2 & 1 & 2 & 3 \\
   &   & -2 & 1 & -3 \\
\hline
   & 2 & -1 & 3 & 0 \\
\end{array}
$$

$2x^3 + x^2 + 2x + 3 = (x+1)(2x^2 - x + 3)$

따라서 $\alpha$는 이차방정식 $2x^2 - x + 3 = 0$의 허근이다.

$2\alpha^2 - \alpha + 3 = 0$이므로

$4\alpha^2 - 2\alpha + 7 = 2(2\alpha^2 - \alpha + 3) + 1 = 1$

정답 ①

# 312

Point

조립제법에 의하여

```
1  │  1   -2   -5    6
   │       1   -1   -6
3  │  1   -1   -6  │  0
   │       3    6
      1    2  │  0
```

$x^3 - 2x^2 - 5x + 6 = (x-1)(x-3)(x+2) = 0$이므로
$\alpha = -2$, $\beta = 1$, $\gamma = 3$이다.
따라서 $\alpha + \beta + 2\gamma = -2 + 1 + 2 \times 3 = 5$이다.

정답 ③

# 313

Point

주어진 사차방정식의 한 근이 $-2$이므로 $x = -2$를 대입하면 $4a + 28 = 0$, $a = -7$
조립제법에 의하여

```
-2 │  1   -1   -7    1    6
   │      -2    6    2   -6
-1 │  1   -3   -1    3  │  0
   │      -1    4   -3
 1 │  1   -4    3  │  0
   │       1   -3
      1   -3  │  0
```

$x^4 - x^3 - 7x^2 + x + 6 = (x+2)(x+1)(x-1)(x-3)$
$= 0$이므로 $x = -2$, $-1$, $1$, $3$이다.
따라서 $a = -7$, $b = 3$이므로 $a + b = -4$이다.

정답 ④

# 314

Point

$x^3 + x^2 + x - 3 = (x-1)(x^2 + 2x + 3) = 0$이므로
$z_1$, $z_2$는 이차방정식 $x^2 + 2x + 3 = 0$의 두
허근이다. 이차방정식의 근과 계수의 관계에 의해
$z_1 z_2 = 3$이고 $z_1 = \overline{z_2}$, $z_2 = \overline{z_1}$
따라서 $z_1 \overline{z_1} + z_2 \overline{z_2} = 2z_1 z_2 = 6$

정답 ③

# 315

Point

삼차방정식 $x^3 + 2x^2 - 3x + 4 = 0$의 세 근이
$\alpha$, $\beta$, $\gamma$이므로
$x^3 + 2x^2 - 3x + 4 = (x-\alpha)(x-\beta)(x-\gamma)$이다.
이때 $(3+\alpha)(3+\beta)(3+\gamma)$의 값은 양변에 $x = -3$을
대입한 다음 $-1$을 곱해준 것과 같으므로
$-(-3-\alpha)(-3-\beta)(-3-\gamma)$
$= -\{(-3)^3 + 2 \times (-3)^2 - 3 \times (-3) + 4\} = -4$
따라서 $(3+\alpha)(3+\beta)(3+\gamma) = -4$이다.

정답 ②

# 316

Point

$f(x) = x^3 - x^2 + kx - k$라 하면
$f(1) = 1 - 1 + k - k = 0$이므로 $x - 1$은 $f(x)$이
인수이다. 조립제법을 이용하여 $f(x)$를
인수분해하려면

```
1 │  1   -1    k   -k
  │       1    0    k
     1    0    k  │  0
```

$f(x) = (x-1)(x^2 + k)$이다.
$(x-1)(x^2 + k) = 0$에서 실근 $\alpha = 1$이고 허근 $3i$는
$x^2 + k = 0$의 근이다. $(3i)^2 + k = 0$이므로
$k = 9$이다.
따라서 $k + \alpha = 9 + 1 = 10$이다.

정답 10

# 317

Point

방정식 $x^3 + x - 2 = 0$에 $x = 1$을 대입하면 등식이 성
립하므로 조립제법을 이용하여 인수분해하면

```
1 │  1    0    1   -2
  │       1    1    2
     1    1    2  │  0
```

$(x-1)(x^2 + x + 2) = 0$
이차방정식 $x^2 + x + 2 = 0$의 판별식을 $D$라 하면
$D = 1^2 - 4 \times 1 \times 2 = -7 > 0$
즉, 이차방정식 $x^2 + x + 2 = 0$이 허근을 가지므로
$\alpha$, $\beta$는 이차방정식 $x^2 + x + 2 = 0$의 두 허근이다.

근과 계수의 관계에서
$\alpha + \beta = -1, \ \alpha\beta = 2$
$\alpha^3 + \beta^3 = (\alpha+\beta)^3 - 3\alpha\beta(\alpha+\beta) = (-1)^3 - 3 \times 2 \times$
$(-1) = (-1) + 6 = 5$

정답 5

## 318

Point

두 이차방정식을 동시에 만족하는 근을 $\alpha$라 하면
$9\alpha^2 + a\alpha + 20 = 0 \ \cdots \ㄱ$,
$20\alpha^2 + a\alpha + 9 = 0 \ \cdots \ ㄴ$
ㄱ$-$ㄴ에서 $-11(\alpha^2 - 1) = 0$이므로 $\alpha = 1$ 또는
$\alpha = -1$이다.
$\alpha = 1$이면 $9 + a + 20 = 0$ $\therefore a = -29$
$\alpha = -1$이면 $20 - a + 9 = 0$ $\therefore a = 29$
$a > 0$이므로 $a = 29$이다.

정답 29

## 319

Point

$\begin{cases} x^2 - 4xy + 3y^2 = 0 & \cdots \ ㄱ \\ 2x^2 + xy + 3y^2 = 24 & \cdots \ ㄴ \end{cases}$

ㄱ에서 $x^2 - 4xy + 3y^2 = 0$, $(x-y)(x-3y) = 0$
$\therefore x = y$ 또는 $x = 3y$
( i ) $x = y$를 ㄴ에 대입하면 $6y^2 = 24$
$\therefore x = \pm 2, \ y = \pm 2$ (복부호동순)
(ii) $x = 3y$를 ㄴ에 대입하면 $24y^2 = 24$
$\therefore x = \pm 3, \ y = \pm 1$ (복부호동순)
따라서 주어진 연립방정식의 해의 순서쌍은
$(2, \ 2), \ (-2, \ -2), \ (3, \ 1), \ (-3, \ -1)$이므로
$\alpha_1\beta_1$의 최댓값은 $x = 2, \ y = 2$ 또는
$x = -2, \ y = -2$일 때 $4$이다.

정답 ④

## 320

Point

두 정사각형의 둘레의 길이의 합은
$4(a+b) = 160$이고, 넓이의 합은
$a^2 + b^2 = 850$이므로 연립방정식 $\begin{cases} a + b = 40 \\ a^2 + b^2 = 850 \end{cases}$ 을

풀면 $a = 25, \ b = 15$ $(\because a > b)$

정답 25

## 321

Point

$2x - y = 5$에서 $y = 2x - 5$
위의 식을 $x^2 - 2y = k$에 대입하면
$x^2 - 2(2x-5) = k$
$x^2 - 4x + 10 - k = 0$
이 이차방정식의 판별식을 $D$라 하면 주어진 연립방정식
이 오직 한 쌍의 해를 가지려면 $D = 0$이어야 한다.
$\dfrac{D}{4} = (-2)^2 - (10 - k) = 0$ $\therefore k = 6$
$x^2 - 4x + 4 = 0$을 풀면 $x = 2$이므로
$y = 2x - 5 = -1$
$\therefore \alpha = 2, \ \beta = -1$ $\therefore \alpha + \beta + k = 2 + (-1) + 6 = 7$

정답 7

## 322

Point

$\begin{cases} 2x - y = -3 & \cdots \ ㄱ \\ 2x^2 + y^2 = 27 & \cdots \ ㄴ \end{cases}$

ㄱ에서 $y = 2x + 3$을 ㄴ에 대입하면
$2x^2 + (2x+3)^2 = 27$
$6x^2 + 12x - 18 = 0$, $(x+3)(x-1) = 0$
$\therefore x = 1, \ y = 5$ 또는 $x = -3, \ y = -3$
$\therefore \alpha = 1, \ \beta = 5 \ (\because \alpha > 0, \ \beta > 0)$
따라서 $\alpha \times \beta = 5$

정답 ⑤

## 323

Point

$\begin{cases} x^2 + y^2 = 40 & \cdots \ ㄱ \\ 4x^2 + y^2 = 4xy & \cdots \ ㄴ \end{cases}$

ㄴ에서 $(2x - y)^2 = 0$이므로 $y = 2x$
ㄱ에 대입하면 $x^2 = 8$이므로
$\begin{cases} x = 2\sqrt{2} \\ y = 4\sqrt{2} \end{cases}$ 또는 $\begin{cases} x = -2\sqrt{2} \\ y = -4\sqrt{2} \end{cases}$

따라서 $\alpha\beta = 16$

정답 ⑤

# 324

**Point**

$\begin{cases} x - y = 2 & \cdots \bigcirc \\ x^2 + 3y^2 = 28 & \cdots \bigcirc \end{cases}$

$\bigcirc$, $\bigcirc$에서 $(y+2)^2 + 3y^2 = 28$

$y^2 + y - 6 = 0$, $(y+3)(y-2) = 0$

$\therefore y = -3$ 또는 $y = 2$

$\bigcirc$에서 $y = -3$일 때 $x = -1$, $y = 2$일 때 $x = 4$

$\therefore \alpha = 4$, $\beta = 2$ $(\because \alpha > 0,\ \beta > 0)$

따라서 $\alpha \times \beta = 8$

정답 8

# 325

**Point**

$x + y = k$에서 $y = -x + k$이고 이 식을

$xy + 2x - 1 = 0$에 대입하면

$x(-x+k) + 2x - 1 = 0$

$-x^2 + kx + 2x - 1 = 0$

$x^2 - (k+2)x + 1 = 0$이 중근을 가져야 하므로 이 이차

방정식의 판별식을 $D$라 하면 $D = 0$이어야 한다.

$D = \{-(k+2)\}^2 - 4 = k^2 + 4k + 4 - 4 = k^2 + 4k$

$= k(k+4) = 0$에서 $k = 0$ 또는 $k = -4$이다.

따라서 주어진 연립방정식이 오직 한 쌍의 해를 갖도록

하는 모든 실수 $k$의 값의 합은 $-4$이다.

정답 ②

# 326

**Point**

연립이차방정식 $\begin{cases} r + 2h = 8 \\ r^2 - 2h^2 = 8 \end{cases}$에서

$(8 - 2h)^2 - 2h^2 = 8$이고 $h^2 - 16h + 28 = 0$이므로

$h = 2$ 또는 $h = 14$이다.

$h = 2$일 때, $r = 4$이고 $h = 14$일 때, $r = -20$이다.

그러므로 $r = 4$, $h = 2$이다.

따라서 이 용기의 부피는 $32\pi$이다.

정답 ⑤

# 327

**Point**

두 연립방정식 $\begin{cases} 3x + y = a \\ 2x + 2y = 1 \end{cases}$, $\begin{cases} x^2 - y^2 = -1 \\ x - y = b \end{cases}$ 의 일치

하는 해는 연립방정식 $\begin{cases} x^2 - y^2 = -1 \\ 2x + 2y = 1 \end{cases}$ 의 해와 같다.

연립방정식 $\begin{cases} x^2 - y^2 = -1 \\ 2x + 2y = 1 \end{cases}$ 을 풀면 $x = -\dfrac{3}{4}$, $y = \dfrac{5}{4}$

이다.

그러므로 $3x + y = a$에 $x = -\dfrac{3}{4}$, $y = \dfrac{5}{4}$를 대입하면

$a = -1$이다.

또한 $x - y = b$에 $x = -\dfrac{3}{4}$, $y = \dfrac{5}{4}$를 대입하면

$b = -2$이다.

따라서 $ab = 2$이다.

정답 ②

# 328

**Point**

$\begin{cases} x^2 - 3xy + 2y^2 = 0 & \cdots \bigcirc \\ 2x^2 - y^2 = 2 & \cdots \bigcirc \end{cases}$

$\bigcirc$의 좌변을 인수분해하면 $(x-y)(x-2y) = 0$에서

$y = x$ 또는 $y = \dfrac{1}{2}x$

( i ) $y = x$일 때 $\bigcirc$에 대입하면 $x^2 = 2$, $y^2 = 2$

따라서 $\alpha^2 + \beta^2 = 4$

( ii ) $y = \dfrac{1}{2}x$일 때 $\bigcirc$에 대입하면 $x^2 = \dfrac{8}{7}$, $y^2 = \dfrac{2}{7}$

따라서 $\alpha^2 + \beta^2 = \dfrac{10}{7}$

( i ), ( ii )에서 $\alpha^2 + \beta^2$의 최댓값은 4

정답 ①

# 329

**Point**

$x^2 - 2xy - 3y^2 = 0$

$(x - 3y)(x + y) = 0$에서 $x = 3y$ 또는 $x = -y$

$x > 0$, $y > 0$이므로 $x = 3y$

$x^2+y^2=20$에서 $(3y)^2+y^2=20$

$y^2=2$

$a>0$, $b>0$이므로 $a=3\sqrt{2}$, $b=\sqrt{2}$

따라서 $a+b=4\sqrt{2}$

정답 ③

## 330

**Point**

$x^2-3xy+2y^2=0$에서 $(x-y)(x-2y)=0$

$x=y$ 또는 $x=2y$

$x=y$일 때, $x^2-y^2=y^2-y^2=0$이므로

  $x^2-y^2=9$라는 조건을 만족시키지 않는다.

$x=2y$일 때, $x^2-y^2=(2y)^2-y^2=3y^2=9$에서

  $y^2=3$

$y=\sqrt{3}$ 또는 $y=-\sqrt{3}$

$y=\sqrt{3}$이면 $x=2\sqrt{3}$

$y=-\sqrt{3}$이면 $x=-2\sqrt{3}$

$\alpha_1<\alpha_2$이므로 $\alpha_1=-2\sqrt{3}$, $\beta_1=-\sqrt{3}$

$\alpha_2=2\sqrt{3}$, $\beta_2=\sqrt{3}$

따라서 $\beta_1-\beta_2=-\sqrt{3}-\sqrt{3}=-2\sqrt{3}$

정답 ①

## 331

**Point**

$\begin{cases} 2x+y=1 & \cdots \unicode{x27A4} \\ x^2-ky=-6 & \cdots \unicode{x27A5} \end{cases}$

$\unicode{x27A4}$, $\unicode{x27A5}$에서

  $x^2-k(1-2x)=-6$, $x^2+2kx+6-k=0$

연립방정식이 오직 한 쌍의 해를 가지므로 이차방정식

  $x^2+2kx+6-k=0$의 판별식을 $D$라 하면

  $D=(2k)^2-4(6-k)=0$, $k^2+k-6=0$

$k=2$ 또는 $k=-3$

$k$가 양수이므로 $k=2$

정답 ②

## 332

**Point**

( i ) $x<-1$일 때, $-2x+1<5$에서 $-2<x<-1$

( ii ) $-1\le x<2$일 때, $x+1-x+2<5$가 항상 성립하므로 $-1\le x<2$

(iii) $x\ge 2$일 때, $2x-1<5$에서 $2\le x<3$

( i ), ( ii ), (iii)에 의하여

부등식 $|x+1|+|x-2|<5$의 해는 $-2<x<3$이다.

따라서 정수 $x$는 $-1$, $0$, $1$, $2$이므로 개수는 $4$이다.

정답 4

## 333

**Point**

$|x-2|<a$에서

  $-a<x-2<a$, $2-a<x<2+a$이다.

이 범위에서 속하는 모든 정수 $x$의 개수가

  $2+a-(2-a)-1=2a-1=19$이므로

  $a=10$이다.

정답 ①

## 334

**Point**

$2x-a>3$ $x>\dfrac{3+a}{2}$ 이므로 $\dfrac{3+a}{2}=2$

$\therefore a=1$

$-2x+4>b$, $x<\dfrac{b-4}{-2}$이므로 $\dfrac{b-4}{-2}=3$

$\therefore b=-2$

따라서 $a+b=1+(-2)=-1$이다.

정답 ②

## 335

**Point**

$\begin{cases} 3x-5<4 & \cdots \unicode{x27A4} \\ x\ge a & \cdots \unicode{x27A5} \end{cases}$ 에서 $\unicode{x27A4}$을 풀면 $x<3$이고, 연립

부등식을 만족하는 정수 $x$가 $2$개이므로 이를 수직선 위에 나타내면 그림과 같다.

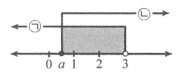

따라서 $0 < a \leq 1$

정답 ②

## 336

**Point**

부등식 $|3x-2| \leq x+6$에서

( ⅰ ) $x \geq \dfrac{2}{3}$일 때, $3x-2 \geq 0$이므로

$3x-2 \leq x+6$
$2x \leq 8x \leq 4$

따라서 $\dfrac{2}{3} \leq x \leq 4$

( ⅱ ) $x < \dfrac{2}{3}$일 때, $3x-2 < 0$이므로

$-(3x-2) \leq x+6$
$-4 \leq 4x, \ -1 \leq x$

따라서 $-1 \leq x < \dfrac{2}{3}$

( ⅰ ), ( ⅱ )에서 주어진 부등식의 해는 $-1 \leq x \leq 4$
따라서 $\alpha=-1, \ \beta=4$
$\alpha+\beta=(-1)+4=3$

정답 ①

## 337

**Point**

$3x-1 < 5x+3$에서 $x > -2$ $\quad \cdots \ ㉠$
$5x+3 \leq 4x+a$에서 $x \leq a-3$ $\quad \cdots \ ㉡$
두 부등식 ㉠, ㉡을 만족시키는 정수 $x$의 개수가 8이
되도록 수직선 위에 나타내면

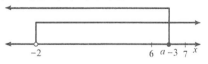

$6 \leq a-3 < 7, \ 9 \leq a < 10$
따라서 $a=9$

정답 9

## 338

**Point**

부등식 $|3x-1| < x+a$의 해는

( ⅰ ) $x \geq \dfrac{1}{3}$일 때

$3x-1 < x+a$

$x < \dfrac{a+1}{2}$

$a$가 양수이므로 $\dfrac{1}{3} \leq x < \dfrac{a+1}{2}$

( ⅱ ) $x < \dfrac{1}{3}$일 때

$-3x+1 < x+a$

$\dfrac{1-a}{4} < x$

$a$가 양수이므로 $\dfrac{1-a}{4} < x < \dfrac{1}{3}$

( ⅰ ), ( ⅱ )에 의해 $\dfrac{1-a}{4} < x < \dfrac{a+1}{2}$

부등식 $|3x-1| < x+a$의 해가 $-1 < x < 3$이므로
$a=5$

정답 ⑤

## 339

**Point**

$a$는 자연수이므로 $|x-3| \leq a$에서 $-a \leq x-3 \leq a$
$3-a \leq x \leq 3+a$ $\quad \cdots ㉠$
부등식 ㉠을 만족시키는 정수 $x$의 개수는
$(3+a)-(3-a)+1=2a+1$
$2a+1=15$에서 $a=7$

정답 ③

## 340

**Point**

부등식을 각각 풀면 $x > 1$이고 $x < \dfrac{a+1}{3}$이다.

연립부등식의 해가 존재해야 하므로 연립부등식의 해는

$1 < x < \dfrac{a+1}{3}$이어야 한다.

연립부등식을 만족시키는 모든 정수 $x$의 값의 합이 9가
되어야 하므로 정수 $x$의 값은 2, 3, 4이다.

$4 < \dfrac{a+1}{3} \leq 5$가 되어야 하므로 $11 < a \leq 14$이다.

따라서 자연수 $a$의 최댓값은 14이다.

정답 ⑤

## 341

Point

부등식 $x > |3x+1| - 7$에서

( i ) $x \geq -\dfrac{1}{3}$일 때 $x > 3x+1-7$에서 $x < 3$

$-\dfrac{1}{3} \leq x < 3$

(ii) $x < -\dfrac{1}{3}$일 때 $x > -3x-1-7$에서 $x > -2$

$-2 < x < -\dfrac{1}{3}$

( i ), (ii)에 의하여 $-2 < x < 3$

따라서 모든 정수 $x$는 $-1$, $0$, $1$, $2$이므로 합은 $2$

정답 ⑤

## 342

Point

부등식 $|x-7| \leq a+1$에서

$-(a+1) \leq x-7 \leq a+1$

$-a+6 \leq x \leq a+8$

$-a+6$, $a+8$이 정수이므로 모든 정수 $x$의 개수는

$(a+8) - (-a+6) + 1 = 2a+3$

모든 정수 $x$의 개수가 9이므로 $a = 3$

정답 ③

## 343

Point

이차방정식 $x^2 + 2\sqrt{2}x - m(m+1) = 0$이 실근을 가지므로 판별식 $D$가 $D \geq 0$이어야 한다.

$\dfrac{D}{4} = 2 + m(m+1) = m^2 + m + 2 = \left(m + \dfrac{1}{2}\right)^2 +$

$\dfrac{7}{4} > 0$

∴ 모든 실수 $m$에 대하여 실근을 갖는다. ··· ㉠

이차방정식 $x^2 - (m-2)x + 4 = 0$은 허근을 가지므로 판별식 $D$가 $D < 0$이어야 한다.

$D = (m-2)^2 - 16 < 0$

$m^2 - 4m - 12 < 0$, $(m+2)(m-6) < 0$

∴ $-2 < m < 6$ ··· ㉡

따라서 ㉠, ㉡를 동시에 만족시키는 실수 $m$의 값의 범위는 $-2 < m < 6$

정답 ②

## 344

Point

i ) $x^2 - 2x - 24 \leq 0$, $(x-6)(x+4) \leq 0$,

$-4 \leq x \leq 6$

ii) $-1 \leq [x-1] \leq 6$, $-1 \leq x-1 < 7$,

$0 \leq x < 8$

i ), ii)로부터 연립부등식의 해는 $0 \leq x \leq 6$이다.

따라서 만족하는 정수 $x$의 개수는 $7$이다.

정답 ①

## 345

Point

$x$에 대한 이차부등식 $ax^2 + bx + c \geq 0$의 해가 오직 $x = 3$뿐이므로 $a < 0$, $a(x-3)^2 \geq 0$가 되어야 한다.

$ax^2 + bx + c = a(x-3)^2 = ax^2 - 6ax + 9a$

∴ $b = -6a$, $c = 9a$

$bx^2 + cx + 6a = -6ax^2 + 9ax + 6a$

$= -3a(2x^2 - 3x - 2) = -3a(2x+1)(x-2) < 0$

∴ $-\dfrac{1}{2} < x < 2$

따라서 정수 $x$는 $0$과 $1$뿐이므로 개수는 $2$이다.

정답 ②

## 346

Point

$\begin{cases} x^2 - 2x - 3 \leq 0 & \cdots ㉠ \\ (x-4)(x-a) \leq 0 & \cdots ㉡ \end{cases}$

㉠에서 $(x+1)(x-3) \leq 0$

∴ $-1 \leq x \leq 3$ ··· ㉢

㉡과 ㉢을 동시에 만족하는 정수의 개수가 4개이므로

㉡의 해는 $a \leq x \leq 4$ ··· ㉣

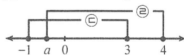

∴ $-1 < a \leq 0$

정답 ③

# 347

Point

부등식 $x^2+ax+b \geq 0$와 $x^2+cx+d \leq 0$의 해를 수직선에 나타내면 그림과 같다.

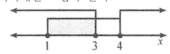

그림에서 $x^2+ax+b \geq 0$의 해는 $x \leq 3$ 또는 $x \geq 4$이므로 $(x-3)(x-4) \geq 0$이다.

$x^2-7x+12 \geq 0$에서 $a=-7$, $b=12$

$x^2+cx+d \leq 0$의 해는 $1 \leq x \leq 4$이므로

$(x-1)(x-4) \leq 0$

$x^2-5x+4 \leq 0$에서 $c=-5$, $d=4$

따라서 $a+b+c+d=-7+12-5+4=4$

정답 ④

# 348

Point

$|2x-1| < 5$에서 $-5 < 2x-1 < 5$, $-4 < 2x < 6$

$\therefore -2 < x < 3$ $\cdots$ ㉠

$x^2-5x+4 \leq 0$에서 $(x-1)(x-4) \leq 0$

$\therefore 1 \leq x \leq 4$ $\cdots$ ㉡

㉠, ㉡에서 연립부등식의 해는 $1 \leq x < 3$

따라서 모든 정수 $x$의 개수는 $2$

정답 ②

# 349

Point

이차함수 $y=x^2-2(k-2)x-k^2+5k-3$의 그래프는 아래로 볼록하므로 모든 실수 $x$에 대하여 $y \geq 0$가 되려면 이차함수의 그래프가 $x$축에 접하거나 만나지 않아야 한다.

즉, $x^2-2(k-2)x-k^2+5k-3=0$의 판별식을 $D$라 하면 $D \leq 0$이다.

$\dfrac{D}{4} = (k-2)^2-(-k^2+5k-3) \leq 0$이므로

$k^2-4k+4+k^2-5k+3 \leq 0$이다.

$k^2-4k+4+k^2-5k+3 \leq 0$이다.

$2k^2-9k+7 \leq 0$이고 $(k-1)(2k-7) \leq 0$이다. 즉,

$1 \leq k \leq \dfrac{7}{2}$

따라서 범위 안의 정수 $k$의 값은 1, 2, 3이므로 $k$의 값의 합은 6이다.

정답 ③

# 350

Point

부등식 $|x-1| \leq 6$의 해를 구하면

$-6 \leq x-1 \leq 6$이므로 $-5 \leq x \leq 7$이다. 부등식

$(x-2)(x-8) \leq 0$의 해를 구하면

$2 \leq x \leq 8$이다.

그러므로 연립부등식의 해는 $2 \leq x \leq 7$이다.

따라서 $\alpha+\beta$의 값은 9이다.

정답 9

# 351

Point

(나)에서 이차부등식 $f(x) > 0$의 해가 $x \neq 2$인 모든 실수이므로 이차함수 $f(x)$의 이차항의 계수는 양수이고 곡선 $y=f(x)$는 $x$축과 점 $(2,\ 0)$에서 접한다.

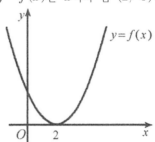

$f(x)=a(x-2)^2$ $(a>0)$으로 놓으면 (가)에서

$f(0)=a(0-2)^2=4a=8$ $\therefore a=2$

$f(x)=2(x-2)^2$이므로 $f(5)=18$

정답 ④

## 352

Point

이차함수 $y=x^2+6x+a$의 그래프는 아래로 블록이므로 모든 실수 $x$에 대하여 $y \geq 0$가 되려면 이차함수의 그래프가 $x$축에 접하거나 만나지 않아야 한다.

즉, $x^2+6x+a=0$의 판별식을 $D$라 하면 $D \leq 0$이다.

$\dfrac{D}{4}=9-a \leq 0$이므로 $a \geq 9$이다.

따라서 실수 $a$의 최솟값은 9이다.

정답 ⑤

## 353

Point

$f(x)=x^2-4x-4k+3 \ (3 \leq x \leq 5)$라 하면

$f(x)=(x-2)^2-4k-1 \ (3 \leq x \leq 5)$이다.

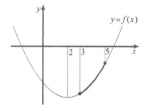

그림과 같이 $f(x)$의 그래프는 아래로 볼록이고 대칭축이 $x=2$인 그래프의 일부분이므로 $3 \leq x \leq 5$에서 $f(x) \leq 0$이 항상 성립하려면 $f(5) \leq 0 \ (\because f(3) < f(5))$이어야 한다.

$f(5)=25-20-4k+3=8-4k \leq 0$이므로 $k \geq 2$이다.

따라서 $k$의 최솟값은 2이다.

정답 ②

## 354

Point

$0 \leq -x^2+5x < -x+9$에서

ⅰ) $x^2-5x \leq 0$인 경우

$x(x-5) \leq 0$ ∴ $0 \leq x \leq 5$ ⋯ ㉠

ⅱ) $-x^2+5x < -x+9$인 경우

$x^2-6x+9>0, \ (x-3)^2>0$ ∴ $x \neq 3$인 모든 실수 ⋯ ㉡

㉠, ㉡에서 주어진 부등식을 만족시키는 해는 $0 \leq x < 3, \ 3 < x \leq 5$이다. 따라서 정수해는 $0, \ 1, \ 2, \ 4, \ 5$이므로 구하는 정수해의 합은 12이다.

정답 ④

## 355

Point

$x^2-x-12=(x+3)(x-4)$이므로 이차함수 $f(x)=x^2-x-12$의 그래프는

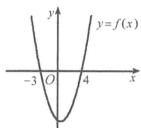

$f(x)<0$을 만족시키는 $x$의 값의 범위는 $-3<x<4$

함수 $y=f(x-1)$의 그래프는 함수 $y=f(x)$의 그래프를 $x$축의 방향으로 1만큼 평행이동시킨 그래프이다.

$f(x-1)<0$을 만족시키는 $x$의 값의 범위는 $-2<x<5$이므로 정수 $x$는 $-1, \ 0, \ 1, \ 2, \ 3, \ 4$

따라서 모든 정수 $x$의 값의 합은 9

정답 ③

## 356

Point

$f(x)<0$을 만족시키는 $x$의 값의 범위는 $-3<x<4$

함수 $y=f(x-1)$의 그래프는 함수 $y=f(x)$의 그래프를 $x$축의 방향으로 1만큼 평행이동시킨 그래프이다.

$f(x-1)<0$을 만족시키는 $x$의 값의 범위는 $-2<x<5$이므로 정수 $x$는 $-1, \ 0, \ 1, \ 2, \ 3, \ 4$

따라서 모든 정수 $x$의 값의 합은 9

정답 56

## 357

**Point**

이차함수 $f(x)=x^2-2ax+9a$이고 이차부등식
$f(x)<0$에서 주어진 이차부등식을 만족시키는 해가
없으려면 이차함수 $f(x)=x^2-2ax+9a$의
그래프가 $x$축과 한 점에서 만나거나 만나지 않아야
한다. 이차방정식 $x^2-2ax+9a=0$의 판별식을
$D$라 할 때, $\dfrac{D}{4}=a^2-9a=a(a-9)\leq 0$이므로
$0\leq a\leq 9$
따라서 정수 $a$의 개수는 10

정답 ②

## 358

**Point**

라면 한 그릇의 가격을 $100x$(원)만큼 내리면 라면 한
그릇의 가격은 $2000-100x$(원)이고 라면 판매량은
$20x$(그릇)이 늘어나므로 하루 라면 판매량은
$200+20x$(그릇)이다.
하루의 라면 판매액의 합계가 442000원 이상이 되려면
$(2000-100x)(200+20x)\geq 442000$
$2000x^2-20000x+42000\leq 0$, $x^2-10x+21\leq 0$
$(x-3)(x-7)\leq 0$    $\therefore 3\leq x\leq 7$
따라서 라면 한 그릇의 가격의 최댓값은 $x=3$일 때
1700원이다.

정답 ③

## 359

**Point**

$$\begin{cases} |x-1|\leq 3 & \cdots \text{㉠} \\ x^2-8x+15>0 & \cdots \text{㉡} \end{cases}$$

㉠의 해는 $-2\leq x\leq 4$
㉡의 해는 $x<3$ 또는 $x>5$

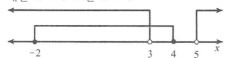

㉠과 ㉡을 동시에 만족시키는 $x$의 범위는
$-2\leq x<3$
따라서 정수 $x$의 개수는 5

정답 ⑤

## 360

**Point**

$x^2-(n+5)x+5n\leq 0$,  $(x-n)(x-5)\leq 0$
( i ) $n<5$일 때,
부등식의 해는 $n\leq x\leq 5$
정수 $x$의 개수는 $6-n$이므로 $6-n=3$, $n=3$
( ii ) $n=5$일 때,
$(x-5)^2\leq 0$의 해는 $x=5$
정수 $x$의 개수 1이므로 성립하지 않는다.
(iii) $n>5$일 때,
부등식의 해는 $5\leq x\leq n$
정수 $x$의 개수는 $n-4$이므로 $n-4=3$, $n=7$
( i ), ( ii ), (iii)에서 모든 자연수 $n$의 값의 합은
$3+7=10$

정답 ③

## 361

**Point**

$z=x+yi(x,\ y$는 실수)일 때, $z^2=x^2-y^2+2xyi$에
서 $z^2$이 음의 실수가 되려면 $x=0$, $y\neq 0$이다.
복소수 $(a^2+3a+2)+(a^2+2a)i$가 순허수이어야 하므
로 $a^2+3a+2=0$이고 $a^2+2a\neq 0$
$\therefore a=-1$

정답 ③

## 362

**Point**

ㄱ. $z_2=\left(\dfrac{\sqrt{2}\,i}{1+i}\right)^2=\dfrac{-2}{2i}=i$ (참)

ㄴ. $z_2=i$이므로 $z_6=z_2^3=i^3=-i=-z_2$ (참)

ㄷ. $z_8=z_2z_6=1$이므로 $z_{n+8}=z_n$ (참)

정답 ⑤

## 363

Point

$\boxed{A}$ 버튼을 한 번 누르면 화면에 나타나는 수는 $\dfrac{\sqrt{2}+\sqrt{2}i}{2}$, 두 번 누르면 $\left(\dfrac{\sqrt{2}+\sqrt{2}i}{2}\right)^2=i$

세 번 누르면

$$\left(\frac{\sqrt{2}+\sqrt{2}i}{2}\right)^3=\left(\frac{\sqrt{2}+\sqrt{2}i}{2}\right)^2\times\frac{\sqrt{2}+\sqrt{2}i}{2}$$
$$=i\times\frac{\sqrt{2}+\sqrt{2}i}{2}=\frac{-\sqrt{2}+\sqrt{2}i}{2}$$

두 번 누르면 $i$이므로 네 번 누르면 $i^2=-1$

그러므로 $\boxed{A}$ 버튼을 여덟 번 누르면 화면에 1이

나타난다. $\boxed{B}$ 버튼을 한 번 누르면 화면에

나타나는 수는 $\dfrac{-\sqrt{2}+\sqrt{2}i}{2}$,

두 번 누르면 $\left(\dfrac{-\sqrt{2}+\sqrt{2}i}{2}\right)=-i$

세 번 누르면

$$\left(\frac{-\sqrt{2}+\sqrt{2}i}{2}\right)^3=\left(\frac{-\sqrt{2}+\sqrt{2}i}{2}\right)^2\times$$
$$\left(\frac{-\sqrt{2}+\sqrt{2}i}{2}\right)=-i\times\left(\frac{-\sqrt{2}+\sqrt{2}i}{2}\right)$$
$$=\frac{\sqrt{2}+\sqrt{2}i}{2}$$

두 번 누르면 $-i$이므로 네 번 누르면 $(-i)^2=-1$

그러므로 $\boxed{B}$ 버튼을 여덟 번 누르면 화면에 1이 나타난다.

그런데 $\boxed{A}$ 버튼과 $\boxed{B}$ 버튼을 한 번씩 누른 결과는

$$\frac{\sqrt{2}+\sqrt{2}i}{2}\times\frac{-\sqrt{2}+\sqrt{2}i}{2}=-1$$

그러므로 $\boxed{A}$ 버튼과 $\boxed{B}$ 버튼을 두 번씩 누르면 화면에 1이 나타난다.

따라서 화면에 1이 다시 나타날 때까지 버튼을 누른 횟수의 최솟값은 4

정답 ②

## 364

Point

i )$n=1$일 때
$(3+4i)\times i=-4+3i$이므로
　$P_1(-4,\ 3)$

ii )$n=2$일 때
$(3+4i)\times i^2=-3-4i$이므로
　$P_2(-3,\ -4)$

iii )$n=3$일 때 $(3+4i)\times i^3=4-3i$이므로
　$P_3(4,\ -3)$

iv )$n=4$일 때 $(3+4i)\times i^4=3+4i$이므로 $P_4(3,\ 4)$

네 점 $P_1$, $P_2$, $P_3$, $P_4$ 를 꼭짓점으로 하는 사각형은 한 변의 길이가 $5\sqrt{2}$인 정사각형이다.

따라서 구하는 사각형의 넓이는 $\left(5\sqrt{2}\right)^2=50$이다.

정답 50

## 365

Point

$$z=\frac{3+\sqrt{2}i}{\sqrt{2}-3i}=\frac{(3+\sqrt{2}i)(\sqrt{2}+3i)}{(\sqrt{2}-3i)(\sqrt{2}+3i)}=i$$
$$\omega=\frac{i(1-(-i))}{\sqrt{2}}=\frac{i(1+i)}{\sqrt{2}}=\frac{-1+i}{\sqrt{2}}$$
$$\omega^2=\left(\frac{-1+i}{\sqrt{2}}\right)^2=\frac{-2i}{2}=-i\quad\therefore\ \omega^4=-1,\ \omega^8=1$$

따라서 $n$이 8의 배수일 때 $\omega^n=1$

구하는 자연수 $n$은 8, 16, 24, $\cdots$, 96이므로 12개다.

정답 ③

## 366

Point

$z+\overline{z}=0$을 만족시키는 복소수 $z(\neq 0)$는
　순허수이므로 $z=(i-2)x^2-3\xi-4i+32$
　$=-2x^2+32+(x^2-3x-4)$에서
$-2x^2+32=0$이고 $x^2-3x-4\neq 0$이어야 한다.

그러므로 $-2x^2+32=0$에서 $x=4$ 또는 $x=-4$,
　$x^2-3x-4\neq 0$에서 $x\neq 4$이고 $x\neq-1$

따라서 $x=-4$

정답 ①

## 367

**Point**

$z_1 = 1+i$, $z_2 = 1-i$라 하면, $z_1 = \overline{z_2}$이므로

$(1+i)\triangle(1-i) = 1-i^2 = 2$이고

(준식) $= 2\triangle(2-3i)$이다.

이때, $z_1 = 2$, $z_2 = 2-3i$라 하면, $z_1 \ne z_2$이므로

(준식) $= 2\triangle(2-3i) = 3i$이다.

정답 ②

## 368

**Point**

$z = a+bi(a,\ b$는 실수)로 놓으면 $\overline{z} = a-bi$

$z^2 = (a+bi)^2 = 3+4i$에서

$a^2 - b^2 + 2abi + 3+4i$이므로 $a^2 - b^2 = 3$, $ab = 2$

$\therefore z\overline{z} = (a+bi)(a-bi) = a^2 + b^2 = \sqrt{(a^2+b^2)^2}$

$= \sqrt{(a^2-b^2)^2 + 4a^2b^2} = \sqrt{3^2 + 4\times2^2} = 5$

정답 ①

## 369

**Point**

기름 값을 $a$원에서 $x\%$ 내리면 $a\left(1 - \dfrac{x}{100}\right)$원

판매량이 $bL$에서 $2x\%$ 증가하면 $b\left(1 + \dfrac{2x}{100}\right)L$

전체 판매액은 $ab$에서 $8\%$ 증가하여 $ab\left(1 + \dfrac{8}{100}\right)$원이

되므로 $a\left(1 - \dfrac{x}{100}\right)b\left(1 + \dfrac{2x}{100}\right) = ab\left(1 + \dfrac{8}{100}\right)$

$x^2 - 50x + 400 = 0$, $x = 10$ 또는 $x = 40$

$0 < x < 30$이므로 $x = 10$

정답 10

## 370

**Point**

주어진 이차방정식에서 $x = \dfrac{-(m+1) \pm \sqrt{D}}{2}$

$D = (m+1)^2 - 4(2m-1) = m^2 - 6m + 5$

두 근이 정수가 되기 위해서는 $D$가 제곱수이거나 $0$

$D$가 제곱수가 아니므로 $D = 0$

따라서 $m = 1$ 또는 $m = 5$

$m = 1$일 때, $x^2 + 2x + 1 = 0$이므로 두 근은 정수

$m = 5$일 때, $x^2 + 6x + 9 = 0$이므로 두 근은 정수

따라서 모든 정수 $m$의 값의 합은 6

정답 ①

## 371

**Point**

$x^2 + x - 3 = 0$의 두 근이 $\alpha$, $\beta$이므로 $\alpha + \beta = -1$,

$\alpha\beta = -3$, $\alpha^2 + \alpha = 3$이다.

$f(x) = x^2 + ax + b$라 하면

$f(\alpha) = \alpha^2 + a\alpha + b = 1$ $\cdots$ ㉠

$f(\beta) = \beta^2 + a\beta + b = 1$ $\cdots$ ㉡

㉠ - ㉡에서 $\alpha^2 - \beta^2 + a\alpha - a\beta = 0$

$(\alpha+\beta)(\alpha-\beta) + a(\alpha-\beta) = 0$,

$(\alpha-\beta)(\alpha+\beta+a) = 0$

$\alpha \ne \beta$이므로

$\alpha + \beta + a = 0$ $\therefore a = -(\alpha+\beta) = -(-1) = 1$

$a = 1$을 ㉠에 대입하면 $\alpha^2 + \alpha + b = 1$

$b = 1 - (\alpha^2 + \alpha) = 1 - 3 = -2$ $\therefore f(x) = x^2 + x - 2$

정답 ①

## 372

**Point**

$x^2 + ax + b = 0$의 두 근이 $\alpha$, $\beta$이므로

$\alpha + \beta = -a$, $\alpha\beta = b$ $\cdots$ ㉠

$x^2 + bx + a = 0$의 두 근이 $\dfrac{1}{\alpha}$, $\dfrac{1}{\beta}$이므로

$\dfrac{1}{\alpha} + \dfrac{1}{\beta} = -b$, $\dfrac{1}{\alpha\beta} = a$ $\cdots$ ㉡

$\bigcirc$, $\bigcirc$에서 $\dfrac{1}{\alpha}+\dfrac{1}{\beta}=\dfrac{\alpha+\beta}{\alpha\beta}=-b$이므로 $\dfrac{-a}{b}=-b$

이다.

$\therefore a=b^2$

$\dfrac{1}{\alpha\beta}=a$이므로 $\dfrac{1}{b}=a$이다.  $\therefore ab=1$

따라서 $a^3=1$, $b^3=1$이고 $a$, $b$가 실수이므로

$a=1$, $b=1$이다.

$\therefore a+b=2$

정답 ②

## 373

Point

두 근을 $\alpha$, $\beta$라 하면

$\alpha+\beta=a$, $\alpha\beta=-3a$, $|\alpha|+|\beta|=8$이다.

$a>0$이므로 $\alpha+\beta>0$, $\alpha\beta<0$에서 $\alpha<0<\beta$라

하면

$(|\alpha|+|\beta|)^2=(-\alpha+\beta)^2=(\alpha+\beta)^2-4\alpha\beta$

$=a^2+12a=64$이므로 $a=4$이다.

$\therefore \alpha^2+\beta^2=(\alpha+\beta)^2-2\alpha\beta=a^2+6a=40$

정답 ④

## 374

Point

$f(x)$는 이차항의 계수가 $1$이고 이차방정식

$f(x)=0$의 두 근의 곱이 $7$이므로

$f(x)=x^2+ax+7$ ($a$는 상수)

$x^2-3x+1=0$의 두 근이 $\alpha$, $\beta$이므로

$\alpha+\beta=3$, $\alpha\beta=1$

$\alpha^2+\beta^2=(\alpha+\beta)^2-2\alpha\beta=7$

$f(\alpha)+f(\beta)=(\alpha^2+\beta^2)+\alpha(\alpha+\beta)+14$

$=7+3a+14=3$

$\therefore a=-6$

$f(x)=x^2-6x+7$이므로 $f(7)=14$

정답 ⑤

## 375

Point

$x^2-3x-2=0$의 두 근이 $\alpha$, $\beta$이므로 근과 계수의

관계에 의해 $\alpha+\beta=3$, $\alpha\beta=-2$

또한 $\alpha$는 $x^2-3x-2=0$의 근이므로

$\alpha^2-3\alpha-2=0$

즉, $\alpha^2-3\alpha=2$이다.

$\alpha^3-3\alpha^2+\alpha\beta+2\beta=\alpha(\alpha^2-3\alpha)+\alpha\beta+2\beta$

$=2\alpha+\alpha\beta+2\beta=2(\alpha+\beta)+\alpha\beta=6-2=4$이다.

따라서 $\alpha^3-3\alpha^2+\alpha\beta+2\beta$의 값은 $4$이다.

정답 ③

## 376

Point

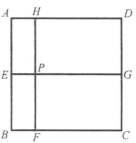

$\overline{AH}=\alpha$, $\overline{AE}=\beta$라 하면 $\overline{PG}=10-\alpha$,

$\overline{PF}=10-\beta$이다.

직사각형 PFCG의 둘레의 길이는

$2(10-\alpha)+2(10-\beta)=28$이므로 $\alpha+\beta=6$이다.

직사각형 PFCG의 넓이는

$(10-\alpha)(10-\beta)=46$이므로 $\alpha\beta=6$이다. 따라서

$\alpha$, $\beta$를 두 근으로 하는 이차방정식은

$x^2-(\alpha+\beta)x+\alpha\beta=0$에서 $x^2-6x+6=0$이다.

정답 ②

## 377

Point

ㄱ. $x=-q$일 때, $f(q)=0$

$x=-r$일 때, $f(r)=0$이므로 $f(-x)=0$의 근은

$x=-q$ 또는 $x=-r$  $\therefore$ 참

ㄴ. $f(x)-2=0$의 두 근은 $p$, $s$이다. $p+s=q+r$

이므로 두 근의 합은 $-\dfrac{b}{a}$  $\therefore$ 참

ㄷ. 대칭축을 이용하면 $\dfrac{p+s}{2}=\dfrac{a+r}{2}$, $p+s=q+r$

$\therefore$ 참

정답 ⑤

## 378

**Point**

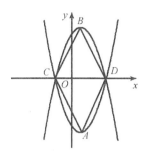

$f(x)=(x+2)(x-4)=(x-1)^2-9$이므로
  $y=f(x)$의 꼭짓점은 $\mathrm{A}(1,\ -9)$
$-f(x)+2=-(x+2)(x-4)+2=-(x-1)^2+11$이
  므로 $y=-f(x)+2$의 꼭짓점은 $\mathrm{B}(1,\ 11)$
두 함수 $y=f(x),\ y=-f(x)+2$의 그래프의 교점의
  $x$좌표는 $(x-1)^2-9=-(x-1)^2+11$
$\therefore x=1\pm\sqrt{10}$
$\therefore \mathrm{C}(1-\sqrt{10},\ 1),\ \mathrm{D}(1+\sqrt{10},\ 1)$
사각형 ADBC가 마름모이므로 사각형 ADBC의
  넓이는 $\dfrac{1}{2}\times20\times2\sqrt{10}=20\sqrt{10}$

정답 ⑤

## 379

**Point**

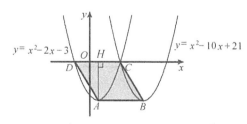

이차함수 $y=x^2-2x-3$은 $y=(x-1)^2-4$이므로
  꼭짓점 A의 좌표는 $(1,\ -4)$이다.
이차함수 $y=x^2-10x+21$은 $y=(x-5)^2-4$이므로
  꼭짓점 B의 좌표는 $(5,\ -4)$이다.
이차함수 $y=x^2-2x-3$의 그래프와 $x$축과의 교점
  C, D의 좌표를 구하기 위하여 $y=0$을 대입하면
  $x^2-2x-3=0$
$(x+1)(x-3)=0$ $\therefore x=-1$ 또는 $x=3$
그러므로 $\mathrm{C}(3,\ 0),\ \mathrm{D}(-1,\ 0)$
$\overline{\mathrm{AB}}\ /\!/\ \overline{\mathrm{CD}}$, $\overline{\mathrm{AB}}=\overline{\mathrm{CD}}=4$이므로 사각형 ABCD는 평
  행사변형이다. 꼭짓점 A, B의 $y$좌표가 $-4$이므로
  꼭짓점 A에서 $x$축에 내린 수선의 발을 H라 하면
  $\overline{\mathrm{AH}}=4$

따라서 평행사변형 ABCD의 넓이는
  $\overline{\mathrm{CD}}\times\overline{\mathrm{AH}}=4\times4=16$

정답 16

## 380

**Point**

$f(x)+x-1=0$의 두 근이 $\alpha,\ \beta$이고
  $\alpha+\beta=1,\ \alpha\beta=-3$이므로
$f(x)+x-1=k(x^2-x-3)$ $\cdots$ ㉠이다.
또한 $f(1)=-6$이므로 $x=1$을 ㉠에 대입하면
$f(1)+1-1=k(1^2-1-3)$
$-6+1-1=k(1^2-1-3)$
$-6=-3k$이다. 그러므로 $k=2$이다. ㉠에 대입하여
  정리하면 $f(x)+x-1=2(x^2-x-3)$
$f(x)=2x^2-2x-6-x+1$
$f(x)=2x^2-3x-5$이다.
따라서 $f(3)=4$이다.

정답 ③

## 381

**Point**

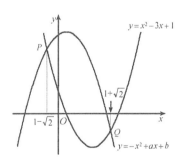

이차함수 $y=-x^2+ax+b$의 그래프와 이차함수
  $y=x^2-3x+1$의 그래프의 교점의 $x$좌표는 이차방
  정식
$-x^2+ax+b=x^2-3x+1,\ 2x^2-(3+a)x+1-b$
  $=0$의 두 실근이다. $a,\ b$는 유리수이므로 한 근이
  $1-\sqrt{2}$이면 나머지 한 근은 $1+\sqrt{2}$이다.
따라서 $2x^2-(3+a)x+1-b=0$의 두 근을 $\alpha,\ \beta$라
  하면 근과 계수의 관계에 의해 $\alpha+\beta=\dfrac{3+a}{2}=2$,
$\alpha\beta=\dfrac{1-b}{2}=-1$이다.
$a=1,\ b=3$이므로 $a+3b=10$이다.

정답 ③

## 382

Point

ㄱ. $a=3$일 때, $y=3x^2$과 $\triangle ABC$의 교점의 개수는
2개이므로 $F(3)=2$ $\quad \therefore$ 참

ㄴ. $a>4$이면 $y=ax^2$과 $\triangle ABC$의 교점은 없으므로
$F(0)=0$ $\quad \therefore$ 참

ㄷ. $a=\dfrac{1}{16}$ 또는 $a=4$이면 $y=ax^2$과 $\triangle ABC$의 교
점의 개수는 1개이므로 $F(a)=1$ $\quad \therefore$ 거짓

정답 ③

## 383

Point

함수 $y=f(x)$와 함수 $y=g(x)$의 그래프가 만나는
점의 $x$좌표는 $x^2-x-5=x+3$의 근이므로
$x=-2$ 또는 $x=4$
$\therefore$ A$(-2,\ 1)$, B$(4,\ 7)$
선분 AB의 중점을 M$(1,\ 4)$라 하면 $\overline{AP}=\overline{BP}$이므로
직선 MP는 선분 AB를 수직이등분한다. 직선 AB
의 기울기가 1이므로 선분 AB를 수직이등분하는 직
선은 기울기가 $-1$이고 점 M$(1,\ 4)$를 지난다.
$\therefore y=-x+5$
점 P의 $x$좌표는 함수 $y=x^2-x-5$의 그래프와 직선
$y=-x+5$가 만나는 점의 $x$좌표이다.
$x^2-x-5=-x+5$, $x^2=10$ $\quad \therefore x=\pm\sqrt{10}$
따라서 $x=\sqrt{10}$ $(\because x>0)$

정답 ③

## 384

Point

$g(x)=0$에서 $ax+2a^2=a(x+2a)=0$
$a>0$이므로 $x=-2a$
따라서 점 C의 좌표는 $(-2a,\ 0)$
$f(x)=g(x)$에서 $x^2=ax+2a^2$
$(x-2a)(x+a)=0$ $\quad \therefore x=-a$ 또는 $x=2a$
점 A는 제 1사분면 위에 있으므로 점 E의 좌표는
$(2a,\ 0)$
삼각형 COD와 삼각형 CEA의 닮음비는 $1:2$이므로
넓이의 비는 $1:4$ 즉, $S_1:S_2=1:3$이므로
$S_2=3S_1$
따라서 $k=3$

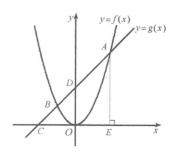

정답 ③

## 385

Point

이차방정식 $h(x)=0$의 두 근이 2와 6이므로 인수정리
에 의하여 $h(x)=k(x-2)(x-6)$이다. 이때 $g(x)$
는 일차함수이고 $f(x)$는 이차항의 계수가 $-1$인 이
차함수이므로 함수 $h(x)$는 이차함수이고 이차항의
계수는 $-1$이다.
$h(x)=-(x-2)(x-6)=-x^2+8x-12$
$\qquad =-(x-4)^2+4$이므로 함수 $h(x)$는 $x=4$에서 최
댓값 4를 갖는다.
$p=4$, $q=4$이므로 $p+q=8$

정답 ①

## 386

Point

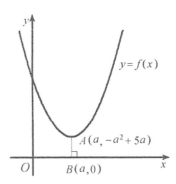

$y=x^2-2ax+5a=(x-a)^2-a^2+5a$이므로
A$(a,\ -a^2+5a)$이다. 따라서 $0<a<5$이므로
$\overline{OB}=a$, $\overline{AB}=-a^2+5a$이다.
$\overline{OB}+\overline{AB}=g(a)$라 하면 $g(a)=-a^2+6a$이다.
따라서 $g(a)=-(a-3)^2+9$이므로 $0<a<5$에서
$\overline{OB}+\overline{AB}$의 최댓값은 9이다.

정답 ⑤

## 387

**Point**

조건 ㈎에서 $f(x) = a(x+2)(x-4)$라 두면
$f(x) = a(x-1)^2 - 9a$이다. (단, $a$는 상수)
조건 ㈏에서
$i$)$a > 0$이면 $x = 8$에서 최댓값 80을 가지므로
$\quad 40a = 80$ 즉, $a = 2$이다.
$ii$)$a < 0$이면 $x = 5$에서 최댓값 80을 가지므로
$\quad 7a = 80$ 즉, $a = \dfrac{80}{7}$이다. (부적합)

$i$), $ii$)에 의해 $a = 2$이다.
따라서 $f(x) = 2(x+2)(x-4)$이고, $f(-5) = 54$이
다.

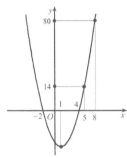

정답 54

## 388

**Point**

A지점을 원점 O, 지면을 $x$축, 원점 O를 지나고 지면
과 수직인 직선을 $y$축으로 하는 좌표평면을 생각하
자. 지점 B의 좌표는 B$(6, 0)$, 지점 C의 좌표는
C$\left(\dfrac{9}{2}, 0\right)$, 지점 P의 좌표는 P$\left(\dfrac{9}{2}, 6\right)$

세 점을 지나는 포물선을 이차함수 $y = a(x-p)^2 + q$의
그래프라 하면 다음과 같다.

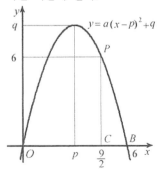

이 그래프의 축의 방정식은 $x = 3$이므로 $p = 3$
따라서 이차함수는 $y = a(x-3)^2 + q$이다.
이차함수 $y = a(x-3)^2 + q$의 그래프는 원점을 지나므
로 $0 = a(0-3)^2 + q$ $\quad \therefore 0 = 9a + q$ $\quad \cdots$ ㉠

이차함수 $y = a(x-3)^2 + q$의 그래프는 점 B를 지나고
점 B의 좌표는 $(6, 0)$이므로
$\quad 0 = a(6-3)^2 + q$ $\quad \therefore 0 = 9a + q$
이차함수 $y = a(x-3)^2 + q$의 그래프는 점 P를 지나고
점 P의 좌표는 $\left(\dfrac{9}{2}, 6\right)$이므로 $6 = a\left(\dfrac{9}{2} - 3\right)^2 + q$

$\quad \therefore 6 = \dfrac{9}{4}a + q$ $\quad \cdots$ ㉡

㉠, ㉡에서 $6 = \dfrac{9}{4}a - 9a$

$a = -\dfrac{8}{9}$, $q = -9 \times \left(-\dfrac{8}{9}\right) = 8$, $y = -\dfrac{8}{9}(x-3)^2 + 8$

따라서 이차함수 $y = -\dfrac{8}{9}(x-3)^2 + 8$은 $x = 3$일 때
최댓값이 8이므로 공이 가장 높이 올라갔을 때의 높
이는 8m이다.

정답 ②

## 389

**Point**

$z^2 = (a+2bi)^2 = (a^2 - 4b^2) + 4abi$
$(\bar{z})^2 = (a-2bi)^2 = (a^2 - 4b^2) - 4abi$이다.
$z^2 + (\bar{z})^2 = 2(a^2 - 4b^2) = 0$이므로 $a^2 = 4b^2$이다.
$6a + 12b^2 + 11 = 3a^2 + 6a + 11 = 3(a+1)^2 + 8$이므
로 $a = -1$일 때, $6a + 12b^2 + 11$의 최솟값은
8이다.

정답 ③

## 390

**Point**

ㄱ. $x^3 + 1 = (x+1)(x^2 - x + 1) = 0$에서 $\alpha$는 이차방
정식
$x^2 - x + 1 = 0$의 근이므로 $\alpha^2 - \alpha + 1 = 0$ (참)
ㄴ. $\alpha$가 $x^2 - x + 1 = 0$의 근이므로 $\bar{\alpha}$도 근이 된다. 근
과 계수의 관계에서 $\alpha + \bar{\alpha} = \alpha\bar{\alpha} = 1$ (참)
ㄷ. $\alpha$, $\bar{\alpha}$가 방정식 $x^3 + 1 = 0$의 근이므로
$\alpha^3 = (\bar{\alpha})^3 = -1$
$\therefore \alpha^3 + (\bar{\alpha})^3 = -2$
한편, $\alpha + \bar{\alpha} = \alpha\bar{\alpha} = 1$이므로
$\alpha^2 + (\bar{\alpha})^2 = (\alpha + \bar{\alpha})^2 - 2\alpha\bar{\alpha} = 1 - 2 = -1$
$\therefore \alpha^3 + (\bar{\alpha})^3 \neq \alpha^2 + (\bar{\alpha})^2$
따라서 옳은 것은 ㄱ, ㄴ이다.

정답 ②

## 391

**Point**

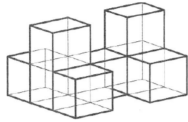

그림과 같이 필요한 블록의 개수는 8개이므로
$$8x(x+1)(x+2)=7x^3+28x^2+20x+5$$
$$x^3-4x^2-4x-5=0,\ (x-5)(x^2+x+1)=0$$
$$\therefore\ x=5$$

정답 ⑤

## 392

**Point**

$x^3+ax^2+bx+c=0$의 세 근이 $\alpha$, $\beta$, $\gamma$이므로
$$\alpha+\beta+\lambda=-a,\ \alpha\beta+\beta\gamma+\gamma\alpha=b,\ \alpha\beta\gamma=-c$$
$x^3-2x^2+3x-1=0$의 세 근이 $\dfrac{1}{\alpha\beta}$, $\dfrac{1}{\beta\gamma}$, $\dfrac{1}{\gamma\alpha}$

이므로

i ) $\dfrac{1}{\alpha\beta}+\dfrac{1}{\beta\gamma}+\dfrac{1}{\gamma\alpha}=\dfrac{\alpha+\beta+\gamma}{\alpha\beta\gamma}=\dfrac{a}{c}=2$

ii ) $\dfrac{1}{\alpha\beta}\times\dfrac{1}{\beta\gamma}+\dfrac{1}{\beta\gamma}\times\dfrac{1}{\gamma\alpha}+\dfrac{1}{\gamma\alpha}\times\dfrac{1}{\alpha\beta}$

$=\dfrac{1}{\alpha\beta^2\gamma}+\dfrac{1}{\alpha\beta\gamma^2}+\dfrac{1}{\alpha^2\beta\gamma}=\dfrac{\alpha\gamma+\alpha\beta+\beta\gamma}{(\alpha\beta\gamma)^2}=\dfrac{b}{c^2}=3$

iii ) $\dfrac{1}{\alpha\beta}\times\dfrac{1}{\beta\gamma}\times\dfrac{1}{\gamma\alpha}=\dfrac{1}{(\alpha\beta\gamma)^2}=\dfrac{1}{c^2}=1$

$c^2=1$이므로 i )에서 $a^2=4$, ii )에서 $b^2=9$
$$\therefore\ a^2+b^2+c^2=14$$

정답 ①

## 393

**Point**

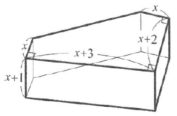

오각기둥의 부피를 구하면
$$\left[x(x+3)+\dfrac{2\{(x+3)+x\}}{2}\right](x+1)=108$$

$$\{x(x+3)+2x+3\}(x+1)=108,$$
$$x^3+6x^2+8x-105=0$$
$$(x-3)(x^2+9x+35)=0$$
$x^2+9x+35>0$이므로 $x=3$

정답 ③

## 394

**Point**

$$(x^2-4x+3)(x^2-6x+8)=120$$
$$(x-1)(x-3)(x-2)(x-4)=120$$
$$(x^2-5x+4)(x^2-5x+6)=120$$
$x^2-5x=t$라 하면 $(t+4)(t+6)-120=0$,
$$t^2+10t-96=0$$
$$(t-6)(t+16)=0,\ (x^2-5x-6)(x^2-5x+16)=0$$
$x^2-5x-6=0$ 또는 $x^2-5x+16=0$
$x^2-5x-6=(x+1)(x-6)=0$은 서로 다른 두 실근
$-1$, $6$을 갖는다. $x^2-5x+16=0$이 허근을 가지므로
$$w^2-5w=-16$$

정답 ①

## 395

**Point**

$\overline{\text{AC}}=x$, $\overline{\text{CB}}=y$라 하면 $x+y=8$이고,
$x^3+y^3=224$이다. 두 정육면체의 겉넓이의 합은
$6(x^2+y^2)$이므로 $xy$의 값을 구해야 한다.
$(x+y)^3=(x^3+y^3)+3xy(x+y)$이므로
$8^3=224+3xy\times8$에 의해 $xy=12$이다.
$x^2+y^2=(x+y)^2-2xy$를 이용하면 $x^2+y^2=40$
이고, 두 정육면체의 겉넓이의 합은 240이다.

정답 240

## 396

**Point**

$(x-a)(x^2+8x+a^2)=0$ 서로 다른 세 실근을 갖기
위해서는 방정식 $x^2+8x+a^2=0$은 서로 다른 두
실근을 가져야 하므로 판별식을 $D$라 할 때
$$\dfrac{D}{4}=16-a^2>0$$
따라서 $-4<a<4$ …㉠
또한 $x=a$는 $x^2+8x+a^2=0$의 근이 아니어야
하므로 $2a^2+8a\neq0$
따라서 $a\neq0$이고 $a\neq-4$ …㉡

따라서 $a \neq 0$이고 $a \neq -4$ $\cdots$ ⓛ
㉠, ⓛ에 의해 정수 $a$의 개수는 $6$

정답 ①

# 397

**Point**

$k(1 \leq k \leq 4)$에 대하여

$Q(k) = kP(k) - (k+1) = k \cdot \dfrac{k+1}{k} (k+1) = \boxed{0}$ $\cdots$

(가)

$Q(0) = -1$이므로 ⓛ에서

$Q(0) = a(-1) \cdot (-2) \cdot (-3) \cdot (-4) = -1$

$\therefore 24a = -1$

$\therefore a = \boxed{-\dfrac{1}{24}}$ $\cdots$(나)

따라서

$P(-1) = -Q(-1) = -a \cdot (-2) \cdot (-3) \cdot (-4) \cdot (-5)$

$= \dfrac{1}{24} \cdot (-2) \cdot (-3) \cdot (-4) \cdot (-5) = \boxed{5}$ $\cdots$ (다)

정답 ①

# 398

**Point**

$(1+x)(1+x^2)(1+x^4) = x^7 + x^6 + x^5 + x^4$

좌변을 전개하면 $1 + x + x^2 + x^3 + x^4 + x^5 + x^6 + x^7$

이므로

$1 + x + x^2 + x^3 + x^4 + x^5 + x^6 + x^7 = x^7 + x^6 + x^5 + x^4$

$1 + x + x^2 + x^3 = 0$

$(1+x) + x^2(1+x) = 0$

$(1+x)(1+x^2) = 0$

$x = -1$ 또는 $x^2 = -1$

따라서 주어진 방정식의 세 근은 $-1$, $i$, $-i$이므로

$\alpha^4 + \beta^4 + \gamma^4 = (-1)^4 + i^4 + (-i)^4 = 1 + 1 + 1 = 3$

정답 ①

# 399

**Point**

(1) $a = 1$인 경우

주어진 방정식은 $(x^2 + x + 1)^2 = 0$이다.

이때, 방정식 $x^2 + x + 1 = 0$의 근은

$x = \dfrac{-1 \pm \sqrt{\boxed{3}\, i}}{2}$ (단, $i = \sqrt{-1}$)

이므로 방정식 $(x^2 + x + 1)^2 = 0$의 서로

다른 허근의 개수는 $2$이다.

(2) $a \neq 1$인 경우

방정식 $x^2 + ax + a = 0$의 근은

$x = \dfrac{-a \pm \sqrt{\boxed{a(a-4)}}}{2}$ 이다.

( i ) $\boxed{a(a-4)} < 0$일 때, 방정식 $x^2 + x + a = 0$

은 실근을 가져야 하므로 실수 $a$의

값의 범위는 $0 < a \leq \dfrac{1}{4}$이다.

(ii) $\boxed{a(a-4)} \geq 0$일 때, 방정식

$x^2 + x + a = 0$은 허근을 가져야 하므로

실수 $a$의 값의 범위는 $a \geq \boxed{4}$

이다.

따라서 (1)과 (2)에 의하여 방정식

$(x^2 + ax + a)(x^2 + x + a) = 0$의 근 중 서로

다른 허근의 개수가 $2$이기 위한 실수 $a$의

값의 범위는 $0 < a \leq \dfrac{1}{4}$ 또는 $a = 1$ 또는

$a \geq \boxed{4}$이다.

따라서 $p = 3$, $f(a) = a(a-4)$, $q = 4$이므로

$p + q + f(5) = 3 + 4 + 5 = 12$이다.

정답 ⑤

# 400

**Point**

$\overline{AD} = x$, $\overline{DC} = y$라 하면 $x : y = 3 : 2$, $2x = 3y$ $\cdots$
㉠

$\triangle AQ_1D + \triangle P_1Q_2D + \triangle P_2CD = \dfrac{xy}{6} + \dfrac{2xy}{9} + \dfrac{xy}{6}$

$= \dfrac{5xy}{9} = 10$에서, $xy = 18$ $\cdots$ ⓛ

㉠, ⓛ에서 $x = 3\sqrt{3}$, $y = 2\sqrt{3}$

따라서 직사각형의 둘레의 길이는 $10\sqrt{3}$

정답 ②

# 401

Point

$$\begin{cases} x^2 - y^2 = 6 & \cdots \text{㉠} \\ (x+y)^2 - 2(x+y) = 3 & \cdots \text{㉡} \end{cases}$$

식 ㉡에서 $x+y=t$라 하면 $t^2 - 2t - 3 = 0$이므로
$(t-3)(t+1) = 0$ 즉, $t=3$, 또는 $t=-1$이다.
그러므로 $x+y=3$ 또는 $x+y=-1$이다.
한편, $x$, $y$는 양수이므로 $x+y=3$ $\cdots$ ㉢
식 ㉠을 인수분해하면 $(x+y)(x-y) = 6$이므로 ㉢에
의해 $3(x-y) = 6$이다. 따라서 $x-y=2$ $\cdots$ ㉣이다.
㉢+㉣을 계산하면 $2x=5$이므로 $x=\dfrac{5}{2}$이다. $x=\dfrac{5}{2}$

를 ㉢에 대입하면 $y=\dfrac{1}{2}$이다. 따라서 $20xy = 25$이다.

**정답 25**

# 402

Point

조건 (가)에서 R석의 티켓의 수를 $a$, S석의 티켓의
수를 $b$, A석의 티켓의 수를 $c$라 놓으면
$a+b+c=1500$ $\cdots$ ㉠
조건 (나)에서 R석, S석, A석 티켓의 가격은 각각
10만 원, 5만 원, 2만 원이므로
$10a + 5b + 2c = 6000$ $\cdots$ ㉡
A석의 티켓의 수는 R석과 S석 티켓의 수의 합과
같으므로 $a+b+c$ $\cdots$ ㉢
세 방정식 ㉠, ㉡, ㉢을 연립하여 풀면 ㉠, ㉢에서
$2c=1500$이므로 $c=750$

㉠, ㉡에서 연립방정식 $\begin{cases} a+b=750 \\ 2a+b=900 \end{cases}$을 풀면

$a=150$, $b=600$이다. 따라서 구하는 S석의 티켓의
수는 600

**정답 600**

# 403

Point

$xy+x+y-1=0$에서 $(x+1)(y+1)=2$ $\cdots$㉠이고,
$x$, $y$는 정수이므로 ㉠을 만족하는 정수해를 순서쌍으로
나타내면 $(0, 1)$, $(1, 0)$, $(-2, -3)$, $(-3, -2)$
이다. 네 점을 꼭짓점으로 하는 사각형은 그림과 같다.

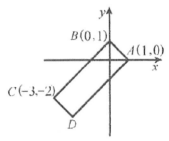

사각형 $\text{ABCD}$은 직사각형이고 넓이는
$\overline{\text{AB}} \times \overline{\text{BC}} = \sqrt{2} \times 3\sqrt{2} = 6$

**정답 ②**

# 404

Point

$(1*a)*b = (1+a+a)*b = (1+2a)+b+(1+2a)b$
$\qquad\qquad = 1+2a+2b+2ab$
$(1*a)*b=3$에서 $1+2a+2b+2ab=3$
$ab+a+b-1=0$, $ab+a+b+1=2$,
$(a+1)(b+1)=2$ 이때 $a$, $b$는 정수이므로 정수 $a$, $b$
의 순서쌍은 $(-3, -2)$, $(-2, -3)$, $(0, 1)$, $(1, 0)$
의 4개이다.

**정답 ②**

# 405

**Point**

직선 $y = x+1$에서 $y = 3$일 때, $x = 2$, $y = 8$일 때
$x = 7$이므로 직선 $y = x+1$과 이차항의 계수가 음수인
이차함수 $y = f(x)$의 그래프는 아래 그림과 같이
$(2,\ 3)$과 $(7,\ 8)$에서 만난다.

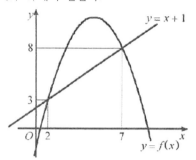

이때, 이차부등식 $f(x) > x+1$의 해는 이차함수
$y = f(x)$의 그래프가 직선 $y = x+1$보다 위쪽에 있을
때, $x$의 값의 범위와 같으므로 $2 < x < 7$이다. 따라서
이차부등식 $f(x) - x - 1 > 0$을 만족시키는 정수 $x$는
3, 4, 5, 6이므로 모든 정수 $x$의 값의 합은 18

정답 ⑤

# 406

**Point**

이차함수와 이차부등식의 관계에 의하여 주어진
그림으로부터 이차부등식 $f(x) \le 0$의 해는
$-1 \le x \le 2$이다.

이때, $f\left(\dfrac{x+k}{2}\right) \le 0$에서 $\dfrac{x+k}{2} = t$라 하면 $f(t) \le 0$
이고, 이차부등식 $f(t) \le 0$의 해는 $-1 \le t \le 2$이다.
그러므로 $-1 \le \dfrac{x+k}{2} \le 2$, $-2 \le x+k \le 4$,
$-2-k \le x \le 4-k$ $\cdots\!\!\textcircled{\small ㄱ}$
또한, $f\left(\dfrac{x+k}{2}\right) \le 0$의 해가 $-3 \le x \le 3$ $\cdots\!\!\textcircled{\small ㄴ}$
이라 하였으므로 $\textcircled{\small ㄱ}$의 식과 $\textcircled{\small ㄴ}$의 식은 같아야 한다.
따라서 $-2-k = -3$, $4-k = 3$에서 $k = 1$이다.

정답 ②

# 407

**Point**

( i ) $x^2 + x - 6 = (x+3)(x-2) > 0$ $\therefore$ $x < -3$ 또는
$x > 2$

( ii ) $|x-a| \le 1$이므로 $-1 \le x-a \le 1$
$\therefore$ $a-1 \le x \le a+1$

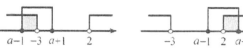

연립방정식의 해가 존재하려면 $a-1 < -3$ 또는
$a+1 > 2$이어야 한다. 따라서 $a < -2$ 또는 $a > 1$

정답 ⑤

# 408

**Point**

$x^2 + 4x - 21 \le 0$, $(x+7)(x-3) \le 0$,
$-7 \le x \le 3$ $\cdots\!\!\textcircled{\small ㄱ}$
$x^2 - 5kx - 6k^2 > 0$, $x^2 - 5kx - 6k^2 > 0$,
$(x-6k)(x+k) > 0$
$k > 0$이므로 $x < -k$ 또는 $x > 6k$ $\cdots\!\!\textcircled{\small ㄴ}$
$\textcircled{\small ㄱ}$, $\textcircled{\small ㄴ}$에서 해가 존재하기 위한 $k$값의 범위는
$0 < k < 7$이다. 따라서 양의 정수 $k$의 개수는 6

정답 ③

# 409

**Point**

$2x^3 + 5x^2 + (k+3)x + k = (x+1)(2x^2 + 3x + k)$
이므로 주어진 방정식의 세 근이 음수가 되기 위해서는
$2x^2 + 3x + k = 0$의 두 근이 음수가 되어야 한다.
따라서 $2x^2 + 3x + k = 0$의 두 근을 $\alpha$, $\beta$라 하면

( i ) $D = 9 - 8k \ge 0$ $\therefore$ $k \le \dfrac{9}{8}$

( ii ) $\alpha + \beta = -\dfrac{3}{2} < 0$

( iii ) $\alpha\beta = \dfrac{k}{2} > 0$ $\therefore$ $k > 0$

( i ), ( ii ), ( iii )으로부터 $0 < k \le \dfrac{9}{8}$

정답 ③

## 410

ㄱ. $a=b$이면 $f(x)=(x-a)^2$이므로 모든 실수 $x$에
대하여 $f(x)\ge 0$이다. (참)

ㄴ. $f(x)=x^2-(a+b)x+ab$이므로

$$f(x)=x^2-(a+b)x+\left(\frac{a+b}{2}\right)^2+ab-\left(\frac{a+b}{2}\right)^2$$

$$=\left(x-\frac{a+b}{2}\right)^2+ab-\left(\frac{a+b}{2}\right)^2$$

$$=\left(x-\frac{a+b}{2}\right)^2-\left(\frac{a-b}{2}\right)^2\text{이다.}$$

따라서 $f(x)$는 $x=\dfrac{a+b}{2}$일 때 최솟값은

$f\left(\dfrac{a+b}{2}\right)=-\left(\dfrac{a-b}{2}\right)^2$이다. (참)

ㄷ. 이차함수 $f(x)$는 아래로 볼록하고, $f\left(\dfrac{a+b}{2}\right)$를

최솟값으로 가지고, $0<a<b$에서

$$\frac{a-b}{2}<\frac{b-a}{2}<\frac{a+b}{2}\text{이므로}$$

$$f\left(\frac{a-b}{2}\right)>f\left(\frac{b-a}{2}\right)>\left(\frac{a+b}{2}\right)\text{이다.}$$

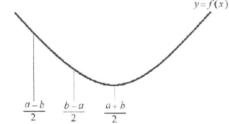

따라서 $f\left(\dfrac{b-a}{2}\right)<f\left(\dfrac{a-b}{2}\right)$이다. (참)

정답 ⑤

# III. 도형의 방정식

## 411

Point

$\overline{AB}$를 $3 : 2$로 외분하는 점 $P\left(\dfrac{6-(-2)}{3-2}\right) = P(8)$

정답 ③

## 412

Point

두 점 $A(2, 4)$, $B(-2, 5)$를 잇는 선분 $AB$를 $1 : 2$로 외분하는 점의 좌표는

$(x, y) = \left(\dfrac{1\times(-2)-2\times2}{1-2}, \ \dfrac{1\times5-2\times4}{1-2}\right) = (6, 3)$

$\therefore xy = 18$

정답 18

## 413

Point

두 점 $A(a-1, 4)$, $B(5, a-4)$사이의 거리가 $\sqrt{10}$

이므로 $\overline{AB}^2 = (a-6)^2+(8-a)^2 = 10$

$\therefore a^2 - 14a + 45 = 0$

따라서 모든 $a$의 값의 합은 $14$

정답 14

## 414

Point

$\dfrac{a-1+4}{3} = 4$이므로 $a = 9$, $\dfrac{3+b-5}{3} = 0$이므로

$b = 2$

$\therefore a+b = 11$

정답 ⑤

## 415

Point

선분 $AB$를 $1 : 3$으로 내분하는 점의 좌표가 $P(a)$이므로 $a = \dfrac{1\times7+3\times1}{1+3} = \dfrac{5}{2}$

정답 ③

## 416

Point

두 점 $A(a, 4)$, $B(-9, 0)$을 $4 : 3$으로 내분하는 점이 $y$축 위에 있으므로 내분점의 $x$좌표는 $0$이다.

$\dfrac{4\times(-9)+3\times a}{4+3} = 0$

$-36+3a = 0$ $\therefore a = 12$

정답 ④

## 417

Point

두 점 $A(3, 4)$, $B(5, 7)$에 대하여 선분 $AB$를 $2 : 1$로 외분하는 점의 좌표는

$\left(\dfrac{2\times5-1\times3}{2-1}, \ \dfrac{2\times7-1\times4}{2-1}\right)$, 즉 $(7, 10)$

$\therefore a = 7$, $b = 10$ $\therefore a+b = 17$

정답 17

## 418

Point

두 점 $A(3, 4)$, $B(-3, 2)$의 중점의 좌표는 $\left(\dfrac{3+(-3)}{2}, \ \dfrac{4+2}{2}\right)$이므로 $(0, 3)$이다.

따라서 중점의 $y$좌표는 $3$이다.

419) 29

선분 $AB$의 길이는 두 점 $A, B$사이의 거리이므로

$l = \sqrt{(0-2)^2+(5-0)^2} = \sqrt{29}$

따라서 $l^2 = 29$

정답 ③

## 419

Point

선분 AB의 길이는 두 점 A, B사이의 거리이므로
$$l = \sqrt{(0-2)^2 + (5-0)^2} = \sqrt{29}$$
따라서 $l^2 = 29$

정답 29

## 420

Point

두 점 A(0, 4), B(2, 3)에 대하여 선분 AB를 2 : 1로 외분하는 점을 C라 하면
$$C\left(\frac{2\times 2 - 1\times 0}{2-1}, \ \frac{2\times 3 - 1\times 4}{2-1}\right)$$
즉 C(4, 2)
따라서 원점 O와 점 C사이의 거리는
$$\overline{OC} = \sqrt{(4-O)^2 + (2-0)^2} = \sqrt{20} = 2\sqrt{5}$$

정답 ⑤

## 421

Point

두 점 O(0, 0), A(6, 6)을 2 : 1로 내분하는 점의 $x$
좌표는 $\dfrac{2\times 6 + 1\times 0}{2+1} = 4$

정답 4

## 422

Point

변 BC의 중점을 M(7, 4)라 하고, 삼각형 ABC의 무게중심을 G($a, b$)라 하면 점 G는 선분 AM을 2 : 1로 내분하는 점이므로 점 G의 좌표는
$$\left(\frac{2\times 7 + 1\times 1}{2+1}, \ \frac{2\times 4 + 1\times 1}{2+1}\right) = (5, \ 3)$$
∴ $a = 5, \ b = 3$
따라서 $a + b = 8$

정답 ⑤

## 423

Point

A($-2$, 0), B(0, 7)에 대하여 선분 AB를 2 : 1로 외분하는 점의 좌표는 (2, $a$)이므로
$$a = \frac{2\times 7 - 1\times 0}{2-1} = 14$$

정답 14

## 424

Point

두 점 A($-2$, 0), B($a, b$)에 대하여 선분 AB를 2 : 1로 외분하는 점의 좌표는
$$\left(\frac{2\times a - 1\times(-2)}{2-1}, \ \frac{2\times b - 1\times 0}{2-1}\right)$$
즉 ($2a + 2, \ 2b$)
이 점의 좌표가 (10, 0)이므로 $2a + 2 = 10, \ 2b = 0$
$a = 4, \ b = 0$
따라서 $a + b = 4$

정답 ④

## 425

Point

$$\overline{AB} = \sqrt{(4+1)^2 + (1-3)^2} = \sqrt{29}$$
선분 AB를 한 변으로 하는 정사각형의 넓이는
$$\overline{AB}^2 = 29$$

정답 29

## 426

Point

선분 AB를 2 : 1로 외분하는 점의 좌표가
$\left(\dfrac{4-1}{2-1}, \ \dfrac{2a-7}{2-1}\right)$이고 이 점이 $x$축 위에 있으므로
$$\frac{2a-7}{2-1} = 0$$
따라서 $a = \dfrac{7}{2}$

427) ③
선분 AB를 1 : 2로 내분하는 점의 좌표는
$$\left(\frac{6}{1+2}, \ \frac{2a}{1+2}\right), \ \text{즉} \ \left(2, \ \frac{2a}{3}\right)$$
이 점이 직선 $y = -x$위의 점이므로

정답 ④

## 427

Point

선분 AB를 1:2로 내분하는 점의 좌표는
$\left( \dfrac{6}{1+2}, \dfrac{2a}{1+2} \right)$, 즉 $\left( 2, \dfrac{2a}{3} \right)$
이 점이 직선 $y=-x$위의 점이므로
$\dfrac{2a}{3}=-2$, $a=(-2)\times\dfrac{3}{2}=-3$

정답 ③

## 428

Point

선분 OA를 2:1로 외분하는 점의 좌표는
$\left( \dfrac{2\times3-1\times0}{2-1}, \dfrac{2\times1-1\times0}{2-1} \right)$이므로
$a=6$, $b=2$
따라서 $a\times b=12$

정답 ⑤

## 429

Point

두 점 $(-2, -3)$, $(2, 5)$를 지나는 직선의 방정식은
기울기가 $\dfrac{5-(-3)}{2-(-2)}=2$이므로 $y-5=2(x-2)$
$\therefore y=2x+1$
이 직선이 점 $(a, 7)$을 지나므로 $7=2a+1$
따라서 $a=3$

정답 3

## 430

Point

주어진 두 직선의 방정식을 연립하여 풀면
$x=2$, $y=2$ 두 점 $(2, 2)$, $(4, 0)$을 지나는 직선의 기울기는 $\dfrac{0-2}{4-2}=-1$이므로 $y=-(x-4)$, 즉
$y=-x+4$
따라서 $y$절편은 4

정답 ④

## 431

Point

직선 $12x-2y+5=0$에서 $y=6x+\dfrac{5}{2}$
따라서 직선 $12x-2y+5=0$의 기울기는 6이다.

432) ④

두 직선 $(2+k)x-y-10=0$과 $y=-\dfrac{1}{3}x+1$이 서로 수직이므로 $(2+k)\times\left(-\dfrac{1}{3}\right)=-1$에서 $k=1$

정답 ①

## 432

Point

두 직선 $(2+k)x-y-10=0$과 $y=-\dfrac{1}{3}x+1$이 서로 수직이므로 $(2+k)\times\left(-\dfrac{1}{3}\right)=-1$에서 $k=1$

정답 ④

## 433

Point

두 직선이 서로 평행하므로 $\dfrac{1}{k}=\dfrac{k}{2k+3}\neq\dfrac{-1}{-3}$이어야 한다.
$2k+3=k^2$, $k^2-2k-3=0$, $(k+1)(k-3)=0$
$\therefore k=3, -1$
따라서, 평행한 경우는 $k=-1$ ($k=3$일 경우는 두 직선이 일치)

정답 ③

## 434

Point

직선 $x+y+2=0$의 기울기는 $-1$이고, 직선 $(a+2)x-3y+1=0$의 기울기는 $\dfrac{a+2}{3}$이다.
두 직선 $x+y+2=0$,
$(a+2)x-3y+1=0$이 서로 수직이므로 두 직선의 기울기의 곱은 $-1$이다.
따라서 $(-1)\times\dfrac{a+2}{3}=-1$이므로 $a=1$

정답 ②

## 435

Point

직선 $y=-2x+3$의 기울기는 $-2$이고 직선 $y=ax+1$의 기울기는 $a$이다.

두 직선이 서로 수직이려면 두 직선의 기울기의 곱이 $-1$이어야 한다.

따라서 $(-2)\times a=-1$이므로 $a=\dfrac{1}{2}$

정답 ④

## 436

Point

점 $(1, 2)$와 직선 $x+2y=0$사이의 거리는 $d$는

$d=\dfrac{|1\cdot 1+2\cdot 2|}{\sqrt{1^2+2^2}}=\sqrt{5}$

정답 ④

## 437

Point

점 $(\sqrt{3}, 1)$과 직선 $y=\sqrt{3}x+n$ 사이의 거리가 $3$

이므로 $\dfrac{|3-1+n|}{\sqrt{3+1}}=3$, $|2+n|=6$

$\therefore n=-8$ 또는 $n=4$

따라서 양수 $n$의 값은 4이다.

정답 ④

## 438

Point

점 $(0, 1)$과 직선 $\sqrt{3}x+y+23=0$사이의 거리는

$\dfrac{|\sqrt{3}\times 0+1+23|}{\sqrt{3+1}}=\dfrac{24}{2}=12$

정답 12

## 439

Point

주어진 원의 방정식을 변형하면 $(x-2)^2+(y-1)^2=2k-3$원의 반지름의 길이가 $1$이므로 $2k-3=1^2$따라서 $k=2$

정답 2

## 440

Point

$x^2+y^2-2x+4y-11=(x-1)^2+(y+2)^2-5-11=$원의 방정식은 $(x-1)^2+(y+2)^2=16$

따라서 원의 반지름의 길이는 $4$

정답 4

## 441

Point

$x^2+y^2-8x+6y=0$에서
$x^2-8x+16+y^2+6y+9=25$
$(x-4)^2+(y+3)^2=5^2$

따라서 원 $x^2+y^2-8x+6y=0$은 중심의 좌표가 $(4, -3)$이고 반지름의 길이가 $5$이므로 원의 넓이는 $5^2\times\pi=25\pi$

정답 25

## 442

Point

$x^2+y^2-4x-2ay-19=0$에서
$(x-2)^2+(y-a)^2=a^2+23$

직선 $y=2x+3$이 원의 중심 $(2, a)$를 지나므로 $a=7$

정답 ④

## 443

Point

$x$축의 방향으로 $a$만큼 평행이동하면 $3(x-a)+2y+9=0$이 직선이 원점을 지나므로 $a=3$

정답 ①

## 444

Point

점 $(2, 3)$을 $x$축의 방향으로 $-1$만큼, $y$축의 방향으로 $2$만큼 평행이동하면 점 $(1, 5)$이므로 $a=1$, $b=5$

따라서 $a+b=6$

정답 ③

## 445

Point

직선 $2x-y+1=0$을 $x$축의 방향으로 $a$만큼, $y$축의
방향으로 $b$만큼 평행이동하면
$2(x-a)-(y-b)+1=0$
$2x-y-2a+b+1=0$이 $2x-y+3=0$과 일치하므
로 $-2a+b+1=3$
$\therefore b=2a+2$

정답 ④

## 446

Point

직선 $y=3x-5$를 $x$축의 방향으로 $a$만큼, $y$축의 방향
으로 $2a$만큼 평행이동한 직선은
$y-2a=3(x-a)-5$이고 $y=3x-a-5$가
$y=3x-10$과 일치하므로 $-a-5=-10$
따라서 $a=5$

정답 5

## 447

Point

직선 $2x+y+5=0$을 $x$축의 방향으로 $2$만큼, $y$축의
방향으로 $-1$만큼 평행이동한 직선의 방정식은
$2(x-2)+(y+1)+5=0$
$2x+y+2=0$
따라서 $a=2$

정답 ②

## 448

Point

점 $(-4,\ 3)$을 $x$축의 방향으로 $a$만큼, $y$축의 방향으로
$b$만큼 평행이동한 점의 좌표가 $(-4+a,\ 3+b)$이므
로 $a=5,\ b=2$
따라서 $a+b=7$

정답 7

## 449

Point

직선 $x-y+1=0$을 $y$축의 방향으로 $-1$만큼평행이
동한 직선의 방정식은 $y=x$이다. 또한, 점 $\mathrm{P}(1,\ 5)$
를 $y$축의 방향으로 $-1$만큼 평행이동한 점을 $\mathrm{P}'$이
라 하면, 점 $\mathrm{P}'$의 좌표는 $(1,\ 4)$이다.
이때, 점 $\mathrm{P}'$을 직선 $y=x$에 대하여 대칭이동한 점을
$\mathrm{Q}'$이라 하면 점 $\mathrm{Q}'$의 좌표는 $(4,\ 1)$이다.
따라서 점 $\mathrm{Q}'$을 $y$축의 방향으로 $1$만큼 평행이동하면,
점 $\mathrm{Q}$의 좌표는 $(4,\ 2)$이다.
$\therefore$ (가)$y=x$ (나) $(4,\ 1)$ (다) $1$

정답 ③

## 450

Point

직선 $2x+3y+6=0$을 직선 $y=x$에 대하여 대칭이
동한 직선의 방정식은 $3x+2y+6=0$
따라서 $y$절편은 $-3$

정답 ③

## 451

Point

$A\left(a, \dfrac{1}{2}a\right)$, $B(b, 3b)$라 놓으면 삼각형 OAB의 무게

중심 G의 좌표가 $G\left(2, \dfrac{8}{3}\right)$에서 $\dfrac{a+b}{3}=2$,

$$\dfrac{\dfrac{1}{2}a+3b}{3}=\dfrac{8}{3}$$

두 식을 연립하여 풀면 $a=4$, $b=2$

$\therefore A(4, 2)$, $B(2, 6)$

점 A는 직선 $y=-2x+k$위의 점이므로 $k=10$

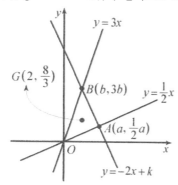

정답 ⑤

## 452

Point

$A(-1, 1)$, $B(4, 6)$일 때, 점 P의 좌표는 $(1, 3)$이고, Q의 좌표는 $(19, 21)$이므로 $a+b+c+d=44$이다.

정답 44

## 453

Point

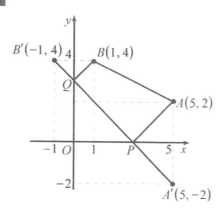

점 A의 $x$축에 대한 대칭점을 A′, 점 B의 $y$축에 대한 대칭점 B′라 하면, A′의 좌표는 $(5, -2)$, B′의 좌표는 $(-1, 4)$ 따라서, 사각형의 둘레의 길이의 최솟값은 $\overline{A'B'}+\overline{AB}=\sqrt{(-6)^2+6^2}+\sqrt{(-4)^2+2^2}$

$$=6\sqrt{2}+2\sqrt{5}$$

정답 ④

## 454

Point

$\overline{AB}$를 $1:2$로 내분하는 점 P의 좌표는 $(3, 0)$

$\overline{AB}$를 $2:1$로 외분하는 점 Q의 좌표는 $(13, 20)$

$a=\sqrt{10^2+20^2}=10\sqrt{5}$ $\therefore a^2=500$

정답 500

## 455

Point

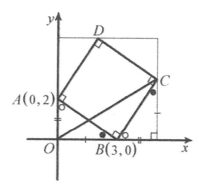

그림에서 점 C에서 $x$축 위에 내린 수선의 발을 E라 하면 삼각형의 합동조건에 의해 △AOB ≡ △BEC 이다.

그러므로 점 C의 좌표는 $(5, 3)$

따라서 $\overline{OC}^2=5^2+3^2=34$이다.

정답 34

## 456

Point

선분 AB를 $t:(1-t)$로 내분하는 점의 좌표는

$$\left(\dfrac{t\cdot 6+(1-t)\cdot(-2)}{t+(1+t)}, \dfrac{t\cdot(-3)+(1-t)\cdot 5}{t+(1+t)}\right)$$

$$=(8t-2, 5-8t)$$

이 점이 제 1사분면에 있을 때 $8t-2<0$, $5-8t>0$

$$\therefore \dfrac{1}{4}<t<\dfrac{5}{8}$$

정답 ②

# 457

**Point**

세 원의 중심을 연결하면 한 변의 길이가 $6$인 정삼각형이다.

세 원과 동시에 외접하는 원의 중심은 정삼각형의 무게중심이고, 반지름의 길이를 $x$라 하면

$$3+x=6\times\frac{\sqrt{3}}{2}\times\frac{2}{3},\ x=2\sqrt{3}-3$$

정답 ③

# 458

**Point**

삼각형 ABC의 외심을 $O'$라 하면, 외심 $O'$에서 각 꼭짓점까지의 거리가 같으므로 $O'$는 변 BC의 중점이다. 따라서 외심의 성질에 의해 삼각형 ABC는 변 BC를 빗변으로 하는 직각삼각형이다.

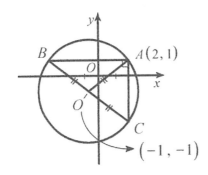

그러므로 $\overline{AB}^2+\overline{AC}^2=\overline{BC}^2$이고 $\overline{BC}=2\overline{O'A}$이므로
$$\overline{BC}^2=4\overline{O'A}=4(3^2+2^2)=52\quad\therefore\overline{AB}^2+\overline{AC}^2=52$$

정답 ②

# 459

**Point**

점 P의 좌표를 $(x,\ y)$라 하면
$$\overline{OP}^2+\overline{AP}^2+\overline{BP}^2$$
$$=(x^2+y^2)+\{(x-3)^2+y^2\}+\{x^2+(y-6)^2\}$$
$$=3x^2-6x+3y^2-12y+45$$
$$=3(x-1)^2+3(y-2)^2+30$$
따라서 $x=1,\ y=2$일 때, 최솟값은 $30$

정답 ⑤

# 460

**Point**

점 A는 선분 PQ의 중점이다.
점 B는 선분 PQ를 $1:3$으로 내분한 점이다.
점 C는 선분 PQ를 $3:1$로 외분한 점이다.

←————•——•—•——•————•——→ $x$<br>$P(\sqrt{2})$ B A $Q(\sqrt{3})$ C

따라서 세 점의 위치를 왼쪽부터 순서대로 나열하면
A, B, C

정답 ③

# 461

**Point**

꼭짓점 B, C의 좌표를 각각 $(a_1,\ b_1)$, $(a_2,\ b_2)$라 하자.

두 점 M, N은 두 변 AB, AC의 중점이므로
$$1+a_1=2x_1,\ 1+a_2=2x_2$$이고
$$6+b_1=2y_1,\ 6+b_2=2y_2$$
그런데 $x_1+x_2=2,\ y_1+y_2=4$이므로
$$a_1+a_2=2,\ b_1+b_2=-4$$
따라서 삼각형 ABC의 무게중심의 좌표는

$$\left(\frac{1+a_1+a_2}{3},\ \frac{6+b_1+b_2}{3}\right)=\left(1,\ \frac{2}{3}\right)$$

정답 ③

# 462

**Point**

변 BC의 중점을 M이라 하자. △ABC의 무게중심은 선분 AM을 $2:1$로 내분하는 점이므로 무게중심의 좌표는
$$\left(\frac{2\cdot(-2)+1\cdot1}{2+1},\ \frac{2\cdot4+1\cdot(-2)}{2+1}\right)=(-1,\ 2)$$

정답 ②

# 463

**Point**

$y=x^2+x$와 $y=4x-2$를 연립하면 $x^2+x=4x-2$
$$x^2-3x+2=0,\ (x-1)(x-2)=0$$
$$\therefore x=1\ 또는\ x=2$$
따라서 곡선 $y=x^2+x$와 직선 $y=4x-2$의 두 교점

정답 ①

## 464

Point

곡선 $y=x^2$과 직선 $y=4x-2$의 두 교점을 각각
A$(\alpha,\ 4\alpha-2)$, B$(\beta,\ 4\beta-2)$라 하자.
$y=x^2$, $y=4x-2$를 연립하면
$x^2=4x-2$, $x^2-4x+2=0$
이차방정식의 두 근이 $\alpha$, $\beta$이므로 근과 계수의 관계에
의해 $\alpha+\beta=4$, $\alpha\beta=2$
$$\overline{AB}=\sqrt{(\beta-\alpha)^2+\{(4\beta-2)-(4\alpha-2)\}^2}$$
$$=\sqrt{(\beta-\alpha)^2+16(\beta-\alpha)^2}=\sqrt{17(\beta-\alpha)^2}$$
$(\beta-\alpha)^2=(\beta+\alpha)^2-4\alpha\beta=16-8=8$이므로
$$\overline{AB}=\sqrt{17\times8}=2\sqrt{34}$$

정답 ④

## 465

Point

두 점 A$(2,\ 0)$, B$(-1,\ 5)$에 대하여 선분 AB를
$1:2$로 외분하는 점 P의 $x$좌표와 $y$좌표는 각각
$\dfrac{-1-4}{1-2}=5$, $\dfrac{5-0}{1-2}=-5$이므로 P$(5,\ -5)$
선분 OP를 $3:2$로 내분하는 점의 $x$좌표와 $y$좌표는 각
각 $\dfrac{15+0}{3+2}=3$, $\dfrac{-15+0}{3+2}=-3$
따라서 구하는 점의 좌표는 $(3,\ -3)$

정답 ③

## 466

Point

$\dfrac{1+3+a}{3}=\dfrac{8}{3}$, $\dfrac{2+5+b}{3}=\dfrac{14}{3}$이므로
$a=4$, $b=7$ $\therefore a+b=11$

정답 ④

## 467

Point

삼각형 BOC와 삼각형 OAC의 넓이의 비는 $2:1$이므
로 $\overline{BO}:\overline{OA}=2:1$
점 O는 선분 BA를 $2:1$로 내분하는 점이다.
$0=\dfrac{a+6}{3}$, $a=-6$

$0=\dfrac{b+2}{3}$, $b=-2$
따라서 $a+b=(-6)+(-2)=-8$

정답 ①

## 468

Point

$\angle$ABC의 이등분선이 선분 AC의 중점을 지나므로 삼
각형 ABC는 $\overline{BA}=\overline{BC}$인 이등변삼각형이다.
$\overline{BA}=\overline{BC}$이므로 $\sqrt{9+a^2}=4$
$a=\sqrt{7}$ 또는 $a=-\sqrt{7}$
$a>0$이므로 $a=\sqrt{7}$

정답 ③

## 469

Point

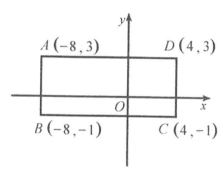

세로의 길이가 $a$라 하면 가로의 길이는 $3a$이다.
$8a=32$에서 $a=4$, 가로의 길이는 12, 세로의 길이는
4이므로 D$(4,\ 3)$이고, 기울기는 $\dfrac{1}{3}$이다. 따라서 직
선의 방정식은 $y=\dfrac{1}{3}(x-4)+3$
따라서 $y=\dfrac{1}{3}x+\dfrac{5}{3}$

정답 ③

## 470

Point

이차함수 $f(x)=x^2+px+p=\left(x+\dfrac{p}{2}\right)^2+p-\dfrac{p^2}{4}$이
므로 꼭짓점 A$\left(-\dfrac{p}{2},\ p-\dfrac{p^2}{4}\right)$, 점 B$(0,\ p)$이다.
두 점 A, B를 지나는 직선 $l$의 기울기는

$$\frac{p-\left(p-\frac{p^2}{4}\right)}{0-\left(-\frac{p}{2}\right)}=\frac{p}{2}$$ 이고 $y$절편은 $p$이므로 직선 $l$의 방

정식은 $y=\dfrac{p}{2}x+p$

따라서 직선 $l$의 $x$절편은 $-2$

정답 ②

## 471

**Point**

두 점 $(-1, 2)$, $(2, a)$를 지나는 직선의 방정식은

$y-2=\dfrac{a-2}{2+1}(x+1)$, $y=\dfrac{a-2}{3}x+\dfrac{a+4}{3}$

$y$축과 만나는 점의 좌표가 $(0, 5)$이므로 $\dfrac{a+4}{3}=5$

따라서 $a=11$

정답 ④

## 472

**Point**

$a=2$일 때, $g(x)=\dfrac{1}{2}x$, $f(x)=x^2-4x$

직선 $l$의 방정식을 $y=mx+k$라 하자.

$\dfrac{1}{2}\times m=-1$, 즉 $m=-2$ ∴ $y=-2x+k$

직선 $l$이 이차함수 $f(x)=x^2-4x$의 그래프와 접하기
위해서는 방정식 $x^2-4x=-2x+k$가 중근을 가져
야 하므로 $x^2-2x-k=0$의 판별식을 D라 하면

$D=(-2)^2-4\times1\times(-k)=4+4k=0$

따라서 직선 $l$의 $y$절편 $k=-1$

정답 ④

## 473

**Point**

직선 $(3k+2)x-y+2=0$의 기울기가 $3k+2$
$y$절편이 $2$이므로 직선 $(3k+2)x-y+2=0$과 $y$축에

서 수직으로 만나는 직선은 $y=-\dfrac{1}{3k+2}x+2$

이 직선이 $(1, 0)$을 지나므로 $-\dfrac{1}{3k+2}+2=0$

따라서 $k=-\dfrac{1}{2}$

정답 ②

## 474

**Point**

직선 $y=mx+3$이 직선 $y=\dfrac{n}{2}x-1$과 수직이므로

$m\cdot\dfrac{n}{2}=-1$에서 $mn=-2$이다.

한편, 직선 $y=mx+3$이 직선 $y=(3-n)x-1$과는
평행하므로 $m=3-n$에서 $m+n=3$이다.

따라서 $m^2+n^2=(m+n)^2-2mn=13$

정답 13

## 475

**Point**

(i) 수직일 때 $a\cdot1+2(a+1)$이므로 $a=-\dfrac{1}{2}$

∴ $m=-\dfrac{2}{3}$

(ii) 평행일 때 $\dfrac{a}{1}=\dfrac{2}{a+1}\neq\dfrac{2}{2}$이므로 $a^2+a-2=0$

고 $a\neq1$ 따라서 $a=-2$ ∴ $n=-2$

∴ $mn=\dfrac{4}{3}$

정답 ④

## 476

**Point**

두 $(3, 5)$, $(5, 3)$을 지나는 직선의 방정식은

$y-5=\dfrac{3-5}{5-3}(x-3)$이므로 $y=-x+8$ ⋯㉠

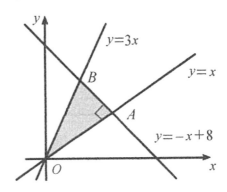

㉠이 $y=x$, $y=3x$와 만나는 점을 각각 A, B라 하면
삼각형 OAB는 ∠A $=90°$인 직각삼각형이다.
A$(4, 4)$, B$(2, 6)$이므로 삼각형 OAB의 넓이는

$=\dfrac{1}{2}\times\overline{OA}\times\overline{AB}=\dfrac{1}{2}\times4\sqrt{2}\times2\sqrt{2}=8$

정답 8

## 477

Point

직선 $l : x-ay+2=0$과 직선 $m : 4x+by+2=0$이 수직이므로 $4-ab=0$  ∴ $ab=4$

직선 $l : x-ay+2=0$과

직선 $n : x-(b-3)y-2=0$이 평행하므로

$\dfrac{1}{1}=\dfrac{-a}{-b+3}\neq\dfrac{2}{-2}$  ∴ $a-b=-3$

$a^2+b^2=(a-b)^2+2ab=(-3)^2+2x\times4=17$

따라서 $a^2+b^2=17$

정답 17

## 478

Point

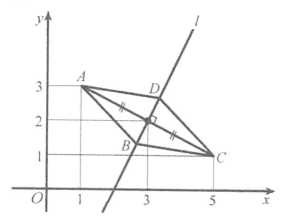

직선 $l$은 선분 AC의 수직이등분선이다.

(직선 AC의 기울기)$=\dfrac{3-1}{1-5}=-\dfrac{1}{2}$

직선 $l$은 기울기가 2이고 점 $(3, 2)$를 지나므로 직선 $l$의 방정식은 $y=2(x-3)+2$, $2x-y-4=0$

∴ $a=-1$, $b=-4$

따라서 $ab=4$

정답 4

## 479

Point

두 직선의 방정식 $x-2y+2=0$, $2x+y-6=0$을 연립하여 풀면 $x=2$, $y=2$이므로 두 직선의 교점의 좌표는 $(2, 2)$이고 직선 $x-3y+6=0$와 수직인 직선의 기울기는 $-3$이다. 기울기가 $-3$이고 점 $(2, 2)$를 지나는 직선의 방정식은 $y-2=-3(x-2)$ 따라서 $y$절편은 8

정답 ④

## 480

Point

직선 AP의 기울기는 $\dfrac{4-2}{4-0}=\dfrac{1}{2}$, 직선 BP의 기울기는 $\dfrac{4-2}{4-n}=\dfrac{2}{4-n}$이고 직선 AP와 직선 BP가 서로 수직이므로 기울기의 곱은 $-1$이다. 즉, $\dfrac{2}{1}\times\dfrac{2}{4-n}=-1$에서 $n=5$

세 점 A$(0, 2)$, B$(5, 2)$, P$(4, 4)$를 꼭짓점으로 하는 삼각형 ABP의 무게중심의 좌표는 $\left(\dfrac{0+5+4}{3}, \dfrac{2+2+4}{3}\right)$이므로 $\left(3, \dfrac{8}{3}\right)$이다. 따라서 $a=3$, $b=\dfrac{8}{3}$므로 $a+b=3+\dfrac{8}{13}=\dfrac{17}{3}$

정답 ②

## 481

Point

원점 O에서 직선 $(3-k)x-1+k)y+2=0$까지의 거리는 $\dfrac{|2|}{\sqrt{(3-k)^2+(1+k)^2}}=\dfrac{2}{\sqrt{2k^2-4k+10}}$

거리가 최대가 되려면 분모가 최소일 때이다.

$2k^2-4k+10=2(k-1)^2+8\geq8$이므로

$\dfrac{2}{\sqrt{2k^2-4k+10}}\leq\dfrac{2}{\sqrt{8}}=\dfrac{\sqrt{2}}{2}$  ∴ 최댓값 $\dfrac{\sqrt{2}}{2}$

정답 ④

## 482

Point

점 $P(a, b)$가 직선 $2x+3y=12$ 위의 점이므로

$2a+3b=12$ $\quad\cdots\textcircled{\small{ㄱ}}$

$\overline{PA}=\overline{PB}$이므로 $(a-4)^2+b^2=a^2+(b-2)^2$

정리하면 $2a-b=3$ $\quad\cdots\textcircled{\small{ㄴ}}$

$\textcircled{\small{ㄱ}}$, $\textcircled{\small{ㄴ}}$을 연립하여 풀면 $a=\dfrac{21}{8}$, $b=\dfrac{9}{4}$이다.

$\therefore 8a+4b=30$

정답 30

## 483

Point

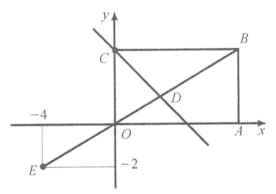

직사각형 $OABC$를 점 $O$가 원점과 일치하도록 하는 좌표평면에 놓으면 $A(6, 0)$, $B(6, 3)$, $C(0, 3)$이다. 선분 $OB$를 $1:2$로 내분하는 점은

$$D\left(\frac{6+0}{1+2}, \frac{3+0}{1+2}\right)=D(2, 1)$$

선분 $OD$를 $2:3$으로 외분하는 점을 $E$라 하면

$$E\left(\frac{4-0}{2-3}, \frac{2-0}{2-3}\right)=E(-4, -2)$$

직선 $CD$의 방정식은 $x+y-3=0$

따라서 점 $E$와 직선 $CD$ 사이의 거리는

$$\frac{|-4-2-3|}{\sqrt{1^2+1^2}}=\frac{9}{\sqrt{2}}=\frac{9}{2}\sqrt{2}$$

정답 ④

## 484

Point

점 $A(8, 6)$이므로 $O$, $A$를 지나는 직선의 방정식은

$y=\dfrac{3}{4}x$, 즉 $3x-4y=0$

점 $B$의 좌표를 $(a, 0)(0<a<8)$이라 하면

$$\overline{BI}=\frac{|3\times a-4\times 0|}{\sqrt{3^2+(-4)^2}}=\frac{3a}{5}$$

$\overline{BH}=8-a$

$\overline{BI}=\overline{BH}$에서 $\dfrac{3a}{5}=8-a$, $a=5$

그러므로 점 $B(5, 0)$이다.

두 점 $A(8, 6)$, $B(5, 0)$을 지나는 직선의 방정식은

$$y-0=\frac{6-0}{8-5}(x-5)$$

$y=2x-10$

따라서 $m=2$, $n=-10$이므로

$m+n=2+(-10)=-8$

정답 ③

## 485

Point

$x^2+y^2-2x=0$에서 $(x-1)^2+y^2=1$이므로 중심의 좌표가 $(1, 0)$이다. 또, 직선 $2x-y=5$에 수직인 직선의 기울기는 $-\dfrac{1}{2}$이므로 구하는 직선은 기울기가 $-\dfrac{1}{2}$이고 점 $(1, 0)$을 지나는 직선이다.

$\therefore y-0=-\dfrac{1}{2}(x-1)$ $\quad\therefore x+2y=1$

정답 ②

## 486

Point

원 $x^2+y^2-2x-4y-7=0$을 변형하면,

$(x-1)^2+(y-2)^2=12$이다. 이때, 이 원의 넓이를 이등분하는 직선은 원의 중심 $(1, 2)$를 지나야 한다.

한편, 네 직선 $x=-6$, $x=0$, $y=-4$, $y=-2$로 둘러싸인 직사각형의 넓이를 이등분하는 직선은 직사각형의 두 대각선의 교점 $(-3, -3)$을 지나야 한다.

그러므로 두 점 $(1, 2)$와 $(-3, -3)$을 지나는 직선의 방정식은 $y-2=\dfrac{-3-2}{-3-1}(x-1)$이다.

따라서 구하는 직선의 방정식은 $y = \dfrac{5}{4}x + \dfrac{3}{4}$

정답 ②

## 487

Point

$x^2 + y^2 - 4x - 2y = a - 3$, $(x-2)^2 + (y-1)^2 = a + 2$
중심이 $(2,\ 1)$이고, 반지름이 $\sqrt{a+2}$ 인 원이다.
$x$축과 만나려면 $\sqrt{a+2} \geq 1$ …㉠
$y$축과 만나지 않으려면 $0 < \sqrt{a+2} < 2$ …㉡
㉠, ㉡을 동시에 만족하므로 $\therefore -1 \leq a < 2$

정답 ③

## 488

Point

선분 AB를 $3:2$로 외분하는 점 C의 좌표를 $(x,\ y)$라 고 하면
$$x = \frac{3 \times 2 - 2 \times 1}{3 - 2} = 4,\quad y = \frac{3 \times 1 - 2 \times 3}{3 - 2} = -3$$
즉 $C(4,\ -3)$ 원의 중심은 선분 BC의 중점이므로
$$a = \frac{2+4}{2} = 3,\quad b = \frac{1+(-3)}{2} = -1$$
즉 원의 중심의 좌표는 $(3,\ -1)$
따라서 $a + b = 3 + (-1) = 2$

정답 ②

## 489

Point

원의 방정식 $x^2 + y^2 + ax + by + c = 0$에 주어진 세 점
의 좌표를 대입하면 $\begin{cases} 4 - 2a + c = 0 \\ 16 + 4a + c = 0 \\ 5 + a + 2b + c = 0 \end{cases}$

위 식을 연립하여 풀면 $a = -2$, $b = \dfrac{5}{2}$, $c = -8$

$x^2 + y^2 - 2x + \dfrac{5}{2}y - 8 = 0$,

$(x-1)^2 + \left(y + \dfrac{5}{4}\right)^2 = \left(\dfrac{13}{4}\right)^2$

따라서 $p = 1$, $q = -\dfrac{5}{4}$이므로 $p + q = -\dfrac{1}{4}$

정답 ⑤

## 490

Point

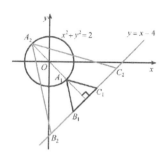

원 위를 움직이는 점 A와 직선 사이의 거리가 구하고자 하는 정삼각형의 높이이고, 원점과 직선 사이의 거리는 $\dfrac{4}{\sqrt{2}} = 2\sqrt{2}$ 이다.

정삼각형의 넓이가 최소일 때의 삼각형은 그림과 삼각형 $A_1 B_1 C_1$이고 높이는 $2\sqrt{2} - \sqrt{2} = \sqrt{2}$, 최대일 때는 삼각형 $A_2 B_2 C_2$이고 높이는 $2\sqrt{2} + \sqrt{2} = 3\sqrt{2}$이다. 두 삼각형의 닮음비가 $\sqrt{2} : 3\sqrt{2} = 1 : 3$이므로 넓이의 비는 $1^2 : 3^2 = 1 : 9$이다.

정답 ③

## 491

Point

접선이 점 $(-6,\ 0)$을 지나므로
$$0 = -6m + n,\quad n = 6m$$
그러므로 접선의 방정식은 $y = mx + 6m$이다.
원 $x^2 + y^2 = 9$의 중심 $(0,\ 0)$에서 접선 $y = mx + 6m$사이의 거리가 반지름의 길이 3과 같으므로
$$\frac{|6m|}{\sqrt{m^2+1}} = 3,\quad 36m^2 = 9(m^2+1),\quad m^2 = \frac{1}{3}$$
$$\therefore m = \frac{\sqrt{3}}{3} \text{ 또는 } m = -\frac{\sqrt{3}}{3}$$
$n = 6m$이므로
$m = \dfrac{\sqrt{3}}{3}$일 때, $n = 2\sqrt{3}$, $m = -\dfrac{\sqrt{3}}{3}$일 때, $n = -2\sqrt{3}$
따라서 $mn = 2$

정답 ②

## 492

Point

$x^2 + y^2 + 6x - 4y + 9 = 0, \ (x+3)^2 + (y-2)^2 = 4$
이것은 중심이 $(-3, 2)$, 반지름의 길이가 2인 원이다.
이 원에 직선 $y = mx$가 접하므로 원의 중심 $(-3, 2)$
와 직선 $mx - y = 0$사이의 거리는 반지름의 길이인
2와 같다.
즉

$$\frac{|-3m-2|}{\sqrt{m^2+1}} = 2, \ |-3m-2| = 2\sqrt{m^2+1} \quad \cdots \bigcirc$$

$\bigcirc$의 양변을 제곱하며 정리하면

$$5m^2 + 12m = 0 \quad \therefore m = 0, \ -\frac{12}{5}$$

따라서 구하는 모든 $m$의 값의 합은 $-\dfrac{12}{5}$이다.

정답 ①

## 493

Point

직선 $l$이 점 $T(3, -4)$에서 원 $O$와 접하므로 직선
$OT$와 직선 $l$은 수직이다. 기울기는 $-\dfrac{4}{3}$이므로 직

선 $l$의 기울기는 $\dfrac{3}{4}$이다.

한편, 원 $O_1$의 중심의 좌표는 $(a, b)$이므로 $\dfrac{b}{a}$의 값은

$OO_1$의 기울기와 같고, 직선 $OO_1$과 직선 $l$은 서로
평행하다.

$$\therefore \frac{b}{a} = (\text{직선 } OO_1\text{의 기울기}) = (\text{직선 } l\text{의 기울기}) = \frac{3}{4}$$

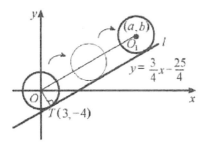

정답 ③

## 494

Point

$\overline{AB}$를 $2:1$로 내분하는 점은 $(3, 5)$이다.
원의 반지름의 길이는 중심 $(3, 5)$에서 직선
$3x - 4y - 9 = 0$까지의 거리와 같으므로 반지름의
길이는 $\dfrac{|3 \cdot 3 - 4 \cdot 5 - 9|}{\sqrt{3^2+4^2}} = 4$

정답 4

## 495

Point

$x^2 + y^2 = 4$와 $y = ax + 2\sqrt{b}$를 연립하면
$$x^2 + (ax + 2\sqrt{b})^2 = 4$$
$$(1+a^2)x^2 + 4a\sqrt{b}\,x + 4b - 4 = 0$$
원과 직선이 접하려면
$$\frac{D}{4} = (2a\sqrt{b})^2 - 4(1+a^2)(b-1) = 4a^2 - 4b + 4 = 0$$
$$\therefore b = a^2 + 1$$

10보다 작은 자연수 $a, b$에 대해 $b = a^2 + 1$인 $(a, b)$
는 $(1, 2)$와 $(2, 5)$이므로 $b$의 모든 값의 합은 7이
다.

정답 7

## 496

Point

직선 $y = \sqrt{2}\,x + k$가 원 $x^2 + y^2 = 4$에 접하므로 원의
중심 $(0, 0)$에서 직선 $\sqrt{2}\,x - y + k = 0$에 이르는
거리는 2이다.

$$\frac{|k|}{\sqrt{2+1}} = 2 \quad \therefore k = 2\sqrt{3}\,\text{또는}\, k = -2\sqrt{3}$$

따라서 $k > 0$이므로 $k = 2\sqrt{3}$

정답 ④

## 497

Point

원의 중심을 C, 원의 중심에서 직선에 내린 수선의 발을 H라고 하면, 원의 중심에서 현에 내린 수선의 현을 이등분하므로 $\overline{AH}=\overline{BH}=\sqrt{2}$

$\overline{CH}=\sqrt{\overline{AC}^2-\overline{AH}^2}=\sqrt{2^2-(\sqrt{2})^2}=\sqrt{2}$

이때 선분 CH의 길이는 원의 중심 $C(-1, 3)$과 직선 $mx-y+2=0$사이의 거리와 같으므로

$\dfrac{|m\times(-1)-3+2|}{\sqrt{m^2+(-1)^2}}=\sqrt{2}$, $|m+1|=\sqrt{2}\sqrt{m^2+1}$

양변을 제곱하면

$(m+1)^2=2(m^2+1)$, $m^2+2m+1=2m^2+2$,

$m^2-2m+1=0$

$(m-1)^2=0$  $\therefore m=1$

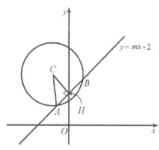

정답 ③

## 498

Point

직선 $y=x+2$와 평행하고 $y$절편이 $k$인 직선의 방정식은 $y=x+k$

직선 $y=x+k$가 원 $x^2+y^2=9$에 접하므로 원의 방정식 $x^2+y^2=9$에 $y=x+k$를 대입하면

$x^2+(x+k)^2=9$

$2x^2+2kx+k^2-9=0$의 판별식을 D라 하면

$\dfrac{D}{4}=k^2-2k^2+18=0$

따라서 $k^2=18$

정답 18

## 499

Point

원 $x^2+y^2=1$위의 점 중 제1사분면에 있는 점 P의 좌표를 $(x_1, y_1)(x_1>0, y_1>0)$이라 하자.

원 $x^2+y^2=1$위의 점 $P(x_1, y_1)$에서의 접선의 방정식은 $x_1 x+y_1 y=1$

이 직선이 점 $(0, 3)$을 지나므로 $0+3y_1=1$

$y_1=\dfrac{1}{3}$

점 $P(x_1, y_1)$이 원 $x^2+y^2=1$위의 점이므로

$x_1^2+y_1^2=1$

$x_1^2+\left(\dfrac{1}{3}\right)^2=1$

$x_1^2=\dfrac{8}{9}$

$x_1>0$이므로 $x_1=\dfrac{2\sqrt{2}}{3}$

정답 ⑤

## 500

Point

$y=x^2-2x=(x-1)^2-1$를 $x$축의 방향으로 $-2$, $y$축의 방향으로 $-1$만큼 평행이동시키면

$y+1=(x+2-1)^2$

$y=(x+1)^2-2$   $\cdots$ ㉠

㉠과 직선 $y=mx$와의 교점의 $x$좌표는

$(x+1)^2-2=mx$의 근이다. 두 교점이 원점에 대하여 대칭이므로 $x^2+(2-m)x-1=0$의 두 근의 합이 0이다. 근의 계수의 관계에서

$-(2-m)=0$   $\therefore m=2$

정답 ⑤

## 501

Point

원 $x^2+y^2=1$을 $x$축의 방향으로 $a$만큼 평행이동하면 $(x-a)^2+y^2=1$이 되고 이 원이 직선 $3x-4y-4=0$에 접하려면 원의 중심 $(a, 0)$에서 직선 $3x-4y-4=0$에 이르는 거리 $d$가 원의 반지름의 길이 1과 같아야 한다.

즉, $d=\dfrac{|3a-4|}{\sqrt{3^2+(-4)^2}}=1$, $|3a-4|=5$,

$3a-4=\pm5$

$\therefore a=3(\because a>0)$

정답 ③

# 502

Point

$\triangle A'B'C'$는 $\triangle ABC$를 $x$축 방향으로 9만큼, $y$축 방향으로 2만큼 평행이동한 도형이므로 $B'(10,\ 3)$, $C'(12,\ 6)$이다.

두 점 $B'$, $C'$를 지나는 직선의 방정식은

$$y-3=\frac{6-3}{12-10}(x-10)$$

$3x-2y=24$    $\therefore a+b=1$

정답 ①

# 503

Point

함수 $y=g(x)$의 그래프는 함수 $y=f(x)$의 그래프를 $y$축의 방향으로 3만큼 평행이동한 것이므로 선분 CD와 $y=g(x)$의 그래프로 둘러싸인 도형과 선분 AB와 $y=f(x)$의 그래프로 둘러싸인 도형은 합동이다.

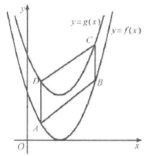

따라서 $y=f(x)$, $y=g(x)$의 그래프와 선분 AD, 선분 BC로 둘러싸인 도형의 넓이는 사각형 ABCD의 넓이와 같다. 또한 선분 AD와 선분 BC는 평행하고 길이가 같으므로 같사각형 ABCD는 평행사변형이 된다.

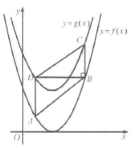

$\overline{AD}=g(1)-f(1)=3$이고, 점 A의 $x$좌표가 1, 점 B의 $x$좌표가 4이므로 평행사변형 ABCD의 높이는 3이다. 따라서 평행사변형 ABCD의 넓이는 $3\times3=9$이다.

정답 ③

# 504

Point

점 $A(-2,\ 1)$을 $x$축의 방향으로 $m$만큼 평행이동한 점은 $B(-2+m,\ 1)$

점 $B(-2+m,\ 1)$을 $y$축의 방향으로 $n$만큼 평행이동한 점은 $C(-2+m,\ 1+n)$

세 점 A, B, C를 지나는 원은 중심의 좌표가 $(3,\ 2)$이고 반지름의 길이가

$$\sqrt{\{3-(-2)\}^2+(2-1)^2}=\sqrt{26}\ 이므로$$

$(x-3)^2+(y-2)^2=26$

점 B는 원 위의 점이므로

$$(-2+m-3)^2+(1-2)^2=26$$

$m=10\ (m>0)$

점 C는 원 위의 점이므로

$$(-2+m-3)^2+(1+n-2)^2=26$$

$n=2\ (n>0)$

따라서 $mn=20$

정답 ③

# 505

Point

직선 $y=kx+1$을 $x$축의 방향으로 2만큼, $y$축의 방향으로 $-3$만큼 평행이동시킨 직선의 방정식은

$$y+3=k(x-2)+1$$

$y=kx-2k-2$

이 직선이 원 $(x-3)^2+(y-2)^2=1$의 중심 $(3,\ 2)$를 지나므로 $2=3k-2k-2$

따라서 $k=4$

정답 ②

# 506

Point

원 C의 방정식은 $\{(x-3)+1\}^2+\{(y-a)+2\}^2=9$

$(x-2)^2+(y-a+2)^2=9$

원 C의 넓이가 직선 $3x+4y-7=0$에 의하여 이등분되려면 원 C의 중심이 직선 $3x+4y-7=0$ 위에 있어야 한다.

원 C의 중심의 좌표가 $(2,\ a-2)$이므로

$$3\times2+4(a-2)-7=0에서\ a=\frac{9}{4}$$

정답 ⑤

## 507

Point

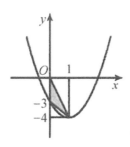

ㄱ. $y = (x^2 - 2x + 1) - 4$

$y = (x-1)^2 - 4$이므로 최솟값 $-4$

ㄴ. 두 이차함수의 이차항의 계수가 같으므로 두 그래프
는 평행이동하면 겹쳐진다.

ㄷ. 그림에서 삼각형의 넓이는 $\dfrac{3}{2}$

정답 ②

## 508

Point

직선 $3x + 4y + 17 = 0$을 $x$축의 방향으로 $n$만큼 평행
이동한 직선의 방정식은 $3(x - n) + 4y + 17 = 0$

직선 $3x + 4y - 3n + 17 = 0$이 원 $x^2 + y^2 = 1$에
접하므로 원의 중심 $(0, 0)$과 직선
$3x + 4y - 3n + 17 = 0$사이의 거리가 $1$이다.

$\dfrac{|-3n + 17|}{\sqrt{3^2 + 4^2}} = 1$에서 $-3n + 17 = 5$ 또는

$-3n + 17 = -5$

$\therefore n = 4$ 또는 $n = \dfrac{22}{3}$

$n$은 자연수이므로 $n = 4$

정답 ④

## 509

Point

점 $P(a, a^2)$을 $x$축의 방향으로 $-\dfrac{1}{2}$만큼, $y$축의 방향

으로 $2$만큼 평행이동한 점 $\left(a - \dfrac{1}{2}, a^2 + 2\right)$가 직선

$y = 4x$위에 있으므로 $a^2 + 2 = 4a - 2$

$(a - 2)^2 = 0$

따라서 $a = 2$

정답 ⑤

## 510

Point

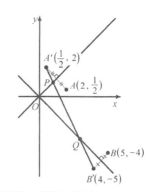

그림과 같이 $\overline{AP} + \overline{PQ} + \overline{QB}$이 최소가 될 때, 직선
PQ의 방정식은 직선 $A'B'$의 방정식과 같으므로 직
선의 방정식은 $y = -2x + 3$이다.

$\therefore a^2 + b^2 = 13$

정답 13

## 511

Point

점 $A(1, 3)$을 $x$축, $y$축에 대칭이동한 점은 각각
$B(1, -3)$, $C(-1, 3)$이다. 점 $D(a, b)$를 $x$축에
대칭이동한 점은 $E(a, -b)$이다. 세 점 B, C, E
가 한 직선 위에 있으므로 $\overline{BC}$의 기울기와 $\overline{CE}$의
기울기는 같다.

$\overline{BC}$의 기울기는 $\dfrac{3 - (-3)}{-1 - 1} = -3$

$\overline{CE}$의 기울기는 $\dfrac{-b - 3}{a - (-1)} = \dfrac{-b - 3}{a + 1}$

$\dfrac{-b - 3}{a + 1} = -3$    $\therefore b = 3a$

$\overline{AD}$의 기울기는 $\dfrac{b - 3}{a - 1} = \dfrac{3a - 3}{a - 1} = 3$이다.

정답 ⑤

## 512

Point

ㄱ. $y = -x$를 원점에 대하여 대칭이동한 도형의 방정식은 $-y = -(-x)$이므로 $y = -x$

ㄴ. $|x+y| = 1$를 원점에 대하여 대칭이동한 도형의 방정식은 $|-x-y| = 1$이므로 $|x+y| = 1$

ㄷ. $x^2 + y^2 = 2(x+y)$를 원점에 대하여 대칭이동한 도형의 방정식은 $(-x)^2 + (-y)^2 = 2(-x-y)$이므로 $x^2 + y^2 = -2(x+y)$

정답 ③

## 513

Point

직선 $x - 2y = 9$를 직선 $y = x$에 대하여 대칭이동한 직선 $y - 2x = 9$가 원 $(x-3)^2 + (y+5)^2 = k$에 접하므로 $\dfrac{|-2 \times 3 + (-5) - 9|}{\sqrt{(-2)^2 + 1^2}} = \sqrt{k}$

따라서 $k = 80$

정답 ①

## 514

Point

방정식 $2|x| - y - 10 = 0$이 나타내는 도형과 이 도형을 $x$축에 대하여 대칭이동한 도형을 좌표평면에 나타내면 그림과 같다.

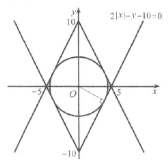

두 도형으로 둘러싸인 사각형의 네 변에 모두 접하는 원은 중심이 원점이고, 반지름의 길이가 원점과 직선 $2x - y - 10 = 0$사이의 거리와 같으므로

$$\frac{|-10|}{\sqrt{2^2 + (-1)^2}} = \frac{10}{\sqrt{5}} = 2\sqrt{5}$$

따라서 구하는 원의 넓이는 $\pi \times \left(2\sqrt{5}\right)^2 = 20\pi$

정답 ③

## 515

Point

방정식 $f(x+1, \ -(y-2)) = 0$이 나타내는 도형은 방정식 $f(x, \ y) = 0$이 나타내는 도형을 $x$축에 대하여 대칭이동한 후, $x$축의 방향으로 $-1$, $y$축의 방향으로 2만큼 평행이동한 도형이므로 그림과 같다.

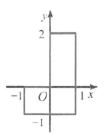

정답 ②

## 516

Point

원 $x^2 + y^2 + 10x - 12y + 45 = 0$은 $(x+5)^2 + (y-6)^2 = 16$이므로 중심의 좌표는 $(-5, \ 6)$이다.

원 $C_1$의 중심의 좌표는 점 $(-5, \ 6)$을 원점에 대하여 대칭이동한 점이므로 $(5, \ -6)$이다.

원 $C_2$의 중심의 좌표는 점 $(5, \ -6)$을 $x$축에 대하여 대칭이동한 점이므로 $(5, \ 6)$이다.

$a = 5$, $b = 6$이므로 $10a + b = 50 + 6 = 56$

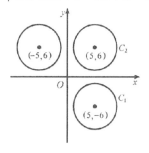

정답 56

## 517

Point

직선 $y = ax - 6$을 $x$축에 대하여 대칭이동한 직선은 $y = -ax + 6$이고, 이 직선이 점 $(2, \ 4)$를 지나므로 $4 = -2a + 6$

따라서 $a = 1$

정답 ①

## 518

Point

A$(2,\ 3)$, B$(-2,\ -3)$이므로

$\overline{AB}=\sqrt{(-2-2)^2+(-3-3)^2}=2\sqrt{13}$

정답 ①

## 519

Point

직선 $3x+4y-12=0$이 $x$축, $y$축과 만나는 점은 각
각 A$(4,\ 0)$, B$(0,\ 3)$이므로 선분 AB를 $2:1$로
내분하는 점은 P$\left(\dfrac{4}{3},\ 2\right)$

점 P를 $x$축, $y$축에 대하여 대칭이동한 점은 각각
Q$\left(\dfrac{4}{3},\ -2\right)$, R$\left(-\dfrac{4}{3},\ 2\right)$이므로 삼각형 RQP의

무게중심의 좌표는 $(a,\ b)$는 $\left(\dfrac{4}{9},\ \dfrac{2}{3}\right)$

따라서 $a+b=\dfrac{10}{9}$

정답 ⑤

## 520

Point

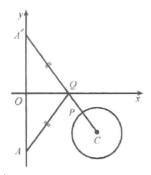

점 A$(0,\ -5)$를 $x$축에 대하여 대칭이동한 점을 A$'$이
라 하면 A$'(0,\ 5)$

원의 중심을 C라 하면 C$(6,\ -3)$

$\overline{AQ}=\overline{A'Q}$, $\overline{A'C}=\sqrt{(6-0)^2+(-3-5)^2}=10$

$\overline{AQ}+\overline{QP}=\overline{A'Q}+\overline{QP}\geq\overline{A'P}\geq\overline{A'C}-2=8$

따라서 $\overline{AQ}+\overline{QP}$의 최솟값은 8

정답 ①

## 521

**Point**

두 교점을 $(x_1,\ y_1)$, $(x_2,\ x_2)$라 하면
$$x^2-6x=mx+n$$
$x^2-(m+6)x-n=0$의 두 근이 $x_1$, $x_2$이므로 근과 계수와의 관계에 의해 $x_1+x_2=m+6$이다.

두 점 $(x_1,\ y_1)$, $(x_2,\ y_2)$와 $\mathrm{P}(2,\ 5)$의 무게중심이

$(4,\ 1)$이므로 $\dfrac{x_1+x_2+2}{3}=4$에서 $x_1+x_2=10$

이므로 $m+6=10$ $\therefore m=4$

**정답 4**

## 522

**Point**

오른쪽 그림과 같이 네 점
$(-2,\ 2)$, $(4,\ 2)$, $(4,\ -2)$, $(1,\ -2)$을 차례로
A, B, C, D라 하고 선분 AB, 선분 BC의
수직이등분선의 교점 $(1,\ 0)$를
$$\overline{\mathrm{PA}}=\overline{\mathrm{PB}}=\overline{\mathrm{PC}}=\sqrt{3^2+2^2}=\sqrt{13}$$
$$\overline{\mathrm{PD}}=2$$
이므로 로봇 팔의 길이는 $\sqrt{13}$이면 된다.

한편, 점 P가 어느 위치에 있든
$$\overline{\mathrm{PA}}+\overline{\mathrm{PC}}\ge\overline{\mathrm{AC}}=\sqrt{6^2+4^2}=2\sqrt{13}$$이므로
$$\overline{\mathrm{PA}}\ge\sqrt{13}\ \text{또는}\ \overline{\mathrm{PC}}\ge\sqrt{13}\ \text{이다.}$$
즉, 로봇 팔의 길이는 $\sqrt{13}$ 이상이 되어야 한다.

따라서, 로봇 팔의 길이를 최소로 할 수 있는 점 P의
위치는 점 $\mathrm{M}(1,\ 0)$이다.

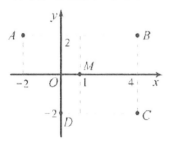

**정답 ④**

## 523

**Point**

점 A를 좌표평면상의 원점으로 두면
$\mathrm{A}(0,\ 0)$, $\mathrm{B}(-4,\ 0)$, $\mathrm{C}(1,\ 1)$ 세 점 A, B, C
에서 같은 거리에 있는 점의 좌표를 $\mathrm{P}(x,\ y)$라 하면
$\overline{\mathrm{AP}}=\overline{\mathrm{BP}}=\overline{\mathrm{CP}}$에서
$$x^2+y^2=(x+4)^2+y^2=(x-1)^2+(y-1)^2$$
연립방정식을 풀면 $x=-2$, $y=3$
$$\therefore\overline{\mathrm{AP}}=\sqrt{(-2)^2+3^2}=\sqrt{13}$$

**정답 ②**

## 524

**Point**

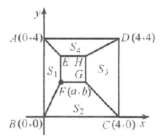

사각형 ABCD를 점 B를 원점으로 하는 좌표평면 위에
놓으면 $\mathrm{A}(0,\ 4)$, $\mathrm{C}(4,\ 0)$, $\mathrm{D}(4,\ 4)$이고 점 F의
좌표를 $(a,\ b)$라 하면 (단, $0<a<2$, $0<b<2$)
$\mathrm{E}(a,\ b+2)$, $\mathrm{G}(a+2,\ b)$, $\mathrm{H}(a+2,\ b+2)$이다.

ㄱ. $\overline{\mathrm{AE}}^2+\overline{\mathrm{CG}}^2=\{a^2+(b-2)^2\}+\{(a-2)^2+b^2\}$
$\overline{\mathrm{BF}}^2+\overline{\mathrm{DH}}^2=(a^2+b^2)+\{(a-2)^2+(b-2)^2\}$
$\therefore\overline{\mathrm{AE}}^2+\overline{\mathrm{CG}}^2=\overline{\mathrm{BF}}^2+\overline{\mathrm{DH}}^2$ $\therefore$ 참

ㄴ. $\overline{\mathrm{AE}}=\overline{\mathrm{BF}}$에서 $\overline{\mathrm{AE}}^2=\overline{\mathrm{BF}}^2$
$a^2+(b-2)^2=a^2+b^2$
$4b=4$ $\therefore b=1$
$\overline{\mathrm{CG}}^2=(a-2)^2+b^2=(a-2)^2+1$
$\overline{\mathrm{DH}}^2=(a-2)^2+(b-2)^2=(a-2)^2+1$
$\therefore\overline{\mathrm{CG}}=\overline{\mathrm{DH}}$ $\therefore$ 참

ㄷ. $S_1+S_3=\dfrac{1}{2}(4+2)\times\{a+(2-a)\}=6$

$S_2+S_4=\dfrac{1}{2}(4+2)\times\{b+(2-b)\}=6$

$\therefore S_1+S_3=S_2+S_4$ $\therefore$ 참

**정답 ⑤**

## 525

**Point**

두 그릇 A, B의 소금물을 섞을 때의 농도 $x\%$는

$$x = \frac{3a+2b}{300+200} \times 100 = \frac{300a+200b}{300+200} = \frac{3a+2b}{5}$$

세 점 P, Q, R의 좌표가 각각 $a$, $b$, $x$이고

$\frac{3a+2b}{5} = \frac{2b+3a}{2+3}$이므로 점 R는 선분 PQ를

$2:3$으로 내분하는 점이다.

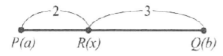

$$\therefore m:n = 2:3$$

따라서 $\dfrac{m}{n} = \dfrac{2}{3}$이다.

정답 ④

## 526

**Point**

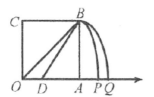

$\overline{OP} = \overline{OB} = \sqrt{4^2+4^2} = 4\sqrt{2}$, $\overline{OP} = \dfrac{1}{4}\overline{OA} = 1$,

$\overline{DA} = 3$, $\overline{DB} = \sqrt{3^2+4^2} = 5$이므로

$\overline{OQ} = \overline{OD} + \overline{DB} = 1+5 = 6$

$\therefore \overline{OP}^2 + \overline{OQ}^2 = 32+36 = 68$

정답 ⑤

## 527

**Point**

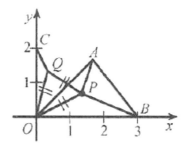

$\angle AOB = 30°$이므로 $\angle 90° - 30° = 60°$

그런데 $\angle AOP = \angle COQ$이므로 $\angle QOP = 60°$

$\triangle AOP \equiv \triangle COQ$이므로 $\overline{AP} = \overline{CQ}$, $\triangle QOP$가 정

삼각형이므로 $\overline{OP} = \overline{QP}$

$\therefore \overline{AP} + \overline{OP} + \overline{BP} = \overline{CQ} + \overline{QP} + \overline{BP} \geq \overline{CB}$

따라서 점 P에서 세 꼭짓점에 이르는 거리의 합의 최솟

값은 $\overline{CB} = \sqrt{2^2+3^2} = \sqrt{13}$이다.

정답 ③

## 528

**Point**

점 P의 좌표를 $x$라 하면 $\overline{AP} = |x-3|$, $\overline{BP} = |x-7|$

$\overline{AP} + \overline{BP} = |x-3| + |x-7|$, $|x-| + |x-7| \leq 8$을

풀면

( i ) $x < 3$일 때, $-(x-3)-(x-7) \leq 8$에서 $x \geq 1$

$\therefore 1 \leq x < 3$

( ii ) $3 \leq x < 7$일 때, $(x-3)-(x-7) \leq 8$에서

$0 \leq 4$이므로 해는 모든 실수이다.

$\therefore 3 \leq x < 7$

(iii) $x \geq 7$일 때, $(x-3)+(x-7) \leq 8$에서 $x \leq 9$

$\therefore 7 \leq x \leq 9$

( i ), ( ii ), (iii)에서 $1 \leq x \leq 9$

$\therefore 1 \leq \overline{OP} \leq 9$

따라서 선분 OP의 길이의 최댓값과 최솟값의 합은 10

이다.

정답 ④

## 529

Point

선분 OA는 삼각형 OCB의 중선이므로 삼각형 OCB
의 무게중심 $G_1$은 선분 OA를 $2:1$로 내분하는 점
이다. 마찬가지로 삼각형 OAD의 무게중심 $G_2$는
선분 OB를 $2:1$로 내분하는 점이다.

이때, $\triangle OG_1G_2 \infty \triangle OAB$이고 그 닮음비가 $2:3$이므
로 선분 $G_1G_2$의 길이는 선분 AB의 길이의 $\dfrac{2}{3}$이
다.

따라서 구하는 선분의 길이는

$$\dfrac{2}{3}\sqrt{(4-1)^2+(1-4)^2}=2\sqrt{2}$$

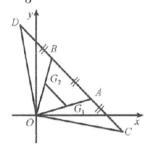

정답 ①

## 530

Point

$O(0,\ 0)$, $O'(4,\ 0)$이라 놓으면 $\overline{OO'}$를 $3:1$로 내
분하는 점 $3:1$로 외분하는 점 Q는

$$P\left(\dfrac{12+0}{3+1},\ 0\right)=P(3,\ 0)$$

$$Q\left(\dfrac{12-0}{3-1},\ 0\right)=Q(6,\ 0)$$

$$\triangle OPA : \triangle OQB = \overline{OP} : \overline{OQ} = 1:2$$

$$\therefore m+n=3$$

정답 3

## 531

Point

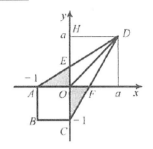

선분 AD와 $y$축의 교점을 E, 선분 CD와 $x$축의 교점
을 F라 하자. 이때, 점 E가 선분 AD를 $m:n$으로
내분한다.

점 $E\left(\dfrac{ma+n(-1)}{m+n},\ \dfrac{ma}{m+n}\right)$, $\dfrac{ma+n(-1)}{m+n}=0$에
서 $n=ma$,

즉 $E\left(0,\ \dfrac{a}{a+1}\right)$이다. 이때 사다리꼴 ABCE의 넓이는

$$\dfrac{1}{2}\times\left\{1+\left(\dfrac{a}{a+1}+1\right)\right\}\times1$$

삼각형 CDE의 넓이는 $\dfrac{1}{2}\times\left(\dfrac{a}{a+1}+1\right)\times a$

두 도형의 넓이가 같으므로

$$\dfrac{1}{2}\times\dfrac{3a+2}{a+1}=\dfrac{1}{2}\times\dfrac{2a+1}{a+1}\times a$$

$$3a+2=2a^2+a,\ a^2-a-1=0$$

$$\therefore a=\dfrac{1+\sqrt{5}}{2}\ (\because a>0)$$

정답 ③

## 532

Point

삼각형 ABC의 무게중심을 $G(x,\ y)$라 하면

$$x=\dfrac{1+(6-p)+(8+p)}{3}=5,$$

$$y=\dfrac{5+(1+q)+(9-q)}{3}=5$$

선분 AG를 $3:1$로 외분하는 점을 $P(a,\ b)$라 하면

$$a=\dfrac{15-1}{2}=7,\ b=\dfrac{15-5}{2}=5$$이다.

$$\therefore 7+5=12$$

정답 12

## 533

Point

$\overline{AP}:\overline{PB}=m:n$, $\overline{AQ}:\overline{QB}=n:m$이므로

$\overline{AB}=400$이고, $\overline{AP}=x$라 하면

$\overline{QB}=200-x$, $\overline{AP}:\overline{PB}=m:n$, $\overline{AQ}:\overline{QB}=n:m$

이므로 $x:(400-x)=(200-x):(200+x)$

$\therefore x=100$

$\overline{AP}:\overline{PB}=100:300$   $\therefore \dfrac{n}{m}=3$

정답 ⑤

## 534

Point

세 점 P, Q, R에서 직선 $l$에 내린 수선의 발을 각각 P′, Q′, R′라 하면 △PAP′≡△QAQ′ (∵ASA합동)이므로 점 A는 선분 PQ의 중점이다. 마찬가지로 점 B는 선분 PR의 중점이다.

따라서, 세 점 A, B, C는 각각 선분 PQ, 선분 PR, 선분 QR의 중점이므로 △ABC의 무게중심은 △PQR의 무게중심과 일치한다.

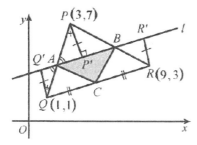

△ABC의 무게중심을 G$(x, y)$라 하면

$x=\dfrac{3+1+9}{3}=\dfrac{13}{3}$, $y=\dfrac{7+1+3}{3}=\dfrac{11}{3}$

따라서, $x+y=\dfrac{13}{3}+\dfrac{11}{3}=8$

정답 ⑤

## 535

Point

$\overline{AC}=\sqrt{16+9}=5$, $\overline{AB}=\sqrt{25+144}=13$

선분 AP와 선분 DC가 평행하므로 평행선의 성질에 의하여 $\overline{AB}:\overline{AD}=\overline{PB}:\overline{PC}$

그런데 $\overline{AC}=\overline{AD}$이므로 $\overline{AD}=5$

$\overline{AB}:\overline{AD}=\overline{PB}:\overline{PC}=13:5$이므로 점 P는 $\overline{BC}$를 13:5로 외분하는 점이다. 따라서 점 P의 좌표는

$\left(\dfrac{77}{8}, \dfrac{45}{8}\right)$

정답 ⑤

## 536

Point

정사각형 $A_3A_4B_4C_4$는 한 변의 길이가 18이므로 점 $A_3$의 좌표는 $(12, 0)$

정사각형 $OA_1B_1C_1$, $A_1A_2B_2C_2$, $A_2A_3B_3C_3$의 넓이의 비가 $1:4:9$이므로 정사각형의 한 변의 길이의 비는 $\overline{OA_1}:\overline{A_1A_2}:\overline{A_2A_3}=1:2:3$

$\overline{OA_3}=12$이므로 $\overline{OA_1}=2$, $\overline{A_1A_2}=4$, $\overline{A_2A_3}=6$

그러므로 $B_1(2, 2)$, $B_3(12, 6)$

따라서 $\overline{B_1B_3}^2=(\sqrt{100+16})^2=116$

정답 116

## 537

Point

직선 $l$의 $x$절편, $y$절편이 각각 4, 2이므로 직선 $l$의 방정식은 $\dfrac{x}{4}+\dfrac{y}{2}=1$   $\therefore y=\dfrac{1}{2}x+2$

이것을 주어진 등식에 대입하면

$$x^2+a\left(-\dfrac{1}{2}x+2\right)^2+bx+c=0$$

$$\left(1+\dfrac{a}{4}\right)x^2-(2a-b)x+(4a+c)=0$$

$\therefore a=-4$, $b=-8$, $c=16$

따라서 구하는 값은 $|a|+|b|+|c|=28$

정답 28

## 538

`Point`

점 P에서 $x$축에 내린 수선의 발을 H라고 하자.
$\angle POH = 60°$이고 $\overline{OP} = 1$이므로
$\overline{OH} = \dfrac{1}{2}$, $\overline{PH} = \dfrac{\sqrt{3}}{2}$이다.
$\therefore P\left(\dfrac{1}{2}, \dfrac{\sqrt{3}}{2}\right)$

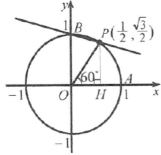

따라서 두 점 $B(0, 1)$, $P\left(\dfrac{1}{2}, \dfrac{\sqrt{3}}{2}\right)$을 지나는 직선

BP의 기울기

$m$은 $m = \dfrac{\dfrac{\sqrt{3}}{2} - 1}{\dfrac{1}{2} - 0} = -2 + \sqrt{3}$

$a = -2$, $b = 1$이므로 $20(a^2 + b^2) = 20(4 + 1) = 100$

**정답 100**

## 539

`Point`

직사각형의 두 대각선의 교점을 지나는 직선은 그 직사
각형의 넓이를 이등분한다. 직사각형 ABCD의 대각
선의 교점의 좌표는 선분 AC의 중점이므로 좌표는
$\left(\dfrac{-2+4}{2}, \dfrac{7+(-1)}{2}\right) = (1, 3)$
직사각형 EFGH의 대각선의 교점의 좌표는 선분
EG의 중점이므로 좌표는
$\left(\dfrac{-3+1}{2}, \dfrac{1+(-1)}{2}\right) = (-1, 0)$
따라서 $m = \dfrac{3-0}{1-(-1)} = \dfrac{3}{2}$
$\therefore 12m = 18$

**정답 18**

## 540

`Point`

점 B의 좌표를 $(a, 0)$이라 할 때, 점 A가 이차함수의
꼭짓점이므로 $2 = \dfrac{0+a}{2}$, 즉 $a = 4$
삼각형 OAB의 넓이를 이등분하기 위해서는 직선
$y = mx$는 선분 AB의 중점을 지나야 한다. 선분
AB의 중점의 좌표는 $(3, -2)$이므로 $-2 = 3m$
따라서 $m = -\dfrac{2}{3}$

**정답 ④**

## 541

`Point`

조건 (가)에 의해 $\triangle ADE \propto \triangle ABC$
조건 (나)에 의해 삼각형 ADE와 삼각형 ABC의 넓이
의 비가 $1 : 9$이므로 두 삼각형의 닮음비는 $1 : 3$
점 E는 선분 AC를 $1 : 2$로 내분하는 점이므로
$E(4, 3)$
직선 BE의 방정식은 $y = \dfrac{1}{2}x + 1$

따라서 $k = \dfrac{1}{2}$

**정답 ④**

## 542

`Point`

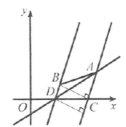

점 B를 지나고 직선 AC와 평행한 직선이 선분 OC와
만나는 점을 $D(a, 0)$이라 하자. 삼각형 ABC의
넓이와 삼각형 ADC의 넓이가 같으므로 직선
BD의 기울기는 직선 AC의 기울기와 같다.
$\dfrac{1-0}{2-a} = \dfrac{3-0}{5-3}$   $\therefore a = \dfrac{4}{3}$

따라서 직선 AD의 기울기는 $\dfrac{3-0}{5-\dfrac{4}{3}} = \dfrac{9}{11}$

**정답 ⑤**

## 543

Point

ㄱ. $a=0$일 때 $l:y=2$, $m:x=-2$

두 직선 $l$과 $m$은 서로 수직이다. (참)

ㄴ. $a$에 관하여 정리하면 $a(x+1)-y+2=0$이므로
직선 $l$은 $a$의 값에 관계없이 항상 점 $(-1, 2)$를 지
난다. (거짓)

ㄷ. $a=0$일 때, ㄱ에서 두 직선은 서로 수직

$a \neq 0$일 때, 두 직선 $l$, $m$의 기울기는 각각 $a$, $-\dfrac{4}{a}$

이다.

$a=-\dfrac{4}{a}$를 만족하는 실수 $a$의 값은 존재하지 않으므로

평행이 되기 위한 $a$의 값은 존재하지 않는다. (참)

따라서 옳은 것은 ㄱ, ㄷ

정답 ③

## 544

Point

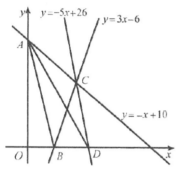

$x$축 위의 점 $D(a, 0)(a>2)$에 대하여 삼각형 $ABC$
의 넓이와 삼각형 $ABD$의 넓이가 같으려면 직선
$AB$와 점 $C$사이의 거리와 직선 $AB$와 점 $D$사이의
거리가 같아야 하므로 점 $C$를 지나고 직선 $AB$에
평행한 직선 위에 점 $D$가 있어야 한다.

직선 $y=-x+10$의 $y$절편이 $10$이므로 점 $A$의

좌표는 $(0, 10)$이고 직선 $y=3x-6$의 $x$절편이
$2$이므로 점 $B$의 좌표는 $(2, 0)$이다. 직선 $AB$의

기울기는 $\dfrac{0-10}{2-0}=-5$이고 두 직선

$y=-x+10$, $y=3x-6$의 교점 $C$의 좌표는
$(4, 6)$이므로 점 $C$를 지나고 직선 $AB$에 평행한
직선의 방정식은

$y-6=-5(x-4)$, $y=-5x+26$

점 $D(a, 0)$이 직선 $y=-5x+26$위의 점이므로

$0=-5a+26$

따라서 $a=\dfrac{26}{5}$

정답 ②

## 545

Point

정사각형 $ABCD$를 좌표평면 위에 놓자.

점 $M$을 원점으로 하고 직선 $AB$를 $x$축위에 잡으면

$\overline{AM}=\overline{MB}=1$이므로

$A(-1, 0)$, $B(1, 0)$, $\overline{A'B}=\overline{AB}=2$, $A'(0, \sqrt{3})$

이다.

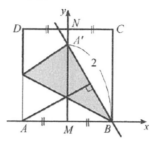

직선 $A'B$의 방정식은 $\sqrt{3}x+y-\sqrt{3}=0$이므로

점 $A$에서 직선 $A'B$사이의 거리는

$$\dfrac{|\sqrt{3}-\sqrt{3}|}{\sqrt{(\sqrt{3})^2+1^2}}=\sqrt{3}$$

정답 ③

## 546

Point

두 직선 $y=2x$, $y=-\dfrac{1}{2}x$가 서로 수직이므로 세 직

선 $y=2x$, $y=-\dfrac{1}{2}x$, $y=mx+5$로 둘러싸인 삼

각형 $AOB$는 직각이등변삼각형이다.

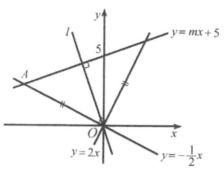

직선 $y=mx+5$는 각 $AOB$를 이등분하는 직선 $l$과

수직이다. 두 직선 $y=2x$, $y=-\dfrac{1}{2}x$가 이루는 각

을 이등분하는 직선의 방정식은

$\dfrac{|2x-y|}{\sqrt{5}}=\dfrac{|x+2y|}{\sqrt{5}}$에서  $y=\dfrac{1}{3}x$,  $y=-3x$이다.

$m>0$이므로  직선  $l$의  방정식은  $y=-3x$이고

$m=\dfrac{1}{3}$

정답 ①

## 547

Point

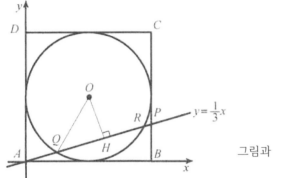

그림과 같

이 직선 AB를 $x$축, 직선 AD를 $y$축으로 하는 좌표 평면을 잡는다. $\overline{AB}:\overline{BP}=3:1$

직선 AP는 기울기가 $\dfrac{1}{3}$이고 원점을 지나므로 직선

AP의 방정식은 $y=\dfrac{1}{3}x$이다.

원의 중심을 O라 하면 정사각형 ABCD의 한 변의 길

이가 10이므로 $O(5, 5)$이고 $\overline{OQ}=5$

점 $O(5, 5)$에서 직선 $x-3y=0$에 내린 수선의 발을

H라  하면  $\overline{OH}=\dfrac{|5-15|}{\sqrt{1^2+3^2}}=\dfrac{10}{\sqrt{10}}=\sqrt{10}$

$\therefore \overline{QH}=\sqrt{15}$ 따라서 $\overline{QR}=2\sqrt{15}$

정답 ⑤

## 548

Point

548) ①

세 점 $O(0, 0)$, $A(8, 4)$, $B(7, a)$를 꼭짓점으로 하
는 삼각형 OAB의 무게중심 G의 좌표는

$\left(\dfrac{0+8+7}{3}, \dfrac{0+4+a}{3}\right)$ 즉, $\left(5, \dfrac{4+a}{3}\right)$이므로

$b=\dfrac{4+a}{3}$ …㉠ 한편, 직선  OA의  방정식은

$y=\dfrac{1}{2}x$ 즉, $x-2y=0$

점 $G(5, b)$와 직선 $x-2y=0$ 사이의 거리가 $\sqrt{5}$이

므로  $\dfrac{|5-2b|}{\sqrt{1^2+(-2)^2}}=\sqrt{5}$

$|5-2b|=5$, $5-2b=5$ 또는 $5-2b=-5$ $\therefore b=0$
또는 $b=5$ $a>0$이므로 ㉠에서 $b>0$이다.

따라서 $b=5$, $a=11$이므로 $a+b=16$

정답 ①

## 549

Point

선분 OA의 중점을 M, 두 점 B, G에서 직선 OA에
내린 수선의 발을 각각 D, E라 하자.

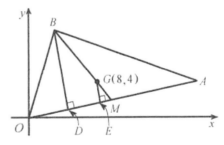

점 G가 삼각형 OAB의 무게중심이므로

$\overline{BG}:\overline{GM}=2:1$이고,  삼각형  MBD와  삼각형

MGE는 서로 닮음이므로 $\overline{BD}:\overline{GE}=3:1$이다.

점 B와 직선 OA 사이의 거리 $\overline{BD}$가 $6\sqrt{2}$이므로

$\overline{GE}=\dfrac{1}{3}\times6\sqrt{2}=\boxed{2\sqrt{2}}$

직선 OA의 기울기를 $m$이라 하면 직선 OA의 방정식

은 $y=mx$, 즉 $mx-y=0$이므로 점 G와 직선 OA
사이의 거리는

$\dfrac{|8m-4|}{\sqrt{m^2+(-1)^2}}$ 이고 $\boxed{2\sqrt{2}}$와 같다.

즉, $\dfrac{|8m-4|}{\sqrt{m^2+(-1)^2}} = \boxed{2\sqrt{2}}$ ,

$\boxed{8m-4} = \boxed{2\sqrt{2}} \times \sqrt{m^2+1}$ 이다. 양변을 제곱

하면 $(8m-4)^2 = 8(m^2+1)$

$7m^2-8m+1=0$

$(7m-1)(m-1)=0$

$m=\dfrac{1}{7}$ 또는 $m=1$

이때 직선 OG의 기울기가 $\dfrac{1}{2}$ 이므로 $m<\dfrac{1}{2}$ 을 만족

시키는 직선 OA의 기울기는 $\boxed{\dfrac{1}{7}}$ 이다.

따라서 $p=2\sqrt{2}$ , $q=\dfrac{1}{7}$ , $f(m)=|8m-4|$ 이므로

$\dfrac{f(q)}{p^2} = \dfrac{\left|8 \times \dfrac{1}{7}-4\right|}{(2\sqrt{2})^2} = \dfrac{\dfrac{20}{7}}{8} = \dfrac{5}{14}$

정답 ②

# 550

**Point**

$\angle OAP = 90°$ 이므로 현 OP는 $\triangle OAP$의 외접원의
지름이다. 따라서 직선 OP는 원의 중심을 지난다.
$x^2+y^2-x-12y=0$ 을 변형하는

$\left(x-\dfrac{1}{2}\right)^2 + (y-6)^2 = \dfrac{145}{4}$ 이 원의 중심의 좌표는

$\left(\dfrac{1}{2}, 6\right)$ 이므로 구하는 직선 OP의 기울기는 12이
다.

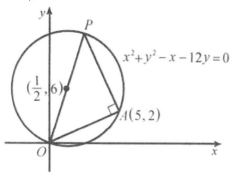

정답 12

# 551

**Point**

그림과 같이 변 AB를 $x$축 위에 놓고 변 AB의 중점을
원점 O라 하면 점 A의 좌표는 $(-a, 0)$, 점 B의
좌표는 $(a, 0)$, 점 C의 좌표는 $\left(0, \boxed{\sqrt{3}a}\right)$ 이다.

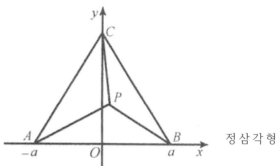

정삼각형

ABC의 내부의 점 P의 좌표를 $(x, y)$라 하면
$\overline{AP}^2 + \overline{BP}^2 = \overline{CP}^2$ 을 만족하므로
$\{(x+a)^2+y^2\} + \{(x-a)^2+y^2\} = x^2+(y-\sqrt{3}a)^2$
이다. 위 식을 정리하면 점 P는 중심이 점
$\left(0, \boxed{-\sqrt{3}a}\right)$ 이고 반지름의 길이가 $\boxed{2a}$ 인 원
위의 점이다. 점 $\left(0, \boxed{-\sqrt{3}a}\right)$ 에서 두 점 A, B
까지의 거리가 각각 반지름의 길이 $\boxed{2a}$ 로 같다.
따라서 점 P가 호 AB위의 점이므로
$\angle PAB = 150°$ 이다.
$f(a) = \sqrt{3}a$ , $g(a) = -\sqrt{3}a$ , $h(a) = 2a$
따라서 $f(3)+g(3)+h(7) = 14$

정답 ④

# 552

**Point**

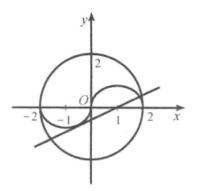

그림에서 $l_1$은 직선 $y=a(x-1)$이 원
$(x+1)^2+y^2=1$에 접하는 것이므로 원의 중심
$(-1, 0)$에서 직선 $a(x-1)-y=0$에 이르는 거
리는 $d = \dfrac{|-2a|}{\sqrt{a^2+1}} = 1$

$$|2a| = \sqrt{a^2+1} \quad \therefore 3a^2 = 1$$
$$\therefore a = \frac{\sqrt{3}}{3} (\because a > 0)$$
$$\therefore 0 < a < \frac{\sqrt{3}}{3}$$

정답 ②

## 553

**Point**

주어진 원이 $x$축에 접하므로 그 방정식은
$$(x-a)^2 + (y-b)^2 = b^2$$
$$\therefore x^2 + y^2 - 2ax - 2by + a^2 = 0 \text{ 이 원이 두점}$$
$A(0,\ 5)$, $B(8,\ 1)$을 지나므로
$$a^2 - 10b + 25 = 0 \quad \cdots ㉠,$$
$$a^2 - 16a - 2b + 65 = 0 \quad \cdots ㉡$$
㉡×5－㉠에서
$$4a^2 - 80a + 300 = 0, \ 4(a-5)(a-15) = 0$$
그런데, $0 \le a \le 8$이므로 $a=5$이고 이 때, ㉠에서
$b=5$이다.

한편, 직선 AB의 방정식은 $y - 5 = \dfrac{1-5}{8-0}(x-0)$
$$\therefore x + 2y - 10 = 0$$
따라서, 원의 중심 $(5,\ 5)$와 직선 AB사이의 거리 $d$를
구하면
$$d = \frac{|5 + 2 \cdot 5 - 10|}{\sqrt{1^2 + 2^2}} = \sqrt{5}$$

정답 ②

## 554

**Point**

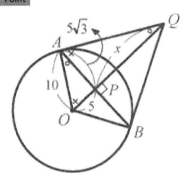

△OAP에서 $\overline{OA} = 10$, $\overline{OP} = 5$이고,
$\angle OAP = 90°$이므로    피타고라스    정리에    의해

$$\overline{AP} = \sqrt{\overline{OA}^2 - \overline{OP}^2}$$
$$= \sqrt{10^2 - 5^2} = 5\sqrt{3} \text{ 이다. 또한, } \angle AOP = \angle QAP$$
이고    $\angle OAP = \angle AQP$이므로 △OAP와
△AQP는 닮음 꼴이 된다.
$$\therefore \overline{OP} : \overline{AP} = \overline{AP} : \overline{PQ}$$
$$\therefore \overline{PQ} = \frac{\overline{AP}^2}{\overline{OP}} = \frac{75}{5} = 15$$

정답 15

## 555

**Point**

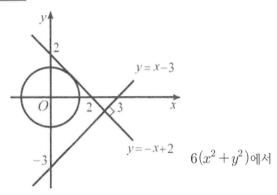

$6(x^2 + y^2)$에서

$x^2 + y^2 = k$라 두면 점 $(x,\ y)$는 중심이 원점이고,
반지름의 길이가 $\sqrt{k}$인 원 위의 점이다. 따라서 원
이 $y = -x + 2$에 접할 경우 $k$의 값이 최소이다. 원
점과 직선 $x + y - 2 = 0$ 사이의 거리가 $\sqrt{k}$의 최
솟값이므로 $\dfrac{|0 + 0 - 2|}{\sqrt{2}} = \sqrt{2}$, $\sqrt{k} \ge \sqrt{2}$
$$\therefore 6(x^2 + y^2) = 6k \ge 12$$

정답 ⑤

## 556

**Point**

직선 $l$의 방정식은 $y = \sqrt{3}x$이고 직선 $m$의 방정식은
$y = -\sqrt{3}x$이다.
원 위의 제 1사분면에 있는 점을 $P(a,\ b)$라 하면
$a > 0$, $b > 0$이고 $a^2 + b^2 = r^2$이다.
점 P에서 $x$축과 두 직선 $l$, $m$에 내린 수선의 발이 각
각 A, B, C이므로
$$\overline{PA} = b, \ \overline{PB} = \frac{|\sqrt{3}a - b|}{2}, \overline{PC} = \frac{|\sqrt{3}a - b|}{2}$$

따라서 $\overline{PA}^2+\overline{PB}^2+\overline{PC}^2=\boxed{\dfrac{3}{2}r^2}$

$s=-\sqrt{3}$, $t=2$, $f(r)=\dfrac{3}{2}r^2$

따라서 $f(s\times t)=f(-2\sqrt{3})=18$

정답 ⑤

## 557

**Point**

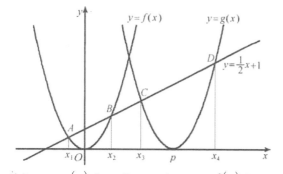

함수 $y=g(x)$의 그래프는 함수 $y=f(x)$의 그래프를 $x$축의 방향으로 $p$만큼 평행이동한 것이므로 $g(x)=(x-p)^2$이 된다. 이차함수 $y=x^2$의 그래프와 직선 $y=\dfrac{1}{2}x+1$의 교점 A, B의 $x$좌표를 각각 $x_1$, $x_2$라 하면 $x_1$, $x_2$는 방정식 $x^2=\dfrac{1}{2}x+1$의 근이 된다. 따라서 이차방정식 $2x^2-x-2=0$의 두 근의 합 $x_1+x_2=\dfrac{1}{2}$이다. 같은 방법으로 이차함수 $y=(x-p)^2$의 그래프와 직선 $y=\dfrac{1}{2}x+1$의 교점 C, D의 $x$좌표를 각각 $x_3$, $x_4$라 하면 $x_3$, $x_4$는 방정식 $(x-p)^2=\dfrac{1}{2}x+1$의 근이 된다. 그러므로 이차방정식 $2x^2-(4p+1)x+2p^2-2=0$의 두 근의 합은 $x_3+x_4=2p+\dfrac{1}{2}$이다.

따라서 $x_1+x_2+x_3+x_4=1+2p$이므로 $1+2p=9$ 이고, $p=4$이다.

정답 ④

## 558

**Point**

포물선 $y=x^2-2x$를 $x$축 방향으로 $m$만큼, $y$축 방향으로 $n$만큼 평행이동하면
$$y-n=(x-m)^2-2(x-m)$$
정리하면 $y=x^2-2(m+1)x+m^2+2m+n$이 포물선이 $y=x^2-12x+30$과 일치하므로 $m=5$, $n=-5$이다. 직선 $l:x-2y=0$을 $x$축 방향으로 5만큼, $y$축 방향으로 $-5$만큼 평행이동하면 $(x-5)-2(y+5)=0$이므로

직선 $l':x-2y-15=0$이다. 따라서 두 직선 $l$, $l'$ 사이의 거리 $d$는 직선 $x-2y=0$위의 점 $(0,\ 0)$과 직선 $x-2y-15=0$ 사이의 거리와 같다.
$$d=\frac{15}{\sqrt{5}}=3\sqrt{5} \quad \therefore d^2=45$$

정답 45

## 559

**Point**

오른쪽 위 $(\nearrow)$로 $m$회 이동하고, 오른쪽 아래 $(\searrow)$로 $n$회 이동하여 도착하는 점 P의 좌표는 $(m+n,\ m-n)$이다. $m+n=a$, $m-n=b$라 하면 $m=\dfrac{a+b}{2}$, $n=\dfrac{a-b}{2}$

$m$, $n$은 음이 아닌 정수이므로 다음 조건을 만족시켜야 한다.
( i ) $a+b$는 짝수
( ii ) $a-b$는 짝수
( iii ) $a \geq b$
따라서 도착할 수 있는 점의 좌표는
$(6,\ -2)$, $(93,\ 39)$이다.

정답 ⑤

## 560

**Point**

ㄱ. 원 $x^2+(y-1)^2=9$를 평행이동하여도 원의 반지름의 길이는 변하지 않으므로 원 C의 반지름의 길이는 3이다. (참)

ㄴ. 원 $x^2+(y-1)^2=9$의 중심의 좌표가 $(0,\ 1)$이므로 원 C의 중심의 좌표는 $(m,\ m+1)$이다. 원 C가 $x$축과 접하므로 $|n+1|=3$ $\therefore n=-4$ 또는

$n=2$ 따라서 $n$의 값은 2개다. (거짓)

ㄷ. $m \neq 0$일 때, 직선 $y = \dfrac{n+1}{m}x$가 원 C의 중심 $(m,\ n+1)$을 지나므로 원 C의 넓이를 이등분한다. (참) 따라서 옳은 것은 ㄱ, ㄷ이다.

정답 ③

## 561

**Point**

두 점 A′, B′은 점 P에 대한 두 점 A, B의 대칭점이므로 직선 A′B′은 직선 AB의 점대칭도형이다. △APB ≡ △A′PB에서 ∠ABP = ∠A′B′P(엇각)이므로 $\overleftrightarrow{AB} /\!/ \overleftrightarrow{A'B'}$ 따라서 직선 A′B′의 기울기는 직선 AB의 기울기인 $\dfrac{1}{2}$과 같다. 또한, 직선 A′B′은 A′(3, 1)을 지나므로 직선 A′B′의 방정식은

$$y-1 = \frac{1}{2}(x-3) \quad \therefore y = \frac{1}{2}x - \frac{1}{2}$$

따라서 $a = \dfrac{1}{2}$, $b = -\dfrac{1}{2}$이다. $\therefore ab = -\dfrac{1}{4}$

정답 ①

## 562

**Point**

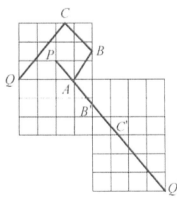

P→A→B→C→Q의 길이는
P→A→B′→C′→Q′의 길이와 같다. 따라서 가로의 길이 6, 세로의 길이 7인 직사각형의 대각선 길이이므로 $\sqrt{85}$이다.

정답 ④

## 563

**Point**

점 C의 $x$좌표를 $a$라 하면, 점 C의 좌표는 $(a,\ a^2)$이 된다. 그런데 사각형 ABCD가 정사각형이고 두 점 B, D가 직선 $y=x$위의 점이므로, 점 B의 좌표는 $(a^2,\ a^2)$, 점 D의 좌표는 $(a,\ a)$, 점 A의 좌표는 $(a^2,\ a)$가 된다. 한편 점 A가 곡선

$$y = -(x-1)^2 + 1 \quad \cdots \text{㉠}$$

위의 점이므로 A$(a^2,\ a)$를 ㉠의 식에 대입하면

$$a = -(a^2-1)^2 + 1 \quad \cdots \text{㉡}$$가 성립한다.

㉡의 식을 $a$에 관하여 정리하면 $a^4 - 2a + a = 0$, $a(a-1)(a^2+a-1) = 0$이다.

이때, $a \neq 0$, $a \neq 1$ ($\because$ B, D는 서로 다른 점) 이므로 $a^2 + a - 1 = 0$에서 $a = \dfrac{-1+\sqrt{5}}{2}$($\because a > 0$)이다. 따라서 정사각형의 한 변의 길이는 다음과 같다.

$$a - a^2 = a - (-a+1) = 2a - 1 = \sqrt{5} - 2$$

정답 ②

## 564

**Point**

$C_1 (x-1)^2 + (y+2)^2 = 1$을 직선 $y=x$에 대하여 대칭이동하면 $C_2 (x+2)^2 + (y-1)^2 = 1$

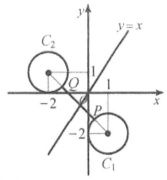

$\overline{PQ}$의 최솟값은 두 원의 중심사이의 거리에서 두 원의 반지름의 길이는 합을 뺀 것이므로

$$\sqrt{3^2 + 3^2} - 2 = 3\sqrt{2} - 2$$

정답 ③

## 565

Point

점 A를 $y$축에 대하여 대칭이동한 점 $A'(1, 0)$에 대하여 $\overline{AP}+\overline{PQ}=\overline{A'P}+\overline{PQ} \geq \overline{A'Q}$이다. $\overline{A'Q}$의 최솟값은 점 $A'(1, 0)$과 원 C의 중심 $(-3, 8)$사이의 거리에서 원 C의 반지름의 길이 $\sqrt{5}$를 뺀 값이다. 따라서 $k=4\sqrt{5}-\sqrt{5}=3\sqrt{5}$

$\therefore k^2=45$

정답 45

## 566

Point

원 $O_1$의 방정식은 $(x-4)^2+(y-2)^2=4$

원 $O_1$을 직선 $y=x$에 대하여 대칭이동한 후 $y$축의 방향으로 $a$만큼 평행이동한 원 $O_2$의 방정식은 $(x-2)^2+(y-4-a)^2=4$ 원 $O_1$과 원 $O_2$의 중심을 각각 C, D라 하면 선분 AB는 선분 CD에 의해 수직이등분된다. 선분 AB와 선분 CD가 만나는 점을 H라 하면 $\overline{AH}=\overline{DH}=\sqrt{3}$

원 $O_1$과 원 $O_2$의 반지름의 길이가 2이므로

$\overline{CH}=\overline{DH}=1$

$\therefore$ 원 $O_2$가 원 $O_1$의 중심을 지날 때, $\overline{CD}=2$이므로 원 $O_2$의 중심은 $(2, 2)$

$\therefore -4-a=-2$

따라서 $a=-2$

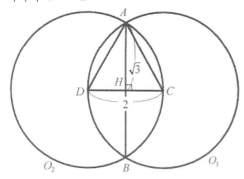

정답 ②

## 567

Point

주어진 규칙에 따라 점 $P_2, P_3, P_4, \cdots$을 구하면

$P_1(3, 2) \to P_2(2, 3) \to P_3(2, -3) \to P_4(-2, -3)$
$\to P_5(-3, -2) \to P_6(-3, 2) \to P_7(3, 2) \to P_8(2, 3)$
$\to P_9(2, -3) \to \cdots$

과 같으므로 자연수 $n$에 대하여 점 $P_n$의 좌표와 $P_{n+6}$의 좌표가 같다. $50=6 \times 8+2$이므로 점 $P_{50}$의 좌표는 점 $P_2$의 좌표와 같다. 점 $P_{50}$의 좌표는 $(2, 3)$이다. 따라서 $10x_{50}+y_{50}=23$

정답 23

## 568

Point

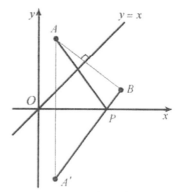

점 A의 좌표를 $(a, b)$라 하면 점 A를 직선 $y=x$에 대하여 대칭이동시킨 점 B의 좌표를 $(b, a)$이고, 점 A를 $x$축에 대하여 대칭이동시킨 점을 $A'$이라 하면 $A'(a, -b)$이다. $\overline{AP}=\overline{A'P}$이므로

$\overline{AP}+\overline{PB}=\overline{A'P}+\overline{PB}$이고 $x$축 위의 점 P가 선분 $A'B$위에 있을 때 최솟값 $\overline{A'B}=10\sqrt{2}$를 갖는다.

$\therefore \overline{A'B}=\sqrt{(a-b)^2+(a+b)^2}=\sqrt{2(a^2+b^2)}=10$

따라서 $\overline{OA}=\sqrt{a^2+b^2}=10$

정답 10

# 569

**Point**

점 $C(-8,\ 1)$을 $x$축에 대하여 대칭이동한 점은 $C'(-8,\ -1)$이고, 점 $D(4,\ 7)$을 직선 $y=x$에 대하여 대칭이동한 점은 $D'(7,\ 4)$

$\overline{CE}=\overline{C'E}, \overline{FD}=\overline{FD'}$이므로

$\overline{CE}+\overline{EF}+\overline{FD}=\overline{C'E}+\overline{EF}+\overline{FD'} \geq \overline{C'D'}$

$\overline{CE}+\overline{EF}+\overline{FD}$의 값이 최소일 때는 점 E, F가 두 점 $C',D'$을 지나는 직선 위에 있을 때이다.

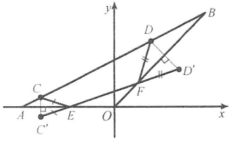

두 점 $C'(-8,\ -1)$, $D'(7,\ 4)$를 지나는 직선의 방정식은 $y-4=\dfrac{1}{3}(x-7)$ $\therefore y=\dfrac{1}{3}x+\dfrac{5}{3}$

따라서 $\overline{CE}+\overline{EF}+\overline{FD}$의 값이 최소가 되도록 하는 점 E의 $x$좌표는 $-5$

정답 ①

# 570

**Point**

네 점 A, B, C, D를 $y$축의 방향으로 $2$만큼 평행이동한 네 점을 각각 $A_1$, $B_1$, $C_1$, $D_1$이라 하고, 직선 $y=x$에 대하여 대칭이동한 네 점을 각각 $A_2$, $B_2$, $C_2$, $D_2$라 하자. 직사각형 ABCD의 두 대각선의 교점이 원점이고 각 변은 $x$축 또는 $y$축에 평행하며 $\overline{AD} > \overline{AD} > 2$이므로 두 직사각형 ABCD, $A_1B_1C_1D_1$은 그림과 같다.

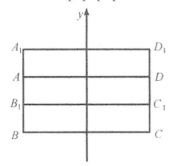

이때 제 1사분면 위의 점 D의 좌표를 $(a,\ b)$라 하면 $A(-a,\ b)$, $B(-a,\ -b)$, $C(a,\ -b)$이다. 점 $B_1$은 점 B를 $y$축의 방향으로 $2$만큼 평행이동한 점

이므로

$\overline{AD}=2a$, $\overline{AB_1}=2b-2$

조건 (가)에서 직사각형 $A_1B_1C_1D_1$의 내부와 직사각형 ABCD의 내부와의 공통부분의 넓이가 $18$이므로

$2a \times (2b-2)=18$ $\cdots$ ㉠한편

직사각형 $A_2D_2C_2B_2$는 직사각형 ABCD를 직선 $y=x$에 대하여 대칭이동한 도형이므로 두 직사각형 ABCD, $A_2D_2C_2B_2$는 그림과 같다. 조건 (나)에서 직사각형 $A_2D_2C_2B_2$의 내부와 직사각형 ABCD의 내부와의 공통부분의 넓이가 $16$이고 그림에서 공통부분은 한변의 길이가 선분 AB의 길이와 같은 정사각형이므로 $2(b)^2=16$, $b^2=4$

$b$는 양수이므로 $b=2$

$b=2$를 ㉠에 대입하면 $a=\dfrac{9}{2}$

따라서 직사각형 ABCD의 넓이는

$\overline{AD} \times \overline{AB}=2a \times 2b=4ab=4 \times \dfrac{9}{2} \times 2=36$

## 571

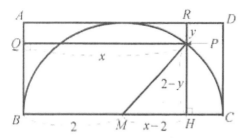

호 BC 위의 점 P에 대하여 $\overline{PQ}=x$, $\overline{PR}=y$라고 하면 직사각형 AQPR의 둘레의 길이는 10이므로
$2(x+y)=10$ ··· ㉠

점 P에서 선분 BC에 내린 수선의 발을 H라 하고 선분 BC의 중점을 M이라 하면
$\overline{PH}=2-y$, $\overline{MH}=x-2$ 직각삼각형 PMH에서 피타고라스 정리에 의해
$4=(2-y)^2+(x-2)^2=x^2+y^2-4(x+y)+8$
$=(x+y)^2-2xy-4(x+y)+8$ ㉠에서 $x+y=5$이
므로 $4=25-2xy-20+8$, $2xy=9$ $\therefore xy=\dfrac{9}{2}$

정답 ②

## 572

$\{P(x)\}^3+\{Q(x)\}^3=12x^4+24x^3+12x^2+16$에서
$\{P(x)+Q(x)\}^3-3P(x)Q(x)\{P(x)+Q(x)\}$
$=12x^4+24x^3+12x^2+16$
$P(x)+Q(x)=4$이므로
$64-12P(x)Q(x)=12x^4+24x^3+12x^2+16$
$-12P(x)Q(x)=12x^4+24x^3+12x^2-48$
$-P(x)Q(x)=x^4+2x^3+x^2-4$
$=(x-1)(x+2)(x^2+x+2)$
$=(x^2+x-2)(x^2+x+2)$
$P(x)+Q(x)=4$이고 $P(x)$의 최고차항의 계수가 음수이므로 조건(가), (나)를 만족시키고 두 이차다항식 $P(x)$, $Q(x)$는
$P(x)=-x^2-x+2$, $Q(x)=x^2+x+2$이다.
따라서 $P(2)+Q(3)=10$

정답 ⑤

## 573

$\angle HPI=90\,^\circ$이므로 $\overline{HI}=\overline{OP}$에서 $\overline{HI}=4$이다.
$\overline{PH}=x$, $\overline{PI}=y$라 하면 삼각형 PIH에서
$x^2+y^2=16$ ··· ㉠
삼각형 PIH의 넓이는 $\dfrac{1}{2}xy=\dfrac{1}{2}\times\dfrac{1}{2}\times(x+y+4)$
$xy=\dfrac{1}{2}(x+y+4)$에서 $x+y=2(xy-2)$ ··· ㉡
㉠, ㉡에서
$4(xy-2)^2-2xy=16$, $xy(2xy-9)=0$ $xy\neq 0$
이므로 $xy=\dfrac{9}{2}$ ··· ㉢
㉡, ㉢에서 $x+y=5$
$\overline{PH}^3+\overline{PI}^3=x^3+y^3=(x+y)^3-3xy(x+y)$
$=5^3-3\times\dfrac{9}{2}\times 5=\dfrac{115}{2}$

정답 ②

## 574

ㄱ.(참) $k=1$일 때
$f(x)=(x-1)^2-2$이므로 A(1, $-2$)
$\therefore \overline{OA}=\sqrt{1^2+(-2)^2}=\sqrt{5}$
ㄴ.(참) $y=k(x-1)^2-4k+2$를 $k$에 대하여 정리하면
$k\{(x-1)^2-4\}+2-y=0$이 등식이 0이 아닌 실수 $k$의 값에 관계없이 성립하려면
$(x-1)^2=4$, $2-y=0$이어야 하므로 $x=3$, $y=2$
또는 $x=-1$, $y=2$
따라서 곡선 $y=f(x)$는 0이 아닌 실수 $k$의 값에 관계없이 항상 두 점 (3, 2), ($-1$, 2)를 지난다.
ㄷ.(참) A(1, $-4k+2$), B(0, $-3k+2$)이고
직선 AB의 기울기는 $\dfrac{(-4k+2)-(-3k+2)}{1-0}=-k$
따라서 직선 AB의 방정식은 $y=-kx-3k+2$
이 등식을 $k$에 대하여 정리하면 $k(x+3)+y-2=0$
이 등식이 0이 아닌 실수 $k$의 값에 관계없이 성립하려면 $x+3=0$, $y-2=0$이어야
하므로 $x=-3$, $y=2$ 따라서 직선 AB는 0이 아닌 실수 $k$의 값에 관계없이 항상 점 ($-3$, 2)를 지난다.
그러므로 옳은 것은 ㄱ,ㄴ,ㄷ이다.

정답 ④

## 575

조건 (가)에서 $x=1$을 대입하면 $P(1)=0$이다.
$x=7$을 대입하면 $P(5)=0$이다. $P(x)$는 삼차다항식
이므로 조건 (나)에 의해
$p(x)=(x^2-4x+2)(ax+b)+2x-10$이다.
(단, $a$, $b$는 상수)
$P(1)=0$이므로 $-a-b-8=0$
따라서 $a+b=-8$이다. … ㉠
$P(5)=0$이므로 $35a+7b=0$
따라서 $5a+b=0$이다. … ㉡
㉠,㉡에 의하여 $a=2$, $b=-10$이다.
따라서 $P(x)=(x^2-4x+2)(2x-10)+2x-10$
이므로 $P(4)=-6$이다.

정답 ①

## 576

$ax^3+b=(ax+b)Q_1(x)+R_1$ … ㉠
$ax^4+b=(ax+b)Q_2(x)+R_2$ … ㉡

㉠,㉡에 $x=-\dfrac{b}{a}$를 각각 대입하면

$R_1=-\dfrac{b^3}{a^2}+b$, $_2=\dfrac{b^4}{a^3}+b$

$R_1=R_2$이므로

$-\dfrac{b^3}{a^2}+b=\dfrac{b^4}{a^3}+b$ $\quad\therefore b=-a\,(\because ab\neq 0)$

그러므로 $R_1=R_2=0$
$ax^3-a=a(x-1)(x^2+x+1)$이므로
$a(x-1)(x^2+x+1)=a(x-1)Q_1(x)$
$\therefore Q_1(x)=x^2+x+1$
$ax^4-a=a(x-1)(x+1)(x^2+1)$이므로
$a(x-1)(x+1)(x^2+1)=a(x-1)Q_2(x)$
$\therefore Q_2(x)=(x+1)(x^2+1)$
$Q_1(2)=Q_2(1)=7+4=11$

정답 11

## 577

다항식의 나눗셈에 의해
$P(x)=(x^2-x-1)(ax+b)+2$ … ㉠
$P(x+1)(x^2-4)Q(x)-3$
$=(x-2)(x+2)Q(x)-3$ … ㉡
$x=2$를 ㉡에 대입하면 $P(3)=-3$
$x=2$를 ㉡에 대입하면 $P(-1)=-3$이 된다.
㉠에 식에 $x=3$, $x=-1$을 대입하여 정리하면
$3a+b=-1$, $-a+b=-5$이고 $a=1$, $b=-4$이다.
따라서 $50a+b=50-4=46$이다.

정답 46

## 578

${\{f(x+1)\}}^2=(x-1)(x+1)(x^2+5)+9$에서
${\{f(x)\}}^2=x(x-2)(x^2-2x+6)+9$
$=(x^2-2x)(x^2-2x+6)+9$
$=(x^2-2x+3)^2$
$f(x)<0$이므로 $f(x)=-x^2+2x-3$
$f(x+a)=-(x+a)^2+2(x+a)-3$에 대하여
$f(x+a)=g(x)$라 하면 $g(x)$를 $x-2$로 나눈
나머지가 $-6$이 되기 위해서는
$g(2)=-(2+a)^2+2(2+a)-3=-6$
따라서 $a^2+2a-3=0$이므로 이차방정식과 근과
계수의 관계에 의해 모든 상수 $a$의 값의 곱은 $-3$

정답 ④

## 579

$f(x)$를 $x-1$로 나누었을 때의 몫을 $Q_1(x)$,
나머지를 $R_1$이라 하면
$f(x)=(x-1)Q_1(x)+R_1$ … ㉠
$f(x)$를 $x-2$로 나누었을 때의 몫을 $Q_2(x)$,
나머지를 $R_2$라 하면
$f(x)=(x-2)Q_2(x)+R_2$ … ㉡
㉡에 $x=2$를 대입하면 (가)에서 $R_2=f(2)=Q_2(1)$
$f(x)=(x-2)Q_2(x)+Q_2(1)$에 $x=1$을 대입하면
$f(1)=-Q_2(1)+Q_2(1)=0$
㉠에 $x=1$을 대입하면 $f(1)=R_1=0$
$f(x)$는 최고차항의 계수가 1인 이차식이므로

293

$Q_1(x) = x + a$라 하면 $f(x) = (x-1)(x+a)$
$Q_1(1) = 1+a$, $f(2) = 2+a = Q_2(1)$이므로 (나)에서
$Q_1(1) + Q_2(1) = (1+a) + (2+a) = 2a + 3 = 6$
$\therefore a = \dfrac{3}{2}$, $f(x) = (x-1)\left(x + \dfrac{3}{2}\right)$
따라서 $f(3) = (3-1)\left(3 + \dfrac{3}{2}\right) = 9$

정답 ③

## 580

$f(x)$는 이차식, $g(x)$는 일차식이고 $f(x) - g(x) = 0$
은 이차방정식이고 조건 (가)에 의해
$f(x) - g(x) = a(x-1)^2$ ($a$는 상수) $\cdots$ ㉠
조건 (나)에 의해 $f(2) = 2$, $g(2) = 5$
㉠에 $x = 2$를 대입하면 $f(2) - g(2) = a$ 즉, $a = -3$
$f(x) - g(x) = -3(x-1)^2$
나머지정리에 의해 $f(-1) - g(-1) = -12$
따라서 $-12$

정답 ③

## 581

(가)에서 $Q(x) = -2p(x)$이므로
$P(x)Q(x) = -2\{P(x)\}^2$이다.
(나)에 의해 $-2\{P(x)\}^2$을 $x^2 - 3x + 2$로
나누었을 때의 몫을 $A(x)$라 하면
$-2\{P(x)\}^2 = (x^2 - 3x + 2)A(x)$이고
$\{P(x)\}^2 = (x-1)(x-2)\left\{-\dfrac{1}{2}A(x)\right\}$이다.

$P(x)$는 이차다항식이고 $\{P(x)\}^2$이 $x-1$과
$x-2$를 인수로 가지므로 $P(x)$도 $x-1$과 $x-2$를
인수로 가진다. 그러므로 $P(x) = a(x-1)(x-2)$,
$Q(x) = -2a(x-1)(x-2)$ ($a \neq 0$인 실수)라 하자.
$P(0) = 2a = -4$에서 $a = -2$이므로
$P(x) = -2(x-1)(x-2)$,
$Q(x) = 4(x-1)(x-2)$이다.
따라서 $Q(4) = 4 \times 3 \times 2 = 24$이다.

정답 24

## 582

(가)에 의하여 $f(x)$를 $x+2$, $x^2+4$로 나누었을 때의
몫을 각각 $Q_1(x)$, $Q_2(x)$라고 하면 나머지가 $3p^2$으
로 같으므로
$$f(x) = (x+2)Q_1(x) + 3p^2 = (x^2+4)Q_2(x) + 3p^2$$
이다. 사차항의 계수가 1인 $f(x)$에서는 $Q_1(x)$는
$x^2+4$를 인수로 갖고 $Q_2(x)$는 $x+2$를 인수로 가져야
하므로 $Q_1(x)$와 $Q_2(x)$의 공통인수를 $x+a$라 하면
$f(x) = (x+2)(x^2+4)(x+a) + 3p^2$이다.
(나)에 의하여 $f(1) = f(-1)$이므로 $a = -2$이고
$f(x) = x^4 - 16 + 3p^2$이다.
(다)에 의하여 $f(\sqrt{p}) = 0$이므로
$p^2 + 2p^2 - 16 = 0$, $p^2 = 4$이다. 따라서 $p$는 양수이므
로 $p = 2$이다.

정답 ④

## 583

세 실수 $a$, $b$, $c$에 대하여
$P(x) = x^2 + ax + b$, $Q(x) = x + c$라 하자.
$P(x+1) - Q(x+1)$
$= \{(x+1)^2 + a(x+1) + b\} - \{(x+1) + c\}$
$= (x+1)\{(x+1) + a - 1\} + (b-c)$
$= (x+1)(x+a) + (b-c)$
조건 (가)에 의하여 $b = c$
$P(x) - Q(x) = x^2 + (a-1)x$
조건 (나)에 의하여 $a = 1$ $\cdots$ ㉠

$P(x) + Q(x) = x^2 + 2x + 2b$
$P(x) + Q(x)$를 $x-2$로 나눈 나머지가 12이므로
$2b = 4$, $b = c = 2$ $\cdots$ ㉡
㉠, ㉡에 의하여 $P(x) = x^2 + x + 2$, $Q(x) = x + 2$
따라서 $P(2) = 8$

정답 ②

## 584

$\sqrt{3} = x$라고 하면
$A$색종이 한 장의 넓이는 $x^2$
$B$색종이 한 장의 넓이는 $2x$
$C$색종이 한 장의 넓이는 $1$
$A$색종이 5장, $B$색종이 11장, $C$색종이 8장을
겹치지 않게 빈틈 없이 이어 붙여서 만든 직사각형의

넓이는 $5x^2+22x+8$이다. 이 식을 자연수 계수를 갖는 두 일차식의 곱으로 표현하면

$$5x^2+22x+8=(5x+2)(x+4)$$

즉, 직사각형의 두 변의 길이는 $5x+2$, $x+4$로 나타낼 수 있다. 따라서 구하는 직사각형의 둘레의 길이는

$$2(5x+2)+2(x+4)=10x+4+2x+8$$
$$=12x+12=12+12\sqrt{3}$$

따라서 $a=12$, $b=12$이고 $a+b=24$

정답 24

## 585

$$(1+i)^2=1+2i+i^2=2i$$
$$(2i)^2=4i^2=-4$$
$$(1+i)^2\times 2i=2i\times 2i=-4$$

주사위를 던져 0, 3, 5가 적어도 한 번 나오면 $-32$가 나올 수 없다. 그리고 $32=2^5$이므로 주사위는 최소한 5번 이상 던져야 한다.

( i ) 주사위를 5번 던지는 경우
2가 3회, $2i$가 2회 나오면
$$(2)^3\times(2i)^2=8\times(-4)=-32$$

( ii ) 주사위를 6번 던지는 경우
2가 3회, $1+i$가 2회, $2i$가 1회 나오면
$$2^3\times(1+i)^2\times 2i=8\times 2i\times 2i=-32$$

( iii ) 주사위를 7번 던지는 경우
2가 3회, $1+i$가 4회 나오면
$$2^3\times(1+i)^4=8\times(2i)^2=-32$$

( i ),( ii ),( iii )에 의하여 가능한 $n$의 값은 5, 6, 7이다. 따라서 구하는 값은 $5+6+7=18$

정답 18

## 586

$$z_1=\frac{\sqrt{2}}{1+i}=\frac{1-i}{\sqrt{2}}, z_1^2=-i, z_1^3=\frac{-i-1}{\sqrt{2}}, z_1^4$$
$$=-1, \cdots, z_1^8$$

$$z_2=\frac{-1+\sqrt{3}i}{2}, z_2^2=\frac{-1-\sqrt{3}i}{2}, z_2^3=1, \cdots$$

$z_1^n=z_2^n$을 만족시키는 자연수 $n$은 8과 3의 공배수이다. 따라서 자연수 $n$의 최솟값은 24

정답 24

## 587

| $n$ | $z^n$ | $(z+\sqrt{2})^n$ | $z^n+(z+\sqrt{2})^n$ |
|---|---|---|---|
| 1 | $\dfrac{-1+i}{\sqrt{2}}$ | $\dfrac{1+i}{\sqrt{2}}$ | $\sqrt{2}i$ |
| 2 | $-i$ | $i$ | 0 |
| 3 | $\dfrac{1+i}{\sqrt{2}}$ | $\dfrac{-1+i}{\sqrt{2}}$ | $\sqrt{2}i$ |
| 4 | $-1$ | $-1$ | $-2$ |
| 5 | $\dfrac{1-i}{\sqrt{2}}$ | $\dfrac{-1-i}{\sqrt{2}}$ | $-\sqrt{2}i$ |
| 6 | $i$ | $-i$ | 0 |
| 7 | $\dfrac{-1-i}{\sqrt{2}}$ | $\dfrac{1-i}{\sqrt{2}}$ | $-\sqrt{2}i$ |
| 8 | 1 | 1 | 2 |

$n=2$, 6일 때, $z^n+(z+\sqrt{2})^n=0$
$z^8=1$, $(z+\sqrt{2})^8=1$이므로
$$z^2=z^{10}=z^{18}, z^6=z^{14}=z^{22},$$
$$(z+\sqrt{2})^2=(z+\sqrt{2})^{10}=(z+\sqrt{2})^{18},$$
$$(z+\sqrt{2})^6=(z+\sqrt{2})^{14}=(z+\sqrt{2})^{22}$$
$z^n+(z+\sqrt{2})^n=0$을 만족시키는 25이하의 자연수 $n$은 2, 6, 10, 14, 18, 22이다. 따라서 자연수 $n$의 개수는 6

정답 6

## 588

(나)에서 $\dfrac{1}{\alpha}+\dfrac{1}{\beta}=-\dfrac{1}{\gamma}$, $\dfrac{\alpha+\beta}{\alpha\beta}=-\dfrac{1}{\gamma}$

(가)에서 $\alpha+\beta=-\gamma$이므로 $\dfrac{-\gamma}{\alpha\beta}=-\dfrac{1}{\gamma}$

$\alpha\beta=\gamma^2$ $\cdots$ ㉠

같은 방법으로 $\beta\gamma=\alpha^2$ $\cdots$ ㉡, $\gamma\alpha=\beta^2$ $\cdots$ ㉢

(나)에서 $\dfrac{\alpha\beta+\beta\gamma+\gamma\alpha}{\alpha\beta\gamma}=0$이므로 $\alpha\beta+\beta\gamma+\gamma\alpha=0$

㉠,㉡,㉢에서
$$\alpha^2+\beta^2+\gamma^2=0, \alpha^2+\alpha\gamma+\gamma^2=0 \cdots ㉣$$

㉣에서 양변을 $\alpha^2$으로 나누면 $\left(\dfrac{\gamma}{\alpha}\right)^2+\dfrac{\gamma}{\alpha}+1=0$

$\therefore \dfrac{\gamma}{\alpha}=\dfrac{-1+\sqrt{3}i}{2}$ 또는 $\dfrac{\gamma}{\alpha}=\dfrac{-1-\sqrt{3}i}{2}$

㉡에서 $\dfrac{\alpha}{\beta}=\dfrac{\gamma}{\alpha}$이므로 $\dfrac{\gamma}{\alpha}+\overline{\left(\dfrac{\alpha}{\beta}\right)}=\dfrac{\gamma}{\alpha}+\overline{\left(\dfrac{\gamma}{\alpha}\right)}$이다.

따라서 $\dfrac{\gamma}{\alpha}+\overline{\left(\dfrac{\alpha}{\beta}\right)}=-1$

정답 ②

## 589

$z=a+bi$ ($a$, $b$는 실수)라 하면 $z^2=(a^2-b^2)+2abi$
이고 복소수의 성질에 의해 $(\bar{z})^2=\overline{z^2}$이므로
$(\bar{z})^2=a^2-b^2-2abi$ 따라서 $z^2+(\bar{z})^2=2(a^2-b^2)$
이다. 조건 (나)에 의해 $z^2+(\bar{z})^2$은 음수이므로
$2(a^2-b^2)<0$
즉, $2(a+b)(a-b)<0$ $\cdots$ ㉠
조건 (가)의 $z=3x+(2x-)i$에서
$a=3x$, $b=2x-7$을 식 ㉠에 대입하면
$2\{3x+(2x-7)\}\{3x-(2x-7)\}=2(5x-7)(x+7)$
이고 $(5x-7)(x+7)<0$이므로 $-7<x<\dfrac{7}{5}$을
만족하는 정수 $x$는
$-6$, $-5$, $-4$, $-3$, $-2$, $-1$, $0$, $1$이고
정수 $x$의 개수는 8이다.

정답 8

## 590

$z=a+bi$에 대하여
$iz=i(a+bi)=-b+ai$, $\bar{z}=a-bi$인데 $iz=\bar{z}$
이므로 $a=-b$이다. 따라서 $z=a-ai$이다.
ㄱ. $z+\bar{z}=(a-ai)+(a+ai)=2a=-2b$이다. (참)
ㄴ. $iz=\bar{z}$의 양변에 $i$를 곱하면 $i\bar{z}=-z$이다. (참)
ㄷ. $iz=\bar{z}$이므로 $\dfrac{\bar{z}}{z}=i$이고 $i\bar{z}=-z$이므로

$\dfrac{z}{\bar{z}}=-i$이다. 따라서 $\dfrac{\bar{z}}{z}+\dfrac{z}{\bar{z}}=0$이다. (참)
그러므로 ㄱ,ㄴ,ㄷ이 모두 옳다.

정답 ⑤

## 591

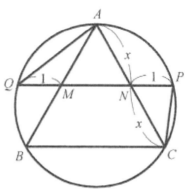

그림과 같이 반직선 NM이 삼각형 ABC의 외접원과
만나는 점을 Q라 하자. 삼각형 AQN과 삼각형 PCN
이 닮음이므로 $1+x:x=x:1$이다.
따라서 $1+x=x^2$ $x^2-x-1=0$이므로
$x-1-\dfrac{1}{x}=0$에서 $x-\dfrac{1}{x}=1$이다. 그러므로
$x^2+\dfrac{1}{x^2}=\left(x-\dfrac{1}{x}\right)^2+2=3$이다. 따라서
$10\left(x^2+\dfrac{1}{x^2}\right)=30$이다.

정답 30

## 592

복소수 $\alpha$가 이차방정식 $x^2-px+p+3=0$의 한
근이면 $\bar{\alpha}$도 근이므로 $\alpha=a+bi$라 하면 $\bar{\alpha}=a-bi$
($a$, $b$는 실수, $b\neq0$)이고, 근과 계수의 관계에
의해 $\alpha+\bar{\alpha}=2a=p$, $\alpha\bar{\alpha}=a^2+b^2=p+3$이므로
$a=\dfrac{p}{2}$, $b^2=-a^2+p+3=-\dfrac{p^2}{4}+p+3$ $\cdots$ ㉠
$\alpha^3=(a+bi)^3=a^3+3a^2bi-3ab^2-b^3i$
$=(a^3-3ab^2)+(3a^2b-b^3)i$
$\alpha^3$이 실수이므로 허수부분이 $3a^2b-b^3=0$이다.
$b\neq0$이므로 $b^2=3a^2$ $\cdots$ ㉡
㉠을 ㉡에 대입하면 $-\dfrac{p^2}{4}+p+3=3\left(\dfrac{p}{2}\right)^2$을
정리하면 $p^2-p-3=0$이다.
따라서 근의 계수의 관계에 의해 모든 실수 $x$의
곱은 $-3$이다.

정답 ②

## 593

$\alpha$, $\beta$가 이차방정식 $x^2+x+1=0$의 두 근이므로
$\alpha^2+\alpha+1=0$이고 $\alpha+\beta=-1$이다.
$\alpha+1=-\beta$이므로 $\alpha^2=\beta$, $\beta^2=\alpha$
$f(\alpha^2)=f(\beta)=4\beta+4$, $f(\beta^2)=f(\alpha)=4\alpha+4$
이므로 $f(\beta)-4\beta-4=0$, $f(\alpha)-4\alpha-4=0$
이때, 이차방정식 $f(x)-4x-4=0$의 두 근이
$\alpha$, $\beta$이고 $f(x)$의 최고차항의 계수가 1이므로
$f(x)-4x-4=(x-\alpha)(x-\beta)=x^2+x+1$,
$f(x)=x^2+5x+5$
따라서 $p+q=10$

정답 10

## 594

근과 계수의 관계에 따라 $\alpha+\beta=4$, $\alpha\beta=2$이다.
직각삼각형에 내접하는 정사각형의 한 변의 길이를
$k$라 하면

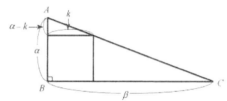

$\alpha:\beta=\alpha-k:k$, $k=\dfrac{\alpha\beta}{\alpha+\beta}=\dfrac{1}{2}$이다.

따라서 정사각형의 넓이 $k^2=\dfrac{1}{4}$과 둘레의 길이

$4k=2$를 두 근으로 하는 이차방정식은

$4(x-2)\left(x-\dfrac{1}{4}\right)=4x^2-9x+2=0$이다.

따라서 $m+n=-9+2=-7$이다.

정답 ⑤

## 595

$(p+2qi)^2=p^2-4q^2+4pqi$이므로
$p^2-4q^2=0$ $\cdots$ ㉠
$4pq=-16$ $\cdots$ ㉡
㉠에서 $p=2q$ 또는 $p=-2q$
$p=2q$일 때 ㉡에서 $q^2=-2$이므로 ㉠, ㉡을 동시에
만족하는 두 실수 $p$, $q$는 존재하지 않는다.
$p=-2q$일 때 ㉡에서 $q^2=2$이므로 $q=\sqrt{2}$
또는 $q=-\sqrt{2}$ $p>0$이므로 $p=2\sqrt{2}$, $q=-\sqrt{2}$
이차방정식의 근과 계수의 관계에 의하여
$p+q=\sqrt{2}$에서 $=-\sqrt{2}$
$pq=-4$에서 $b=-4$
따라서 $a^2+b^2=18$

정답 ②

## 596

조건 (나)에서 이차함수 $f(x)$는 '모든 실수 $x$에 대하여
$f(x)\geq f(3)$'이므로 $x=3$에서 최솟값을 가지고,
$x=3$이 대칭축이며 아래로 볼록이다.
ㄱ. $x=3$이 대칭축이고 $f(1)=0$이므로 $f(5)=0$이
다. (참)
ㄴ. 그림과 같이 이차함수 $f(x)$가 $x=3$에 대칭이고

아래로 볼록이므로 $f(x)<f\left(\dfrac{1}{2}\right)<f(6)$이다. (참)

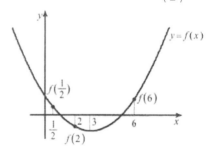

ㄷ. $f(x)=0$의 두 근이 1, 5이므로
$f(x)=a(x-1)(x-5)=a(x^2-6x+5)$
$=ax^2-6ax+5a$이다.
$f(0)=k$이므로 $k=5a$이다.
$f(x)=kx$에서 $ax^2-6ax+5a=5ax$이고
$a>0$이므로 $x^2-11x+5=0$이다. 근과 계수의
관계에 의해 두 실근의 합은 11이다. (참)
따라서 옳은 것은 ㄱ, ㄴ, ㄷ이다.

정답 ⑤

## 597

$y = 2x(x-a) = 2\left(x - \dfrac{a}{2}\right)^2 - \dfrac{a^2}{2}$ 이므로

점 $A\left(\dfrac{a}{2}, \ -\dfrac{a^2}{2}\right)$, 점 $B(a, 0)$

함수 $f(x) = (x-a)(x-a-3)$ 이고 함수 $y = f(x)$의 그래프가 점 A를 지나므로

$-\dfrac{a^2}{2} = -\left(-\dfrac{a}{2}\right)\left(-\dfrac{a}{2} - 3\right)$

$a^2 - 6a = 0$, $a$는 양수이므로 $a = 6$

따라서 삼각형 ACB의 넓이는 $\dfrac{1}{2} \times 3 \times 18 = 27$

정답 27

## 598

$\overline{AB} = l$ 이므로 $A\left(-\dfrac{1}{2}, 0\right)$, $B\left(\dfrac{1}{2}, 0\right)$이라 하면

$y = a\left(x + \dfrac{l}{2}\right)\left(x - \dfrac{l}{2}\right)$ (단, $a \ne 0$) $\cdots$ ㉠

㉠의 그래프는 점 $\left(\dfrac{l+1}{2}, 1\right)$을 지나므로

$1 = a\left(\dfrac{l+1}{2} + 1\right)\left(\dfrac{l+1}{2} - 1\right)$, $1 = a\left(l + \dfrac{1}{2}\right) \times \dfrac{1}{2}$ $\cdots$ ㉡

㉠의 그래프는 점 $\left(\dfrac{l+3}{2}, 4\right)$을 지나므로

$4 = a\left(\dfrac{l+3}{2} + \dfrac{l}{2}\right)\left(\dfrac{l+3}{2} - \dfrac{l}{2}\right)$, $4$

$= a\left(l + \dfrac{3}{2}\right) \times \dfrac{3}{2}$ $\cdots$ ㉢

㉡, ㉢에서 $4l + 2 = 3l + \dfrac{9}{2}$

따라서 $l = \dfrac{5}{2}$

정답 ④

## 599

주어진 방정식 $|x^2 - 2| = -x + k$가 서로 다른 세 실근을 갖는 경우를 두 함수 $y = |x^2 - 2|$, $y = -x + k$의 그래프를 이용하여 나타내면 그림과 같다.

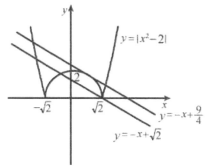

( i ) $y = -x + k$의 그래프가 $(\sqrt{2}, 0)$을 지날 때

$0 = -\sqrt{2} + k$ $\therefore k = \sqrt{2}$

( ii ) 두 함수 $y = -x^2 + 2$, $y = -x + k$의 그래프가 접할 때 $-x^2 + 2 = -x + k$

$x^2 - x + k - 2 = 0$에서 $D = 1 - 4k + 8 = 0$

$\therefore k = \dfrac{9}{4}$

따라서 모든 실수 $k$의 값의 곱은 $\sqrt{2} \times \dfrac{9}{4} = \dfrac{9\sqrt{2}}{4}$

정답 ①

## 600

$b = 2$이고 꼭짓점이 $(0, -2)$이므로 $f(x) = kx^2 - 2$라 하자. $f(a) = 2$이므로 $k = \dfrac{4}{a^2}$에서

$f(x) = \dfrac{4}{a^2}x^2 - 2$이다.

또한, $g(a) = 2$이므로 $g(x) = \dfrac{2}{a}x$이다. 또한

$f(x) = g(x)$에서 $\dfrac{4}{a^2}x^2 - 2 = \dfrac{2}{a}x$이고 양변에 $\dfrac{a^2}{2}$을 곱하여 정리하면

$2x^2 - ax - a^2 = 0$, $(2x + a)(x - a) = 0$이다.

따라서 방정식 $f(x) = g(x)$의 두 근은 $a$, $-\dfrac{a}{2}$이고

두 근의 차는 $\dfrac{3}{2}a = 6$이므로 $a = 4$이다. 그러므로

$f(x) = \dfrac{1}{4}x^2 - 2$이다. 따라서 이차방정식의 근과

계수와의 관계에 의해 방정식 $f(x)=0$의 두 근의 곱은 $-8$이다.

정답 ③

## 601

이차함수 $y=f(x)$의 그래프와 꼭짓점의
좌표를 $(a, ka)$라 하면 $f(x)=(x-a)^2+ka$
이차함수 $y=f(x)$의 그래프와 직선 $y=kx+5$가
만나는 두 점의 $x$좌표는 $\alpha$, $\beta$는
방정식 $(x-a)^2+ka=kx+5$의 근이므로
$x^2-(2a+k)x+a^2+ka-5=0$에서 근과 계수의
관계에 의하여 $\alpha+\beta=2a+k$ $\cdots$ ㉠
$\alpha\beta=a^2+ka-5$ $\cdots$ ㉡
이차함수 $y=f(x)$의 그래프와 축이 직선
$x=\dfrac{\alpha+\beta}{2}-\dfrac{1}{4}$이므로

$\dfrac{\alpha+\beta}{2}-\dfrac{1}{4}=a$ $\quad \therefore \alpha+\beta=2a+\dfrac{1}{2}$

㉠에서 $2a+\dfrac{1}{2}=2a+k$이므로 $k=\dfrac{1}{2}$

㉡에서 $\alpha\beta=a^2+ka-5=a^2+\dfrac{1}{2}a-5$

따라서 $|\alpha-\beta|=\sqrt{(\alpha-\beta)^2}=\sqrt{(\alpha+\beta)^2-4\alpha\beta}$

$=\sqrt{\left(2a+\dfrac{1}{2}\right)^2-4\left(a^2+\dfrac{1}{2}a-5\right)}=\sqrt{\dfrac{81}{4}}=\dfrac{9}{2}$

정답 ④

## 602

이차함수 $y=f(x)$의 그래프가 일차함수 $y=h(x)$의
그래프와 $x=\alpha$에서 접하므로 이차방정식
$f(x)-h(x)=0$은 $x=\alpha$인 중근을 가진다.
이차함수 $y=f(x)$의 $x^2$의 계수는 1이므로
$f(x)-h(x)=(x-\alpha)^2$
따라서 $f(x)=(x-\alpha)^2+h(x)$
같은 방법으로 $g(x)=4(x-\beta)^2+h(x)$
$\beta=2\alpha$이고 두 곡선 $y=f(x)$, $y=g(x)$가 만나는
점의 $x$좌표를 $t$라 하면 $f(t)=g(t)$이므로
$(t-\alpha)^2+h(t)=4(t-2\alpha)^2+h(t)$
$3t^2-14\alpha t+15\alpha^2=0$, $(3t-5\alpha)(t-3\alpha)=0$
이때 $\alpha<t<2\alpha$이므로 $t=\dfrac{5}{3}\alpha$

따라서 $\dfrac{t}{\alpha}=\dfrac{5}{3}$

정답 ④

## 603

ㄱ. 임의의 실수 $x$에 대하여 $f(x)>g(x)$이므로
$x^2-ax+b>ax+2b$, $x^2-2ax-b>0$(참)

ㄴ. $x^2-2ax-b>0$이 모든 실수 $x$에 대하여
성립하므로 $x^2-2ax-b=0$의 판별식을 $D$라

하면 $\dfrac{D}{4}=a^2+b<0$ $b<-a^2\le 0$ $\therefore b<0$(참)

ㄷ. $f(x)=x^2-ax+b=\left(x-\dfrac{a}{2}\right)^2-\dfrac{a^2}{4}+b$이므로
함수 $y=f(x)$의 그래프의 꼭짓점의 $y$좌표는
$-\dfrac{a^2}{4}+b$이고, 직선 $y=g(x)$의 $y$절편은 $2b$이므로

$\left(-\dfrac{a^2}{4}+b\right)-2b=-\dfrac{a^2}{4}-b>-\dfrac{a^2}{4}+a^2(\because b<-a^2)$

$=\dfrac{3}{4}a^2\ge 0$

$-\dfrac{a^2}{4}+b>2b$이므로 함수 $y=f(x)$의 그래프의

꼭짓점의 $y$좌표는 직선 $y=g(x)$의 $y$절편보다 크다.
(참)
따라서 옳은 것은? ㄱ,ㄴ,ㄷ

정답 ⑤

## 604

두 점 A, B의 $x$좌표를 각각 $\alpha$, $\beta(\alpha<0<\beta)$라

하면 $\alpha$, $\beta$는 이차방정식 $-\dfrac{x^2}{2}+k=mx$의 근이므로

이차방정식의 근과 계수의 관계에 의해
$\alpha+\beta=-2m$, $\alpha\beta=-2k$ 두 점 A, B는
직선 $y=mx$위의 점이므로 $A(\alpha, m\alpha)$, $B(\beta, m\beta)$
$\overline{OA}=\alpha\times\boxed{\sqrt{1+m^2}}$, $\overline{OB}=\beta\times\boxed{\sqrt{1+m^2}}$

$\dfrac{1}{\overline{OA}}+\dfrac{1}{\overline{OB}}=\dfrac{1}{-\alpha\times\boxed{\sqrt{1+m^2}}}+\dfrac{1}{\beta\times\boxed{\sqrt{1+m^2}}}$

$=\dfrac{\alpha-\beta}{\alpha\beta\times\boxed{\sqrt{1+m^2}}}$

$=\dfrac{-\sqrt{4m^2+\boxed{8k}}}{-2k\times\boxed{\sqrt{1+m^2}}}$

실수 $m$의 값에 관계없이 $\dfrac{1}{\overline{OA}}+\dfrac{1}{\overline{OB}}$이 갖는

일정한 값을 $t$라 하자. $t^2=\dfrac{4m^2+\boxed{8k}}{\left(2k\times\boxed{\sqrt{1+m^2}}\right)^2}$이므로

299

이를 정리하면

$4(1-k^2t^2)m^2+4(2k-k^2t^2)=0$ $\cdots$ ㉠

따라서 ㉠이 $m$에 대한 항등식이므로 $k=\boxed{\dfrac{1}{2}}$이다.

이때 $\dfrac{1}{\overline{\mathrm{OA}}}+\dfrac{1}{\overline{\mathrm{OB}}}=\dfrac{1}{k}$이다.

$f(m)=\sqrt{1+m^2}$, $g(k)=8km$ $p=\dfrac{1}{2}$이므로

$f(p)\times g(p)=\sqrt{1+\left(\dfrac{1}{2}\right)^2}\times 4=2\sqrt{5}$

정답 ②

## 605

ㄱ. 최고차항의 계수가 1이고 $x$축과 만나는 점의 $x$좌표
가 1, $a$이므로 $f(x)=(x-1)(x-a)$
따라서 $f(2)=2-a$(참)

ㄴ. 이차함수 $y=f(x)$의 축의 방정식이 $x=\dfrac{a+1}{2}$

이므로 점 P의 $x$좌표는 $\dfrac{a+1}{2}$ $\cdots$ ㉠

이차함수 $y=f(x)$와 직선 PB의 방정식을 연립하여
정리하면 $(x-1)(x-a)=m(x-a)$
$(x-a)(x-1-m)=0$에서 $x=a$ 또는 $x=m+1$
이므로 점 P의 $x$좌표는 $m+1$ $\cdots$ ㉡
㉠,㉡에 의해 $a=2m+1$ $\cdots$ ㉢
이차함수 $y=f(x)$와 직선 AQ의 방정식을 연립하여
정리하면 $(x-1)(x-a)=m(x-1)$
$(x-1)(x-m-a)=0$에서 $x=1$ 또는 $x=m+a$
이므로 두 점 Q, R의 $x$좌표는 $m+a$
㉢에 의해 $\overline{\mathrm{AR}}=(a+m)-1=3m$(참)

ㄷ. $\overline{\mathrm{BR}}=m$, $\overline{\mathrm{OR}}=m(a+m-1)=3m^2$이고,

삼각형 BRQ의 넓이가 $\dfrac{81}{2}$이므로

$\dfrac{1}{2}\times m\times 3m^2=\dfrac{81}{2}$ 즉, $m=3$, $a=7$

따라서 $a+m=10$(참)

정답 ⑤

## 606

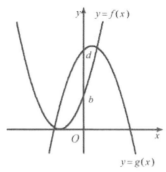

ㄱ. $y=f(x)$의 그래프가 $x$축에 접하므로 방정식
$f(x)=0$의 판별식 $D=a^2-4b=0$이다.

ㄴ. ㄱ에 의하여 $b=\dfrac{a^2}{4}$이므로 $a^2-4d=4b-4d$

이다. $b-d<0$이므로 $a^2-4d<0$이다.

ㄷ. 두 그래프가 서로 다른 두 실근을 갖는다.
$x^2+ax+b=-x^2+cx+d$
$2x^2+(a-c)x+b-d=0$의 판별식
$D=(a-c)^2-8(b-d)>0$이다.
따라서 옳은 것은 ㄱ,ㄴ,ㄷ이다.

정답 ⑤

## 607

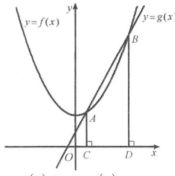

두 함수 $y=f(x)$와 $y=g(x)$의 그래프의 교점의
$x$좌표를 구하면
$x^2+n^2=2nx+1$, $x^2-2nx+n^2-1=0$이고
$x=n-1$ 또는 $x=n+1$이다.
따라서 점
$\mathrm{A}(n-1,\ 2n^2-2n+1)$, $\mathrm{B}(n+1,\ 2n^2+2n+1)$라
하면 $\mathrm{C}(n-1,\ 0)$, $\mathrm{D}(n+1,\ 0)$이다.
사각형 ACDB의 넓이는
$\dfrac{1}{2}(\overline{\mathrm{AC}}+\overline{\mathrm{BD}})\times\overline{\mathrm{CD}}=\dfrac{1}{2}(4n^2+2)\times 2=4n^2+2$
이다. 따라서 문제의 조건을 만족시키는 자연수 $n$은
$4n^2+2=66$, $n^2=16$이므로 $n=4$이다

정답 ④

## 608

$f(x) = x^2 - x + k$라 하면 방정식 $f(x) = x + 1$의
두 실근이 $x = \alpha$, $\beta$이므로 $y = f(x)$의 그래프와
직선 $y = x + 1$은 $A(\alpha, f(\alpha))$, $C(\beta, f(\beta))$에서
만난다.
직선 $y = x + 1$의 기울기는 1이므로 삼각형 ABC는
직각 이등변삼각형이며 $f(\alpha) = \alpha + 1$, $f(\beta) = \beta + 1$
이다. 삼각형의 넓이는 $(\beta - \alpha)^2 \times \dfrac{1}{2} = 8$이고,
$\alpha < \beta$이므로 $\beta - \alpha = 4$이다. 한편, 근과 개수의 관계
에 의해 $\alpha + \beta = 2$이므로 $\alpha = -1$, $\beta = 3$이다.
따라서 $k = -2$이므로
$f(x) = x^2 - x - 2$, $f(6) = 6^2 - 6 - 2 = 28$이다.

정답 ①

## 609

직선 $y = t$가 두 이차함수
$y = \dfrac{1}{2}x^2 + 3$, $y = -\dfrac{1}{2}x^2 + x + 5$의 그래프와 만날
때, 만나는 서로 다른 점의 개수가 3인 경우는 그림
과 같다.

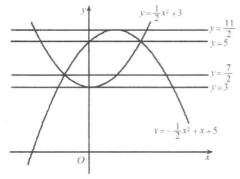

따라서 모든 실수 $t$의 값의 합은 $3 + \dfrac{7}{2} + 5 + \dfrac{11}{2} = 17$

정답 17

## 610

점 $P(a, b)$는 이차함수 $y = x^2 - 3x + 2$의 그래프
위의 점이므로 $b = a^2 - 3a + 2$이다.
$A(0, 2)$, $B(1, 0)$, $C(2, 0)$이므로 $0 \le a \le 2$이다.
$a + b + 3 = a + (a^2 - 3a + 2) + 3 = a^2 - 2a + 5$
$= (a - 1)^2 + 4 (0 \le a \le 2)$
$\therefore a = 0$ 또는 $a = 2$일 때, 최댓값은 5
$a = 1$일 때, 최솟값은 4
따라서 최댓값과 최솟값의 합은 9

정답 9

## 611

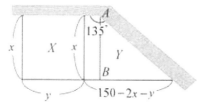

그림과 같이 직사각형의 세로와 가로의 길이를
각각 $x$, $y$라 하자. $X$의 넓이는 $xy$이고 철망의
길이가 150이므로 사다리꼴의 아랫변의
길이는 $150 - 2x - y$이다. 점 A에서 사다리꼴의
아랫변에 내린 수선의 발을 B라고 할 때, 선분 AB의
길이는 $x$이고 $\angle CAB = 45°$이므로 선분 BC의
길이는 $x$이다. 사다리꼴의 윗변의 길이는
$(150 - 2x - y) - x = 150 - 3x - y$

$y$의 넓이는 $\dfrac{1}{2}x\{(150 - 3x - y) + (150 - 2x - y)\}$
$= \dfrac{1}{2}x(300 - 5x - 2y)$

$X$의 넓이는 $Y$의 넓이의 2배이므로
$xy = x(300 - 5x - 2y)$
$y = 100 - \dfrac{5}{3}x$

$(Y의 넓이) = \dfrac{1}{2}xy = \dfrac{1}{2}x\left(100 - \dfrac{5}{3}x\right) = -\dfrac{5}{6}x^2 + 50x$
$= -\dfrac{5}{6}(x - 30)^2 + 750$

따라서 $x = 30$일 때, $Y$의 넓이의 최댓값 $S$는 750

정답 750

## 612

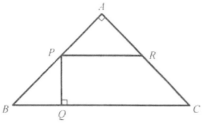

$\overline{BQ}=a$라 하면 $\triangle PBQ$는 직각이등변삼각형이므로 $\overline{BP}=\sqrt{2}a$이다. $\triangle APR$는 $\overline{PA}=6-\sqrt{2}a$인 직각이등변삼각형이므로 $\overline{PR}=\sqrt{2}(6-\sqrt{2}a)$이고 $\overline{CQ}=\overline{BC}-\overline{BQ}=6\sqrt{2}-a$이다.

따라서 $\square PQCR=\dfrac{1}{2}\times(6\sqrt{2}-2a+6\sqrt{2}-a)\times a$

$=6\sqrt{2}a-\dfrac{3}{2}a^2=-\dfrac{3}{2}(a^2-4\sqrt{2}a+8-8)$

$=-\dfrac{3}{2}(a-2\sqrt{2})^2+12$이다.

따라서 $\overline{BQ}=2\sqrt{2}$이다. $\square PQCR$의 넓이의 최댓값은 12이다.

정답 12

## 613

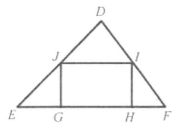

두 변 JG, JI의 길이를 각각 $x(m)$, $y(m)$라 할 때, 삼각형 DJI와 삼각형 DEF는 닮음이므로
$(4-x):4=y:6$

$4y=6(4-x),\ y=6-\dfrac{3}{2}x$

오벨리스크의 부피는

$\dfrac{1}{3}\times10\times x\times y=20x-5x^2$

$=-5(x-2)^2+20(0<x<4)$

$x=2$일 때 최대 부피는 $20(m^3)$

따라서 $V=20$

정답 20

## 614

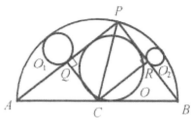

그림과 같이 두 현 AP, BP의 중점을 각각 Q, R라 하고 선분 AB의 중점을 C라 하면 사각형 PQCR는 직사각형이다. $\overline{PQ}=a,\overline{PR}=b$라 하면 $a^2+b^2=\boxed{25}$이다. 원 $O_1$의 반지름의 길이를 $r_1$, 원 $O_2$의 반지름의 길이를 $r_2$, 원 $O$의 반지름의 길이를 $r$라 하면 $\overline{CQ}=5-2r_1,\overline{CR}=5-2r_2$이다.

이때 $\overline{CQ}=\overline{PR},\overline{CR}=\overline{PQ}$이므로
$b=5-2r_1,\ a=5-2r_2$이고,

$r_1=\dfrac{5-b}{2},\ r_2=\dfrac{5-a}{2}$이다.

한편, 원 밖의 한 점에서 그 원에 그은 두 접선의 길이는 같으므로
$(2a-r)+(2b-r)=10=2\times\boxed{5}$이다.

따라서 $r=a+b-\boxed{5}$이다. 그러므로 세 원 $O_1$, $O_2$, $O$의 넓이의 합은

$\pi(r_1^2+r_2^2+r^2)$

$=\pi\left\{\left(\dfrac{5-b}{2}\right)^2+\left(\dfrac{5-a}{2}\right)^2+(a+b-\boxed{5})^2\right\}\ \cdots\ \bigcirc$

이다. $a+b=t(5<t\le5\sqrt{2})$라 하면 식 $\bigcirc$은

$\pi\left(t-\boxed{\dfrac{25}{4}}\right)^2+\dfrac{75}{16}\pi$이므로 세 원 $O_1$, $O_2$, $O$의

넓이의 합의 최솟값은 $\dfrac{75}{16}\pi$이다.

따라서 $\alpha=25$, $\beta=5$, $\gamma=\dfrac{25}{4}$이므로

$(\alpha-\beta)\times\gamma=125$이다.

정답 ②

## 615

이차함수 $y=f(x)$의 그래프와 직선 $y=4ax-10$의 교점의 $x$좌표가 1, 5이므로
이차방정식 $f(x)=4ax-10$의 두 실근은 1, 5이다.
$f(x)$의 이차항의 계수가 $a$이므로 이차방정식의 근과 계수의 관계에 의해
$f(x)-4ax+10=a(x^2-6x+5)$로 둘 수 있다.
따라서

$$f(x) = ax^2 - 6ax + 5a + 4ax - 10$$
$$= ax^2 - 2ax + 5a - 10$$
$$= a(x-1)^2 + 4a - 10 \text{이다.}$$

한편, $a > 0$이고 $1 \le x \le 5$에서 $f(x)$의 최솟값이 $-8$이므로 $f(1) = -8$이다. $f(1) = 4a - 10 = -8$에서 $a = \dfrac{1}{2}$이다.

따라서 $100a = 50$이다.

정답 50

## 616

$y = x^2$의 꼭짓점은 $(0, 0)$이고 $y = x^2$의 그래프를 $x$축의 방향으로 $n(n$은 자연수) 만큼, $y$축의 방향으로 $3$만큼 평행이동한 그래프를 나타낸 함수 $y = f(x)$의 꼭짓점은 $(n, 3)$이다. 그러므로 함수 $f(x) = (x-n)^2 + 3$이다.

ㄱ. $f(x) = (x-n)^2 + 3$이므로 함수 $f(x)$의 최솟값은 $3$이다. (참)

ㄴ. $n = 3$일 때, $f(x) = (x-n)^2 + 3$이므로 $(x-3)^2 + 3 = 10$,

$x^2 - 6x + 2 = 0$이므로 근과 계수의 관계에 의해 서로 다른 두 실의 합은 $6$이다. (참)

ㄷ.
$$(x-n)^2 + 3 = x - \frac{3n-4}{2},$$
$$x^2 - (2n+1)x + n^2 + \frac{3}{2}n + 1 = 0$$

에서 $x^2 - (2n+1)x + n^2 + \dfrac{3}{2}n + 1 = 0$의 판별식

$$D = (2n+1)^2 - 4\left(n^2 + \frac{3}{2}n + 1\right) = -2n - 3$$이고

$n$이 자연수이므로 $D < 0$이다. 그러므로 이차함수 $y = f(x)$의 그래프와 직선 $y = x - \dfrac{3n-4}{2}$는 만나지 않는다. (참)

따라서 옳은 것은 ㄱ, ㄴ, ㄷ이다.

정답 ⑤

## 617

$$f(x) = x^2 + ax - (b-7)^2 = \left(x + \frac{a}{2}\right)^2 - \frac{a^2}{4} - (b-7$$

이고 $f(x)$는 $x = -1$에서 최솟값을 가지므로

$$-\frac{a}{2} = -1 \text{에서 } a = 2 \text{이다.}$$

이차함수 $y = f(x)$의 그래프와 직선 $y = cx$가 한 점에서 만나므로 $x$에 대한 방정식 $f(x) - cx = 0$

$$x^2 + ax - (b-7)^2 - cx = 0$$
$$x^2 + (a-c)x - (b-7)^2 = 0$$

이 중근을 가지고 판별식

$$D = (a-c)^2 + 4(b-7)^2 = 0 \text{이다.}$$

$(a-c)^2 \ge 0$, $4(b-7)^2 \ge 0$이므로

$(a-b)^2 = 0$, $4(b-7)^2 = 0$이다. 따라서 $a = c = 2$, $b = 7$이고 $a + b + c = 11$이다.

정답 11

## 618

사각형 OABC의 넓이는 $\dfrac{1}{2} \times (1+2) \times 1 = \dfrac{3}{2}$이다.

두 점 O, B를 지나는 직선의 방정식은 $y = 2x$이다. 직선 $y = k$와 선분 OB의 교점 E는 두 직선 $y = k$, $y = 2x$의 교점이다. 그러므로 점 E의 좌표는 $\left(\dfrac{k}{2}, k\right)$이다.

$$S_1 = \frac{1}{2} \times \frac{k}{2} \times k = \frac{k^2}{4}, \quad S_3 = \frac{1}{2} \times \left(1 - \frac{k}{2}\right) \times (2-k)$$

$$= \frac{(2-k)^2}{4} \text{이므로 } S_1 - S_3 = \frac{k^2}{4} - \frac{(2-k)^2}{4} = k - 1$$
이다.

$$S_1 + S_2 = k \text{이므로 } S_2 = k - \frac{k^2}{4}$$

$$S_3 + S_4 = \frac{3}{2} - k \text{이므로}$$

$$S_4 = \left(\frac{3}{2} - k\right) - \frac{(2-k)^2}{4} = \frac{2 - k^2}{4} \text{이다.}$$

그러므로 $S_2 - S_4 = \left(k - \dfrac{k^2}{4}\right) - \dfrac{2 - k^2}{4} = k - \dfrac{1}{2}$ 이다.

따라서

$$(S_1 - S_3)^2 + (S_2 - S_4)^2 = (k-1)^2 + \left(k - \frac{1}{2}\right)^2$$

$$= 2k^2 - 3k + \frac{5}{4}$$

$$= 2\left(k - \frac{3}{4}\right)^2 + \frac{1}{8} (0 < k < 1) \text{이므로}$$

$(S_1 - S_3)^2 + (S_2 - S_4)^2$은 $k = \dfrac{3}{4}$일 때, 최솟값 $\dfrac{1}{8}$을 갖는다.

619) ①
$f(x) = x^2 - 8x + a + 6 = (x-4)^2 + a - 10$
$a$의 값에 따른 $y = f(x)$의 그래프의 개형은 다음과 같다.

정답 ①

## 619

$f(x) = x^2 - 8x + a + 6 = (x-4)^2 + a - 10$
$a$의 값에 따른 $y = f(x)$의 그래프의 개형은 다음과 같다.

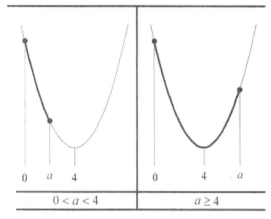

( ⅰ ) $0 < a < 4$일 때,
최솟값은 $f(a) = a^2 - 7a + 6 = (a-1)(a-6) = 0$
$a = 1$ 또는 $a = 6$
$0 < a < 4$이므로 $a = 1$
( ⅱ ) $a \geq 4$일 때,
최솟값은 $f(4) = a - 10 = 0$, $a = 10$
( ⅰ ),( ⅱ )에서 $f(x)$의 최솟값이 0이 되도록 하는 모든 $a$의 값의 합은 $1 + 10 = 11$

정답 ①

## 620

조건 (가), (나)에 의하여 함수
$f(x) = ax(x+4)(a < 0)$이고 함수 $f(x)$의 그래프는 다음과 같다.

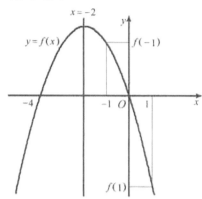

ㄱ.함수 $f(x)$의 대칭축이 $x = -2$이므로 $f(0) = 0$ (참)
ㄴ.위 그림과 같이 $-1 \leq x \leq 1$에서 함수 $f(x)$의 최솟값은 $f(1)$이다. (참)
ㄷ.함수 $f(x)$에서
( ⅰ ) $p = -3$일 때

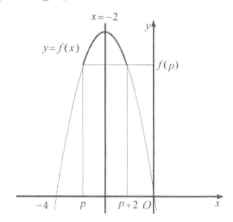

$f(p) = f(p+2)$이므로 $g(p) = f(p)$
( ⅱ ) $p < -3$일 때

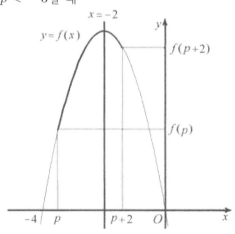

$f(p) = f(p+2)$이므로 $g(p) = f(p)$

(iii) $p > -3$일 때

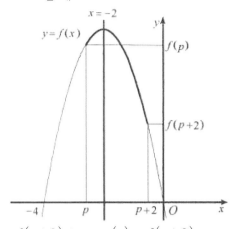

$f(p) > f(p+2)$이므로 $g(p) = f(p+2)$

( i ),( ii ),(iii)에 의하여 함수 $g(p)$는 다음과 같다.

$$g(p) = \begin{cases} f(p) & (p \geq -3) \\ f(p+2) & (p > -3) \end{cases}$$

$p \leq -3$인 모든 $p$에 대하여 $g(p) \leq f(-3)$이고 $p > -3$인 모든 $p$에 대하여 $g(p) < f(-3)$이므로 $g(p)$의 최댓값은 $f(-3)$이다.

$f(-3) = 1$에서 $a = -\dfrac{1}{3}$이므로

$$f(-2) = -\frac{1}{3} \times (-2) \times (-2+4) = \frac{4}{3} \text{(참)}$$

따라서 옳은 것은 ㄱ, ㄴ, ㄷ

정답 ⑤

## 621

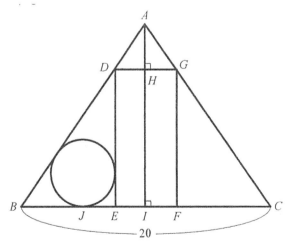

점 A에서 선분 DG, 선분 BC에 내린 수선의 발을 각각 H, I라 하고, 원과 선분 BC와의 교점을 J라 하자. 선분 DH의 길이를 $a(0 < a < 10)$라 하면 선분 AH의 길이는 $\sqrt{3}a$이고 선분 DE의 길이는 $10\sqrt{3} - \sqrt{3}a$이다.

직사각형 DEFG의 넓이를 $S$라 하면

$$S = 2a(10\sqrt{3} - \sqrt{3}a) = -2\sqrt{3}(a-5)^5 + 50\sqrt{3}$$

따라서 $a = 5$일 때 DEFG의 넓이는 최대이다.

원의 반지름의 길이를 $b$라 하면 $\overline{EI} = a$, $\overline{JE} = b$, $\overline{BJ} = \sqrt{3}b$이므로 $a + (1 + \sqrt{3})b = 10$이다.

$a = 5$일 때, $b = \dfrac{5(\sqrt{3}-1)}{2}$이므로 원의 둘레는 $5(\sqrt{3}-1)\pi$이다.

$p$, $q$는 유리수이므로 $p = 5$, $q = -5$이고 $p^2 + q^2 = 50$이다.

정답 ⑤

## 622

이차방정식 $-x^2 + 11x - 10 = -x + 10$의 근은 $x = 2$, 10이므로 두 점 $(2, 8)$과 $(10, 0)$에서 두 그래프가 만난다.

$A(t, -t+10)$, $B(t, -t^2 + 11t - 10)$라 하면 선분 AB의 길이는

$-t^2 + 11t - 10 - (-t + 10) = -t^2 + 12t - 20$이다.

i) $2 < t < \dfrac{11}{2}$인 경우

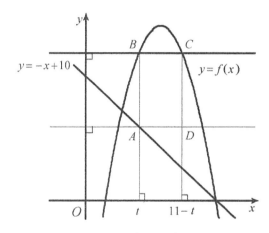

선분 BC의 길이는 $2 \times \left(\dfrac{11}{2} - t\right) = 11 - 2t$이다.

직사각형 BADC의 둘레의 길이는

$2(-t^2 + 10t - 9) = -2(t-5)^2 = 32$이다.

$2 < t < \dfrac{11}{2}$에서 직사각형 BADC의 둘레의 길이의 최댓값은 32이다.

ii) $\dfrac{11}{2} < t < 10$인 경우

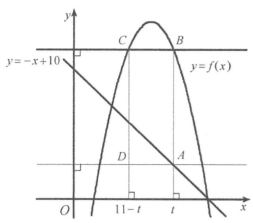

선분 BC의 길이는 $2 \times \left(t - \dfrac{11}{2}\right) = 2t - 11$이다.

직사각형 ABCD의 둘레의 길이는

$2(-t^2 + 14t + 31) = -2(t-7)^2 + 36$

$\dfrac{11}{2} < t < 10$에서 직사각형 ABCD의 둘레의 길이의

최댓값은 36이다.

따라서 직사각형 ABCD의 둘레의 길이의 최댓값은 36이다.

정답 ③

## 623

$\overline{\mathrm{PA}}^2 = \overline{\mathrm{PB}} \cdot \overline{\mathrm{PC}}$이므로

$(2\sqrt{6}x)^2 = (x^2 - x + 4)(x^2 + x + 4)$이다.

즉 $x^4 - 17x^2 + 16 = 0$

$x^2 = t$로 치환하면 $t^2 + 17t + 16 = (t-1)(t-16) = 0$

$\therefore t = 1, t = 16$

$x^2 = 1, x^2 = 16$이므로 $x = 1, x = 4 (\because x > 0)$

따라서 모든 $x$의 값의 합은 5이다.

정답 5

## 624

삼차방정식 $x^3 = 1$의 한 허근이 $\omega$이므로

$x^3 - 1 = (x-1)(x^2 + x + 1) = 0$에서 $\omega^3 = 1$,

$\omega^2 + \omega + 1 = 0$

$\omega$의 켤레복소수 $\overline{\omega}$는 $x^3 = 1$의 다른 한 허근이므로

$\overline{\omega}^3 = 1$, $\overline{\omega}^2 + \overline{\omega} = 0$, $\omega + \overline{\omega} = -1$, $\omega \times \overline{\omega} = 1$

ㄱ. $\overline{\omega}^3 = 1$ (참)

ㄴ. $\dfrac{1}{\omega} + \left(\dfrac{1}{\omega}\right)^2 = \dfrac{\omega + 1}{\omega^2} = \dfrac{-\omega^2}{\omega^2} = -1$

$\dfrac{1}{\overline{\omega}} + \left(\dfrac{1}{\overline{\omega}}\right)^2 = \dfrac{\overline{\omega} + 1}{\overline{\omega}^2} = \dfrac{-\overline{\omega}^2}{\overline{\omega}^2} = -1$

$\therefore \dfrac{1}{\omega} + \left(\dfrac{1}{\omega}\right)^2 = \dfrac{1}{\overline{\omega}} + \left(\dfrac{1}{\overline{\omega}}\right)^2$ (참)

ㄷ. $(-\omega - 1)^n = (\omega^2)^n$

$\left(\dfrac{\overline{\omega}}{\omega + \overline{\omega}}\right)^n = (-\overline{\omega})^n = \left(-\dfrac{1}{\omega}\right)^n = (-1)^n \times \left(\dfrac{1}{\omega}\right)^n$

$\qquad = (-1)^n \times (\omega^2)^n$

$(-\omega - 1)^n = \left(\dfrac{\overline{\omega}}{\omega + \overline{\omega}}\right)^n$을 만족시키는 $n$은

$(\omega^2)^n = (-1)^n \times (\omega^2)^n$, $1 = (-1)^n$을 만족시키는 $n$은 짝수이다.

그러므로 100 이하의 짝수 $n$의 개수는 50 (참)

따라서 옳은 것은 ㄱ, ㄴ, ㄷ

정답 ⑤

## 625

삼차방정식 $2x^3 - 5x^2 + (k+3)x - k = 0$에서

$(x-1)\boxed{(2x^2 - 3x} + k) = 0$이므로 삼차방정식

$2x^3 - 5x^2 + (k+3)x - k = 0$의 서로 다른 세 실근은 1과 이차방정식 $\boxed{2x^2 - 3x} + k = 0$의 두 근이다.

이차방정식 $\boxed{2x^2 - 3x} + k = 0$의 두 근을 $\alpha, \beta$(단, $\alpha > \beta$)라 하자.

1, $\alpha$, $\beta$가 직각삼각형의 세 변의 길이가 되는 경우는 다음과 같이 2가지로 나눌 수 있다.

(i) 빗변의 길이가 1인 경우

$\alpha^2 + \beta = 1$이므로 $(\alpha + \beta)^2 - 2\alpha\beta = 1$이다.

이차방정식 $2x^2 - 3x + k = 0$의 두 근이 $\alpha$, $\beta$이므로 근과 계수의 관계에서 $\alpha + \beta = \dfrac{3}{2}$, $\alpha = \dfrac{k}{2}$이다.

$\left(\dfrac{3}{2}\right)^2 - 2 \times \dfrac{k}{2} = -1$이므로 $k = \boxed{\dfrac{5}{4}}$이다.

그런데 $\boxed{2x^2 - 3x} + \dfrac{5}{4} = 0$에서 판별식 $D < 0$이므로 $\alpha, \beta$는 실수가 아니다. 따라서 1, $\alpha$, $\beta$는 직각삼각형의 세 변의 길이가 될 수 없다.

(ii) 빗변의 길이가 $\alpha$인 경우

$1 + \beta^2 = \alpha^2$이므로 $(\alpha + \beta)(\alpha - \beta) = 1$이다.

$\alpha + \beta = \dfrac{3}{2}$, $\alpha\beta = \dfrac{k}{2}$에서 $\alpha - \beta = \dfrac{2}{3}$이고,

$(\alpha - \beta)^2 = (\alpha + \beta)^2 - 4\alpha\beta$, $\left(\dfrac{2}{3}\right)^2 = \left(\dfrac{3}{2}\right)^2 - 4 \times \dfrac{k}{2}$이므로 $k = \boxed{\dfrac{65}{75}}$이다. $\alpha = \dfrac{13}{12}$, $\beta = \dfrac{5}{12}$이므로 1, $\alpha$, $\beta$는 직각삼각형의 세 변의 길이가 될 수 있다.

따라서 (i)과 (ii)에 의하여 $k = \boxed{\dfrac{65}{75}}$이다.

그러므로 $f(x) = 2x^2 - 3x$, $p = \dfrac{5}{4}$, $q = \dfrac{65}{72}$이다.

따라서 $f(3) \times \dfrac{q}{p} = 9 \times \dfrac{\frac{65}{72}}{\frac{5}{4}} = \dfrac{13}{2}$ 이다.

정답 ①

따라서 $t = \boxed{\dfrac{\sqrt{2}}{2}}$ $(0 < t < 1)$

$f(t) = t - t^2$, $g(t) = 1 - t^2$, $k = \dfrac{\sqrt{2}}{2}$ 이므로

$$\begin{aligned} f(k) \times g(k) &= f\left(\dfrac{\sqrt{2}}{2}\right) \times g\left(\dfrac{\sqrt{2}}{2}\right) \\ &= \left(\dfrac{\sqrt{2}}{2} - \dfrac{1}{2}\right) \times \left(1 - \dfrac{1}{2}\right) \\ &= \dfrac{\sqrt{2} - 1}{4} \end{aligned}$$

정답 ①

## 626

ㄱ. $P(\sqrt{n}) = (\sqrt{n})^4 + (\sqrt{n})^2 - n^2 - n = 0$ (참)

ㄴ.  $P(x) = (x^2 - n)(x^2 + n + 1)$ 이므로  방정식 $P(x) = 0$ 은 $x = \sqrt{n}$, $x = -\sqrt{n}$ 만을 실근으로 가진다.

따라서 실근의 개수는 2 (참)

ㄷ. 모든 정수 $k$ 에 대하여

$P(k) = (k^2 - n)(k^2 + n + 1)$ 에서  $k^2 + n + 1 > 0$ 이고, $P(k) \neq 0$ 을 만족시키려면  $n \neq k^2$ 이어야 하므로 $n$ 은 완전제곱수가 아닌 정수이다.

그러므로 $n$ 의 값은 2, 3, 5, 6, 7, 8

따라서 모든 $n$ 의 값의 합은 31 (참)

따라서 옳은 것은 ㄱ, ㄴ, ㄷ

정답 ⑤

## 627

점 B는 점 $A(t, t^2)$ 을 직선 $y = x$ 에 대하여 대칭이동한 점이므로 B의 좌표는 $(t^2, t)$ 이다.

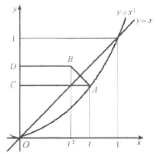

그림과 같이 점 A에서 $y$축에 내린 수선의 발이 C이므로 $\overline{AC} = t$ 점 B에서 $y$축에 내린 수선의 발이 D이므로 $\overline{BD} = t^2$

$\overline{DC} = \boxed{t - t^2}$ 이므로 사각형 ABDC의 넓이는

$\dfrac{1}{2}(t + t^2)(t - t^2) = \dfrac{1}{2}t^2 \times \left(\boxed{1 - t^2}\right)$

사각형 ABDC의 넓이가 $\dfrac{1}{8}$ 이므로

$\dfrac{1}{2}t^2 \times \left(\boxed{1 - t^2}\right) = \dfrac{1}{8}$

$t^2(1 - t^2) = \dfrac{1}{4}$, $(2t^2 - 1)^2 = 0$

## 628

ㄱ. $x^4 + (3 - 2a)x^2 + a^2 - 3a - 10 = 0$ 에서  $a = 1$ 이면 $x^4 + x^2 - 12 = 0$

$(x^2 - 3)(x^2 + 4) = 0$

$(x + \sqrt{3})(x - \sqrt{3})(x + 2i)(x - 2i) = 0$

$x = -\sqrt{3}$ 또는 $x = \sqrt{3}$ 또는 $x = -2i$ 또는 $x = 2i$

이때 실근은 $x = -\sqrt{3}$ 또는 $x = \sqrt{3}$ 이므로 모든 실근의 곱은 $(-\sqrt{3}) \times \sqrt{3} = -3$ 이다. (참)

ㄴ. $x^4 + (3 - 2a)x^2 + a^2 - 3a - 10 = 0$ 에서

$x^4 + (3 - 2a)x^2 + (a - 5)(a + 2) = 0$

$(x^2 - a + 5)(x^2 - a - 2) = 0$

$x^2 = a - 5$ 또는 $x^2 = a + 2$

$x^2 = a - 5$ 에서 $a - 5 \geq 0$ 이면 실근을 갖고 $a - 5 < 0$ 하면 허근을 갖는다.

$x^2 = a + 2$ 에서 $a + 2 \geq 0$ 이면 실근을 갖고 $a + 2 < 0$ 이면 허근을 갖는다.

방정식 $x^4 + (3 - 2a)x^2 + a^2 - 3a - 10 = 0$ 이 실근과 허근을 모두 가지므로 $a + 2 \geq 0$, $a - 5 < 0$ 에서 $-2 \leq a < 5$

$-2 < a < 5$ 일 때 방정식의 실근은 $x = -\sqrt{a + 2}$ 또는 $x = \sqrt{a + 2}$ 이고, $a = -2$ 일 때 $x = 0$

또, $-2 \leq a < 5$ 일 때 방정식의 허근은 $x = -\sqrt{5 - ai}$ 또는 $x = \sqrt{5 - ai}$ 이다. 이때 모든 실근의 곱이 $-4$ 이려면 방정식의 실근은 $x = -\sqrt{a + 2}$ 또는 $x = \sqrt{a + 2}$

$(-\sqrt{a + 2}) \times \sqrt{a + 2} = -4$

$a + 2 = 4$, $a = 2$ 이므로 방정식의 허근은 $x = -\sqrt{3}i$ 또는 $x = \sqrt{3}i$ 이다.

따라서 모든 허근의 곱은 $(-\sqrt{3}i) \times \sqrt{3}i = 3$ 이다. (참)

ㄷ. ㄴ에서 $-2 \leq a < 5$ 이고 $0 \leq \sqrt{a + 2} < \sqrt{7}$ 이므로 방정식이 가질 수 있는 정수의 근은 $\sqrt{a + 2}$ 의 값이 0, 1, 2일 때이다. 즉, $\sqrt{a + 2} = 0$ 일 때, $a = -2$

$\sqrt{a + 2} = 1$ 일 때 $a = -1$

$\sqrt{a + 2} = 2$ 일 때 $a = 2$

따라서 정수인 근을 갖도록 하는 실수 $a$ 의 값이

따라서 정수인 근을 갖도록 하는 실수 $a$의 값이
$-2, -1, 2$이므로 그 합은 $(-2)+(-1)+2=1$
이다. (참)
이상에서 옳은 것은 ㄱ, ㄴ, ㄷ이다.

정답 ⑤

## 629

두 삼각형 ABC, DBA에서 $\angle BAD = \angle BCA$,
$\angle B$는 공통이므로 $\angle B$는 공통이므로
$\triangle ABC \backsim \triangle DBA$
$\overline{CD} = x$, $\overline{AC} = x-1$, $\overline{AB} = y$라 하면
$\overline{AB} : \overline{AC} = \overline{DB} : \overline{DA}$이므로
$y : (x-1) = 8 : 6$ $\therefore x = \dfrac{3}{4}y + 1$ $\cdots\bigcirc$
$\overline{AB} : \overline{BC} = \overline{DB} : \overline{BA}$이므로 $y : (8+x) = 8 : y$
$\therefore y^2 = 8x + 64$ $\cdots\bigcirc$
$\bigcirc$을 $\bigcirc$에 대입하면 $y^2 = 8 \times \left(\dfrac{3}{4}y + 1\right) + 64$
$y^2 - 6y - 72 = 0$, $(y-12)(y+6) = 0$
$\therefore y = 12 (\because y > 0)$
$y = 12$를 $\bigcirc$에 대입하면 $y^2 = 8 \times \left(\dfrac{3}{4}y + 1\right) + 64$
$y^2 - 6y - 72 = 0$, $(y-12)(y+6) = 0$
$\therefore y = 12 (\because y > 0)$
$y = 12$를 $\bigcirc$에 대입하면 $x = 10$
$\therefore \overline{AB} = 12$, $\overline{BC} = 8 + 10 = 18$, $\overline{CA} = 9$
따라서 삼각형 ABC의 둘레의 길이는
$12 + 18 + 9 = 39$

정답 39

## 630

남아 있는 입체도형의 겉넓이는 $S$는
$S = 6a^2 - 2\pi b^2 + 2\pi ab = 6a^2 + 2\pi(ab - b^2) = 216 + 16\pi$
이고, $a$, $b$가 유리수이므로 $6a^2 = 216$, $ab - b^2 = 8$
이다. 그러므로 $a = 6$이고 $b^2 - 6b + 8 = 0$에서
$b = 2$ 또는 $b = 4$이다. $a > 2b$이므로 $b = 2$이다.
따라서 $15(a - b) = 60$이다.

정답 60

## 631

점 A에서 선분 CD에 내린 수선의 발을 E라 하자.

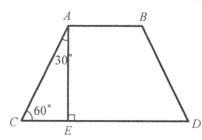

사각형 ACDB는 등변사다리꼴이고, 중앙 스크린의 가
로인 선분 AB의 길이가 $d(d > 0)$이므로
$\overline{CE} = 10 - \dfrac{1}{2}d$, $\overline{AE} = \sqrt{3}\left(10 - \dfrac{1}{2}d\right)$,
$\overline{AC} = 2\left(10 - \dfrac{1}{2}d\right)$
$d \le 4 \times 2\left(10 - \dfrac{1}{2}d\right)$이므로 $d \le 16$ $\cdots\bigcirc$
사다리꼴 ACDB의 넓이가 $75\sqrt{3}$ 이하이므로
$\dfrac{1}{2} \times (d + 20) \times \sqrt{3}\left(10 - \dfrac{1}{2}d\right) \le 75\sqrt{3}$
즉, $d \le -10$ 또는 $d \ge 10$ $\cdots\bigcirc$
$\bigcirc$, $\bigcirc$에 의해 $d \le -10$ 또는 $10 \le d \le 16$
$d > 0$이므로 $10 \le d \le 16$
따라서 $d$의 최댓값과 최솟값의 합은 26

정답 ②

## 632

상자의 개수를 $x$라 하자.
주어진 조건에서 한 상자에 초콜릿을 10개씩 담으면 초
콜릿이 42개 남게 되므로 초콜릿의 개수는
$10x + 42$이다.
또, 주어진 조건에서 한 상자에 초콜릿을 13개씩 담으면
빈 상자가 3개 남고, 한 상자는 13개가 되지 않으므
로 $x - 4$개의 상자에는 초콜릿이 13개씩 담겨 있고
아직 상자에 들어가지 않은 초콜릿이 남아 있다.
따라서 다음과 같은 부등식이 성립한다.
$13(x - 4) < 10x + 42$
위 부등식을 $13x - 52 < 10x + 42$
$13x - 10x < 42 + 52$
$3x < 94$
$x < \dfrac{94}{3}$ $\cdots\bigcirc$
또, 주어진 조건에서 $x - 3$개의 상자에 초콜릿을 13개
씩 담으면 한 개의 상자는 13개가 되지않으므로 다
음과 같은 부등식이 성립한다.
$10x + 42 < 13(x - 3)$
$10x + 42 < 13x - 39$
$13x - 10x > 42 + 39$
$3x > 81$
$x > \dfrac{81}{3}$

$x > 27$ ···ⓛ

㉠, ⓛ에서 $27 < x < \dfrac{94}{3}$

이때 $31 < \dfrac{94}{3} < 32$이다.

따라서 $M = 31$, $m = 28$이므로 $M = m = 59$

**정답 59**

## 633

최고차항의 계수가 각각 $\dfrac{1}{2}$, 2인 두 이차함수

$y = f(x)$, $y = g(x)$의 그래프의 축은 직선 $x = p$이

므로 $f(x) = \dfrac{1}{2}(x-p)^2 + a$, $g(x) = 2(x-p)^2 + b$

조건 (나)에서 $g(x) - f(x) \leq 0$

$g(x) - f(x) = \dfrac{3}{2}x^2 - 3px + \dfrac{3}{2}p^2 + b - a \leq 0$

부등식 $f(x) \geq g(x)$의 해가 $-1 \leq x \leq 5$이므로 최고

차항의 계수가 $\dfrac{3}{2}$인 이차부등식은

$\dfrac{3}{2}(x+1)(x-5) \leq 0$

$\dfrac{3}{2}x^2 - 6x - \dfrac{15}{2} \leq 0$, $3p = 6$ ∴ $p = 2$

$\dfrac{3}{2} \times 2^2 + b - a = -\dfrac{15}{2}$ ∴ $a - b = \dfrac{27}{2}$

따라서 $p \times \{f(2) - g(2)\} = 2 \times \dfrac{27}{2} = 27$

**정답 27**

## 634

직선 $l$의 방정식은 $y = \dfrac{p}{2}x + p$이므로

$g(x) = \dfrac{p}{2}x + p$이다.

부등식 $f(x) - g(x) = x^2 + \dfrac{p}{2}x \leq 0$에 대하여

($i$) $p > 0$인 경우

$-\dfrac{p}{2} \leq x \leq 0$을 만족시키는 정수 $x$의 개수가 10이 되

도록 하는 $p$의 값의 범위는 $-10 < -\dfrac{p}{2} \leq -9$에서

$18 \leq p < 20$이므로 정수 $p$의 값은 18, 19

($ii$) $p < 0$인 경우

$0 \leq x \leq -\dfrac{p}{2}$을 만족시키는 정수 $x$의 개수가 10이 되

도록 하는 $p$의 값의 범위는 $9 \leq -\dfrac{p}{2} \leq 10$에서

$-20 \leq p \leq -18$이므로 정수 $p$의 값은 18, 19

($i$), ($ii$)에서 정수 $p$의 최댓값 $M = 19$, 최솟값 $m = -19$

따라서 $M - m = 38$

**정답 ④**

## 635

조건 (가)에서 $\dfrac{1-x}{4} = t$라 하면 $x = 1 - 4t$이고, 부등

식 $f\left(\dfrac{1-x}{4}\right) \leq 0$의 해가 $-7 \leq x \leq 9$이므로

$-7 \leq 1 - 4t \leq 9$, $-2 \leq t \leq 2$

따라서 $f(t) = k(t-2)(t+2) (k > 0)$에서

$f(x) = k(x-2)(x+2) = k(x^2 - 4)$ ···㉠

라 할 수 있다.

조건 (나)에서 부등식 $f(x) \geq 2x - \dfrac{13}{3}$이 항상 성립하

므로 이차부등식 $kx^2 - 2x - 4k + \dfrac{13}{3} \geq 0$의 해는

모든 실수이다. 따라서 방정식

$kx^2 - 2x - 4k + \dfrac{13}{3} = 0$의 판별식을 $D$라 놓으면

$\dfrac{D}{4} = 1 - k\left(-4k + \dfrac{13}{3}\right) = 4k^2 - \dfrac{13}{3}k + 1 \leq 0$

$12k^2 - 13k + 3 \leq 0$

$(4k-3)(3k-1) \leq 0$

$\dfrac{1}{3} \leq k \leq \dfrac{3}{4}$

㉠에서 $f(3) = 5k$이므로 $\dfrac{5}{3} \leq f(3) \leq \dfrac{15}{4}$

따라서 $M = \dfrac{15}{4}$, $m = \dfrac{5}{3}$에서

$M - m = \dfrac{15}{4} - \dfrac{5}{3} = \dfrac{25}{12}$

**정답 ⑤**

## 636

$P(x) - 3(x+1)Q(x) + mx^2 = mx^2 + x + 8$

이차방정식 $mx^2 + x + 8 = 0$의 근은 이차함수 $f(x) = mx^2 + x + 8$의 그래프가 $x$축과 만나는 점의 $x$좌표이다.

한 근이 2보다 크고 다른 한 근이 2보다 작은 경우는 다음과 같다.

I) $m > 0$일 때

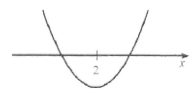

$f(2) = 4m + 10 < 0$이므로 만족하는 정수 $m$은 존재하지 않는다.

ii) $m < 0$일 때

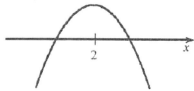

$f(2) = 4m + 10 > 0$이므로 $-\dfrac{5}{2} < m < 0$

I), ii)에 의하여 $-\dfrac{5}{2} < m < 0$

따라서 정수 $m$의 개수는 2

정답 ⑤

## 637

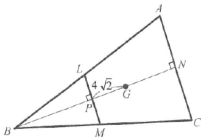

직선 BN과 직선 LM의 교점을 P라 할 때 직선 BN이 선분 AC의 수직이등분선이므로 점 P는 선분 LM의 중점이다.

따라서 점 P의 좌표는 $\left(\dfrac{2+4}{2}, \dfrac{1-1}{2}\right) = (3, 0)$

$\triangle ABC$의 무게중심 G에 대하여 $\overline{BG} = 2\overline{GN}$이고 $\overline{NP} = \overline{BP}$이므로

$(\overline{NP} + 4\sqrt{2}) : (\overline{NP} - 4\sqrt{2}) = 2 : 1$, $\overline{NP} = 12\sqrt{2}$

$\overline{NP}^2 = (a-3)^2 + b^2 = (12\sqrt{5})^2$ ⋯㉠

한편 직선 LM과 직선 NP는 서로 수직이므로

$\dfrac{b}{a-3} = 1$, $b = a - 3$ ⋯㉡

무게중심 G가 제1사분면에 있으므로 ㉠, ㉡에서

$a = 15, b = 12$ 따라서 $ab = 180$

정답 ⑤

## 638

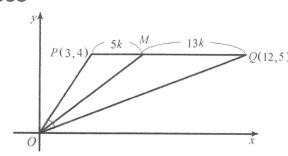

$\overline{OP} = 5$, $\overline{OQ} = 13$

$\angle POQ$의 이등분선과 $\overline{PQ}$의 교점을 M이라 하면 각 이등분선의 성질에 의해 $\overline{PM} : \overline{MQ} = 5 : 13$

점 M은 선분 PQ를 $5 : 13$으로 내분하므로 점 M의 $x$좌표

$\dfrac{b}{a} = \dfrac{11}{2}$

따라서 $a + b = 13$

정답 13

## 639

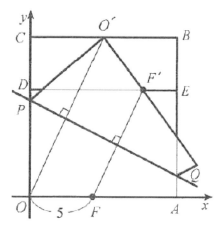

좌표평면 위의 점 O, A, B, C F의 좌표는 각각 $(0, 0), (12, 0), (12, 12), (0, 12), (5, 0)$이다. 점 O′은 선분 BC 위의 점이므로 점 O′의 좌표를 $(a, 12)$로 놓을 수 있다. 또, 점 F′은 선분 DE 위의 점이고, 두 점 D, E는 각각 두 선분 OC, AB를 $2 : 1$로 내분하는 점이므로 점 F′의 좌표를 $(b, 8)$로 놓을 수 있다. 직선 OO′과 직선 FF′은 서

로 평행하다.

따라서 두 직선의 기울기가 같으므로 $\dfrac{12-0}{a-0}=\dfrac{8-0}{b-5}$

$2a=3b-15$ ····㉠

$\overline{O'F'}=\overline{OF}=5$이므로 $\sqrt{(b-a)^2+(8-12)^2}=5$

$(b-a)^2=9$ ····㉡

㉠, ㉡을 연립하여 $0 \le a \le 12$, $0 \le b \le 12$의 범위에서 해를 구하면 $a=6$, $b=9$

직선 $PQ$는 선분 $OO'$의 중점 $(3,6)$과 선분 $FF'$의 중점 $(7,4)$를 지나는 직선이므로 직선 $PQ$의 방정식은

$$y=\dfrac{6-4}{3-7}(x-3)+6=-\dfrac{1}{2}x+\dfrac{15}{2}$$

따라서 $m=-\dfrac{1}{2}$, $n=\dfrac{15}{2}$이므로 $m+n=7$

정답 ⑤

## 640

점 $P(a,b)$는 직선 $x+y=2$ 위의 점이므로 $a+b=2$에서 $b=2-a$

점 $P$에서 $x$축, $y$축에 내린 수선의 발은 각각 $Q(a,0)$, $R(0,b)$ 직선 $l$은 $QR$의 수직이고, 직선 $QR$의 기울기는 $-\dfrac{b}{a}$이므로 직선 $l$의 기울기는

$$\dfrac{b}{a}=\boxed{\dfrac{a}{2-a}}$$

따라서 직선 $l$의 방정식은

$y-(2-a)=\boxed{\dfrac{a}{2-a}}(x-a)$,

$(2-a)y-(2-a)^2=a(x-a)$

$2y-ay-4+4a-a^2=ax-a^2$

$a$에 대하여 정리하면

$(x+y-4)a+(4-2y)=0$ ····㉠

㉠이 $a$의 값에 관계없이 항상 성립하려면

$x+y-4=0$, $4-2y=0$,

$x=\boxed{2}$, $y=\boxed{2}$

따라서 $f(a)=\dfrac{a}{2-a}$, $\alpha=2$, $\beta=2$이므로

$f\left(\dfrac{4}{3}\right)+\alpha+\beta=6$

정답 ③

## 641

ㄱ. 직선 $AP$의 기울기는 $\dfrac{1-0}{0-1}=-1$이므로 직선 $l$의 기울기는 1이다. (참)

ㄴ. 직선 $AP$의 기울기는 $-\dfrac{1}{t}$이므로 직선 $l$의 기울기는 $t$이다.

따라서 직선 $l$의 방정식은 $y=t(x-t)$ ····㉠

㉠에 점 $(3,2)$를 대입하여 정리하면 $t^2-3t+2=0$이므로 $t$의 값은 1 또는 2

따라서 직선 $l$의 개수는 2이다. (참)

ㄷ. 주어진 부등식에 ㉠을 대입하면 $t(x-t) \le ax^2$

즉 $ax^2-tx+t^2 \ge 0$ ····㉡

㉡이 모든 실수 $x$에 대하여 성립하므로 $a>0$이고

$ax^2-tx+t^2=0$의 판별식을 $D$라 할 때

$D=t^2-4at^2=t^2(1-4a) \le 0$

$t^2>0$이므로 $1-4a \le 0$ 즉 $a \ge \dfrac{1}{4}$

따라서 $a$의 최솟값은 $\dfrac{1}{4}$이다. (참)

정답 ⑤

## 642

선분 $AB$의 중점을 $M$이라 하면 $M\left(\dfrac{0+18}{2}, \dfrac{6+0}{2}\right)$

즉, $M(9,3)$

삼각형 $ABC$가 이등변삼각형이므로 $\overline{AB} \perp \overline{CM}$

따라서 두 직선 $AB$, $CM$의 기울기의 곱은 $-1$이다.

이때 직선 $AB$의 기울기가 $\dfrac{0-6}{18-0}=-\dfrac{1}{3}$이므로 $CM$의 기울기는 3이다. 직선 $CM$이 점 $M(9,3)$을 지나므로 그 방정식은 $y=3(x-9)+3$ 즉, $y=3x-24$

이때 점 $C(a,b)$는 직선 $y=3x-24$ 위의 점이므로 $b=3a-24$ ····㉠

두 선분 $CM$, $PQ$의 교점을 $N$이라 하자. 점 $G$는 삼각형 $CPQ$의 무게중심이므로

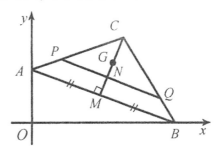

$\overline{CG}=\dfrac{2}{3}\overline{CN}$

정답 ④

## 643

$z^2$이 실수이려면 $z$는 실수이거나 순허수이다.

$\therefore x+y-2=0$ 또는 $4x+y-8=0$

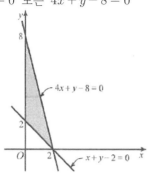

따라서 점 $\mathrm{P}(x, y)$가 나타내는 도형은 그림과 같이 두 직선 $x+y-2=0$, $4x+y-8=0$이고, 이 두 직선과 $y$축으로 둘러싸인 부분의 넓이는

$$\frac{1}{2} \times 6 \times 2 = 6$$

정답 6

## 644

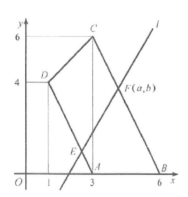

직선 AD의 기울기는 $\dfrac{4-0}{1-3}=-2$

직선 BC의 기울기는 $\dfrac{6-0}{3-6}=-2$

에서 두 직선 AD, BC는 평행이므로 사각형 ABCD는 사다리꼴이다.

두 밑변의 길이가 각각 $a$, $b$이고 높이가 $h$인 사다리꼴의 넓이를 $S$라 하면 $S=\dfrac{1}{2}\times(a+b)\times h$이다. 직선 $l$이 사다리꼴 ABCD의 넓이를 이분하려면 나누어진 두 개의 사다리꼴의 두 밑변의 길이의 합이 서로 같아야 한다.

선분 AD를 $1:3$으로 내분하는 점을 E라 하고 점 E를 지나는 직선 $l$이 사다리꼴 ABCD의 넓이를 이등분할 때, 선분 BC와 만나는 점 F에 대하여 점 F가 선분 BC를 $m:n$으로 내분한다고 하자.

$\overline{\mathrm{AD}}=2\sqrt{5}$, $\overline{\mathrm{BC}}=3\sqrt{5}$이고, $\overline{\mathrm{AE}}+\overline{\mathrm{BF}}=\overline{\mathrm{DE}}+\overline{\mathrm{CF}}$이므로 $\dfrac{1}{4}\times 2\sqrt{5}+\dfrac{m}{m+n}\times 3\sqrt{5}$

$=\dfrac{3}{4}\times 2\sqrt{5}+\dfrac{n}{m+n}\times 3\sqrt{5}$

$\dfrac{1}{2}+\dfrac{3m}{m+n}=\dfrac{3}{2}+\dfrac{3n}{m+n}$

$\dfrac{3(m-n)}{m+n}=1$에서 $3m-3n=m+n$

$2m=4n,\ m=2n$

따라서 $m:n=2:1$이므로 점 F의 좌표는

$\mathrm{F}\left(\dfrac{2\times 3+1\times 6}{3}, \dfrac{2\times 6+1\times 0}{3}\right)$에서 $\mathrm{F}(4, 4)$이다.

따라서 $a=4$, $b=4$이므로 $a+b=8$

정답 ④

## 645

ㄱ. $t=2$이므로 $\mathrm{P}(2, 1)$

직선 PQ의 방정식은 $y=(x-2)+1=x-1$

점 Q의 $x$좌표는 1 (참)

ㄴ. 직선 PQ의 방정식은 $y-\dfrac{t^2}{4}=\dfrac{t}{2}(x-t)$

$y=\dfrac{t}{2}x-\dfrac{t^2}{4}$에서 $\mathrm{Q}\left(\dfrac{t}{2}, 0\right)$

직선 PQ의 기울기는 $\dfrac{t}{2}$이고, 직선 AQ의 기울기는

$\dfrac{0-1}{\dfrac{t}{2}-0}=-\dfrac{2}{t}$

$\dfrac{t}{2}\times\left(-\dfrac{2}{1}\right)=-1$이므로 두 직선 PQ와 AQ는 서로 수직이다. (참)

ㄷ. 점 R는 선분 QA를 $3:2$로 외분하는 점이므로

점 R의 $x$좌표는 $\dfrac{3\times 0-2\times\dfrac{t}{2}}{3-2}=-t$

점 R의 $y$좌표는 $\dfrac{3\times 1-2\times 0}{3-2}=3$

$\mathrm{R}(-t, 3)$이고, 점 R가 이차함수 $y=\dfrac{1}{4}x^2$의 그래프 위의 점이므로 $3=\dfrac{1}{4}\times(-t)^2$

$t^2=12$에서 $t>0$이므로 $t=2\sqrt{3}$

$\mathrm{R}(-2\sqrt{3}, 3)$, $\mathrm{Q}(\sqrt{3}, 0)$, $\mathrm{P}(2\sqrt{3}, 3)$

삼각형 RQP의 넓이는

$\dfrac{1}{2}\times\overline{\mathrm{PQ}}\times\overline{\mathrm{QP}}=\dfrac{1}{2}\times 6\times 2\sqrt{3}=6\times\sqrt{3}$ (참)

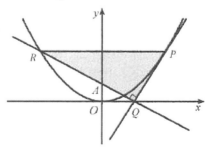

따라서 옳은 것은 ㄱ, ㄴ, ㄷ이다.

정답 ⑤

## 646

조건 (가)에서 직선 $l$이 삼각형 OAB의 점 O를
지나므로 조건 (나), (다)에서 점 P는 선분 AB를
$2:1$ 또는 $1:2$로 내분 하는 점이어야 한다.

(i) 점 P가 선분 AB를 $2:1$로 내분하는 점일 때

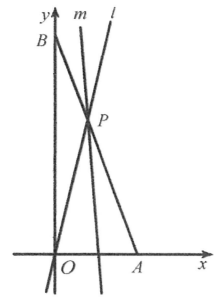

점 P의 좌표는 $\left(\dfrac{2}{3}, 4\right)$이므로 직선 $l$의 기울기는

$$\frac{4-0}{\frac{2}{3}-0}=6$$

조건 (다)에서 직선 $m$은 삼각형 OAP의 넓이를 이등분
하여야므로 선분 OA의 중점 $(1, 0)$을 지난다.

직선 $m$의 기울기는 $\dfrac{4-0}{\frac{2}{3}-1}=-12$

두 직선 $l$, $m$의 기울기의 합은 $-6$

(ii) 점 P가 선분 AB를 $1:2$로 내분하는 점일 때

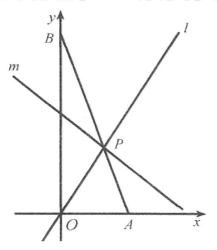

정답 풀이 참조

## 647

원점에서 직선 $l$에 내린 수선의 발을 H라 하자.
$\overline{\mathrm{OH}}=a$, $\overline{\mathrm{HP}}=b$라 하면 두 삼각형 OHP, OHA는
모두 직각삼각형이므로 $a^2+b^2=10$ $\cdots\bigcirc$
$a^2+(b+3)^2=25$ $\cdots\bigcirc$

$\bigcirc$과 $\bigcirc$을 연립하여 풀면 $a=3$, $b=1$
직선 $l$의 기울기를 $m$이라 하면 직선 $l$의 방정식은
$y=m(x-4)+3$이고 원의 중심 O와 직선
$mx-y-4m+3=0$ 사이의 거리가 3이므로

$$\frac{|-4m+3|}{\sqrt{m^2+1}}=3 \quad |-4m+3|=3\sqrt{m^2+1}$$

양변을 제곱하여 정리하면 $16m^2-24m+9=9m^2+9$
$7m^2-24m=0$, $m(7m-24)=0$ $\therefore$ $m=0$ 또는

$m=\dfrac{24}{7}$ 직선 $l$의 기울기는 양수이므로 $m=\dfrac{24}{7}$

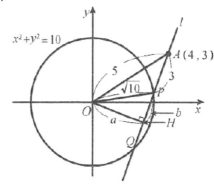

정답 ②

## 648

직선 $y=2x+k$와 평행하고 곡선 $y=-x^2+4$에
접하는 직선의 방정식을 $y=2x+k'$이라 하자.
곡선 $y=-x^2+4$와 직선 $y=2x+k'$의 방정식을
연립하면 $-x^2+4=2x+k'$, $x^2+2x+k'-4=0$
이 이차방정식이 중근을 가져야 하므로 이차방정식의

판별식을 $D$라 하면 $\dfrac{D}{4}=1-(k'-4)=0$ $\therefore$ $k'=5$

따라서 직선 $y=2x+k$와 평행하고 곡선 $y=-x^2+4$
에 접하는 직선의 방정식은 $y=2x+5$이다. 이 직선
위의 한 점 $(0, 5)$와 직선 $y=2x+k$ 사이의 거리가
곡선 $y=-x^2+4$ 위의 점과 직선 $y=2x+k$ 사이의

거리의 최솟값과 같으므로 $\dfrac{|-5+k|}{\sqrt{2^2+(-1)^2}}=2\sqrt{5}$,

$|k-5|=10$ $\therefore$ $k=15$ 또는 $k=-5$
$k=-5$이면 곡선 $y=-x^2+4$와 직선 $y=2x-5$가
만나므로 조건을 만족하지 않는다. $\therefore$ $k=15$

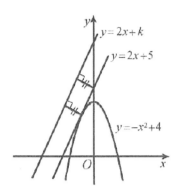

정답 15

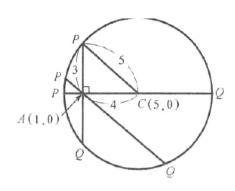

정답 ③

## 649

원 C 위의 점 $P(a,\ b)$에 대하여 삼각형 PAB의 무게중심의 좌표를 $(x,\ y)$라 하면 $x = \dfrac{a+4+1}{3}$,

$y = \dfrac{b+3+7}{3}$

$a = 3x - 5,\ b = 3y - 10 \ \cdots \bigcirc$

점 P는 원 C 위의 점이므로

$(a-1)^2 + (b-2)^2 = 4 \ \cdots \bigcirc$

$\bigcirc$을 $\bigcirc$에 대입하면 $(x-2)^2 + (y-4)^2 = \left(\dfrac{2}{3}\right)^2$

직선 AB의 방정식은 $4x + 3y - 25 = 0$이므로 삼각형 PAB의 무게 중심이 그리는 원의 중심 $(2,\ 4)$와 직선 AB 사이의 거리는 1 구하고자 하는 거리의 최솟값은 삼각형 PAB의 무게중심이 그리는 원과 직선 AB 사이의 최단거리이므로 $1 - \dfrac{2}{3} = \dfrac{1}{3}$

정답 ⑤

## 650

$x^2 + y^2 - 10x = 0$에서 $(x-5)^2 + y^2 = 5^2$

그림과 같이 원의 중심을 C라 하고 점 $A(1,\ 0)$을 지나는 직선이 이 원과 만나는 두 점을 각각 P, Q라 하자. 현 PQ의 길이가 최소일 때는 $\overline{CA} \perp \overline{PQ}$일 때이고 이때 $\overline{AP} = \overline{AQ}$ 이다. 직각삼각형 ACP에서 $\overline{CA} = 4,\ \overline{CP} = 5$이므로 $\overline{AP} = 3$

$\therefore \ \overline{PQ} = 2 \times \overline{AP} = 6$

따라서 현 PQ의 길이의 최솟값은 6이다. 현 PQ의 길이가 최대일 때는 현 PQ가 지름일 때이므로 현 PQ의 길이의 최댓값은 10이다. 따라서 현의 길이가 자연수인 경우는 6, 7, 8, 9, 10이다. 이때 길이가 7, 8, 9인 현은 각각 2개씩 존재하고, 길이가 6, 10인 현은 각각 1개씩 존재한다. 따라서 구하는 현의 개수는 $3 \times 2 + 2 \times 1 = 8$

## 651

원의 중심의 좌표는 $(n,\ n^2)$, 반지름의 길이는 $|n|$ 이다. 중심에서 직선 $y = \sqrt{3}\,x - 2$까지의 거리가 반지름의 길이와 같으므로 $\dfrac{|n^2 - \sqrt{3}\,n + 2|}{\sqrt{1+3}} = |n|$

$n^2 - \sqrt{3}\,n + 2 = \pm 2n$에서 실근을 갖는 이차방정식은 $n^2 - (2 + \sqrt{3})n + 2 = 0$

두 근이 $a,\ b$이므로 $ab = 2$

따라서 $100ab = 200$

정답 200

## 652

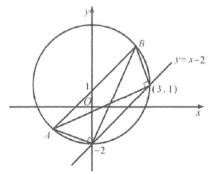

$\angle APB = \angle AQB = 90°$이므로 두 점 P, Q는 $\overline{AB}$를 지름으로 하는 원 위에 있다. 이 원의 중심은 $(0,\ 1)$, 반지름의 길이는 3이므로 원의 방정식은 $x^2 + (y-1)^2 = 9$이다. 직선 $y = x - 2$와 원 $x^2 + (y-1)^2 = 9$의 교점은 $P(0,\ -2),\ Q(3,\ 1)$

따라서 $l^2 = 18$

정답 18

## 653

점 P의 좌표를 P$(a, 0)$이라 하자. 직각삼각형 OPQ
에서 피타고라스 정리를 이용하면
$$\overline{PQ}^2 = \overline{OP}^2 - \overline{OQ}^2 = a^2 - 1$$
$x^2 + y^2 - 8x + 6y + 21 = 0$에서
$$(x-4)^2 + (y+3)^2 = 2^2$$
원 $C_2$는 중심이 $(4, -3)$이고 반지름의 길이가 2인
원이므로 원 $C_2$의 중심을 A라 하면 A$(4, -3)$이다.
직각삼각형 APR에서 피타고라스 정리를 이용하면
$$\overline{PR}^2 = \overline{AP}^2 - \overline{AR}^2 = \{(a-4)^2 + (0+3)^2\} - 2^2$$
$$= a^2 - 8a + 21$$
$\overline{PQ} = \overline{PR}$에서 $\overline{PQ}^2 = \overline{PR}^2$이므로
$$a^2 - 1 = a^2 - 8a + 21$$
$$8a = 22 \quad \therefore \ a = \frac{11}{4}$$

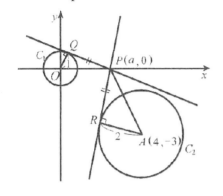

정답 ④

## 654

원의 중심을 C라 하고, 두 점 A, B에서 각각 이 원에
접하는 두 직선의 교점을 D라 하자. 원의 중심과
접점을 연결한 선분은 접선에 수직이다. 또, 원 밖의 점
D와 두 접점 A, B 사이의 거리는 서로 같다. 따라서
사각형 ADBC는 한 변의 길이가 1인 정사각형이다.

대각선 AB의 중점을 M이라 하면 $\overline{CM} = \dfrac{\sqrt{2}}{2}$

점 C와 직선 $y = mx$ 사이의 거리가 선분 CM의

길이와 같으므로 $\dfrac{|m-1|}{\sqrt{m^2+1}} = \dfrac{\sqrt{2}}{2}$

양변을 제곱하여 정리하면 $m^2 - 4m + 1 = 0$
이 이차방정식은 서로 다른 두 실근을 가지므로 근과
계수의 관계에 의해 모든 실수 $m$의 값의 합은 4이다.

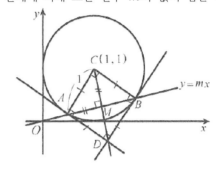

정답 ⑤

## 655

이차함수 $y = x^2 - 2x - 3$의 그래프 위의 점
C$(a, a^2 - 2a - 3)$이 원의 중심이고 원이 직선
$y = 2x + 9$에 접하므로 원의 중심과 직선 사이의
거리가 원의 반지름의 길이 $r$와 같다.
$$r = \frac{|2a - (a^2 - 2a - 3) + 9|}{\sqrt{5}} = \frac{|-a^2 + 4a + 12|}{\sqrt{5}}$$
점 C$(a, b)$는 주어진 조건 $2a - b + 9 > 0$에 의하여
이차함수 $y = x^2 - 2x - 3$과 직선 $y = 2x + 9$의 두
교점 사이에 있으므로 $-2 < a < 6$이다.
$-a^2 + 4a + 12 > 0$이므로
$$r = \frac{-a^2 + 4a + 12}{\sqrt{5}} = -\frac{1}{\sqrt{5}}(a-2)^2 + \frac{16}{\sqrt{5}}$$
그러므로 $a = 2$일 때 반지름의 길이 $r$의 최댓값은
$\dfrac{16}{\sqrt{5}}$이므로 원의 넓이의 최댓값은 $\dfrac{256}{5}\pi$이다.

따라서 $p + q = 261$

정답 ③

## 656

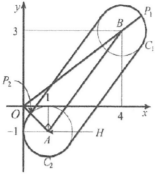

원의 중심 P가 나타내는 영역은 선분 AB 위의 모든 점과의 거리가 원의 반지름의 길이인 1보다 작거나 같은 점들의 집합이다. 따라서 그림과 같이 점 B(4, 3)을 중심으로 하고 반지름의 길이가 1인 원 $C_1$의 둘레 및 내부, 점 A(1, -1)을 중심으로 하고 반지름의 길이가 1인 원 $C_2$의 둘레 및 내부 그리고 직선 AB와의 거리가 1인 두 선분으로 둘러싸인 영역의 경계와 내부이다. 직선 OB가 원 $C_1$과 만나는 점 중 원점으로부터 더 멀리 떨어진 점을 $P_1$이라 하면 선분 OP의 길이의 최댓값은 선분 $OP_1$의 길이와 같다.

$$M = \overline{OP_1} = \sqrt{4^2 + 3^2} + 1 = 6$$

원점 O에서 선분 AB에 내린 수선의 발을 H라 할 때, 선분 OP의 길이의 최솟값은 선분 OH의 길이에서 원이 반지름의 길이인 1을 뺀 선분 $OP_2$의 길이와 같다. 이때, 선분 OH의 길이는 원점 O와 직선 AB 사이의 거리이므로 직선 AB의 방정식은

$$y = \frac{3 - (-1)}{4 - 1}(x - 1) - 1 \quad \therefore \quad 4x - 3y - 7 = 0$$

$$m = \overline{OP_2} = \overline{OH} - 1 = \frac{|-7|}{\sqrt{4^2 + 3^2}} - 1 = \frac{2}{5}$$

$$\therefore \quad M + m = 6 + \frac{2}{5} = \frac{32}{5}$$

정답 ④

## 657

원점에서의 거리가 최대인 직선 $l$은 원점과 점 (3, 4)를 연결한 직선과 수직으로 만나야 한다.
점 (3, 4)를 지나는 직선의 방정식을 $y = a(x - 3) + 4$라 할 때 원점과 점 (3, 4)를 연결한 직선의 기울기는 $\frac{4}{3}$이므로 $a = -\frac{3}{4}$

따라서 직선 $l$의 방정식을 정리하면 $3x + 4y - 25 = 0$
원의 중심 (7, 5)와 직선 $l$ 사이의 거리는
$\frac{|21 + 20 - 25|}{\sqrt{9 + 16}} = \frac{16}{5}$이고 원의 반지름의 길이가
1이므로 원 위의 점 P와 직선 $l$ 사이의 거리의
최솟값은 $m = \frac{16}{5} - 1 = \frac{11}{5}$
따라서 $10m = 22$

정답 22

## 658

$\overline{AO} = 2\sqrt{5}$, $\overline{BO} = 3\sqrt{5}$이므로 각의 이등분선의 성질에 의해 $\overline{AC} : \overline{BC} = \overline{AO} : \overline{BO} = 2 : 3$
$\therefore 3\overline{AC} = 2\overline{BC}$
$3\sqrt{(a + 2)^2 + (b - 4)^2} = 2\sqrt{(a - 3)^2 + (b + 6)^2}$
$5a^2 + 60a + 5b^2 - 120b = 0$,
$(a + 6)^2 + (b - 12)^2 = 180$
즉 점 C$(a, b)$는 원 $(x + 6)^2 + (y - 12)^2 = 180$ 위의 점이다. (단, 점 C$(a, b)$는 직선 AB 위에 있지 않다.)
직선 AB는 $y = -2x$이므로 원의 중심 $(-6, 12)$가 직선 AB 위에 있다. 따라서 점 C와 직선 AB 사이의 거리의 최댓값은 원 $(x + 6)^2 + (y + 12)^2 = 180$의 반지름의 길이와 같으므로 $m^2 = 180$

정답 180

## 659

그림과 같이 세 점 O, A, B를 지나는 원 C의 방정식은 $(x - 3)^2 + (y + 4)^2 = 25$이므로 선분 OA는 원 C의 지름이다. 직선 $l_1$은 직선 OA와 수직이고 점 O를 지나므로 직선 $l_1$의 방정식은 $y = \frac{3}{4}x$ 이다.
점 A를 지나고 직선 OB와 평행한 직선을 $l_2$라 하면, 두 직선 $l_1$, $l_2$가 만나는 점이 두 삼각형 OAB와 OPB의 넓이가 같게 되는 점 P이다.

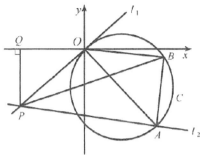

직선 $l_2$의 기울기와 직선 $\mathrm{OB}$의 기울기는 같고, 직선
$l_2$는 점 $\mathrm{A}$를 지나므로 $y-(-8)=-\dfrac{1}{7}(x-6)$

즉, 직선 $l_2$의 방정식은 $y=\boxed{-\dfrac{1}{7}x-\dfrac{50}{7}}$이다.

점 $\mathrm{P}$는 두 직선 $l_1$, $l_2$가 만나는 점이므로 점 $\mathrm{P}$의
$x$좌표는 방정식 $-\dfrac{1}{7}x-\dfrac{50}{7}=\dfrac{3}{4}x$의 근 이다. 즉, 점

$\mathrm{P}$의 $x$좌표는 $\boxed{-8}$ 이다. 따라서 선분 $\mathrm{QO}$의 길이는

$|\boxed{-8}|$ 이다. 따라서 $f(x)=\dfrac{3}{4}x$, $g(x)=-\dfrac{1}{7}x-\dfrac{50}{7}$

$k=-8$이므로 $f(2k)+g(-1)=-19$

**정답 ②**

## 660

반지름의 길이가 $r$이고 중심이 이차함수 $y=\dfrac{1}{2}x^2+\dfrac{7}{2}$

의 그래프 위에 있는 원 중에서 직선 $y=x+7$에
접하는 원의 개수 $m$은 반지름 $r$의 길이에 따라 다음과
같은 세 가지 경우가 있다.

( i ) $m=2$일 때,

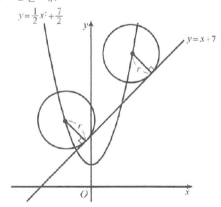

(ii) $m=3$일 때,

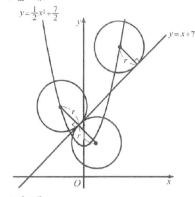

(iii) $m=4$일 때,

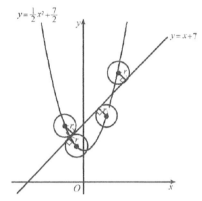

이 중 $m$이 홀수인 경우는 $m=3$일 때이므로 직선
$y=x+7$의 아래쪽에 위치한 원이 한 개일 때이다.

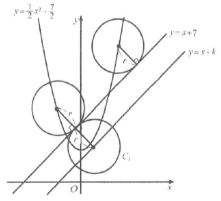

이 원을 $\mathrm{C_1}$이라 하면 원 $\mathrm{C_1}$의 반지름의 길이 $r$는

이차함수 $y=\dfrac{1}{2}x^2+\dfrac{7}{2}$의 그래프에 접하고 기울기가

1인 직선과 직선 $y=x+7$ 사이의 거리와 같다.

이차함수 $y=\dfrac{1}{2}x^2+\dfrac{7}{2}$의 그래프에 접하고 기울기가

1인 직선을 $y=x+k$라 하면 이차방정식

$\dfrac{1}{2}x^2+\dfrac{7}{2}=x+k$가 중근을 가져야하므로

$x^2-2x+7-2k=0$의 판별식을 $D$라 하면

$D=2^2-4\times1\times(7-2k)=0$에서 $k=3$

두 직선 $y=x+7$과 $y=x+3$ 사이의 거리는 직선
$y=x+3$ 위의 점 $(0,\ 3)$과 직선 $y=x+7$ 사이의

거리와 같으므로 $\dfrac{|-3+7|}{\sqrt{1^2+1^2}}=2\sqrt{2}$ ∴ $r=2\sqrt{2}$

직선 $y=x$와 직선 $y=x+3$ 사이의 거리는 직선 $y=x$ 위의 점 $(0,\ 0)$과 직선 $y=x+3$ 사이의

거리와 같으므로 $\dfrac{|3|}{\sqrt{1^2+1^2}}=\dfrac{3\sqrt{2}}{2}$

$r=2\sqrt{2}>\dfrac{3\sqrt{2}}{2}$ 이므로 $n=2$

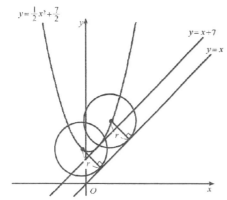

따라서 $m+n+r^2=3+2(2\sqrt{2})^2=13$

정답 ③

## 661

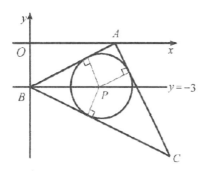

직선 AB를 $l$이라 하면 $l:y=\dfrac{1}{2}x-3$

직선 BC를 $m$이라 하면 $m:y=-\dfrac{1}{2}x-3$

직선 CA를 $n$이라 하면 $n:y=-2x+12$

삼각형 ABC에 내접하는 원의 중심 P의 좌표를 $P(a,\ b)$라 하자. (단, $0<a<10$)

점 P와 직선 $l$ 사이의 거리와 점 P와 직선 $m$ 사이의

거리가 같으므로 $\dfrac{|a-2b-6|}{\sqrt{1^2+(-2)^2}}=\dfrac{|a+2b+6|}{\sqrt{1^2+2^2}}$

$|a-2b-6|=|a+2b+6|$

$a=0$ 또는 $b=-3$

$0<a<10$이므로 $b=-3$ ···㉠

또한 점 P와 직선 $m$ 사이의 거리와 점 P와 직선 $n$ 사이의 거리가 같으므로

$\dfrac{|a+2b+6|}{\sqrt{1^2+2^2}}=\dfrac{|2a+b-12|}{\sqrt{2^2+1^2}}$

㉠을 대입하면 $|a|=|2a-15|$

$a=15$ 또는 $a=5$

그러므로 $P(5,\ -3)$

따라서 선분 OP의 길이는 $\sqrt{5^2+(-3)^2}=\sqrt{34}$

정답 ④

## 662

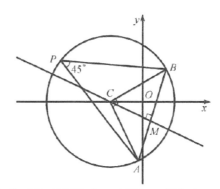

호 AB에 대한 원주각이 $\angle APB=45°$이므로 호 AB에 대한 중심각은 $\angle ACB=90°$

삼각형 ABC는 $\overline{CA}=\overline{CB}$인 직각이등변삼각형이다.

주어진 원의 반지름의 길이를 $r=\overline{CA}$라 하면 삼각형 ABC에서 $\overline{AB}^2=\overline{CA}^2+\overline{CB}^2=2r^2$

선분 AB의 길이가 $6\sqrt{5}$이므로 $r=3\sqrt{10}$

선분 AB의 중점을 M이라 하면 점 M의 좌표는 $M(2,\ -3)$ 직선 AB의 기울기가 2이고 직선 CM은 선분 AB의 수직이등분선이므로 직선 CM의 방정식은

$y=-\dfrac{1}{2}x-2$

점 C의 좌표를 $C(2a,\ -a-2)$라 하자.

점 C를 중심으로 하는 원의 방정식은

$(x-2a)^2+(y+a+2)^2=90$

점 B(5, 3)이 원 위의 점이므로

$(5-2a)^2+(5+a)^2=90$

$5a^2-10a-40=0$

$a^2-2a-8=(a-4)(a+2)=0$

$a=4$ 또는 $a=-2$

$C(8,\ -6)$ 또는 $C(-4,\ 0)$

$k=10$ 또는 $k=4$

따라서 $k$의 최솟값은 4

정답 ②

## 663

점 P의 좌표를 $(x_1,\ y_1)$이라 하면 원 C 위의 점
P에서의 접선의 방정식은 $x_1x + y_1y = 4$이므로 점
B의 좌표는 $\left(\dfrac{4}{x_1},\ 0\right)$

점 H의 $x$좌표는 $x_1$이고 $2\overline{AH} = \overline{HB}$에서

$2(x_1 + 2) = \dfrac{4}{x_1} - x_1$

$3x_1^{\,2} + 4x_1 - 4 = 0$

$(x_1 + 2)(3x_1 - 2) = 0$

$x_1 > 0$이므로 $x_1 = \dfrac{2}{3}$에서 $\mathrm{B}(6,\ 0)$

점 P는 원 C 위의 점이므로 $x_1^{\,2} + y_1^{\,2} = 4$에서

$\mathrm{P}\left(\dfrac{2}{3},\ \dfrac{4\sqrt{2}}{3}\right)$

따라서 삼각형 PAB의 넓이는

$\dfrac{1}{2} \times 8 \times \dfrac{4\sqrt{2}}{3} = \dfrac{16\sqrt{2}}{3}$

정답 ④

## 664

( i ) $0 < t < 9$일 때,

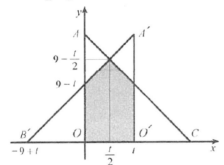

$S(t) = 2 \times \dfrac{1}{2} \times \left(9 - t + 9 - \dfrac{t}{2}\right) \times \dfrac{t}{2} = \dfrac{3}{4}t(12 - t)$

$\qquad = -\dfrac{3}{4}(t - 6)^2 + 27$

따라서 $t = 6$일 때, $S(t)$의 최댓값은 27

( ii ) $9 \le t < 18$일 때,

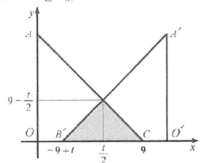

$S(t) = \dfrac{1}{2} \times (18 - t) \times \left(9 - \dfrac{t}{2}\right) = \dfrac{1}{4}(t - 18)^2$

따라서 $t = 9$일 때, $S(t)$의 최댓값은 $\dfrac{81}{4}$

( i ), ( ii )에서 $S(t)$의 최댓값은 27

정답 ③

## 665

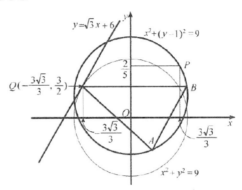

그림과 같이 원 $x^2 + (y - 1)^2 = 9$ 위의 점 P를 주어진
조건에 의해 옮긴 점 Q를 주어진 조건에 의해 옮긴 점
Q는 원 $x^2 + y^2 = 9$ 위를 움직인다. 점 Q를 접점으로
하는 원 $x^2 + y^2 = 9$의 접선 중 직선 AB에 평행하고,
점 Q의 $x$좌표가 음수일 때, 삼각형 ABQ의 넓이가
최대이다. 기울기가 $\sqrt{3}$인 원 $x^2 + y^2 = 9$의 접선의
방정식은 $y = \sqrt{3}\,x \pm 6$

직선 $y = \sqrt{3}\,x + 6$과 원 $x^2 + y^2 = 9$가 만나는 점이
Q이므로

$x^2 + (\sqrt{3}\,x \pm 6)^2 = 9$, $4x^2 \pm 12\sqrt{3}\,x + 27 = 0$,

$(2x \pm 3\sqrt{3})^2 = 0$

$x = -\dfrac{3\sqrt{3}}{2}\ (\because\ x < 0)$

$\therefore$ 삼각형 ABQ의 넓이가 최대인 점 Q의 좌표는

$\left(-\dfrac{3\sqrt{3}}{2},\ \dfrac{3}{2}\right)$ 점 P는 점 Q를 $y$축에 대하여

대칭이동한 후 $y$축의 방향으로 1만큼 평행이동한

점이다. $\therefore$ 점 P의 좌표는 $\left(\dfrac{3\sqrt{3}}{2},\ \dfrac{5}{2}\right)$

따라서 점 P의 $y$좌표는 $\dfrac{5}{2}$

정답 ①

## 666

점 B가 곡선 $y=\dfrac{2}{x}$ 위의 점이므로 $\beta=\dfrac{2}{\alpha}$, 즉

$\alpha\beta=2$ ···㉠

$\alpha>\sqrt{2}$ 이므로 $0<\beta<\sqrt{2}$, 즉 $0<\beta<\alpha$

두 점 B, C가 직선 $y=x$에 대하여 서로 대칭이므로

$C(\beta,\ \alpha)$

$\therefore \overline{BC}=\sqrt{(\beta-\alpha)^2+(\alpha-\beta)^2}=\sqrt{2}(\alpha-\beta)$

$(\because\ \alpha>\beta)$

직선 BC와 직선 $y=x$가 서로 수직이므로 직선 BC의

기울기는 $-1$이다. 또한 이 직선이 점 B를 지나므로

직선 BC의 방정식은 $y-\beta=-(x-\alpha)$, 즉

$x+y-(\alpha+\beta)=0$

점 A와 직선 BC 사이의 거리를 $h$라 하면

$h=\dfrac{|-2+2-(\alpha+\beta)|}{\sqrt{1^2+1^2}}=\dfrac{1}{\sqrt{2}}(\alpha+\beta)$

$(\because\ \alpha>0,\ \beta>0)$

삼각형 ABC의 넓이가 $2\sqrt{3}$ 이므로

$\triangle ABC=\dfrac{1}{2}\times\overline{AB}\times h$

$=\dfrac{1}{2}\times\sqrt{2}(\alpha-\beta)\times\dfrac{1}{\sqrt{2}}(\alpha+\beta)$

$=\dfrac{1}{2}(\alpha^2-\beta^2)$

$=2\sqrt{3}$

$\alpha^2-\beta^2=4\sqrt{3}$ ···㉡

㉠, ㉡에서 $(\alpha^2+\beta^2)=(\alpha^2-\beta^2)^2+4\alpha^2\beta^2$

$=(4\sqrt{3})^2+4\times2^2$

$=64$

$\alpha^2+\beta^2>0$이므로 $\alpha^2+\beta^2=8$

정답 ①

## 667

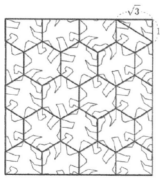

정육각형은 6개의 정삼각형으로 이루어져 있고 [그림 1]
에 있는 직사각형의 가로의 길이가 $4\sqrt{3}$ 이므로
정육각형의 한 변의 길이는 1이고 도마뱀 모양 한 개의
넓이는 한 변의 길이가 1인 정육각형의 넓이와 같다.

따라서 도마뱀 모양 한 개의 넓이는 $\dfrac{3\sqrt{3}}{2}$

정답 ④

## 668

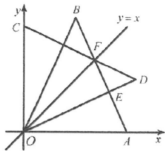

두 직선 AB, OD의 교점을 E, 직선 AB와 직선
$y=x$의 교점을 F라 하자. 직선 AB의 방정식은

$y-0=\dfrac{2-0}{1-2}(x-2)$ 즉, $y=-2x+4$이다.

점 $B(1,\ 2)$를 직선 $y=x$에 대하여 대칭이동한 점
D의 좌표는 $(2,\ 1)$이므로 직선 OD의 방정식은

$y=\dfrac{1}{2}x$이다. $-2x+4=\dfrac{1}{2}x$에서 $x=\dfrac{8}{5}$,

$-2x+4=x$에서 $x=\dfrac{4}{3}$이므로 두 점 E, F의

$x$좌표는 각각 $\dfrac{8}{5}$, $\dfrac{4}{3}$이다.

$\triangle OAF:\triangle OEF=\overline{AF}:\overline{EF}$

$=\left|2-\dfrac{4}{3}\right|:\left|\dfrac{8}{5}-\dfrac{4}{3}\right|=5:2$

이므로 삼각형 OEF의 넓이는 삼각형 OAF의 넓이의

$\dfrac{2}{5}$배이다. 따라서 $S=\left(\dfrac{1}{2}\times2\times\dfrac{4}{3}\right)\times\dfrac{2}{5}\times2=\dfrac{16}{15}$

이므로 $60S=64$

정답 64

## 669

두 점 $A(0,\ 1)$, $B(0,\ 2)$를 직선 $y=x$에 대하여
대칭이동한 점은 각각 $A'(1,\ 0)$, $B'(2,\ 0)$이다.

$\overline{AP}=\overline{A'P}$, $\overline{BQ}=\overline{B'Q}$이므로

$\overline{AP}+\overline{PB}+\overline{BQ}+\overline{QC}$

$=\overline{A'P}+\overline{PB}+\overline{B'Q}+\overline{QC}\geq\overline{A'B}+\overline{B'C}$

$AP+PB+BQ+QC$의 값이 최소일 때는 점 P가 두
점 A', B를 지나는 직선 위에 있고, 점 Q가 두 점
B',
C를 지나는 직선 위에 있을 때이다.

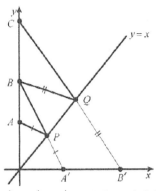

두 점 A'(1, 0), B'(0, 2)를 지나는 직선의 방정식은
$y=-2x+2$ 두 점 B'(2, 0), C(0, 4)를 지나는
직선의 방정식은 $y=-2x+4$ 점 P는 두 직선 $y=x$,
$y=-2x+2$의 교점이고 점 Q는 두 직선 $y=x$,
$y=-2x+4$의 교점이므로 $P\left(\dfrac{2}{3}, \dfrac{2}{3}\right)$, $Q\left(\dfrac{4}{3}, \dfrac{4}{3}\right)$

따라서 $\overline{PQ}=\sqrt{\dfrac{4}{9}+\dfrac{4}{9}}=\dfrac{2\sqrt{2}}{3}$

**정답 ②**

# 670

점 R는 직선 $y=1$ 위에 있으므로 점 R의 좌표를
$(a, 1)$이라 하자. 점 R를 $x$축에 대하여 대칭이동한
점을 R'이라 하면 점 R'의 좌표는 $(a, -1)$이다.

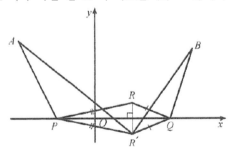

그림과 같이 $\overline{AP}+\overline{PR}=\overline{AP}+\overline{PR'} \geq \overline{AR'}$,
$\overline{RQ}+\overline{QB}=\overline{R'Q}+\overline{QB} \geq \overline{R'B}$이므로
$\overline{AP}+\overline{PR}+\overline{RQ}+\overline{QB} \geq \overline{AR'}+\overline{R'B}$
$\overline{AR'}+\overline{R'B}$의 값은 점 R'$(a, -1)$의 위치에 따라
변하므로 $\overline{AP}+\overline{PR}+\overline{RQ}+\overline{QB}$의 최솟값은
$\overline{AR'}+\overline{R'B}$의 최솟값과 같다. 세 점 A$(-4, 4)$,
B$(5, 3)$, R'$(a, -1)$을 $y$축의 방향으로 1만큼
평행이동한 점을 각각 A', B', R''이라 하면
A'$(-4, 5)$, B'$(5, 4)$, R''$(a, 0)$이고
$\overline{AR'}+\overline{R'B}=\overline{A'R''}+\overline{R''B'}$이다.

**정답 ④**

memo

memo

# MAC

날마다 수학하는 학생

입시가 해석되는 수학의 힘!!